普通高等教育电子信息类“十三五”规划教材

# 单片机原理及应用

赵景波　编著

西安电子科技大学出版社

## 内 容 简 介

本书以 51 系列单片机 8051 为背景，以实际工程中应用最为广泛的 C51 语言程序设计为基础，从应用角度出发，系统地论述了单片机的组成原理、指令系统和汇编语言及单片机 C 语言、中断系统、并行和串行接口以及 8051 与 A/D 和 D/A 的接口等问题，并在此基础上讨论了单片机应用系统的设计。全书共 13 章。

本书内容全面，可作为高等学校自动化、电气工程及其自动化、建筑电气与智能化、计算机、通信工程、电子信息工程、机电一体化、机械等专业的教材，也可供单片机应用技术领域的工程技术人员参考。

**图书在版编目(CIP)数据**

**单片机原理及应用** / 赵景波编著. —西安：西安电子科技大学出版社，2020.4

ISBN 978-7-5606-5548-2

Ⅰ. ① 单…　Ⅱ. ① 赵…　Ⅲ. ① 微控制器—高等学校—教材　Ⅳ. ① TP368.1

**中国版本图书馆 CIP 数据核字(2020)第 021009 号**

策划编辑　刘玉芳

责任编辑　聂玉霞　雷鸿俊

出版发行　西安电子科技大学出版社(西安市太白南路 2 号)

电　　话　(029)88242885　88201467　　邮　　编　710071

网　　址　www.xduph.com　　电子邮箱　xdupfxb001@163.com

经　　销　新华书店

印刷单位　咸阳华盛印务有限责任公司

版　　次　2020 年 4 月第 1 版　　2020 年 4 月第 1 次印刷

开　　本　787 毫米×1092 毫米　1/16　印　张　24

字　　数　572 千字

印　　数　1～3000 册

定　　价　55.00 元

ISBN 978-7-5606-5548-2 / TP

**XDUP 5850001-1**

# 前　言

随着现代社会的发展，单片机在工业控制、机电一体化、家电等领域的应用越来越普遍，社会对掌握单片机应用技术的人才的需求也越来越大，相应的单片机技术的开发应用也逐渐成为广大技术人员必须掌握的技术之一。

“单片机”是一门比较难学的技术，其特点是抽象度比较高，学好这门技术绝非一日之功，入门也需要有一个循序渐进的过程。本书以广泛使用的 8051 单片机为背景，以实际工程中应用愈来愈广泛的 C51 程序设计为基础，从应用角度出发，从小到大，从简到繁地解剖和分析单片机的结构与原理。目前针对单片机技术的书籍虽然比较多，但大多数书籍基本上还限于原理式的叙述，很少有结合工程实践进行具体的讲解。针对以上情况，本书作者根据长期从事单片机技术教学的经验，以及几十年来在工业控制领域的工程实践经验，结合工程应用，对传统的单片机教材的知识框架重新进行了调整，编写了本书。

全书共 13 章，各章具体内容如下：

- 第 1 章：介绍了单片机的入门基础知识，包括如何学习单片机、单片机的学习工具、单片机的基础知识、单片机与嵌入式系统、单片机的基本操作、常用单片机介绍和单片机系统开发方法等。
- 第 2 章：主要讲解了单片机仿真软件 Keil C51 的使用方法和步骤，包括 Keil 软件界面、创建 μVision3 工程、利用 μVision3 调试器调试程序和 51 单片机的烧录等。
- 第 3 章：主要讲解了 8051 单片机的结构和原理，包括 8051 系列单片机的基本结构、存储空间配置和功能、并行 I/O 端口、时钟电路及 CPU 时序、8051 系列单片机的工作方式、8051 系列单片机指令系统和汇编语言程序设计等。
- 第 4 章：主要介绍了单片机 C 语言的基础知识，包括 C 语言与 MCS-51、C 语言基础、C51 的数据存储类型与 8051 存储器结构、8051 特殊功能寄存器及其 C51 定义、C51 指针、C51 的输入/输出、C51 函数、C51 与汇编语言混合编程和 C51 常用语句等。
- 第 5 章：主要讲解了单片机的中断系统，包括中断的概念、8051 的中断源和中断控制寄存器、中断处理的过程、中断响应等待时间、C51 中断服务函数和中断系统的应用等。
- 第 6 章：主要讲解了单片机的定时器/计数器控制，包括 8051 定时器/计数器的结构和工作原理、定时器/计数器的控制寄存器、定时器/计数器的工作方式、定时器/计数器用于外部中断扩展、定时器/计数器应用、定时器 2 和看门狗等。
- 第 7 章：介绍了单片机系统的扩展，包括单片机系统总线的形成、外部数据存储器的扩展、外部程序存储器的扩展、简单 I/O 端口扩展、8255A 可编程并行输入/输出接口、

8155 可编程并行输入/输出接口和 8051 并行接口及其 C51 定义等。

• 第 8 章：介绍了单片机显示接口设计，包括 LED 显示器及其接口、液晶显示器(LCD)概述、段式液晶显示器、字符型液晶显示器、ZY12864D 图形点阵液晶显示器等。

• 第 9 章：介绍了单片机键盘接口设计，包括按键的状态输入及去抖动、键盘与 CPU 的连接方式、键盘扫描控制方式、独立式按键和矩阵式键盘等。

• 第 10 章：讲解了单片机串行通信的知识，包括串行通信概述、8051 串行口、8051 串行口的应用、串行通信总线标准及其接口、单片机与 PC 通信的接口电路和常用的串行总线接口简介等。

• 第 11 章：讲解了单片机的 $I^2C$ 总线，包括 $I^2C$ 总线的概述、协议、信号的模拟和 24C02 器件等。

• 第 12 章：介绍了单片机的数模和模数转换，包括 A/D 转换电路接口技术、D/A 转换接口电路和单片机开关量驱动输出接口电路等。

• 第 13 章：通过两个实例——温湿度检测仪和家庭安全报警系统，介绍了单片机系统的设计方法和步骤。

本书作者长期使用单片机进行教学、科研和实际生产工作，有着丰富的教学和编著经验。本书在内容编排上，按照读者学习的一般规律，结合大量实例讲解单片机设计和单片机 C 语言程序设计，能够使读者快速、真正地掌握单片机的使用。

本书既可以作为高等院校自动化、电气工程及其自动化、建筑电气与智能化、计算机、通信工程、电子信息工程、机电一体化、机械等专业的教材，也可以作为读者自学的教程，同时也非常适合作为相关专业工作人员的参考手册。

作　者

2019 年 12 月

# 目　　录

# 第1章 单片机入门

随着集成电路技术的进一步发展，具有智能化应用特征的单片机技术在当今工业控制、机电一体化、通信终端及各种数码产品中得到了广泛应用，并逐步成为测控技术现代化必不可少的重要工具。单片机技术是智能化产品的开发者和使用者所必须掌握的基础知识，本章将介绍单片机的基础知识。

**本章要点：**

- 单片机的概念；
- 8051 系列单片机的内部配置；
- 二进制、十进制和十六进制数的转换；
- 计算机中带符号数的表示方法；
- 单片机与嵌入式系统；
- 单片机系统开发方法。

## 1.1 如何学习单片机

单片机种类很多，但是 51 系列是其中最基础的，单片机的学习最好是从 51 系列开始，这样不仅容易上手，而且相当实用。学习单片机最重要的是实际操作练习，工作原理和内部结构等理论知识可等熟悉了单片机以后再学习。我们先从用单片机写一些简单的小程序入手，先实践后学习理论。在了解各引脚的功能、区别的基础上自己动手搭一个单片机的最小系统；然后用 C 语言编程，从简单的跑马灯做起，逐渐深入，陆续加入数码管、液晶等电子元器件的应用，再深入就可以结合一些具体实例扩展中断、串口通信等功能。需要声明的是，单片机里用到的 C 语言其实很有限，同学们学的 C++ 的很大一部分内容在初期单片机编程中都用不到。因此，没必要因为觉得自己的 C 语言基础不是很好而对单片机望而生畏！

具体学习单片机时还需要注意以下几点。

### 1. 理论与实践并重

对一个初学单片机的人来说，如果上来就是一大堆指令、名词，学了半天还搞不清这些指令起什么作用，也许用不了几天就会觉得枯燥乏味以致半途而废。所以，学习与实践结合是一个好的方法，边学习、边演练，循序渐进，这样用不了几次就能将所用到的指令理解、吃透、记牢。也就是说，学习完几条指令后(一次数量不求多，只求懂)，接下去就该做实验了，通过实验，感受执行指令的控制效果，如眼睛看得见(灯光)、耳朵听得到(声音)。通过实验看到自己所学的成果不仅有一种成就感也能提升单片机的学习兴趣。实际上，单片机与其说是学出来的，还不如说是做实验练出来的，何况做实验本身也是一种学习过程。因此，边学边练的学习方法效果特别好。

**2. 合理安排时间持之以恒**

学习单片机不能“三天打鱼两天晒网”，要有持之以恒的毅力与决心。学习完几条指令后，就应及时做实验，及时融会贯通，等数天或数星期之后再做实验的效果并不好，甚至会前学后忘。另外，学习中要有打“持久战”的心理准备，不要兴趣来时学上几天，无兴趣时停上几星期，不能持之以恒。

**3. 遇到问题耐心检查**

单片机有软硬件两方面的内容，有时一个程序怎么调都不出效果，然而从理论上分析却又是对的，这时就要仔细找原因了。学习单片机经常碰到很多问题，有时一两天都不能解决，这时就要有耐心，从底层找起。相信每找出一个错误都会有一个新的收获，切不可轻言放弃。

**4. 经常总结和复习**

对只短暂学过一遍的知识，充其量只比浮光掠影稍好。因此，较好的方法是过一段时间(1～2 个月)后再重新学一遍，学过的知识要经常运用，这样反复循环几次就能彻底弄懂、消化，永不忘却。

**5. 要进行适当经济投资**

单片机技术含金量高，其前景光明。因此，在学习时要舍得适当投资，购买必要的学习、实验器材。另外，还要经常购买一些适合自己学习、提高的书籍。一本好的书籍真的很重要，可以随时翻阅，随时补充不懂或遗忘的知识。

在认真学习完本书之后，读者对单片机就会有比较系统的认识，万事开头难，既然前面最难的那一关你已经走过来了，那下面的路就好走了。记住，在后面的时间你要不断地练习如何写程序，要充分利用实验板做练习，只有这样才能不断地积累经验。建议大家多花些时间学习调试程序，开始要从最简单的流水灯做起，当你成功将 8 只 LED 灯按照你的意愿点亮时，你就会感觉到原来单片机是那么有趣！然后再去学习如何点亮数码管。当你成功完成了这两项任务，你可能已经喜欢上单片机了。

总的来说，不论是学习单片机还是做其他事情，只要能坚持到底，有不成功不放弃的念头和意志，就已经成功了一半。下面就正式开始介绍单片机的学习。

## 1.2 单片机的学习工具

对于初学者来讲，必须多动手，所以，一套功能齐全的工具是必不可少的。下面介绍学习单片机所使用的实验板及一些相应的工具。

常用的 51 系列单片机实验板及伟福仿真器如图 1-1、图 1-2 所示。

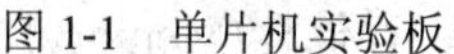
图 1-1 单片机实验板

图 1-2 伟福仿真器

### 1. 伟福 V5 系列 MCS-51 通用仿真器硬件特点

(1) 多种仿真技术：综合采用多种最新的仿真技术，从而可以仿真各种 8 位 MCS-51 内核的 MCU。

(2) 通用仿真器：配置不同的 MCS-51 仿真头，可以仿真多种单片机，功能强大，性能可靠，为将来发展留有空间。

(3) 仿真频率极高：全新仿真头设计结构，最高仿真频率高达 50 MHz。

(4) 程控时钟：用户可以自由地在调试软件中设置自己需要仿真的频率，可选频率范围为 20 kHz～100 MHz，精度达 1 Hz。

(5) 计时器：统计程序执行的时间。

(6) 逻辑分析仪：64 通道、64 KB/通道、100 MHz 采样频率，与时间触发器配合，可以捕捉到电路上出现的非常复杂的情况，能帮助设计人员迅速准确地查找到设计中的错误。

(7) 跟踪器：64 KB 深度，最高跟踪速度高达 10 ns，配合事件触发器，可以进行条件跟踪，以捕捉指定条件下程序执行的轨迹，了解程序动态执行的过程。

(8) 多功能逻辑笔：可以观察 8 路逻辑信号(支持低电压)，并且含频率计、计数器(64 位)及电压计功能。

### 2. 伟福 V5 系列仿真器软件特点

(1) Wave/Keil 双平台，中/英文可选。

(2) 真正的集成调试环境，集成了编辑器、编译器和调试器。

(3) 在线直接修改、编译、调试源程序，错误指令定位。

(4) 所有类型的单片机集成在一个调试环境下，支持汇编、C、PL/M 源程序混合调试。

(5) 支持软件模拟。

(6) 支持项目管理。

(7) 支持点屏功能，直接点击屏幕就可以观察变量的值，方便快捷。

(8) 功能强大的观察窗口，支持所有的数据类型；树状结构显示，一目了然。

(9) 众多强大软硬件调试手段，包括逻辑分析仪、跟踪器、逻辑笔、波形发生器、影子存储器、计时器、程序时效分析、数据时效分析、硬件测试仪和事件触发器(硬件调试手段需要软件配合硬件支持)。

# 1.3 单片机的基础知识

单片机是微型计算机的一个重要分类，同时也是一种非常活跃且具有很强生命力的机种，广泛应用于控制领域。

## 1.3.1 概述

### 1. 单片机的概念

单片机是把中央处理器 CPU(Central Processing Unit)、存储器(Memory)、定时器/计数器(Timer/Counter)、I/O(Input/Output)接口电路等一些计算机的主要功能部件集成在一块集成电路芯片上构成的微型计算机。中文“单片机”是由英文名称“Single Chip Microcomputer”直接翻译而来的。

单片机主要应用于工业控制领域，面对的是测控对象，突出的是控制功能，它从功能和形态上来说都是应控制领域应用的要求而诞生的。随着单片机技术的发展，单片机的芯片内集成了许多面对测控对象的接口电路，如 ADC、DAC、高速 I/O 口、PWM、WDT 等。这些电路及接口已经突破了微型计算机传统的体系结构，所以，人们采用了可以更确切反映单片机本质的名称——微控制器 MCU(Micro Controller Unit)。单片机的芯片体积小，在工业现场可完全作嵌入式应用，是一台以单芯片形态作为嵌入式应用的计算机，它有唯一的、专门为嵌入式应用而设计的体系结构和指令系统。因此，单片机又被称为嵌入式微控制器(Embedded Microcontroller)。综上所述，我们知道单片机实际上就是一个单芯片形态的微控制器，它是一个典型的嵌入式应用计算机。而在国内，我们仍然习惯地称它为“单片机”或“单片微机”，在本书中我们使用“单片机”一词。

### 2. 单片机的发展历史

单片机根据数据总线宽度的不同，可以分为 4 位机、8 位机、16 位机和 32 位机，最早研制成功的单片机是 4 位机。在 1970 年微型计算机研制成功后，随着半导体技术的发展，集成电路的集成度越来越高。1971 年，美国 Intel 公司便生产出了第一片 4 位单片机 4004，它将微型计算机的运算部件和逻辑控制部件集成在一起。它的特点是结构简单、功能单一、控制能力较弱，但价格低廉。1976 年，Intel 公司推出了 MCS-48 系列 8 位单片机，它以体积小、功能全、价格低等特点获得了广泛的应用，成为单片机发展进程中的一个重要阶段。

在 MCS-48 系列单片机的基础上，许多半导体公司和计算机公司争相研制和发展自己的单片机系列。其中，有 Motorola 公司的 MC68HC05 及 MC68HC08 系列等，ZiLOG 公司的 Z8 系列等。其中，最典型、应用最广泛的是 Intel 公司在 20 世纪 80 年代初推出的 MCS-51 系列单片机，这是一种高档 8 位单片机。这一代单片机的主要技术特征是为单片机配置了外部并行总线和串行通信接口，规范了特殊功能寄存器的控制模式，以及为增强控制功能而强化了布尔处理系统和相关的指令系统，为发展具有良好兼容性的新一代单片机奠定了良好的基础。

1982年以后，16位单片机问世，其代表产品是Intel公司的MCS-96系列16位单片机。16位单片机比起8位机，数据宽度增加了一倍，实时处理能力更强，主频更高，集成度达到了12万只晶体管，RAM增加到了232 B，ROM则达到了8 KB，并且有8个中断源，同时配置了多路的A/D转换通道、高速的I/O处理单元，适用于更复杂的控制系统。在工业控制产品、智能仪表、彩色复印机、录像机等应用领域中，16位单片机大有用武之地。近几年，32位单片机也得到了快速发展，如ARM处理器系列等。

尽管目前单片机品种繁多，但其中最为典型的仍当属Intel公司的MCS-51系列单片机，它的功能强大、兼容性强、软硬件资料丰富。国内也以此系列的单片机应用最为广泛。直到现在，MCS-51 系列单片机仍不失为单片机中的主流机型。在今后相当长的时间内，单片机应用领域中的8位机主流地位仍不会改变。

### 3. 单片机的应用

单片机具有功耗低、控制功能强、扩展灵活、微型化和使用方便等优点，而且其性价比高，很多单片机芯片甚至只需几元钱就能买到，再加上少量的外围元件，就可以构成一个功能优越的计算机智能控制系统。因此，单片机广泛地应用于各行各业，其主要的应用领域有以下几方面。

#### 1) 工业自动化控制

单片机可以用于构成各种工业控制系统、自适应控制系统、数据采集系统等，如数控机床、工厂流水线的智能化管理、电梯控制、化工控制系统、智能大厦管理系统，以及与计算机联网构成二级控制系统等。

#### 2) 智能仪器仪表

采用单片机控制可使仪器仪表数字化、智能化、微型化，且功能比采用电子或数字电路更加强大。结合不同类型的传感器，利用单片机的软件编程技术进行误差修正、线性化的处理等，可实现诸如电压、功率、频率、湿度、温度、流量、速度、角度、硬度、压力等物理量的精确测量。

#### 3) 智能化家用电器

目前各种家用电器已普遍采用单片机控制代替传统的电子线路控制，如智能冰箱、智能电饭煲、智能洗衣机、空调、微波炉、视听音响设备、大屏幕显示系统等。单片机已使人类的生活变得更加方便舒适、丰富多彩。

#### 4) 办公自动化

采用单片机可以使办公设备功能更加丰富，使用更加方便，如PC机、考勤机、复印机、传真机、手机、楼宇自动通信呼叫系统、无线电对讲机等。

除此之外，单片机还应用于玩具、医疗器械、汽车电子、航空航天系统甚至尖端武器中等。

单片机的应用从根本上改变了控制系统传统的设计方法和设计思想，以前由硬件电路实现的大部分控制功能，现在都可以利用单片机通过软件控制加以实现。以前自动控制中的PID调节，现在可以用单片机实现具有智能化的数字计算控制、模糊控制和自适应控制。

这种以软件取代硬件并能提高系统性能的控制技术正在不断地发展完善。

### 1.3.2 单片机的发展趋势

目前，单片机正朝着CMOS化、低功耗、小体积、大容量、高性能、低价格和外围电路内装化等几个方面发展。下面是单片机的主要发展趋势。

1. 功能更强

尽管单片机是将中央处理器CPU、存储器、I/O接口电路等主要功能部件集成在一块集成电路芯片上构成的微型计算机，但由于工艺和其他方面的原因，还有很多功能部件并未集成在单片机芯片内部。于是，用户通常的做法是根据系统设计的需要在外围扩展功能芯片。随着集成电路技术的快速发展，很多单片机生产厂家充分考虑到用户的需求，将一些常用的功能部件，如 A/D(模/数)转换器、D/A(数/模)转换器、PWM(脉冲产生器)以及LCD(液晶)驱动器等集成到芯片内部，尽量做到单片化，从而成为名副其实的单片机。

2. 功耗更低

MCS-51系列的8031单片机推出时的功耗达630 mW，而现在的单片机功耗普遍都在100 mW 左右。随着对单片机功耗要求越来越低，现在的各个单片机制造商基本都采用了CHMOS工艺。像8051系列单片机采用两种半导体工艺生产，一种是HMOS工艺，即高密度短沟道MOS工艺；另外一种是CHMOS工艺，即互补金属氧化物的HMOS工艺。CHMOS是CMOS和HMOS的结合，除保持了HMOS的高速度和高密度的特点之外，还具有CMOS低功耗的特点。CMOS虽然功耗较低，但由于其物理特征决定其工作速度不够高，而CHMOS则具备了高速和低功耗的特点，这些特征更适合于在要求低功耗条件下像电池供电的应用场合，例如应用在便携式、手提式或野外作业仪器设备上。

3. 性能更高

单片机的使用最高频率由6 MHz、12 MHz、24 MHz、33 MHz，发展到40 MHz乃至更高。同时，为了提高速度和运行效率，人们在单片机中开始使用RISC体系结构、并行流水线操作和DSP等设计技术，这使单片机的指令运行速度大大提高，其电磁兼容性等性能也日趋提高。

4. 系统更简化

推行串行扩展总线，减少引脚数量，简化系统结构。单片机应用系统往往要扩展一些外围器件，许多具有并行总线的单片机推出了删去并行总线的非总线型单片机。采用串行接口时数据传输速度虽然较并行接口要慢，但随着单片机主振频率的提高，加之一般单片机应用系统面对对象的有限速度要求及串行器件的发展，使得移位寄存器接口、SPI、$I^2C$、Microwire、I-Wire等串行扩展成为主流。

### 1.3.3 8051系列单片机

1. MCS-51系列单片机的常用芯片

MCS-51系列单片机是Intel公司在总结MCS-48系列单片机的基础上于20世纪80年

代初推出的高档 8 位单片机。在 MCS-51 系列单片机中，8051 系列是最早最典型的产品，该系列其他单片机都是在 8051 的基础上进行功能的增、减、改变而来的。MCS 是 Intel 公司的注册商标，所以，凡 Intel 公司生产的以 8051 为核心单元的其他派生单片机都可称为 MCS-51 系列，也可简称为 51 系列。Intel 公司将 MCS-51 的核心技术授权给了很多其他公司，所以有很多公司在做以 8051 为核心的单片机，而其他公司生产的以 8051 为核心单元的派生单片机，例如 Philips 公司的 83C552 及 51LPC 系列、Siemens 公司的 SAB80512、AMD 公司的 8053 等均不能称为 MCS-51 系列，只能称为 8051 系列。

MCS-51 系列单片机分为两大子系列——51 子系列与 52 子系列。其特点如下：

(1) 51 子系列：芯片型号的最后位数以“1”作为标志，属基本型产品，根据片内 ROM 的配置，对应的芯片为 8031、8051、8751、80C31、80C51、87C51。

(2) 52 子系列：芯片型号的最后位数以“2”作为标志，属增强型产品，根据片内 ROM 的配置，对应的芯片为 8032、8052、8752、80C32、80C52、87C52。

这两大系列单片机的主要硬件特性如表 1-1 所示。

**表 1-1　两大系列单片机的主要硬件特性**

| 片内 ROM 型号 | | | ROM 容量 | RAM 容量 | 寻址范围 | I/O 特性 | | 中断源数量 |
|---|---|---|---|---|---|---|---|---|
| 无 | ROM | EPROM | | | | 计数器 | 并行口 | |
| 8031 | 8051 | 8751 | 4 KB | 128 B | 64 KB | 2*16 | 4*8 | 5 |
| 80C31 | 80C51 | 87C51 | 4 KB | 128 B | 64 KB | 2*16 | 4*8 | 5 |
| 8032 | 8052 | 8752 | 8 KB | 256 B | 64 KB | 3*16 | 4*8 | 6 |
| 80C32 | 80C52 | 87C52 | 8 KB | 256 B | 64 KB | 3*16 | 4*8 | 6 |

表 1-1 中，芯片型号中用字母“C”标示的是指采用 CHMOS 工艺制作的；芯片型号中未用字母“C”标示的是指采用 HMOS 工艺制作的。此两类器件在功能上是完全兼容的，但采用 CHMOS 工艺的芯片具有低功耗的特点，所消耗的电流要比 HMOS 工艺器件小得多。CHMOS 工艺器件比 HMOS 工艺器件多了两种节电的工作方式(掉电方式和待机方式)，常用于构成低功耗的应用系统。

对应表 1-1 看，我们可以发现，8031、80C31、8032 和 80C32 片内是没有 ROM 的，其余 51 系列的单片机的 RAM 大小为 128 B，52 系列的 RAM 大小为 256 B；51 系列的计数器为两个 16 位的计数器，52 系列的计数器为 3 个 16 位计数器；51 系列的中断源数量为 5 个，52 系列的中断源数量为 6 个。

#### 2. 8051 系列单片机

8051 系列原系 Intel 公司 MCS-51 系列中一个采用 HCMOS 制造工艺的品种。自 Intel 公司对 MCS-51 系列单片机实行技术开放政策后，许多公司诸如 Philips、Dallas、Siemens、Atmel、华邦和 LG 等都以 MCS-51 系列中的基础结构 8051 为内核，通过内部资源的扩展和删减，推出了具有优异性能的各具特色的单片机。因此，现在的 8051 已不局限于 Intel 公司的产品，而是把所有厂家以 8051 为内核的各种型号的 8051 兼容型单片机统称为 8051 系列。

8051 系列中的所有单片机，不论其内部资源配置是扩展了还是删减了，其内核结构都是保持 8051 的内核结构不变。它们都具有以下特点：

(1) 普遍采用 CMOS 工艺，通常都能满足 CMOS 与 TTL 的兼容。

(2) 都和 MCS-51 系列有相同的指令系统。

(3) 所有扩展功能的控制、并行扩展总线和串行总线 UART 都保持不变。

(4) 系统的管理仍采用 SFR 模式，而增加的 SFR 不会和原有的 8051 的 21 个 SFR 产生地址冲突。

(5) 最大限度保持双列直插 DIP40 封装引脚不变，必须扩展的引脚一般均在用户侧进行扩展，对单片机系统的内部总线均无影响。

上述特征保证了新一代的 8051 系列单片机有最佳的兼容性能。因此，往往我们提到的 8051 不是专指 Intel 公司的 Mask ROM 的 8051，而是泛指 8051 系列中的基础结构，它是以 8051 为内核通过不同资源配置而推出的一系列以 HCMOS 工艺制造生产的新一代的单片机系列。但在本书中，我们仍以 Intel 公司的 8051 型号的单片机为例进行硬件及程序的分析。

### 1.3.4　单片机中的数制与码制

#### 1. 数制及其转换

常用的表达整数的数制有二进制数、十进制数和十六进制数三种，其中计算机处理的一切信号都是由二进制数表示的；人们日常用的是十进制数；十六进制数则用来缩写二进制数。三种数制之间可以相互转换，它们之间的关系如表 1-2 所示。为了区别十进制数、二进制数及十六进制数三种数制，通常在数的后面加一个字母以进行区别。用 B 表示二进制数；用 D 或不带字母表示十进制数；用 H 表示十六进制数。

**表 1-2　十进制、二进制、十六进制数对照表**

| 十进制 | 二进制 | 十六进制 | 十进制 | 二进制 | 十六进制 |
|---|---|---|---|---|---|
| 0 | 0000 | 0 | 8 | 1000 | 8 |
| 1 | 0001 | 1 | 9 | 1001 | 9 |
| 2 | 0010 | 2 | 10 | 1010 | A |
| 3 | 0011 | 3 | 11 | 1011 | B |
| 4 | 0100 | 4 | 12 | 1100 | C |
| 5 | 0101 | 5 | 13 | 1101 | D |
| 6 | 0110 | 6 | 14 | 1110 | E |
| 7 | 0111 | 7 | 15 | 1111 | F |

1) 二进制数和十进制数之间的相互转换

二进制数转换为十进制数，可采用展开求和法，即将二进制数按权展开再相加。例如：

$$
\begin{aligned}
101100\text{B} &= 1\times 2^5+0\times 2^4+1\times 2^3+1\times 2^2+0\times 2^1+0\times 2^0\\
&= 32+0+8+4+0+0\\
&= 44
\end{aligned}
$$

十进制数转换为二进制数，可采用除 2 取余法，即用 2 不断地去除待转换的十进制数，直至商等于 0 为止，再将所得的各次余数依次倒序排列。例如，将十进制数 43 转换为二进制数：

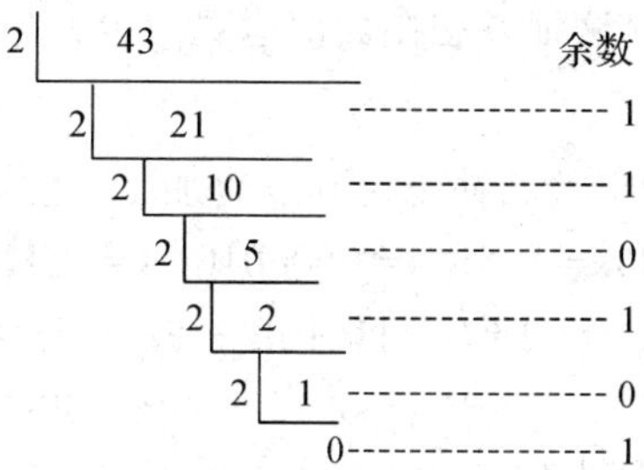


即 43D = 101011B。

2) 二进制数和十六进制数之间的相互转换

二进制数转换为十六进制数，只需将二进制数从右向左每 4 位为一组分组，最后一组若不足 4 位，则在其左边添加 0，以凑成 4 位，每组按表 1-2 用 1 位十六进制数表示。例如：

10011100100B→0100 1110 0100B = 4E4H

十六进制数转换为二进制数，只需按表 1-2 用 4 位二进制数表示 1 位十六进制数。例如：

8DF3H = 1000 1101 1111 0011B

### 2. 有符号数的表示

数值在计算机中的表示形式为机器数，由于计算机只能识别 0 和 1，因此，我们用来表示数值正负的“+”和“−”在计算机中也只能用“0”和“1”表示。一般在计算机中，对于正数，最高位规定为“0”；对于负数，最高位规定为“1”。例如：

+100 = 0 1100100B

−100 = 1 1100100B

有符号数在计算机中有原码、反码和补码三种表示方法。

1) 原码

用最高位表示数的正负，其余各位表示数的绝对值，这种表示方法称为原码表示法。例如：

$[+5]_{原码}$ = 00000101B = 05H

$[-5]_{原码}$ = 10000101B = 85H

如果计算机的数据宽度为 8，即字长为 1 字节，则原码能表示数值的范围为 FFH～7FH(−127～−0, +0～+127)，共 256 个。原码表示“0”时，可以有两种数值，即 00000000B(+0)和 10000000B(−0)，这将会造成混乱，导致计算出错。所以，在计算机进行数值运算时一般不采用原码运算。

例如：在计算 1 − 1 = 0 时，为了简化计算机的硬件结构，把减法运算转换为加法运算，即采用 1 + (−1)去计算，会发现$[1]_{原码}$ + $[-1]_{原码}$ = 00000001B + 10000001B = 10000010B = −2，即计算出错。

2) 反码

正数的反码与原码相同；负数的反码为其原码的符号位不变，数值部分按位取反。例如：

$[+5]_{反码}$ = $[+5]_{原码}$ = 00000101B = 05H

$[-5]_{反码}$ = 11111010B = FAH

如果计算机的数据宽度为 8，即字长为 1 字节，则反码能表示数值的范围为 80H～7FH(−127～−0, +0～+127)，共 256 个。反码表示“0”时，可以有两种数值，即 00000000B(+0)和 11111111B(−0)两种数值。但这种方法在数值运算中也易出错。

3) 补码

正数的补码与原码相同；负数的补码为其反码加 1，但符号位不变。例如：

$$[+5]_{补码} = [+5]_{反码} = [+5]_{原码} = 00000101B = 05H$$

$$[-5]_{补码} = [-5]_{反码} + 1 = 11111010B + 1 = 11111011B = FBH$$

$$[+0]_{补码} = [+0]_{原码} = [+0]_{反码} = 00000000B = 00H$$

在求 −0 的补码时，我们会发现 $[-0]_{原码} = 10000000B$，$[-0]_{反码} = 11111111B$，加 1 后得 $\boxed{1}00000000B$，最高位产生了溢出，为了符合补码的定义和运算规则，将 10000000B(80H)的补码真值定义为 −128。也就是说，用补码表示“0”时只有一种数值，即 00000000B(+0)。补码的表示范围为 80H～7FH(−128～+127)，共 256 个。80H(10000000B)在计算机中表示最小的负整数，即 −128，10000001～11111111 依次表示 −127～−1。这样定义在用补码把减法运算转换为加法运算中，其结果是完全正确的。

例如，计算 1 − 1 = 0，用补码计算：

$$[1]_{补码} + [-1]_{补码} = 00000001B + 11111111B = \boxed{1}00000000B = 0$$

(结果超过 8 位，最高位的“1”自然丢失)，结果正确。

求负数的补码也可以用“模”来计算：

$$[X]_{补码} = 模 + X$$

“模”是计数系统的过程量回零值。如时钟以 12 为模，时钟从某一位置拨到另一位置总有两种拨法，即顺拨和逆拨。例如：从 6 点拨到 5 点，可以逆拨，即 6 − 1 = 5；也可以顺拨，即 6 + 11 = 12(自动丢失) + 5 = 5。这里 11 就是 −1 的补码，也就是说，运用补码可以把减法运算转化为加法运算。

计算机中 8 位二进制数的模为 $2^8 = 256 = 100H$。例如：

$$[-5]_{补码} = 模 + (-5) = 100H - 05H = FBH$$

综上所述，可得出以下几个结论：

(1) 在计算机中带符号数都是以补码的形式储存的，学习原码和反码的目的是为了更好地理解补码。

(2) 补码表示法能使符号位与有效值部分一起参加运算，从而简化运算。

(3) 补码表示法能使减法运算转换为加法运算，从而简化计算机的硬件结构。

### 3. 十进制数的编码——BCD 码

人们生活中习惯于十进制数，而计算机只能识别二进制数，为了将十进制数转换为二进制数，产生了 BCD(Binary Coded Decimal)码，即用二进制代码表示十进制数，例如手用计算器就采用 BCD 编码运算。这种编码的特点是保留十进制的权，数字则用二进制表示，即仍然是逢十进一，但又是一组二进制代码。

1) 编码方法

BCD 码有多种表示方法，最常用的 BCD 码为 8421 码，编码方式如表 1-3 所示。每 4 位二进制数表示一个十进制字符，这 4 位中各位的权依次是 8、4、2、1，因此称为 8421 BCD 码。

表 1-3　8421 BCD 码与十进制数的对应关系

| 十进制数 | 0 | 1 | 2 | 3 | 4 | 5 | 6 | 7 | 8 | 9 |
|---|---|---|---|---|---|---|---|---|---|---|
| 8421 BCD 码 | 0000 | 0001 | 0010 | 0011 | 0100 | 0101 | 0110 | 0111 | 1000 | 1001 |

2) BCD 码的运算

由于 4 位二进制数最多可以表示 16 种状态，余下的 6 种未用码(1010、1011、1100、1101、1110、1111)在 BCD 码中称为非法码或冗余码。从表 1-3 中可以看出，1 位十进制数是逢十进位(借位)的，而 4 位二进制数是逢十六进位(借位)的，当计算结果有非法码或 BCD 码产生进位(借位)时，加法进行加 6 修正，减法进行减 6 修正。

例如，计算 26 + 5 = 31，若用 BCD 码运算：

```
  0010 0110（26）
+ 0000 0101  （ 5 ）
-----------------
  00  010  1011  ————→ (非法码，出错)
```

计算结果有非法码，需进行十进制修正：

```
  0010 0110（26）
+ 0000 0101  （ 5 ）
-----------------
  0010  1011  ————→（低 4 位大于 9，应进位）
+ 0000 0110   ————→（低 4 位加 6 使其进位）
  0011 0001  （31） ——→（正确）
```

例如，计算 27 − 9 = 18，若用 BCD 码运算：

```
  0010 0111（27）
− 0000 1001（ 9）
-----------------
  0001  1110  ————→（非法码，出错，且低4位往高 4 位借了 16）
```

计算结果有非法码，需进行十进制修正：

```
  0010 0111  （27）
− 0000 1001  （ 9）
-----------------
  0001  1110  ————→（低4位往高 4 位借了 16）
− 0000 0110   ————→（低4位减6修正）
  0001 1000  （18）——→（正确）
```

需要指出的是，BCD 码属于无符号数，其减法若出现被减数小于减数时，则需向更高位借位，运算结果与十进制数不同。例如，十进制数：29 − 30 = −1(有符号)；BCD 码：29 − 30 = 129 − 30 = 99(无符号)。

在单片机中，有专门的 BCD 码调整指令 DA 来完成 BCD 码的修正。

#### 4. ASCII 码

由于计算机只能处理二进制数，因此，除了数值本身需要用二进制数形式表示外，另一些要处理的信息(如字母、标点符号、数字符号、文字符号等)也必须用二进制数表示，即在计算机中需将这些信息代码化，以便于计算机识别、存储及处理。

目前，在微机系统中，世界各国普遍采用美国信息交换标准码——ASCII 码(American Standard Code for Information Interchange)。如表 1-4 所示，用 7 位二进制数表示一个字符的 ASCII 码值。

**表 1-4　ASCII 码编码表**

| 高 3 位 / 低 4 位 | | 0H | 1H | 2H | 3H | 4H | 5H | 6H | 7H |
|---|---|---|---|---|---|---|---|---|---|
| | | 000 | 001 | 010 | 011 | 100 | 101 | 110 | 111 |
| 0H | 0000 | NUL | DLE | SP | 0 | @ | P | 、 | p |
| 1H | 0001 | SOH | DC1 | ! | 1 | A | Q | a | q |
| 2H | 0010 | STX | DC2 | " | 2 | B | R | b | r |
| 3H | 0011 | ETX | DC3 | # | 3 | C | S | c | s |
| 4H | 0100 | EOT | DC4 | $ | 4 | D | T | d | t |
| 5H | 0101 | ENQ | NAK | % | 5 | E | U | e | u |
| 6H | 0110 | ACK | SYN | & | 6 | F | V | f | v |
| 7H | 0111 | BEL | ETB | ' | 7 | G | W | g | w |
| 8H | 1000 | BS | CAN | ( | 8 | H | X | h | x |
| 9H | 1001 | HT | EM | ) | 9 | I | Y | i | y |
| AH | 1010 | LF | SUB | * | : | J | Z | j | z |
| BH | 1011 | VT | ESC | + | ; | K | [ | k | { |
| CH | 1100 | FF | FS | ' | < | L | \ | l | \| |
| DH | 1101 | CR | GS | – | = | M | ] | m | } |
| EH | 1110 | SO | RS | . | > | N | ↑① | n | ～ |
| FH | 1111 | SI | US | / | ? | O | ←② | o | DEL |

注：①、②符号取决于使用这种代码的机器。其中①还可以表示“→”；②还可以表示“↑”。

由表 1-4 可知，7 位二进制数能表达 $2^7 = 128$ 个字符，其中包括数码(0～9)、英文大写字母(A～Z)、英文小写字母(a～z)、特殊符号(!、?、@、# 等)和控制字(NUL、BS、CR、SUB 等)。7 位 ASCII 码分成两组：高 3 位一组，低 4 位一组，分别表示这些符号的列序和行序。

在计算机系统中，存储单元的长度通常为 8 位二进制数，为了存取方便，规定一个存储单元存放一个 ASCII 码，其中低 7 位为字母本身的编码，第 8 位往往用作奇偶校验位或规定为零。因此，也可以认为 ASCII 码的长度为 8 位。

## 1.4　单片机与嵌入式系统

在各种不同类型的嵌入式系统中，以单片微控制器(Microcontroller)作为系统的主要控制核心所构成的单片嵌入式系统(国内通常称为单片机系统)占据着非常重要的地位。单片嵌入式系统的硬件基本构成可分成两大部分：单片微控制器芯片和外围的接口与控制电路。其中单片微控制器是构成单片嵌入式系统的核心。单片微控制器又被称为单片微型计算机(Single-Chip Microcomputer 或 One-Chip Microcomputer)，或嵌入式微控制器(Embedded Microcontroller)。

所谓的单片微控制器即单片机，它的外表通常只是一片大规模集成电路芯片。但在芯片的内部却集成了中央处理器单元(CPU)、各种存储器(RAM、ROM、EPROM、$E^2$PROM 和 FlashROM)、各种输入/输出接口(定时器/计数器、并行 I/O、串行 I/O 以及 A/D 转换接口)等众多的功能部件。因此，一片芯片就构成了一个基本的微型计算机系统。

### 1.4.1 嵌入式系统简介

计算机的出现最开始应用于数值计算。随着计算机技术的不断发展，计算机的处理速度越来越快，存储容量越来越大，外围设备的性能越来越好，满足了高速数值计算和海量数据处理的需要，形成了高性能的通用计算机系统。

#### 1. 什么是嵌入式系统

以往我们按照计算机的体系结构、运算速度、结构规模和适用领域，将其分为大型计算机、中型机、小型机和微型计算机，并以此来组织学科和产业分工，这种分类沿袭了约 40 年。近 20 年来，随着计算机技术的迅速发展，以及计算机技术和产品对其他行业的广泛渗透，使得以应用为中心的分类方法变得更为切合实际。具体地说，就是按计算机的非嵌入式应用和嵌入式应用将其分为通用计算机系统和嵌入式计算机系统。

通用计算机具有计算机的标准形态，通过安装不同的软件，实现不同功能并应用在社会的各个方面。现在我们在办公室里、家庭中最广泛普及使用的 PC 就是通用计算机最典型的代表。

而嵌入式计算机则是以嵌入式系统的形式隐藏在各种装置、产品和系统中的。在许多应用领域中，如在工业控制、智能仪器仪表、家用电器、电子通信设备等电子系统和电子产品中，对计算机的应用有着不同的要求，这些要求的主要特征为：

(1) 面对控制对象。面对物理量传感器变换的信号输入；面对人机交互的操作控制；面对对象的伺服驱动和控制。

(2) 可嵌入到应用系统。体积小、低功耗、价格低廉，可方便地嵌入到应用系统和电子产品中。

(3) 能在工业现场环境中可靠运行。

(4) 具有优良的控制功能。对外部的各种模拟和数字信号能及时地捕捉，对多种不同的控制对象能灵活地进行实时控制。

可以看出，满足上述要求的计算机系统与通用计算机系统是不同的。换句话讲，能够满足和适合以上这些应用的计算机系统与通用计算机系统在应用目标上有巨大的差异。

我们将具备高速计算能力和海量存储，用于高速数值计算和海量数据处理的计算机称为通用计算机系统。而将面对工控领域对象，嵌入到各种控制应用系统、各类电子系统和电子产品中，实现嵌入式应用的计算机系统称为嵌入式计算机系统，简称嵌入式系统(Embedded System)。

特定的环境、特定的功能，要求计算机系统与所嵌入的应用环境成为一个统一的整体，并且往往要满足紧凑、高可靠性、实时性好、低功耗等技术要求。对于这样一种面向具体专用应用目标的计算机系统的应用，以及系统的设计方法和开发技术，构成了今天嵌入式系统的重要内涵，这也是嵌入式系统发展成为一个相对独立的计算机研究和学习领域的原因。

2. 嵌入式系统的特点与应用

嵌入式系统是指用于实现独立功能的专用计算机系统。它由微处理器、微控制器、定时器、传感器等一系列微电子芯片与器件，以及嵌入在存储器中的微型操作系统或控制系统软件组成，完成诸如实时控制、监测管理、移动计算、数据处理等各种自动化处理任务。

嵌入式系统是以应用为核心、以计算机技术为基础、软件硬件可裁剪、适应应用系统对功能、可靠性、安全性、成本、体积、重量、功耗、环境等方面有严格要求的专用计算机系统。嵌入式系统将应用程序和操作系统与计算机硬件集成在一起，简单地讲就是系统的应用软件与系统的硬件一体化。这种系统具有软件代码小、高度自动化、响应速度快等特点，特别适应于面向对象的要求实时和多任务的应用。

嵌入式计算机系统在应用数量上远远超过了各种通用计算机系统，一台通用计算机系统，如 PC 机的外部设备中就包含了 5～10 个嵌入式系统。键盘、鼠标、软驱、硬盘、显示卡、显示器、Modem、网卡、声卡、打印机、扫描仪、数字相机、USB 集线器等均是由嵌入式处理器控制的。嵌入式计算机系统在制造工业、过程控制、通信、仪器、仪表、汽车、船舶、航空、航天、军事装备、消费类产品等方面均有广泛应用。

通用计算机系统和嵌入式计算机系统形成了计算机技术的两大分支。与通用计算机系统相比，嵌入式计算机系统最显著的特性是面对工控领域的测控对象。工控领域的测量对象都是一些物理量，如压力、温度、速度、位移等；控制对象则包括马达、电磁开关等。嵌入式计算机系统对这些参量的采集、处理、控制速度是有限的，而对控制方式和能力的要求则是多种多样的。显然，这一特性形成并决定了嵌入式计算机系统和通用计算机系统在系统结构、技术、学习、开发和应用等诸方面的差别，也使得嵌入式系统成为计算机技术发展中的一个重要分支。

嵌入式计算机系统以其独特的结构和性能，越来越多地被应用于国民经济的各个领域。

### 1.4.2　单片嵌入式系统

嵌入式计算机系统的构成，根据其核心控制部件的不同可分为几种不同的类型：各种类型的工控机；可编程逻辑控制器 PLC；以通用微处理器或数字信号处理器为核心构成的嵌入式系统；单片嵌入式系统。

采用上述不同类型的核心控制部件所构成的系统都实现了嵌入式系统的应用，成为嵌入式系统应用的庞大家族。

以单片机作为控制核心的单片嵌入式系统大部分应用于专业性极强的工业控制系统中。其主要特点是：结构和功能相对单一，存储容量较小，计算能力和效率比较低，简单的用户接口。由于这种嵌入式系统功能专一可靠、价格便宜，因此在工业控制、电子智能仪器设备等领域有着广泛的应用。

作为单片嵌入式系统的核心控制部件，单片机从体系结构到指令系统都是按照嵌入式系统的应用特点专门设计的，能最好地满足面对控制对象、应用系统的嵌入、现场的可靠运行和优良的控制功能要求。因此，单片嵌入式应用是发展最快、品种最多、数量最大的嵌入式系统，也有着广泛的应用前景。由于单片机具有嵌入式系统应用的专用体系结构和指令系统，因此在其基本体系结构上，可衍生出能满足各种不同应用系统要求的系统和产品。用户可根据应用系统的各种不同要求和功能，选择最佳型号的单片机。

作为一个典型的嵌入式系统——单片嵌入式系统，在我国大规模应用已有几十年的历史。它不但是在中、小型工控领域、智能仪器仪表、家用电器、电子通信设备和电子系统中最重要的工具和最普遍的应用手段，同时正是由于单片嵌入式系统的广泛应用和不断发展，也大大推动了嵌入式系统技术的快速发展。因此，对于电子、通信、工业控制、智能仪器仪表等相关专业的学生来讲，深入学习和掌握单片嵌入式系统的原理与应用，不仅能对自己所学的基础知识进行检验，而且能够培养和锻炼自己的问题分析、综合应用和动手实践的能力，掌握真正的专业技能和应用技术。同时，深入学习和掌握单片嵌入式系统的原理与应用，也可为更好地掌握其他嵌入式系统打下重要的基础。

### 1.4.3 单片嵌入式系统结构

仅由一片单片机芯片是不能构成一个应用系统的。系统的核心控制芯片往往还需要与一些外围芯片、器件和控制电路机构有机地连接在一起，才构成了一个实际的单片机系统，进而再嵌入到应用对象的环境体系中，作为其中的核心智能化控制单元而构成典型的单片嵌入式应用系统，如洗衣机、电视机、空调、智能仪器、智能仪表等。

单片嵌入式系统的结构如图 1-3 所示。通常包括三大部分：既能实现嵌入式对象各种应用要求的单片机、全部系统的硬件电路和应用软件。

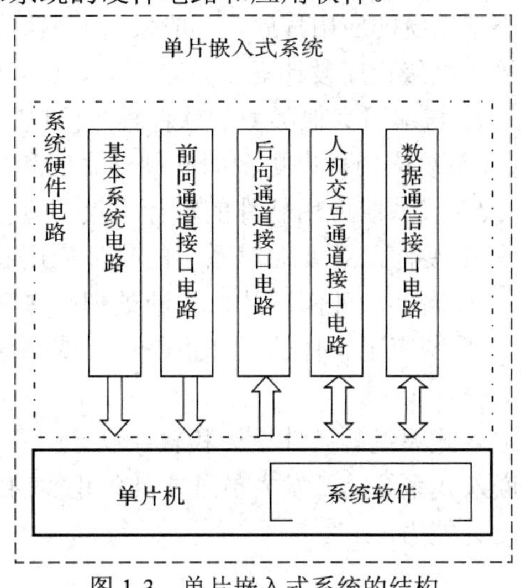


图 1-3 单片嵌入式系统的结构

#### 1. 单片机

单片机是单片嵌入式系统的核心控制芯片，由它实现对控制对象的测控、系统运行管理控制、数据运算处理等功能。

2. 系统硬件电路

系统硬件电路是指根据系统采用单片机的特性以及嵌入对象要实现的功能要求而配备的外围芯片、器件所构成的全部硬件电路。通常包括以下几部分：

(1) 基本系统电路。基本系统电路提供和满足单片机系统运行所需要的时钟电路、复位电路、系统供电电路、驱动电路、扩展的存储器等。

(2) 前向通道接口电路。前向通道接口电路是应用系统面向对象的输入接口，通常是各种物理量的测量传感器、变换器输入通道。根据现实世界物理量转换成电量输出信号的类型，如模拟电压电流、开关信号、数字脉冲信号等的不同，接口电路也不同。常见的有传感器、信号调理器、模/数转换器 ADC、开关输入电路、频率测量接口等。

(3) 后向通道接口电路。后向通道接口电路是应用系统面向对象的输出控制电路接口。根据应用对象伺服和控制要求，通常有数/模转换器 DAC、开关量输出电路、功率驱动接口、PWM 输出控制电路等。

(4) 人机交互通道接口电路。人机交互通道接口电路是满足应用系统人机交互需要的电路，通常有键盘、拨动开关、LED 发光二极管、数码管、LCD 液晶显示器、打印机等多种输入输出接口电路。

(5) 数据通信接口电路。数据通信接口电路是满足远程数据通信或构成多机网络应用系统的接口。通常有 RS-232、PSI、$I^2C$、CAN 总线、USB 总线等通信接口电路。

3. 系统的应用软件

系统应用软件的核心就是下载到单片机中的系统运行程序。整个嵌入式系统全部硬件的相互协调工作、智能管理和控制都由系统运行程序决定。它被认为是单片嵌入式系统核心的核心。一个系统应用软件设计的好坏，往往也决定了整个系统性能的好坏。

系统软件是根据系统功能要求设计的，一个嵌入式系统的运行程序实际上就是该系统的监控与管理程序。对于小型系统的应用程序，一般采用汇编语言编写。而对于中型和大型系统的应用程序，往往采用高级程序设计语言如 C 语言、Basic 语言来编写。

编写嵌入式系统应用程序与编写其他类型的软件程序(如基于 PC 的应用软件的设计开发)有很大的不同，嵌入式系统应用程序更多面向硬件底层和控制，而且还要面对有限的资源(如有限的 RAM)。嵌入式系统应用软件的设计不仅要直接面对单片机和与它连接的各种不同种类和设计的外围硬件，还要面对系统的具体应用和功能。整个运行程序常常是输入、输出接口设计，存储器，外围芯片，中断处理等多项功能交织在一起的。因此，除了硬件系统的设计，系统应用软件的设计也是嵌入式系统开发研制过程中一项重要和困难的任务。

需要强调的是，单片嵌入式系统的硬件设计和软件设计两者之间的关系是十分紧密、互相依赖和制约的，要求嵌入式系统的开发人员既要具备扎实的硬件设计能力，同时也要具备相当优秀的软件程序设计能力。

### 1.4.4 单片嵌入式系统的应用领域

以单片机为核心构成的单片嵌入式系统已成为现代电子系统中最重要的组成部分。在现代的数字化世界中，单片嵌入式系统已经大量地渗透到我们生活的各个领域，几乎很难找到哪个领域没有单片机的踪迹。导弹的导航装置、飞机上各种仪表的控制、计算机的网络通信与数据传输、工业自动化过程的时实控制和数据处理、生产流水线上的机器人、医院里先进的医疗器械和仪器、广泛使用的各种智能 IC 卡、小朋友的程控玩具和电子宠物等，都是典型的单片嵌入式系统应用。

由于单片机芯片的微小体积，极低的成本和面向控制的设计，使得它作为智能控制的核心器件被广泛地用于嵌入到工业控制、智能仪器仪表、家用电器、电子通信产品等各个领域中的电子设备和电子产品中。其主要应用领域有以下几个方面。

### 1. 智能家用电器

智能家用电器俗称带“电脑”的家用电器，如电冰箱、空调、微波炉、电饭锅、电视机、洗衣机等。在传统的家用电器中嵌入了单片机系统后使产品性能得到了很大的改善，实现了运行智能化、温度的自动控制和调节、节约电能等功效。

### 2. 智能机电一体化产品

单片机嵌入式系统与传统的机械产品相结合，使传统的机械产品结构简单化，控制智能化，构成新一代的机电一体化产品。这些产品已在纺织、机械、化工、食品等工业生产中发挥出巨大的作用。

### 3. 智能仪表仪器

用单片机嵌入式系统改造原有的测量、控制仪表和仪器，能促使仪表仪器向数字化、智能化、多功能化、综合化、柔性化等方面发展。由单片机系统构成的智能仪器仪表可以集测量、处理、控制功能于一体，赋予了传统的仪器仪表一个崭新的面貌。

### 4. 测控系统

用单片机嵌入式系统可以构成各种工业控制系统、适应控制系统和数据采集系统，如温室人工气候控制、汽车数据采集与自动控制系统。

## 1.5 单片机的基本操作

本节介绍 USBasp 下载线的使用，讲解如何将编写的程序代码烧写到单片机中，让其在电路中脱机运行。

USBasp 下载线的外观图片如图 1-4 所示。ISP 接口的引脚如图 1-5 所示。

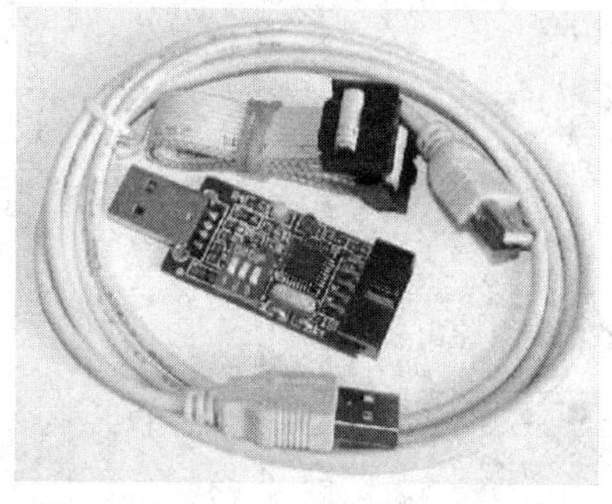

图 1-4 USBasp 下载线的外观图片

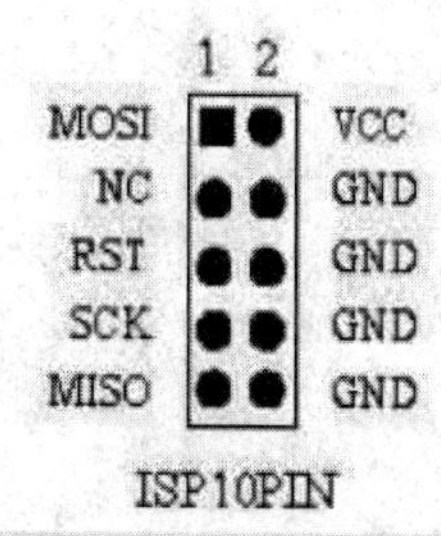


图 1-5 ISP 接口的引脚

1. 安装 USBasp 下载线的驱动程序

(1) 把下载线插到电脑的 USB 接口时，即弹出如图 1-6 所示的窗口。

图 1-6　显示发现新硬件

(2) 将 USBasp 下载线连接到电脑后会弹出“找到新的硬件向导”对话框，选择“从列表或指定位置安装”，如图 1-7 所示。

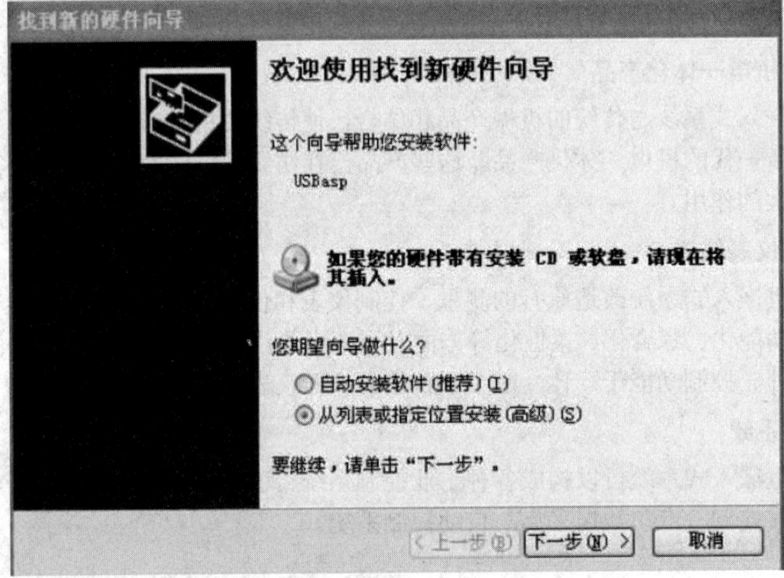


图 1-7　找到新硬件对话框

(3) 找到驱动程序放置的位置，如图 1-8 所示。

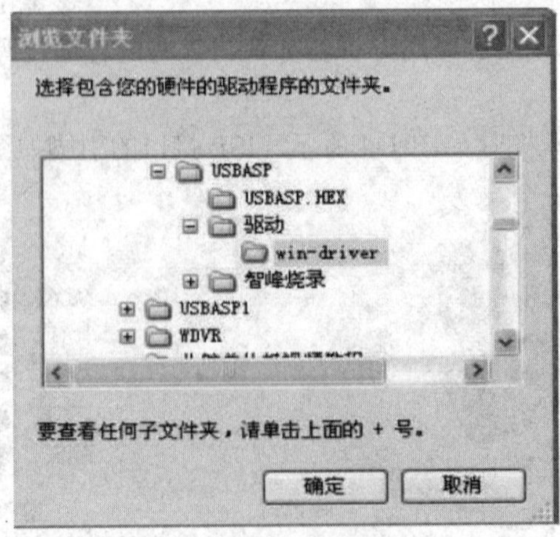


图 1-8　查找驱动程序的位置

(4) 选择驱动程序，如图 1-9 所示。

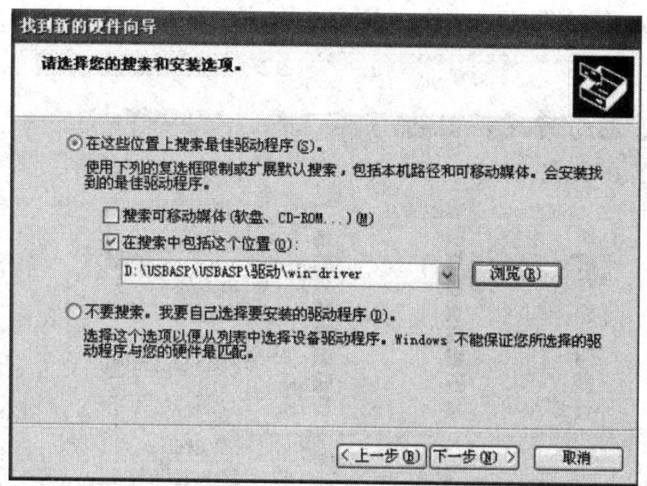


图 1-9　选择驱动程序

(5) 自动安装完成，如图 1-10 所示。

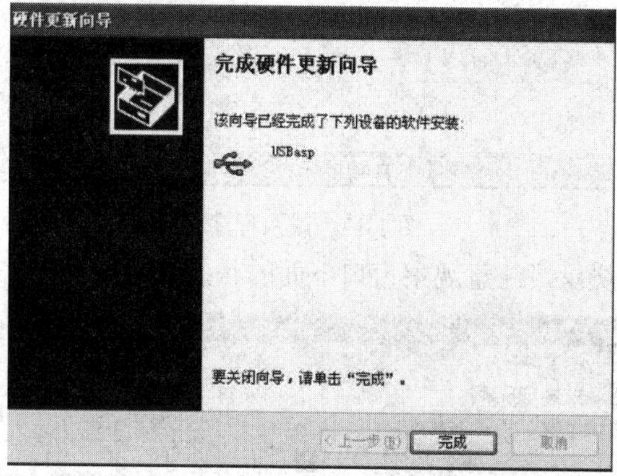


图 1-10　完成安装

(6) 安装完成后可在我的电脑→设备管理器中找到 USBasp 字样，如图 1-11 所示，表示安装成功。

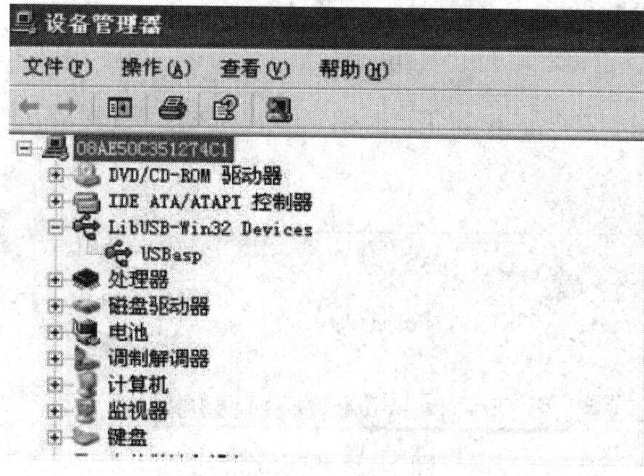


图 1-11　安装成功

## 2. 下载程序

(1) 打开上位机软件，选择要下载程序的芯片，并选择调入 Flash，载入 .hex 程序，如图 1-12 所示。

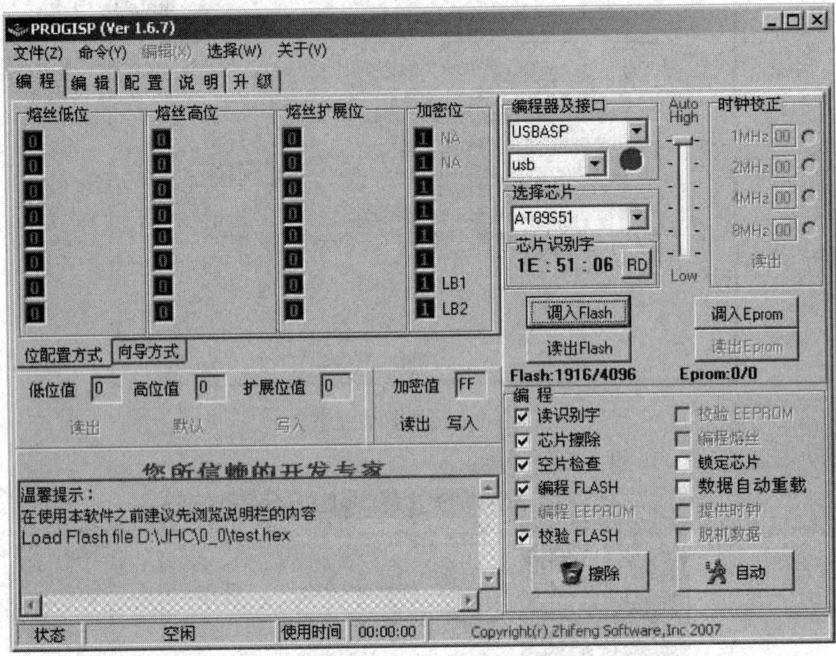


图 1-12　载入程序

(2) 此时显示正在烧录，注意观察窗口下面的状态条，如图 1-13 所示。

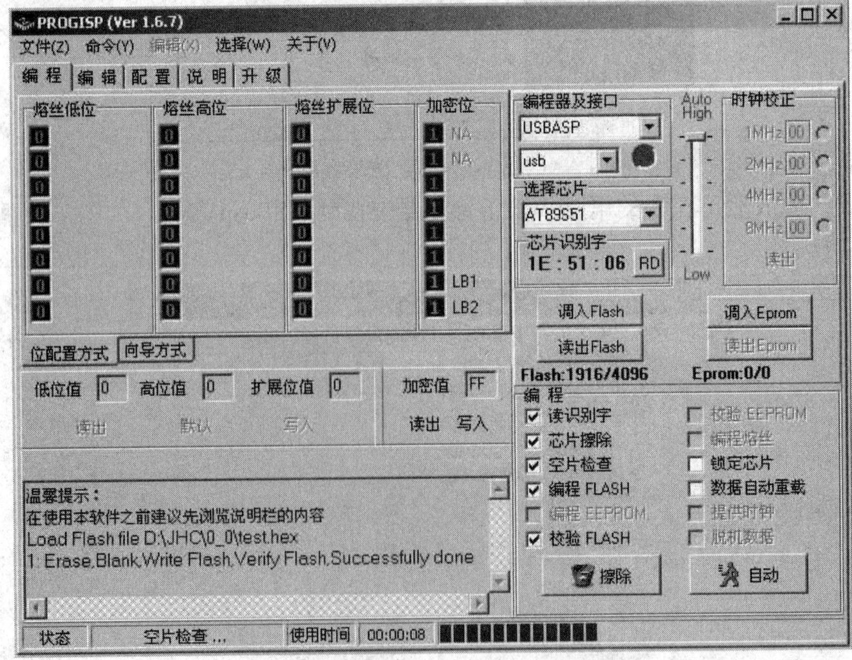


图 1-13　显示烧录

(3) 烧录完成，效果如图 1-14 所示。

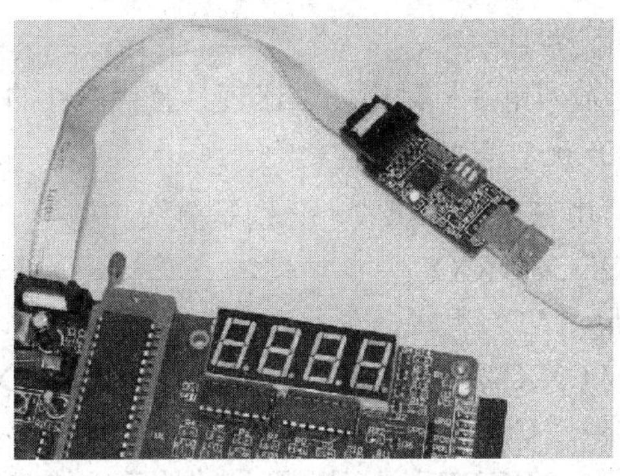

图 1-14　烧录结果

### 3. 常见问题

软件第一次安装以后，下载 AT89S51 芯片有可能失败，这往往是由上位机编程软件的设置问题导致的。此时请按图 1-15 所示进行设置，然后再下载程序。

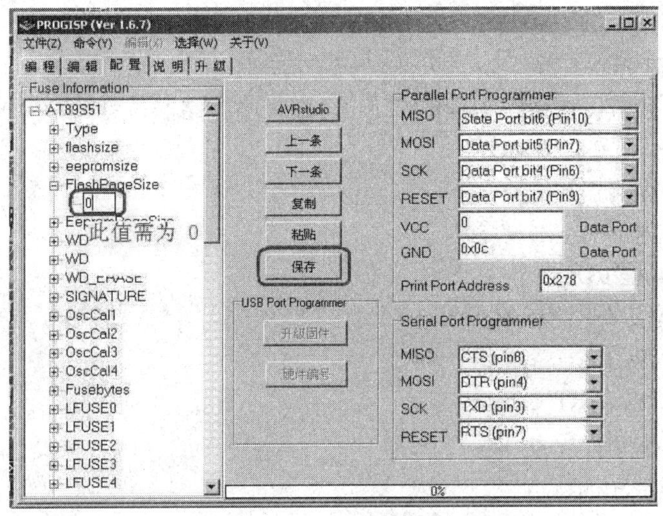


图 1-15　常见问题设置

## 1.6　常用单片机介绍

### 1. MCS-51 系列单片机

Intel 在 1980—1982 年陆续推出了指令系统完全相同，内部结构基本相同的 8031、8051 和 8751 等型号单片机，初步形成 MCS-51 系列，该系列被奉为“工业控制单片机标准”。MCS-51 增强型系列单片机除了 89C51 之外，主要包括 89C52、89C54、89C58、89C516 等型号。它们的区别主要是三个方面：一是片内 RAM 由 128 B 增加到 256 B；二是多一个定时器/计数器；三是片内 Flash ROM 由 4 KB 分别增加到了 8 KB、16 KB、32 KB 和 64 KB。

不同厂家的产品可能还增加有其他外设或功能，但引脚和指令都是完全兼容的。一般我们将 89C51(包括 8031、8051 等)称为基本型，其他的型号称为增强型。

### 2. ATMEL89 系列单片机

Atmel 公司生产的 89 系列单片机是市场上比较具有代表性的 MCS-51 单片机。

#### 1) ATMEL89 系列单片机型号说明

AT89 系列单片机型号由三个部分组成，分别是前缀、型号、后缀，其格式如下：

AT89C(LV、S)XXXX-XXXX

(1) 前缀。前缀由字母“AT”组成，表示该器件是 Atmel 公司的产品。

(2) 型号。型号由“89CXXXX”或“89LVXXXX”或“89SXXXX”等表示。“9”表示芯片内部含 Flash 存储器；“C”表示是 CMOS 产品；“LV”表示是低电压产品；“S”表示含可下载的 Flash 存储器；“XXXX”为表示型号的数字，如 51、52、2051、8252 等。

(3) 后缀。后缀由“XXXX”四个参数组成，与产品型号间用“-”号隔开。后缀中第一个参数“X”表示速度；后缀中第二个参数“X”表示封装；后缀中第三个参数“X”表示温度范围；后缀中第四个参数“X”说明产品的处理情况。

#### 2) AT89C51 单片机

AT89C51 单片机特点如下：

- 与 MCS-51 产品完全兼容；
- 具有 4 K 字节可在系统编程的 Flash 内部程序存储器，可写/擦 1000 次；
- 全静态操作：0～24 MHz；
- 三级程序存储器加密；
- 128 字节内部 RAM；
- 32 根可编程 I/O 线；
- 2 个 16 位定时器/计数器；
- 6 个中断源；
- 可编程串行 UART 通道；
- 低功耗空闲和掉电方式。

#### 3) AT89S52 单片机

AT89S52 单片机特点如下：

- 与 MCS-51 产品兼容；
- 具有 8 K 字节可在系统编程的 Flash 内部程序存储器，可写/擦 1000 次；
- 4.0 V～5.5 V 的工作电压；
- 全静态操作：0～24 MHz；
- 三级程序存储器加密；
- 256 字节内部 RAM；
- 全双工异步串行通信通道；
- 低功耗空闲和掉电方式；
- 通过中断中止掉电方式；
- 看门狗定时器；
- 两个数据指针。

### 3. STC89/12 系列单片机

STC 89C51RC/RD+ 系列单片机是宏晶科技推出的新一代超强抗干扰、高速、低功耗的单片机。指令代码完全兼容传统 8051 单片机，12 时钟/机器周期和 6 时钟/机器周期可任意选择。

STC 89C51RC / RD+ 系列单片机特点如下：

- 增强型 6/12 时钟/机器周期 8051 CPU；
- 工作电压：3.4 V～5.5 V(5 V 单片机) / 2.0 V～3.8 V(3 V 单片机)；
- 工作频率：0～40 MHz，相当于普通 8051 的 0～80 MHz；
- 用户应用程序空间 4 KB～64 KB；
- 片上集成 1280 B / 512 B RAM；
- 通用 I/O 口 32 / 36 个；
- ISP(在系统可编程) / IAP(在应用可编程)，无需专用编程器/仿真器；
- 内部 $E^2$PROM 功能；
- 硬件看门狗；
- 内部集成 MAX810 专用复位电路(D 版本才有)，外部晶体 20 MHz 以下时，可省外部复位电路；
- 共 3 个 16 位定时器/计数器；
- 外部中断 4 路；
- 通用异步串行口，还可用定时器软件实现多个 UART；
- 工作温度：0～75℃，-40℃～+85℃；
- 封装：LQFP-44，PDIP-40，PLCC-44，PQFP-44 。

## 1.7　单片机系统开发方法

单片机系统是软件和硬件的逻辑结合体，必须根据对系统功能、性能参数的要求，对软件和硬件统一考虑进行设计开发，以求达到最佳效果。

### 1. 单片机系统的设计要求

单片机系统设计开发非常受制于功能和具体的应用环境，所以单片机系统的设计具有以下特殊的要求：

- 接口方便、操作容易；
- 稳定可靠、维护简便；
- 功耗管理、降低成本；
- 并发处理、及时响应。

### 2. 单片机系统的开发特点

单片机系统的开发需要软硬件综合开发，两者密切相关。因为，任何一个单片机系统产品都是软件和硬件的结合体。

一旦单片机系统产品研发完成，软件就固化在硬件环境中，单片机软件是针对相应的单片机硬件系统开发的，是专用的。

**3. 单片机系统的开发工具及环境**

1) 单片机C语言开发工具Keil C51

Keil C51是Keil Software公司出品的51系列兼容单片机C语言软件开发系统。它可以提供丰富的库函数和功能强大的集成开发调试工具μVision2，全Windows界面，生成的目标代码效率非常高。

2) Proteus嵌入式系统仿真与开发平台

Proteus是一个嵌入式系统仿真与开发平台，是英国Labcenter Electronics公司出版的EDA工具软件。Proteus不仅具有仿真数字、模拟电路的功能，还具备由微控制器及外围器件组成的混合电路的仿真功能。Proteus是目前世界上最先进、最完整的嵌入式系统设计与仿真平台。

**4. 单片机系统设计中芯片的选择**

现在市场上的单片机品种很丰富，8051只是个基本型。虽然在本课程中我们主要是以8051为例来组织教学的，但是在进行单片机系统设计的时候就要根据系统的需求，灵活地选用具有不同特性的单片机。

## 1.8　实践训练——利用单片机控制LED

单片机广泛应用于工业与民用过程中，本项目是针对第一次接触单片机的同学而设计的，目标是让大家初步认识单片机的开发环境，学会建立工程文件夹、文件编辑、连接、下载与调试，并实现一组受控的LED灯点亮过程。

### 一、应用环境

城市中闪烁的霓虹灯广告、工厂中电动机的顺序启动/停止以及设备指示灯控制等。

### 二、实现过程

**1. 硬件连接**

本项目硬件装置的型号是DAIS-568H，打开实验箱，我们看到了密密麻麻的电子元件，让我们逐渐认识它们。这次所使用的端口资源是P1.0～P1.7，先按照图1-16所示原理进行正确的导线连接，其中单片机是一片40个引脚的集成电路芯片，LED是发光二极管，R是限流电阻，供电电压为+5 V。

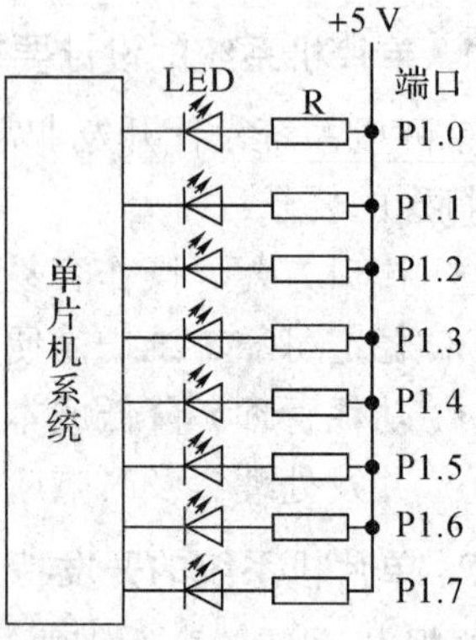

图1-16　单片机与LED显示器接口原理图

**2. 文件操作**

在C盘的DAIS目录下建立工程文件夹PRJ1，表示第一个项目，如果第一个项目有多个小题目，则建立 PRJ1-1、PRJ1-2、PRJ1-3 等，以后类同。

双击桌面上的快捷方式，正常情况下进入系统。如果不能进入，请检查通信电缆以及实验箱上的功能开关是否在正确的位置上。

新建立文件，并根据要求输入源程序，默认以“ASM”文件为后缀。

选择单击编译→文件编译，实现连接过程。

选择单击编译→文件编译→连接→装载，如果没有语法错误，则可以显示文件装载成功，否则，返回编辑状态继续查找错误。

选择单击调试→连续运行，看看 LED 灯是否符合逻辑要求，选择单击调试→复位键，可以终止程序的运行。

选择视图→调试窗口，右击选择混合方式，可以看到源程序和机器码的对照显示，把它们写下来，以便正确理解汇编语言助记符和可执行机器码的对应关系。

### 3. 软件流程

框图是表达软件思想的重要工具，它可以简洁、清晰和全面地表达软件的流程思想，特别是框图可以独立于任何软件之外，而且图标种类不多，这样对于算法的流程分析是非常方便的。从图 1-17 所示的软件流程图中可以看出，这是 8 个 LED 指示灯循环点亮的过程。

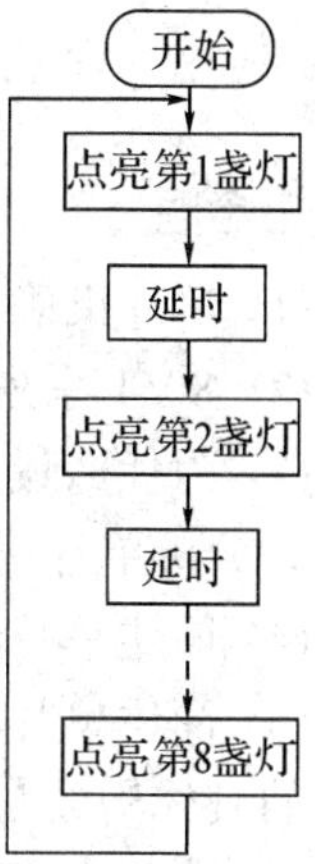

图 1-17　软件流程

### 4. 软件实现

具体程序如下：

```
#include<reg52.h>                    //包含所用单片机对应的头文件
void delay_ms(unsigned int time)     //延时 1 毫秒程序，n 是形式参数
{
    unsigned int i, j;
    for(i=time; i>0; i--)            // i 不断减 1，一直到 i > 0 条件不成立为止
        for(j=112; j>0; j--)         // j 不断减 1，一直到 j > 0 条件不成立为止
        {;}
}
void main(void)
{
    while(1)
    {
        P1=0x00;             //点亮 P1 端口
        delay_ms(500);       //把实际参数 500 传给 n，延时 500 毫秒，也就是 0.5 秒
        P1=0xff;             //熄灭 P1 端口
        delay_ms(500);       //把实际参数 500 传给 n，延时 500 毫秒，也就是 0.5 秒
    }
}
```

上面是一个简单的C语言程序，只要将该程序的代码烧写到电路中去，实验板就会实现“亮，延时500毫秒，灭，延时500毫秒”这样不断循环闪烁的过程。

**5. 思考与讨论**

(1) 点亮一盏LED指示灯的最基本语句是什么？

(2) 为什么要建立工程文件？程序没有工程文件可以运行吗？

(3) 写出指令对应的机器码，并说明助记符与机器码之间的对应关系。

# 思考与练习

**概念题**

(1) 单片机确切的含义是什么？它有哪些主要特征？

(2) 8051系列单片机各种芯片的配置有何不同？

(3) 为什么说单片机是典型的嵌入式系统？在我们身边有哪些设施应用了嵌入式控制技术？分析单片机在其中的作用。

(4) 简述单片机发展的历史和其主要技术发展方向。

(5) 简述单片嵌入式系统的系统结构，并以具体实例(产品)为例，说明系统结构中各个部分的具体构成与功能。

(6) 为什么说单片机系统是典型的嵌入式系统？列举几个你所知道的单片嵌入式系统的产品和应用。

(7) 嵌入式计算机系统有哪几种类型？通过网络、杂志与广告了解各种可以构成嵌入式系统的核心部件的性能、价格与应用领域。

(8) 真值与码值有何区别？原码、反码、补码三者之间如何换算？

(9) 写出下列十进制数的原码和补码，并用十六进制数表示。

① +37　　② −28　　③ +250　　④ −97

(10) 将下列二进制数转换成BCD码。

① 11011011B　　② 00110101B　　③ 00011010B　　④ 10011110B

# 第 2 章　Keil C51 软件的使用

Keil C51 是美国 Keil Software 公司出品的 51 系列兼容单片机 C 语言软件开发系统。Keil C51 软件拥有产业标准的 Keil C 编译器、宏汇编器、调试器、实时内核、单板计算机和仿真器，支持所有的 51 系列微控制器。它旨在解决嵌入式软件开发商面临的复杂问题，即当开始一个新项目时，只需简单地从设备数据库选择将要使用的设备，μVision IDE 将会设置好所有的编译器、汇编器、链接器和存储器选项，帮助如期完成项目进度。

**本章要点：**

- μVision3 开发环境；
- μVision3 的使用；
- μVision3 的调试；
- 单片机烧录。

## 2.1　概　　述

Keil μVision3 IDE 是一个窗口化的软件开发平台，它集可视化编程、编译、调试和仿真于一体，支持 51 汇编、PLM 和 C 语言的混合编程，界面友好、易学易用、功能强大。它具有功能强大的编辑器、工程管理器以及各种编译工具(包括 C 编译器、宏汇编器、链接/装载器和十六进制文件转换器)。μVision3 包含以下功能组件，能加速嵌入式应用程序开发过程。

(1) 功能强大的源代码编辑器。

(2) 可根据开发工具配置的设备数据库。

(3) 用于创建和维护工程的工程管理器。

(4) 集汇编、编译和链接过程于一体的编译工具。

(5) 用于设置开发工具配置的对话框。

(6) 真正集成高速 CPU 及片上外设模拟器的源码级调试器。

(7) 高级 GDI 接口，可用于目标硬件的软件调试和仿真器的连接。

(8) 用于下载应用程序到 Flash ROM 中的 Flash 编程器。

(9) 完善的开发工具手册、设备数据手册和用户向导。

## 2.2　Keil 软件界面

μVision3 IDE 提供了 Build Mode(编译)和 Debug Mode(调试)两种工作模式。编译模式用于维护工程文件和生成应用程序；调试模式下，既可以用功能强大的 CPU 和外设仿真器测试程序，也可以使用调试器经 Keil ULINK USB-JTAG 适配器(或其他 AGDI 驱动器)连接目标系统来测试程序。ULINK 仿真器能用于下载应用程序到目标系统的 Flash ROM 中。

### 2.2.1　Keil μVision3 IDE 的工作界面

Keil μVision3 IDE 软件的安装属于标准 Windows 软件安装。安装之后在桌面或开始菜单中运行 Keil μVision3 IDE 即可启动，启动后的工作界面如图 2-1 所示。工作区域主要分为菜单工具栏、项目工作区、源码编辑区和输出提示区。

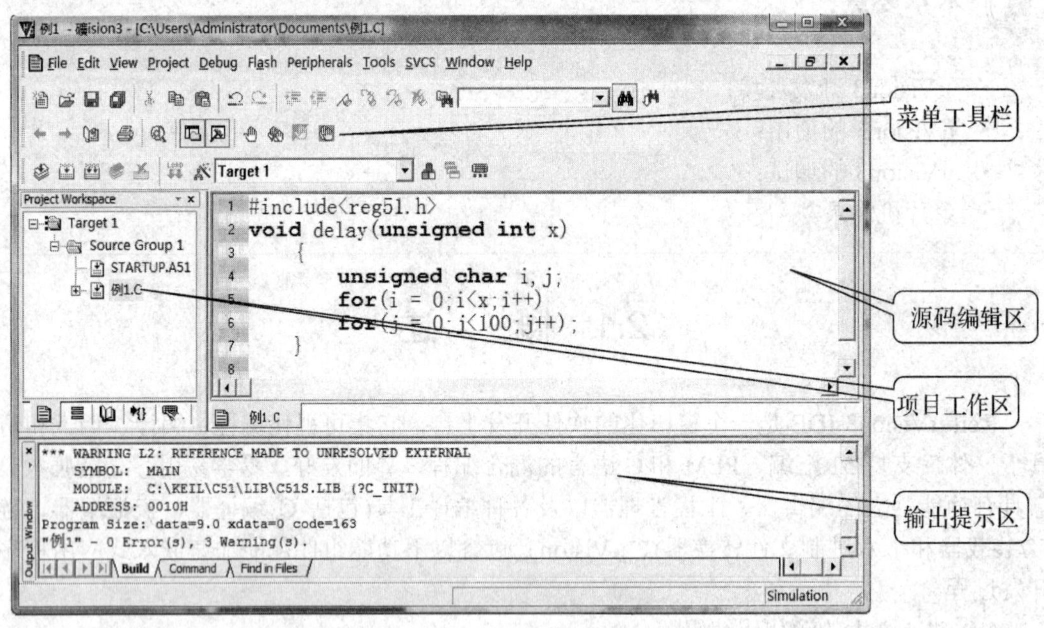


图 2-1　Keil μVision3 IDE 的工作界面

### 2.2.2　Keil μVision3 IDE 的菜单

Keil μVision3 IDE 为用户提供了可以快速选择命令的工具栏、菜单条、源代码窗口和对话框窗口。菜单条提供各种操作命令菜单，用于编辑操作、项目维护、工具选项、程序调试、窗口选择以及帮助。工具条按钮和键盘快捷键允许快速执行命令。

#### 1. File(文件)菜单和命令

File(文件)菜单的命令和功能如表 2-1 所示。

表 2-1　File(文件)菜单

| File 菜单 | 工具条 | 快捷键 | 功 能 描 述 |
|---|---|---|---|
| New | | Ctrl + N | 创建新的文件 |
| Open | | Ctrl + O | 打开已存在的文件 |
| Close | — | — | 关闭当前文件 |
| Save | | Ctrl + S | 保存当前文件 |
| Save as... | — | — | 另存当前文件 |
| Save All | | — | 保存所有已打的文件 |
| Device Database | — | — | 设备库维护 |
| License Management | — | — | 授权维护及查看 |
| Print Setup... | — | — | 打印机设置 |
| Print | | Ctrl + P | 打印当前文件 |
| Print Preview | — | — | 打印预览 |
| 1—9 | — | — | 打开最近使用过的文件 |
| Exit | — | — | 退出 μVision3 |

## 2. Edit(编辑)菜单和命令

Edit(编辑)菜单的命令和功能如表 2-2 所示。

表 2-2　Edit(编辑)菜单

| File 菜单 | 工具条 | 快捷键 | 功 能 描 述 |
|---|---|---|---|
| — | — | Home | 光标移到当前行首 |
| — | — | End | 光标移到当前行末 |
| — | — | Ctrl + Home | 光标移到文件的开始 |
| — | — | Ctrl + End | 光标移到文件的结束 |
| — | — | Ctrl+ ← | 光标移到单词的左侧 |
| — | — | Ctrl + → | 光标移到单词的右侧 |
| — | — | Ctrl + A | 选中文件中的所有内容 |
| — | | — | 把光标返回到执行 find 或 go to line 命令前的位置 |
| — | | — | 把光标移到到执行 find 或 go to line 命令后的位置 |
| Undo | | Ctrl + Z | 撤销键入 |

续表

| File 菜单 | 工具条 | 快捷键 | 功 能 描 述 |
| --- | --- | --- | --- |
| Redo | | Ctrl + Y | 恢复键入 |
| Cut | | Ctrl + X | 剪切 |
| Copy | | Ctrl + C | 复制 |
| Paste | | Ctrl + V | 粘贴 |
| Indent Selected Text | | — | 向右缩进选定的文本 |
| Unindent Selected Text | | — | 向左缩进选定的文本 |
| Toggle Bookmark | | Ctrl + F2 | 在当前行设置标签 |
| Goto Next Bookmark | | F2 | 将光标移到下一个标签 |
| Goto Previous Bookmark | | Shift + F2 | 将光标移到前一个标签 |
| Clear All Bookmarks | | Ctrl + Shift + F2 | 消除所有的标签 |
| Find | command | Ctrl + F | 查找 |
| — | — | F3 | 重复向前查找 |
| — | — | Shift + F3 | 重复向后查找 |
| — | — | Ctrl + F3 | 在光标之下查找 |
| Replace | — | Ctrl + H | 替换 |
| Find in Files... | | Shift + Ctrl + F | 在几个文件内查找 |
| Incremental Find | | Ctrl + I | 增量查找 |
| Outlining | — | — | 有关源代码的命令 |
| Advanced | — | — | 编辑器命令 |
| Configuration | | — | 改变着色、字体、快捷键 |

### 3. Outlining 菜单

Outlining 菜单在 Edit→Outlining 下，它可以对源文件进行分组并隐藏分组。其菜单的命令和功能如表 2-3 所示。

表 2-3　Outlining 菜单

| Outlining 菜单 | 工具条 | 快捷键 | 功 能 描 述 |
| --- | --- | --- | --- |
| Collapse Selection | — | — | 隐藏选定的文件内容 |
| Collapse All Definitions | — | — | 隐藏所有程序 |
| Collapse Current Block | — | — | 隐藏当前块 |
| Collapse Current Procedure | — | — | 隐藏当前程序 |
| Stop Current Outlining | — | — | 除去当前 Outlining 信息 |
| Stop All Outlining | — | — | 除去所有 Outlining 信息 |

### 4. Advanced (高级)菜单

Advanced (高级)菜单在 Edit→Advanced 下，它扩展了编辑器的特性。其菜单的命令和功能如表 2-4 所示。

表 2-4　Advanced (高级)菜单

| Advanced 菜单 | 工具条 | 快捷键 | 功 能 描 述 |
| --- | --- | --- | --- |
| Goto Matching Brace | — | Ctrl + E | 查找匹配的括号 |
| Tabify Selection | — | — | 在选定文本中用 Tab 替换空格 |
| Untabify Selection | — | — | 在选定文本中用空格替换 Tab |
| Make Uppercase | — | Shift + Ctrl + U | 把选定文本转化为大写字母 |
| Make Lowercase | — | Ctrl + U | 把选定文本转化为小写字母 |
| Delete Horizontal White Space | — | — | 删去选定文本中的空格或 Tab |

### 5. 选择文本命令

在 μVision3 中，可以通过按住 Shift 并按住相应的光标键选择文本。例如，Ctrl+Right Arrow 可以将光标移动到下一个单词，Shift + Ctrl + Right Arrow 可以选择从光标的当前位置到下一个单词的开始。同样可以使用鼠标选择文本，如表 2-5 所示。

表 2-5　使用鼠标选择文本

| 鼠　标 | 鼠标使用方法 |
| --- | --- |
| 任意数量的文本 | 在文本上拖拽 |
| 一个单词 | 双击这个单词 |
| 一行文本 | 移动指针到这个行的左端直到它变成向右指示的箭头并单击它 |
| 多行文本 | 移动指针到这个行的左端直到它变成向右指示的箭头并拖拽它 |
| 垂直文本 | 按住 Alt 并拖拽 |

### 6. View(显示)菜单和命令

View(显示)菜单的命令和功能如表 2-6 所示。

表 2-6　View(显示)菜单

| View 菜单 | 工具条 | 快捷键 | 功 能 描 述 |
|---|---|---|---|
| Status Bar | — | — | 显示或隐藏状态条 |
| File Toolbar | — | — | 显示或隐藏文件工具条 |
| Build Toolbar | — | — | 显示或隐藏编译工具条 |
| Debug Toolbar | — | — | 显示或隐藏调试工具条 |
| Project Workspace |  | — | 显示或隐藏工程空间 |
| Output Window |  | — | 显示或隐藏输出窗口 |
| Source Browser |  | — | 显示或隐藏浏览窗口 |
| Disassembly |  | — | 显示或隐藏反汇编窗口 |
| Watch & Call Stack Window |  | — | 显示或隐藏 Watch & Call Stack 窗口 |
| Memory Window |  | | 显示或隐藏存储器窗口 |
| Code Coverage Window |  | — | 显示或隐藏代码覆盖窗口 |
| Performance Analyzer Window |  | — | 显示或隐藏性能分析窗口 |
| Logic Analyzer Window |  | — | 显示或隐藏逻辑分析仪窗口 |
| Symbol Window | — | — | 显示或隐藏符号窗口 |
| Serial Window #1 |  | — | 显示或隐藏串行窗口#1 |
| Serial Window #2 |  | — | 显示或隐藏串行窗口#2 |
| Serial Window #3 |  | — | 显示或隐藏串行窗口#3 |
| Toolbox |  | — | 显示或隐藏工具箱 |
| Periodic Window Update | — | — | 运行时更新调试窗口 |
| Include Dependencies | — | — | 显示或隐藏源文件中的头文件 |

### 7. Project(工程)菜单和命令

Project(工程)菜单的命令和功能如表 2-7 所示。

表 2-7　Project(工程)菜单

| Project 菜单 | 工具条 | 快捷键 | 功 能 描 述 |
|---|---|---|---|
| New Project... | — | — | 创建一个新工程 |
| Import μVision1 Project... | — | — | 导入一个工程 |
| Open Project... | — | — | 打开一个工程 |
| Close Project | — | — | 关闭当前工程 |
| Components, Environment, Books... |  | — | 维护工程组件、配置工具环境及管理书 |
| Select Device for Target | — | — | 从设备库中选择 CPU |
| Remove Item | — | — | 从工程中移出组或文件 |
| Options for Target | — | — | 改变目标、组、文件的工具选项 |
| — |  | Alt + F7 | 改变当前目标的工具选项 |
| — | MCB251 | — | 选择当前目标 |
| Build target |  | F7 | 翻译已修改的文件及编译应用 |
| Rebuild all target files | 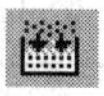 | | 翻译所有的源文件并编译应用 |
| Translate... |  | Ctrl + F7 | 翻译当前文件 |
| Stop Build |  | | 停止编译当前程序 |
| 1~9 | — | — | 打开最近使用的工程文件 |

### 8. Debug(调试)菜单和命令

Debug(调试)菜单的命令和功能如表 2-8 所示。

表 2-8　Debug(调试)菜单

| Debug 菜单 | 工具条 | 快捷键 | 功 能 描 述 |
|---|---|---|---|
| Start/Stop Debug Session |  | Ctrl + F5 | 启动或停止调试模式 |
| Go |  | F5 | 运行到下一个活动断点 |
| Step |  | F11 | 单步运行进入一个函数 |
| Step Over |  | F10 | 单步运行跳过一个函数 |
| Step Out of current Function |  | Ctrl + F11 | 从当前函数跳出 |

续表

| Debug 菜单 | 工具条 | 快捷键 | 功 能 描 述 |
|---|---|---|---|
| Run to Cursor Line | | — | 运行到当前行 |
| Stop Running | | Esc | 停止运行 |
| Breakpoints... | | — | 打开断点对话框 |
| Insert/Remove Breakpoint | | — | 在当前行设置断点 |
| Enable/Disable Breakpoint | | Alt + F7 | Enable/Disable 当前行的断点 |
| Disable All Breakpoints | | — | 使程序中的所有断点无效 |
| Kill All Breakpoints | | F7 | 去除程序中的所有断点 |
| Show Next Statement | | — | 显示下一条要执行的指令 |
| Enable/Disable Trace Recording | | Ctrl + F7 | 使能跟踪记录 |
| View Trace Records | | — | 浏览前面执行的指令 |
| Execution Profiling | — | — | 记录执行时间 |
| Setup Logic Analyzer | — | — | 打开逻辑分析仪对话框 |
| Memory Map... | — | — | 打开存储器映射对话框 |
| Performance Analyzer... | — | — | 打开性能分析仪对话框 |
| Inline Assembly... | — | — | 打开在线汇编对话框 |
| Function Editor (Open Ini File)... | — | — | 编辑调试函数及初始化文件 |

### 9. Flash(闪存)菜单

Flash(闪存)菜单可以配置和运行 Flash 编程设备。通过 Configure Flash Tools，可选择并被配置编程工具。Flash 菜单的命令和功能如表 2-9 所示。

表 2-9　Flash(闪存)菜单

| Flash 菜单 | 工具条 | 快捷键 | 功 能 描 述 |
|---|---|---|---|
| Download | | — | 按照配置下载到 Flash 中 |
| Erase | — | — | 擦除 Flash ROM (仅适用于一些设备) |
| Configure Flash Tools... | — | — | 打开对话 Options for Target-Utilities 配置 Flash |

### 10. Peripherals(外围器件)菜单

Peripherals(外围器件)菜单的命令和功能如表 2-10 所示。

表 2-10　Peripherals(外围器件)菜单

| Peripherals 菜单 | 工具条 | 快捷键 | 功 能 描 述 |
| --- | --- | --- | --- |
| Reset CPU | RST | — | 重启 CPU |
| Interrupts, I/O-Ports, Serial, Timer, A/D Converter, D/A Converter, I2C Controller, CAN Controller, Watchdog | — | — | 打开片上外设，这些外设对话框可能因为所选 CPU 的不同而不同 |

### 11. Tool(工具)菜单

Tool(工具)菜单能够配置和运行 Gimpel PC-Lint 及自定义程序。通过 Tools→Customize Tools Menu…，用户程序可以添加到此菜单下。Tool 菜单的命令和功能如表 2-11 所示。

表 2-11　Tool(工具)菜单

| Tool 菜单 | 工具条 | 快捷键 | 功 能 描 述 |
| --- | --- | --- | --- |
| Setup PC-Lint… | — | — | 从 Gimpel 软件配置 PC-Lint |
| Lint | — | — | 根据当前编辑器文件运行 PC-Lint |
| Lint all C Source Files | — | — | 通过工程中 C 源文件运行 PC-Lint |
| Customize Tools Menu... | — | — | 添加用户程序到 Took 菜单 |

### 12. SVCS(软件版本控制系统)菜单

SVCS(软件版本控制系统)菜单的 Configure Version Control...命令，实现配置 SVCS 命令。

### 13. Window (视窗)菜单

Window(视窗)菜单的命令和功能如表 2-12 所示。

表 2-12　Window(视窗)菜单

| Window 菜单 | 工具条 | 快捷键 | 功 能 描 述 |
| --- | --- | --- | --- |
| Cascade | — | — | 以重叠方式排列窗口 |
| Tile Horizontally | — | — | 无重叠方式水平排列窗口 |
| Tile Vertically | — | — | 无重叠方式垂直排列窗口 |
| Arrange Icons | — | — | 在窗口底部排列窗口图标 |
| Spilt | — | — | 划分当前窗口为多个方格 |
| Close All | — | — | 关闭所有窗口 |
| 1－9 | — | — | 使选中窗口变为当前窗口 |

### 14. Help(帮助)菜单

Help(帮助)菜单的命令和功能如表 2-13 所示。

表 2-13　Help(帮助)菜单

| Help 菜单 | 工具条 | 快捷键 | 功 能 描 述 |
|---|---|---|---|
| μVision Help | — | — | 打开帮助文件 |
| Open Books Window | — | — | 打开工程工作空间中的 Books 标签 |
| Simulated Peripherals for '...' | — | — | 有关所选 CPU 的外设信息 |
| Internet Support Knowledgebase | — | — | 互联网知识库支持 |
| Contact Support | — | — | 论坛技术支持 |
| Check for Update | — | — | 检查更新 |
| About μVision... | — | — | 版本号及许可信息 |

## 2.3　创建 μVision3 工程

μVision3 集成的工程管理器使得开发的应用程序更加容易。完整的创建应用程序需要执行以下步骤：

(1) 选择工具集(对基于 ARM 的工程)；

(2) 创建新的工程和选择 CPU；

(3) 添加工作手册；

(4) 创建新的源文件；

(5) 在工程里加入源文件；

(6) 创建文件组；

(7) 设置目标硬件的工具选项；

(8) 配置 CPU 启动代码；

(9) 编译工程和创建应用程序代码；

(10) 为 PROM 编程创建 HEX 文件。

### 1. 创建工程和选择 CPU

单击“Project→New μVision Project…”菜单项，μVision 3 将打开对话框，在输入工程名称后即可创建一个新的工程，推荐对每个新建工程使用独立的文件夹。在 Project Workspace 区域的 Files 选项卡里可以查阅项目结构，如图 2-2 所示。

图 2-2　工作空间项目结构

此时 μVision 3 会自动弹出对话框要求为目标工程选择 CPU，如图 2-3 所示。对话框包含了 μVision3 的设备数据库。在左侧一栏选定公司和机型以后，在右侧一栏就会显示对此单片机的基本说明。选择将会为目标设备设置必要的工具选项，通过这种方法可简化工具配置。

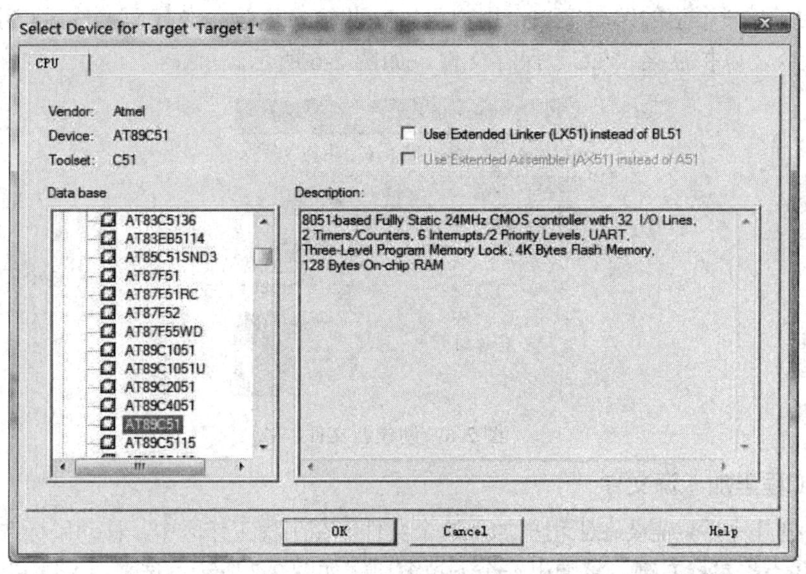


图 2-3　选择目标工程的 CPU

由于使用的是 8051 系列单片机，故选择 Atmel 的 AT89C51。对于某些设备，µVision 3 可能需要手动输入一些附加的参数。

### 2. 加入启动代码

嵌入式程序需要通过 CPU 的初始化代码来配置目标硬件。启动代码负责配置设备微处理器和初始化编译器运行时系统。对于大部分设备来说，µVision3 会提示复制 CPU 指定的启动代码到工程中去。由于这些文件可能需要做适当的修改以匹配目标硬件，因此，应当将文件拷贝到工程文件夹中，如图 2-4 所示。

图 2-4　是否加入启动代码的对话框

工程中需要使用这些启动代码，当然选择“是(Y)”，如果不使用 Keil 编写启动代码，则可以选择“否(N)”。

### 3. 添加工作手册

以上工作完成以后，可以在 Project Workspace 中 Books 页面里打开相应的工具集以及设备的用户手册，如图 2-5 所示。

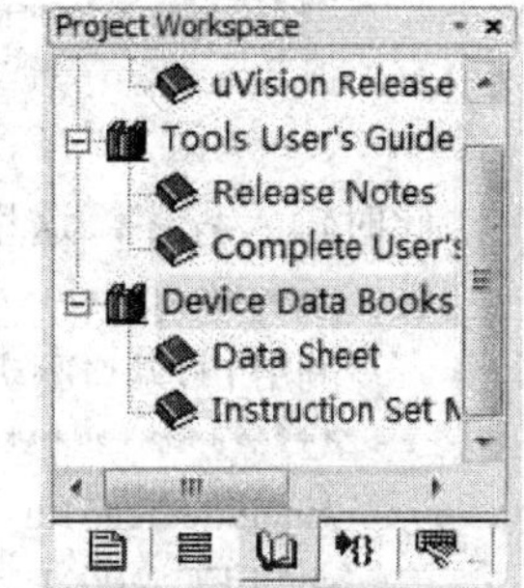


图 2-5　用户手册

当需要对手册进行添加、删除，或重新组织时，打开 Project 菜单下的“Components→Environment→Books...”，进入 Books 选项卡进行修改。

### 4. 创建新的源文件

选择 File 菜单“New”或者点击图标以创建一个新的源文

件，选项会打开一个空的编辑窗口，用户可以在此窗口里输入源代码。然后点击 File 菜单“Save”命令，以扩展名“*.C”保存文件，如图 2-6 所示。

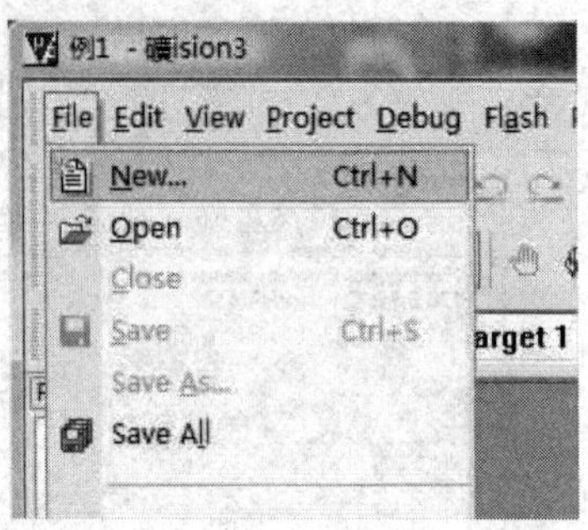


图 2-6　创建新文件

### 5. 在工程里加入源文件

源文件创建完后，需要在工程里加入这个文件。在工程工作区中，移动鼠标选择“Source Group 1”并点击鼠标右键，将弹出一个下拉窗口，如图 2-7 所示。选择“Add Files”选项会打开一个标准的文件对话框，在对话框里选择前面所创建的 C 源文件，然后点击“Add”。这时文件已被添加到工程，再点击“Close”关闭该对话框即可。文件被添加到工程后就可以开始编写程序代码了。除了添加程序代码文件到工程外，还可以添加头文件(*.h)和库文件(*.lib)。

在 Project Workspace 中 Files 页面会列出用户工程的文件组织结构，如图 2-8 所示。用户可以通过用鼠标拖拉的方式来重新组织工程的源文件。双击工程工作空间的文件名，可以在编辑窗口中打开相应的源文件进行编辑。

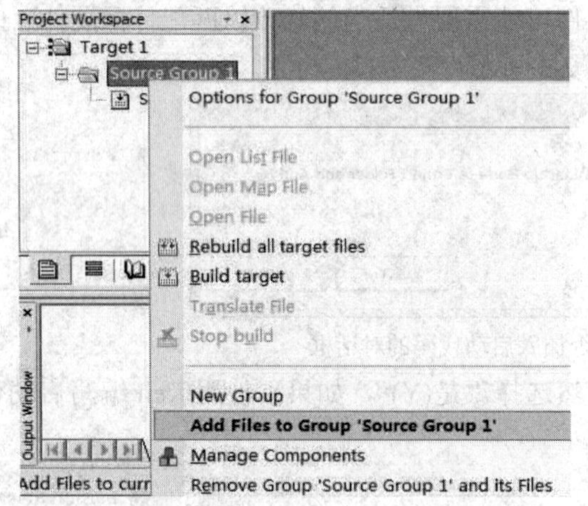


图 2-7　添加文件到工作组中

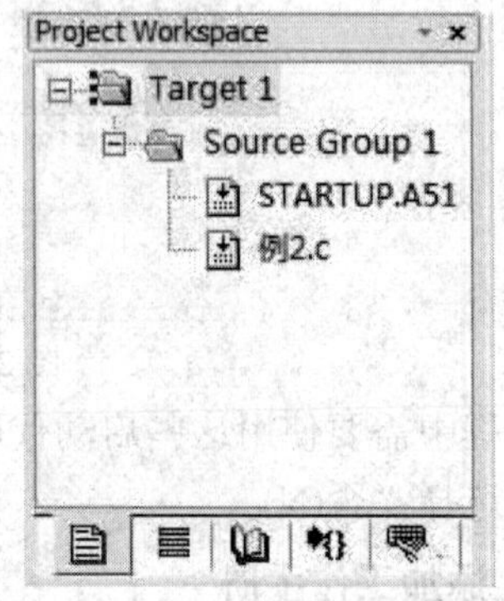


图 2-8　文件组织结构

此时输入程序，这里以一个 LED 闪烁为例。程序如下：

```
/***************************************************************************
利用 I/O 端口驱动 LED
***************************************************************************/
#include<reg51.h>                    //包含头文件，文件内包含了 51 单片机的功能定义
sbit LED = P0^1;
delay(unsigned int x)                //延时子函数
```

```
{
    unsigned char i, j;                  //定义两个局部变量
    for(i = 0; i<x; i++)                 // for 循环套嵌
        for(j = 0; j<100; j++);
}
void main()                              //主函数
{   while (1)
    {
        LED = 0;                         // P0.0 输出低电平
        delay(100);                      //延时 100 毫秒
        LED = 1;                         // P0.0 输出低电平
        delay(100);
    }
}
/***************************************************************************/
```

### 6. 设置目标工具选项

在开始其他工作以前需要根据目标硬件的实际情况对工程进行配置。通过点击目标工具栏图标 或 Project 菜单下的“Options for Target”，在弹出的 Target 页面可指定目标硬件和所选择设备片内组件的相关参数，如图 2-9 所示。

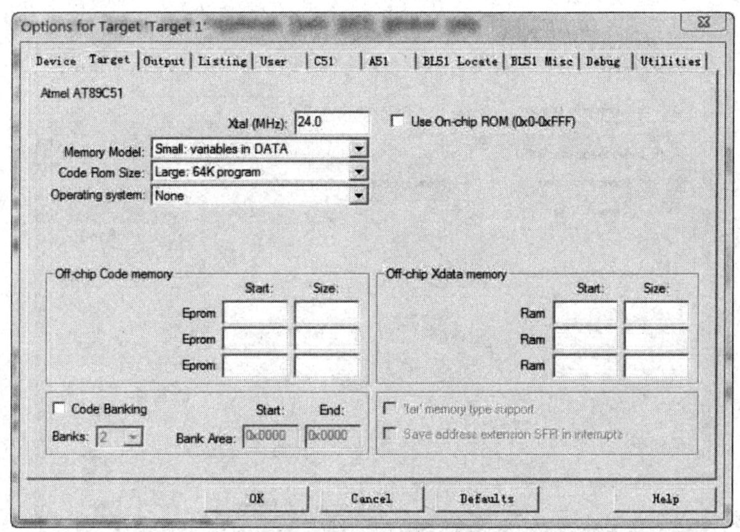


图 2-9　目标设置对话框

Target 页面选项说明如表 2-14 所示。

**表 2-14　Target 页面**

| 选　项 | 描　　述 |
|---|---|
| XTAL | 设备的晶振频率。大部分基于 ARM 的微控制器使用片内 PLL 作为 CPU 时钟源，依据硬件设备不同设置其相应的值 |
| Operating System | 选择一个实时操作系统 |
| On-ChipROM / RAM | 定义片内的内存部件的地址空间以供链接器/定位器使用 |

### 7. 编译工程

单击工具栏中 Build Target 图标可编译链接工程文件。如果源程序中存在语法错误，μVision 则会在“Output Window→Build”窗口中显示错误和警告信息。双击提示信息所在行，就会在 μVision3 编辑窗口里打开并显示相应的出错源文件，光标会定位在该文件的出错行上，以方便用户快速定位出错位置，如图 2-10 所示。

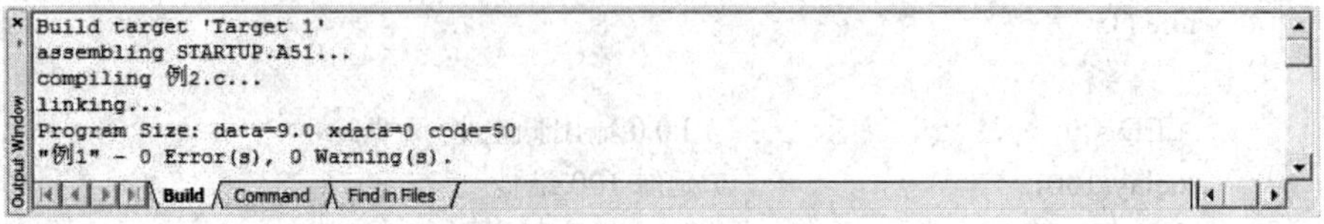

```
Build target 'Target 1'
assembling STARTUP.A51...
compiling 例2.c...
linking...
Program Size: data=9.0 xdata=0 code=50
"例1" - 0 Error(s), 0 Warning(s).
```

Build / Command / Find in Files

图 2-10　Build 的提示信息

单击工具栏中“Build Target”按钮，只编译修改过的源文件或是新的源文件，并且会产生可执行文件。使用 Rebuild Target 命令，则不管是否修改过，所有的源文件都会被编译。

### 8. 创建 HEX 文件

应用程序调试通过后，在使用 Flash 编程工具时，用户通常需要创建 HEX 文件，用于下载到 EPROM 编程器或仿真器中。

在“Options for Target→Output”中选择“Create HEX File”选项，μVision 3 会在编译过程中同时产生 HEX 文件，如图 2-11 所示。

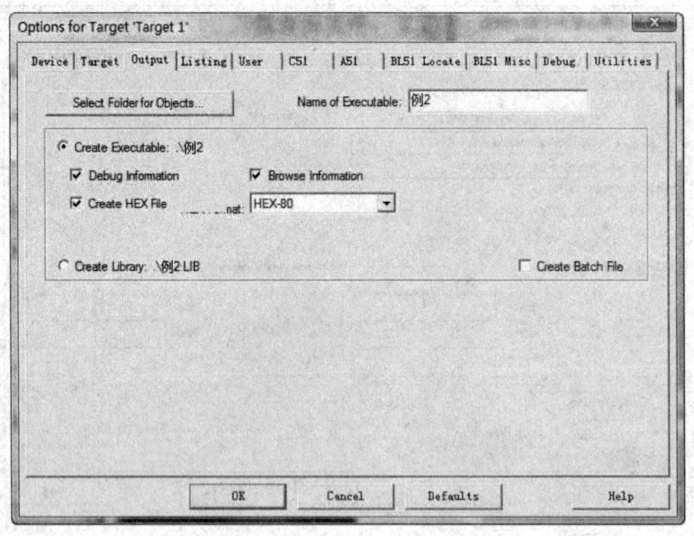


图 2-11　建立 HEX 文件对话框

## 2.4　利用 μVision3 调试器调试程序

μVision3 调试器可用于调试应用程序。调试器提供了以下两种操作模式：

(1) 在 PC 机上调试所开发应用程序的仿真模式；

(2) 使用评估板/硬件平台进行的目标调试。

工作模式的选择在图 2-12，Options for Target 的 Debug 对话框内进行。

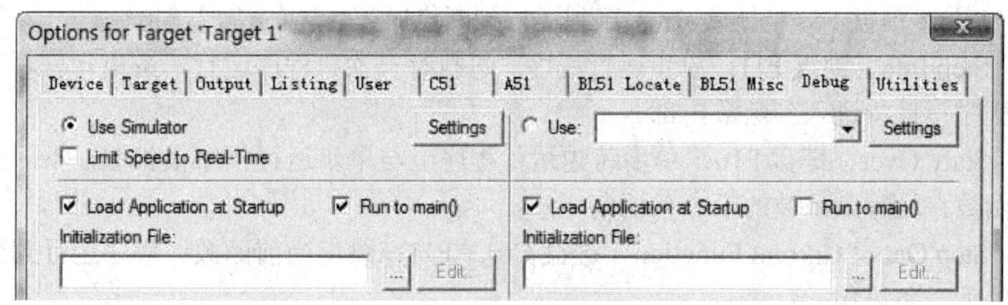


图 2-12　Debug 对话框

在没有目标硬件情况下，可以使用仿真器(Simulator)将 μVision3 调试器配置为软件仿真器。仿真器可以仿真微控器的许多特性，还可以仿真许多外围设备包括串口、外部 I/O 口、时钟等。所能仿真的外围设备在为目标程序选择 CPU 时就被选定了。在目标硬件准备好之前，可用这种方式测试和调试嵌入式应用程序。

使用高级 GDI 驱动设备。μVision3 已经内置了多种，如果使用其他的仿真器，则需要首先安装驱动程序，然后在此列表里面选取。在此也可配置与软件 Proteus 的接口，使两个软件联合工作。

通过菜单命令“Debug→Start/Stop Debug Session”或者工具栏 图标，可以启动/关闭 μVision3 的调试模式，如图 2-13 所示。

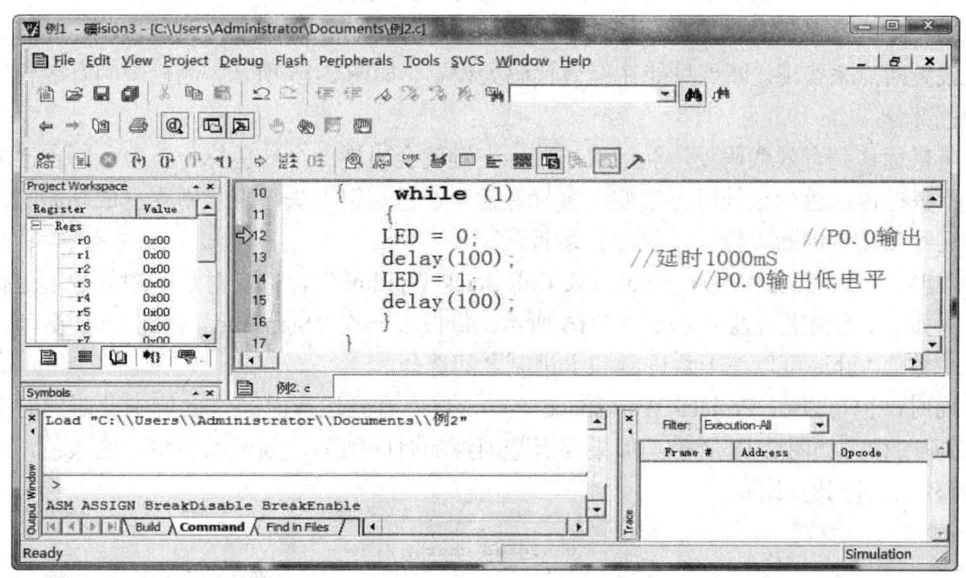


图 2-13　Debug 工作界面

在调试过程中，若程序执行停止，则 μVision 3 会打开一个显示源文件的编辑窗口或显示 CPU 指令的反汇编窗口，下一条要执行的语句以黄色箭头指示。

在调试时，编辑模式下的许多特性仍然可用，如可以使用查找命令、修改程序中的错误，应用程序中的源代码也在同一个窗口中显示。

但调试模式与编辑模式有所不同：调试菜单与调试命令是可用的，其他的调试窗口和对话框，工程结构或工具参数不能被修改，所有的编译命令均不可用。

调试时候，Debug 菜单下常用命令如下：

(1) Run、键盘 F5：全速运行，直到运行到断点时停止，等待调试指令。

(2) Step Into、键盘 F11：单步运行程序。每执行一次，程序运行一条语句。对于一个函数，程序指针将进入到函数内部。

(3) Start Over、键盘 F10：单步跨越运行程序。与单步运行程序很相似，不同点是跨越当前函数，运行到函数的下一条语句。

(4) Step Out of Current Function、键盘 Ctrl + F11：跳出当前函数。程序运行到当前函数返回的下一条语句。

(5) Run to Cursor Line、键盘 Ctrl + F10：运行到当前指针。程序将会全速运行，运行到光栅所在语句时将停止。

(6) Stop Running ：停止全速运行。停止当前程序的运行。

Keil 的调试工具按钮如图 2-14 所示。从左到右依次为：复位、全速运行、暂停、单步执行、过程单步执行、执行完当前子程序、运行到当前行、下一状态、打开跟踪、观察跟踪、反汇编窗口、观察窗口、代码作用范围分析、1# 串行窗口、内存窗口、性能分析、工具按钮。

图 2-14　Keil 的调试工具按钮

当程序全速运行时，需要程序在不同的地方停止运行，然后进行单步调试，此时可以通过设置断点来实现。断点只能在有效代码处设置，如图 2-15 所示，侧栏中的有效代码为深灰色部分。

将鼠标移到有效代码处，然后双击鼠标左键就会出现一个红色标记，表示断点已成功设置；鼠标在红色标记处时再次双击鼠标左键，红色标记消失，表示断点已成功删除。当程序运行到设置的断点位置时就停止运行。

此时，可以打开“View→Watch & Call Stack Window”窗口，对程序中的数值进行监视，例如对 i 的值进行监视，如图 2-16 所示。每按下一次“Step Into”按钮，i 的数值增加一次。数值 Value 可以在十六进制和十进制之间选择。

同时，也可以在 Project Workspace 的 regs 内看到运行时间，此例中此时的时间为 0.0326655 秒，如图 2-17 所示。如果要调整闪烁的时间间隔，则可以调整 x 的数值，以达到调整闪烁时间的目的。

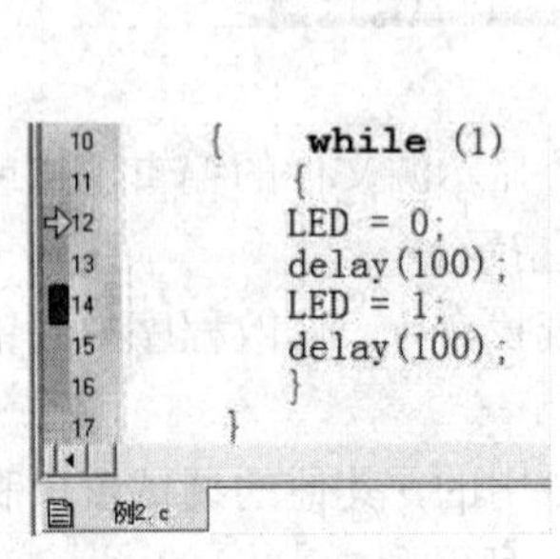


图 2-15　断点的设置

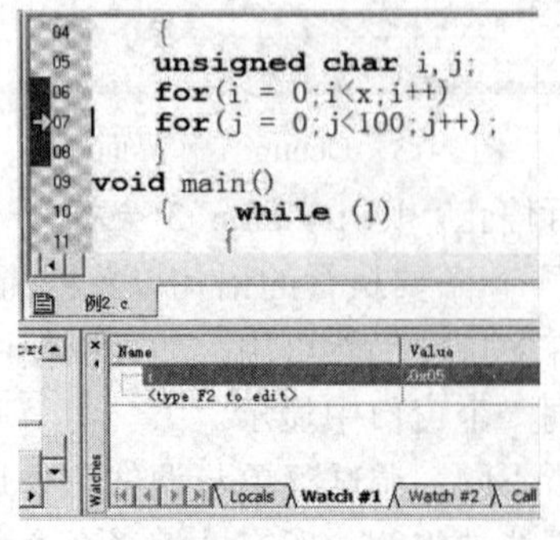


图 2-16　对数值 i 的监视

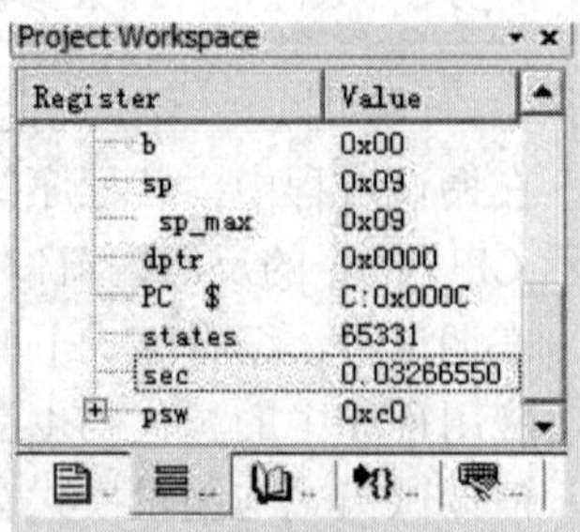


图 2-17　仿真运行时间

# 2.5　51 单片机的烧录

在使用 Keil 编写了单片机程序以后，使用 Keil 就可以进行计算机仿真，在计算机仿真结束以后就需要进行实际的烧录工作。并且在拥有单片机实验硬件的条件下，也可以将程序烧录到单片机内实际观察运行结果。对初学者而言，一般采用“程序完成后软件仿真+单片机烧录程序+试验板通电实验”的方法进行学习(现在的快闪型单片机其程序可烧写 1000 次以上)。

下面对 STC 系列的单片机烧录软件 STC_ISP_V3.9 的使用方法进行介绍。

## 1. 硬件系统的安装

首先使用串口连接线将单片机电路板的串口和计算机的串口连接起来，然后将单片机芯片安装在 40 针紧固插座上。单片机电路板的电源可以使用电源适配器连接到 220 V 市电上，产生 +5 V 电源。也可以使用 USB 连接线连接到计算机的 USB 接口上，使用计算机 USB 的 5 V 电源。

## 2. 软件系统的安装

运行 STC_ISP_V3.9 安装目录里的 Setup 文件，按照提示进行安装。默认安装路径在 C 盘的根目录位置。也可以使用 STC_ISP_V3.9 免安装版本。把其解压缩到任意目录中，这里也解压缩到 C:\Program Files\STC_ISP_V3.9\目录下。

在开始菜单的程序中运行 STC_ISP_V3.9，或到 STC_ISP_V3.9 安装目录里面运行 STC_ISP_V391.exe，即出现如图 2-18 所示的界面。

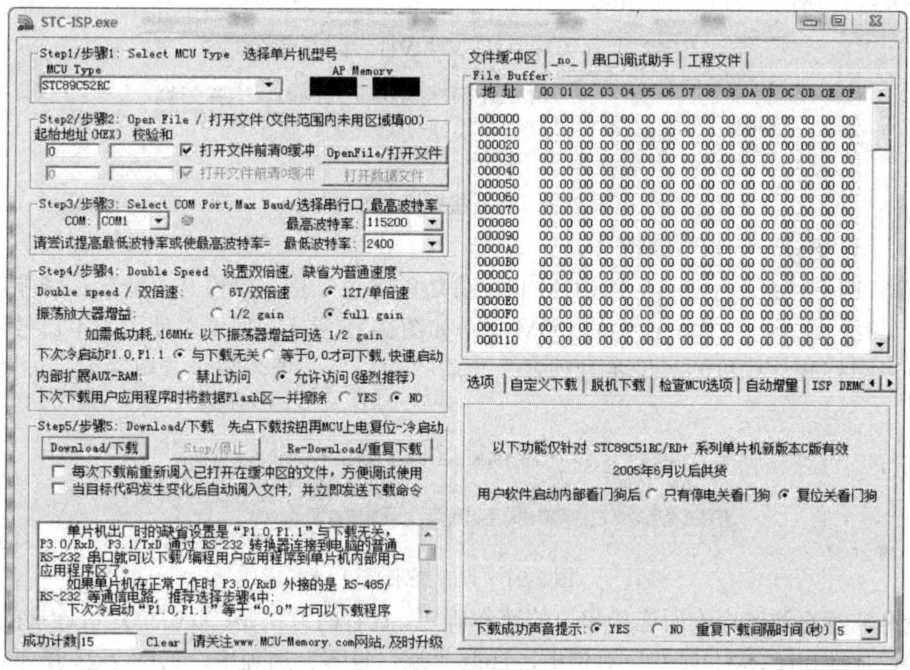


图 2-18　STC_ISP_V391 界面

程序的界面主要分为两个部分：左面部分为软件的烧录部分，右面部分提供了一些常用的工具以及软件的设置方法。

在进行烧录前需要先连接硬件设备，把单片机电路板的 USB 和串口都连接到电脑上，暂时不用打开电源，然后进行软件的操作。具体操作如下：

(1) 选择电路板上单片机的型号，在 MCU Type 中有 5 个系列单片机的型号，分别为 89Cx51RC/RD+ 系列、12C2052 系列、12C5410 系列、89C16RD 系列和 89LE516AD 系列。如图 2-19 所示，在左侧的“+”展开后选择目标机器上使用的 MCU 的具体型号。AP Memory 中显示所选用型号的内存范围。

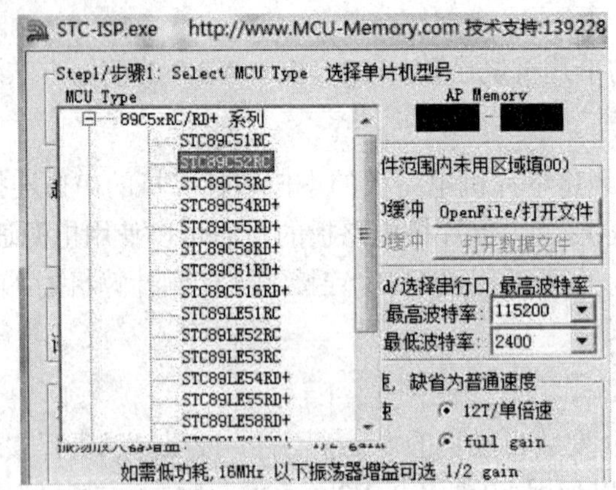


图 2-19　选择烧录单片机的型号

(2) 打开需要写入的文件。如图 2-20 所示，点击“OpenFile/打开文件”按钮，此软件支持后缀为“.hex”的十六进制文件和后缀为“.bin”的二进制文件。在对话框中找到需要写入的文件，点击“确定”按钮。

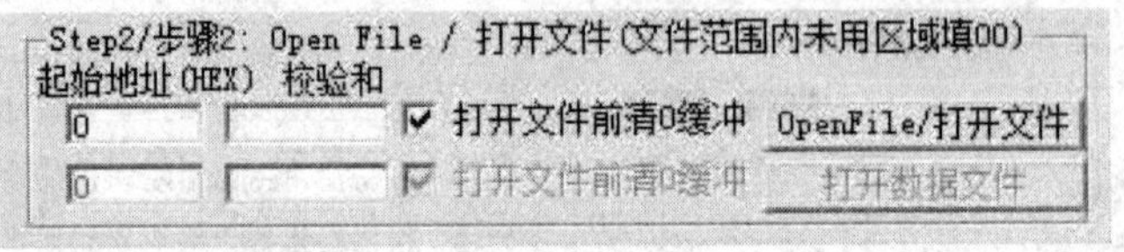


图 2-20　打开将要烧录的文件

(3) 选择串行口，设置波特率。

COM 的下拉菜单中有 16 个 COM 口。旁边的绿色灯指示串口开关情况，当端口打开时绿灯点亮，选择与单片机连接的 COM 口。如图 2-21 所示。如果对使用的串口号码不清楚，可以在打开计算机的“设备管理器”查看“端口”一项，防止端口冲突。如图 2-22 所示。

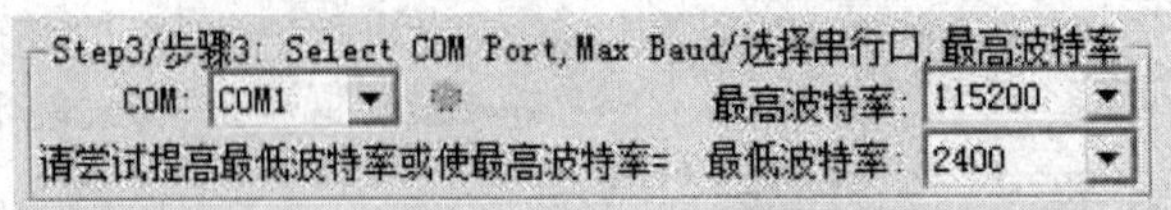


图 2-21　设置烧录端口

最高波特率通过查询所连接串口的速率确定。查看的方法是：双击单片机连接的串口，打开“通信端口(COM1)属性”对话框，选取“端口设置”选项卡。如图 2-23 所示，这里最高波特率选择“9600”，最低波特率不用设置。

图 2-22　检查设备管理器内的端口号码

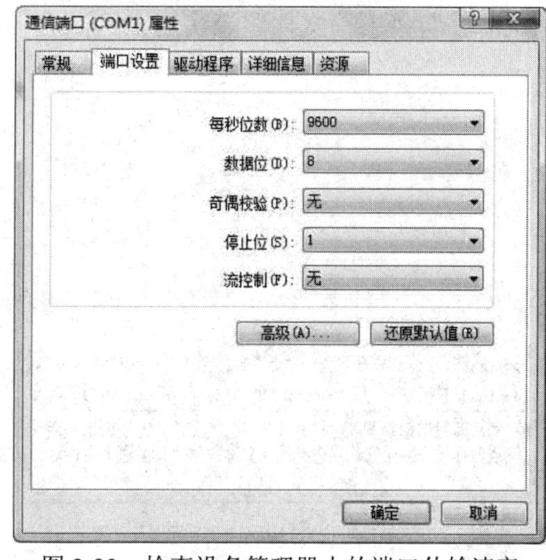


图 2-23　检查设备管理器内的端口传输速率

(4) 倍速设置。

这里可以选择单倍速或双倍速、放大器的增益等项目。对于“下次冷启动 P1.0，P1.1”下部的状态框有明确的说明，不再赘述。一般使用默认值“与下载无关”，如图 2-24 所示。

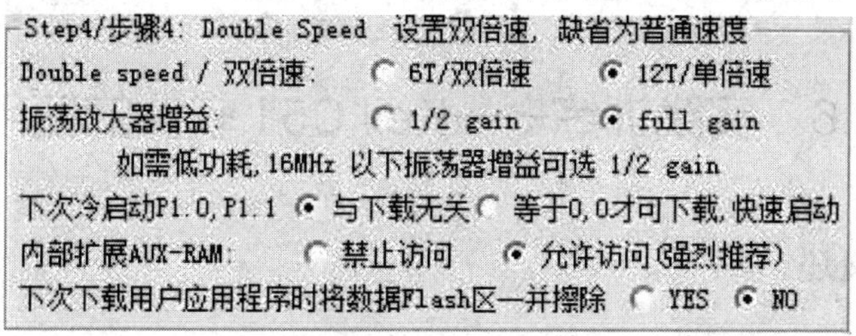


图 2-24　倍速设置

(5) 下载。

下载区域如图 2-25 所示。此时需要注意的是先点击“Download/下载”按钮，再打开单片机电源进行冷启动。一般情况下，每次写入时都需要遵守先“下载”后“上电”的操作顺序。操作时在信息框反映出工作情况，如图 2-25 所示。

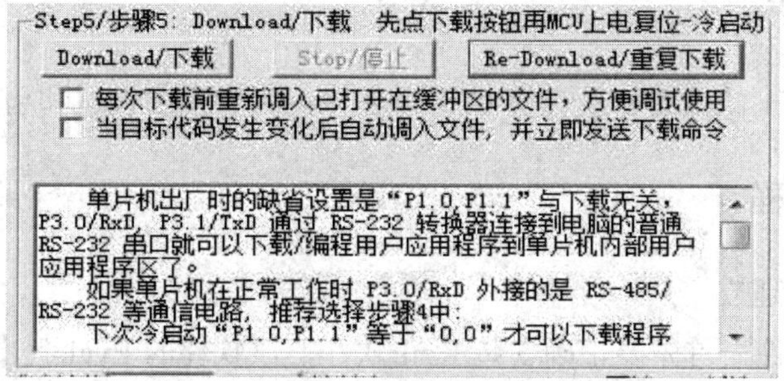


图 2-25　下载设置(1)

下面的单选“当目标代码发生变化后自动调入文件，并立即发送下载命令”含义为，对第二步中所选定的文件进行检测，当发现文件被重新生成就开始下载，此时需要做的就是重新冷启动单片机，新的程序就被烧录入单片机，如图 2-26 所示。

进入如图 2-27 所示的界面，在主界面的右上部提供了几个常用的“文件缓冲区”、“串口调试助手”、“工程文件”等实用工具，右下部分是软件设置以及高级应用。

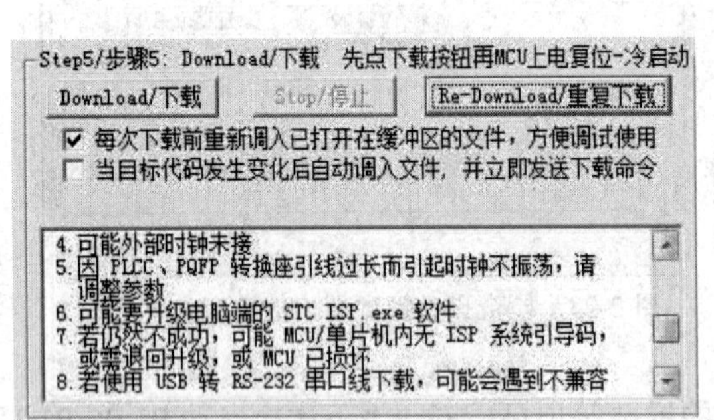


图 2-26　下载设置(2)

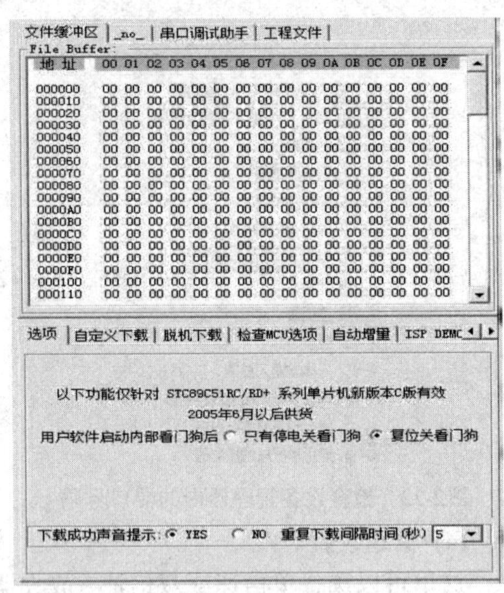


图 2-27　实用工具

# 2.6　实践训练——Keil C51 软件的使用

## 一、　训练概述

Keil 软件是目前最流行的开发 8051 系列单片机的软件，Keil 提供了包括 C 编译器、宏汇编、连接器、库管理和一个功能强大的仿真调试器在内的完整开发方案，通过一个集成开发环境(μVision)将这些部分组合在一起。下面通过使 P1 口所接 LED 以流水灯状态显示的例子练习 Keil C51 软件的使用。

## 二、　应用环境

Keil C51 为 8051 软件的开发提供 C 语言环境，完成程序调试和仿真。

## 三、　实现过程

### 1. Keil 工程的建立

要使用 Keil 软件，首先要正确安装 Keil 软件，该软件的 Eval 版本可以直接登录网址 http://www.keil.com 下载，安装时选择 Eval Vision，其他步骤与一般 Windows 程序安装类似，这里就不再赘述了。安装完成后，将 Ledkey.dll 文件复制到 Keil 安装目录下的 C51\BIN 文件夹下，这是作者提供的键盘与 LED 实验仿真板，可与 Keil 软件配合，在计算机上模拟 LED 和按键的功能。

启动 μVison，点击“File→New...”在工程管理器的右侧打开一个新的文件输入窗口，在这个窗口里输入源程序，注意大小写及每行后的分号，不要错输及漏输。

输入完毕之后，选择“File→Save”，给这个文件取名并保存，取名字时必须要加上扩展名，一般 C 语言程序均以“.c”为扩展名，这里将其命名为“exam2.c”，保存完毕后可以将该文件关闭。

在对 C 语言源程序进行处理前，必须选择单片机型号；确定编译、汇编、连接的参数；指定调试的方式等。为管理和使用方便，Keil 使用工程(Project)这一概念，将这些参数设置和所需的所有文件都置于一个工程中，Keil 则只对工程而不对单一的源程序进行编译、连接等操作。

点击“Project→New Project…”菜单，在出现的对话框中给将要建立的工程取一个名字，这里取名为“exam2”，不需要输入扩展名。点击“保存”按钮，出现第二个对话框，如图 2-28 所示。这个对话框要求选择目标 CPU(即你所用芯片的型号)，Keil 支持的 CPU 很多，这里选择 Atmel 公司的 89S52 芯片。点击 Atmel 前面的“+”号，展开该层，点击其中的 89S52，然后再点击“确定”按钮回到主窗口。此时，在工程窗口的文件页中，出现了“Target 1”，前面有“+”号，点击“+”号展开，可以看到下一层的“Source Group1”，这时的工程还是一个空的工程，里面什么文件也没有，需要把刚才编写好的源程序手动加入。点击“Source Group1”使其反白显示，然后点击鼠标右键，出现一个下拉菜单，如图 2-29 所示。选中其中的“Add files to Group ‘Source Group1’”，出现一个对话框，要求寻找源文件。

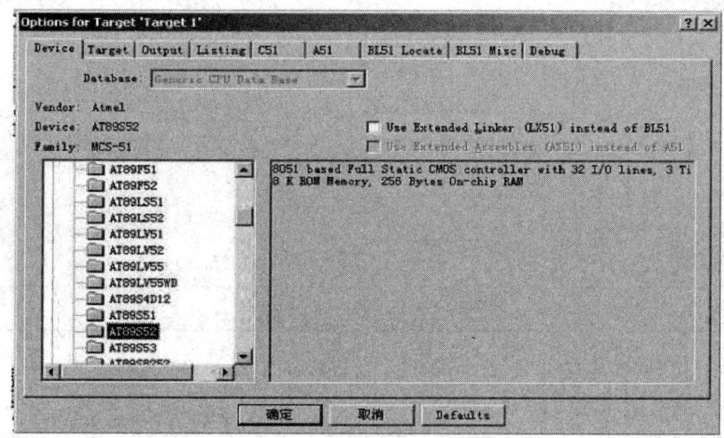


图 2-28　选择单片机型号

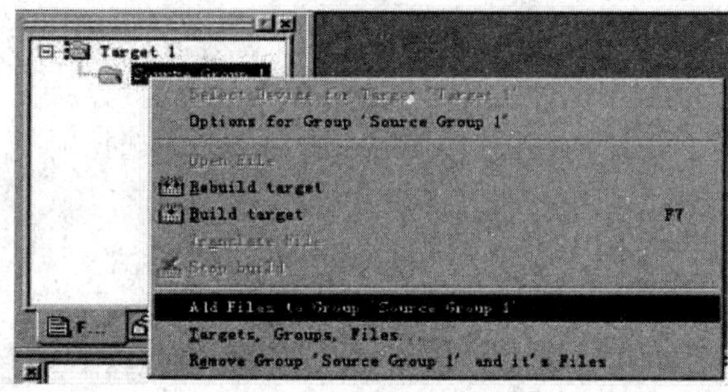


图 2-29　加入文件

双击“exam2.c”文件，将文件加入项目。注意，在文件加入项目后，该对话框并不消失，等待继续加入其他文件，但初学时常会误认为操作没有成功而再次双击同一文件，这时会出现如图 2-30 所示的对话框，提示所选文件已在列表中，此时应点击“确定”按钮，返回前一对话框。然后点击“Close”按钮即可返回主接口。返回后，点击“Source Group 1”前的加号，“exam3.c”文件已在其中。双击文件名，即打开该源程序。

图 2-30　重复加入源程序得到的提示

## 2. 工程的详细设置

工程建立好以后，还要对工程进行进一步的设置，以满足要求。

首先点击左边“Project”窗口的“Target 1”，然后使用菜单“Project→Options for Target ‘target1’”，即出现对工程设置的对话框，如图 2-31 所示。这个对话框共有 8 个页面，大部分设置项取默认值就行了。

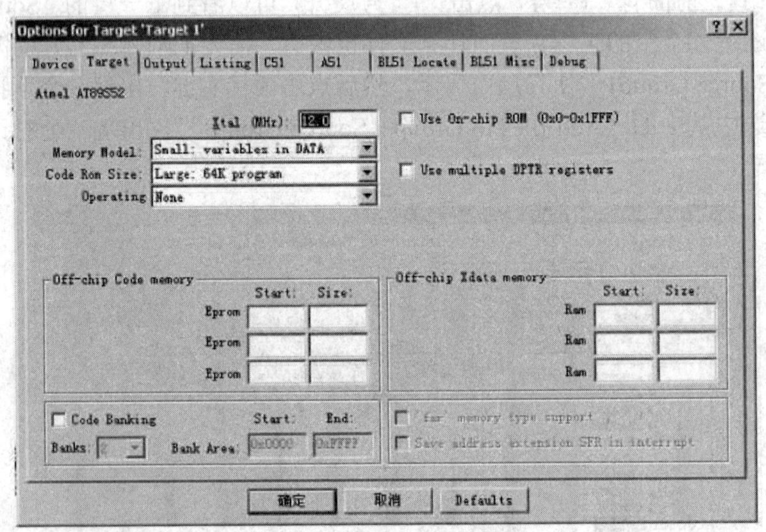


图 2-31　设置目标

### 1) Target 页

如图 2-31 所示，Xtal 后面的数值是晶振频率值，默认值是所选目标 CPU 的最高可用频率值，该值与最终产生的目标代码无关，仅用于软件模拟调试时显示程序执行时间。正确设置该数值可使显示时间与实际所用时间一致，一般将其设置成与你的硬件所用晶振频率相同，如果没必要了解程序执行的时间，也可以不设置。

Memory Model 用于设置 RAM 使用情况，有以下三个选择项：

(1) Small：所有变量都在单片机的内部 RAM 中；

(2) Compact：可以使用一页(256 字节)外部扩展 RAM；

(3) Larget：可以使用全部外部的扩展 RAM。

Code Model 用于设置 ROM 空间的使用情况，同样也有以下三个选择项：

(1) Small：只用低于 2 KB 的程序空间；

(2) Compact：单个函数的代码量不能超过 2 KB，整个程序可以使用 64 KB 程序空间；

(3) Larget：可用全部 64 KB 空间。

以上这些选择项必须根据所用硬件来决定，由于本例是单片应用，所以均不重新选择，按默认值设置。

Operating 用于选择是否使用操作系统，可以选择 Keil 提供的两种操作系统 Rtx tiny 和 Rtx full，也可以不用操作系统(None)，这里使用默认项 None，即不用操作系统。

2) OutPut 页

如图 2-32 所示，OutPut 页中也有多个选择项，其中 Creat Hex File 用于生成可执行代码文件，该文件可以用编程器写入单片机芯片，其格式为 intelHEX 格式，文件的扩展名为“.hex”，默认情况下该项未被选中，如果要写片做硬件实验，就必须选中该项。

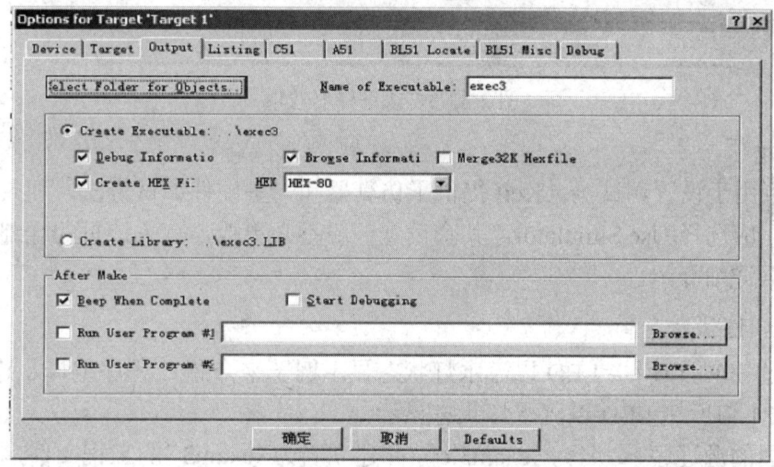


图 2-32　设置输出文

工程设置对话框中的其他各页面与 C51 编译选项、A51 的汇编选项、BL51 连接器的连接选项等用法有关，这里均取默认值，不做任何修改。

3) Listing 页

Listing 页用于调整生成的列表文件选项。在汇编或编译完成后将产生 *.lst 的列表文件，在连接完成后也将产生 *.m51 的列表文件。该页用于对列表文件的内容和形式进行细致的调节，其中比较常用的选项是“C Compile Listing”下的“Assamble Code”项，选中该项可以在列表文件中生成 C 语言源程序所对应的汇编代码，建议会使用汇编语言的 C 语言初学者选中该项。在编译完成后多观察相应的 List 文件，查看 C 源代码与对应汇编代码，这对于提高 C 语言编程能力大有好处。

4) C51 页

C51 页用于对 Keil 的 C51 编译器的编译过程进行控制，其中比较常用的是“Code Optimization”组，如图 2-33 所示。该组中 Level 是优化等级，C51 在对源程序进行编译时，可以对代码多至 9 级优化，默认使用第 8 级，一般不必修改，如果在编译中出现一些问题，可以降低优化级别试一试。Emphasis 是选择编译优先方式，第一项是代码量优先(最终生成的代码量小)；第二项是速度优先(最终生成的代码速度快)；第三项是缺省。默认采用速度优先，也可根据需要更改。

图 2-33　C51 编译器选项

5) Debug 页

Debug 页用于设置调试器。Keil 提供了仿真器和一些硬件调试方法，如果没有相应的硬件调试器，应选择 Use Simulator，其余设置一般不必更改，有关该页的详细情况将在程序调试部分再详细介绍。

## 3. 编译、连接

下面通过使 P1 口所接 LED 以流水灯状态显示例子来介绍 C 程序编译、连接的过程。这个例子使 P1 口所接 LED 以流水灯状态显示。

输入下面的源程序，命名为“exam3.c”，并建立名为“exam3”的工程文件，将“exam3.c”文件加入该工程中。设置工程，在 Target 页将 Xtal 后的值由 24.0 改为 12.0，以便后面调试时观察延时时间是否正确。本项目中还要用到实验仿真板，因此需在 Debug 页对 Dialog DLL 对话框做一个设置，在进行项目设置时点击“Debug”，打开 Debug 页，可以看到 Dialog DLL 对话框后的“Parmeter:”输入框中已有默认值-pAT52，在其后键入空格后再输入“-dledkey”，如图 2-34 所示。

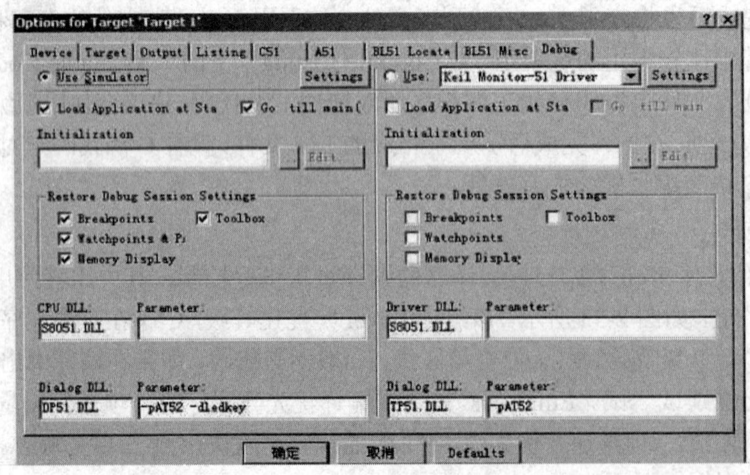


图 2-34　Debug 选项设置

```
/*************************************************
; 流水灯程序
*************************************************/
#include "reg51.h"
#include "intrins.h"
#define uchar unsigned char
#define uint unsigned int

/*延时程序
    由 Delay 参数确定延迟时间
*/
void mDelay(unsigned int Delay)
{
    unsigned int i;
    for(; Delay>0; Delay--)
    { for(i=0; i<124; i++)
        {;}
    }
}

void main()
{   unsigned char OutData=0xfe;
    for(;;)
    {
        P1=OutData;
        OutData=_crol_(OutData,1);          //循环左移
        mDelay(1000);                       /*延时 1000 毫秒*/
    }
}
```

设置好工程后，即可进行编译、连接。选择菜单“Project→Build target”，对当前工程进行连接。如果当前文件已修改，则将先对该文件进行编译，然后再连接以产生目标代码；如果选择“Rebuild All target files”，则将会对当前工程中的所有文件重新进行编译然后再连接，确保最终生产的目标代码是最新的。而“Translate...”项则仅对当前文件进行编译，不进行连接。以上操作也可以通过工具栏按钮直接进行。图 2-35 是有关编译、设置的工具栏按钮，从左到右分别是：编译、编译连接、全部重建、停止编译和对工程进行设置。

图 2-35　有关编译、连接、项目设置的工具条

编译过程中的信息将出现在输出窗口的 Build 页中。如果源程序中有语法错误，则会有错误报告出现，双击该行，可以定位到出错的位置，对源程序修改之后再次编译，最终要得到如图 2-36 所示的结果，提示获得了名为“exam3.hex”的文件，该文件即可被编程器读入并写到芯片中。同时还可看到，该程序的代码量(code = 63)，内部 RAM 的使用量(data = 9)，外部 RAM 的使用量(xdata = 0)等一些信息。除此之外，编译、连接还产生了一些其他相关的文件，可被用于 Keil 的仿真与调试，到了这一步后即进行调试。

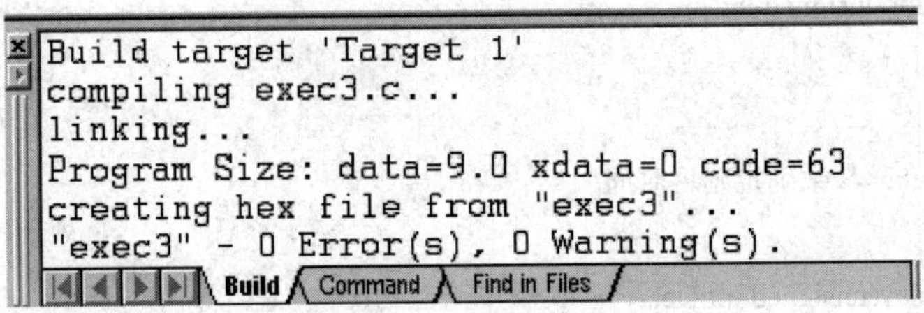

```
Build target 'Target 1'
compiling exec3.c...
linking...
Program Size: data=9.0 xdata=0 code=63
creating hex file from "exec3"...
"exec3" - 0 Error(s), 0 Warning(s).
```

Build　Command　Find in Files

图 2-36　编译、连接后得到目标代码

### 4. 程序的调试

在对工程成功地进行汇编、连接以后，按“Ctrl + F5”或者使用菜单“Debug→Start/Stop”，Debug Session 即可进入调试状态。Keil 内建了一个仿真 CPU 用来模拟执行程序，该仿真 CPU 功能强大，可以在没有硬件和仿真机的情况下进行程序的调试。

进入调试状态后，Debug 菜单项中原来不能用的命令现在已可以使用了，此时，多出一个用于运行和调试的工具条，如图 2-37 所示。Debug 菜单上的大部分命令可以在此找到对应的快捷按钮，从左到右依次是复位、运行、暂停、单步、过程单步、执行完当前子程序、运行到当前行、下一状态、打开跟踪、观察跟踪、反汇编窗口、观察窗口、代码作用范围分析、1# 串行窗口、内存窗口、性能分析、工具按钮等命令。

图 2-37　调试工具条

使用菜单 STEP 或相应的命令按钮或使用快捷键 F11 可以单步执行程序。使用菜单 STEP OVER 或功能键 F10 可以以过程单步形式执行命令。所谓过程单步，是指把 C 语言中的一个函数作为一条语句来快速执行。

按下 F11 键，可以看到源程序窗口的左边出现了一个黄色调试箭头，它指向源程序的第一行。每按一次 F11 键，即执行该箭头所指程序行，然后箭头指向下一行。当箭头指向“mDelay(1000);”行时，再次按下 F11 键，会发现箭头指向了延时子程序 mDelay 的第一行。不断按 F11 键，即可逐步执行延时子程序。

如果 mDelay 程序有错误，可以通过单步执行来查找错误，但是如果 mDelay 程序已正确，每次进行程序调试都要反复执行这些程序行，会使得调试效率很低。因此，可以在调试时使用 F10 来替代 F11，当 main 函数执行到“mDelay(1000)”时，就将该行作为一条语句快速执行完毕。

### 5. 思考与讨论

Keil 软件还提供了一些窗口，用以观察一些系统中重要的寄存器或变量的值，这些窗口也是调试中很重要的辅助工具。

这个程序中用到了延时程序 mDelay，如果使用汇编语言编程，每段程序的延迟时间可以非常精确地计算出来，而使用 C 语言编程，就没有办法事先计算了。因此，可以使用观察程序执行时间的方法来计算延迟时间。进入调试状态后，窗口左侧是寄存器和一些重要的系统变量，其中有一项是 sec，即统计从开始执行到目前为止用去的时间。按下 F10 键，以过程单步的形式执行程序，在执行到“mDelay(1000)”这一行之前停下，查看 sec 值(把鼠标停在 sec 后的数值上即可看到完整的数值)，记下该数值，然后按下 F10 键，执行完 mDelay(1000)后再次观察 sec 值。如图 2-38 所示，这里前后两次观察到的值分别是 0.00040400 和 1.01442600，其差值为 1.014022，如果将 sec 值改为 124，则可获得更接近于 1 s 的数值，而当该值取 123 时所获得的延时值将小于 1 s。因此，最佳的取值应该是 124。

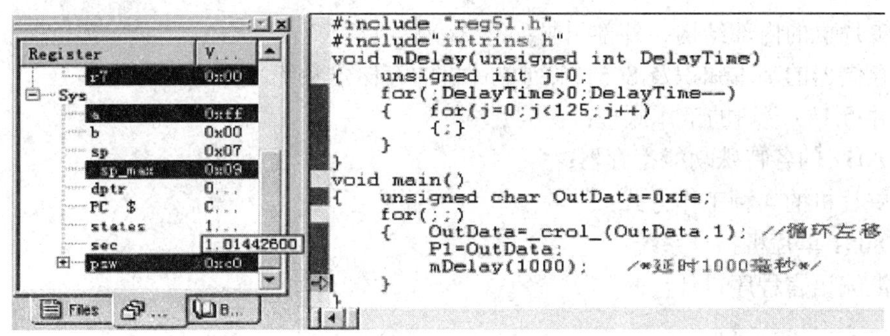


图 2-38　观察 sec 值

# 思考与练习

**1. 概念题**

(1) 在 Keil μVision3 编译系统中，支持 8051 系列单片机存储模式共有如下三种：(　　)、(　　)和(　　)。

(2) 简述 Keil μVision3 编译系统的存储模式。

(3) 如何创建 μVision3 工程？

(4) 如何利用 μVision3 调试器调试？

**2. 操作题**

利用接在 P1.0 引脚上的 LED 闪烁发光的例子来熟悉 Keil C51 软件的使用。

# 第 3 章　8051 单片机硬件结构及汇编语言

8051 是美国 Intel 公司的 8 位高档单片机系列，是在 MCS-48 系列基础上发展而来的，也是我国目前应用最为广泛的一种单片机系列。

**本章要点：**

- 单片机的内部结构、外部引脚；
- 存储器的基本知识及 8051 系列单片机的存储器系统；
- 并行 I/O 端口的工作原理；
- 8051 的各特殊功能寄存器；
- 单片机的 4 种工作方式；
- 8051 单片机指令系统；
- 汇编语言程序设计。

## 3.1　8051 系列单片机的基本结构

8051 系列单片机的类型很多，但其内部结构与外部引脚功能基本相同。

### 3.1.1　内部结构框图

本节介绍 Intel 公司生产的 8051 系列单片机的片内结构，其框图如图 3-1 所示。从图 3-1 中可以看出，单片机集成了 CPU、ROM、RAM、定时器/计数器、I/O 口等基本功能部件，并由内部总线把这些部件连接在一起。

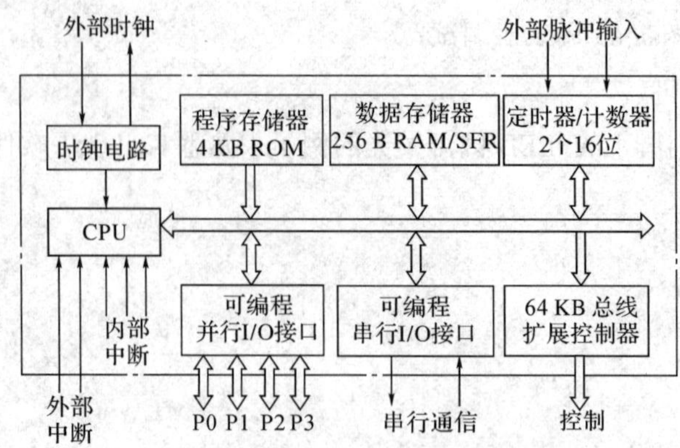


图 3-1　8051 系列单片机内部结构框图

下面一一介绍每个部件的功能。

(1) 1 个 8 位的 CPU。CPU 是单片机的主要核心部件，CPU 包含了运算器、控制器以及若干寄存器部件。

(2) 1 个片内振荡器和时钟电路。振荡器和时钟电路为单片机产生时钟脉冲序列。

(3) 程序存储器。4 KB 的掩膜 ROM，用于存放程序、原始数据或表格。因此称为程序存储器，简称内部 ROM。其地址范围为 0000H～0FFFH(4 KB)。

(4) 数据存储器。数据存储器分为高 128 B 和低 128 B，其中高 128 B 被特殊功能寄存器(SFR)占用，能作为寄存器供用户使用的只是低 128 B，用于存放可读写的数据。通常所说的内部 RAM 就是指低 128 B，简称内 RAM，其地址范围为 00H～7FH(128 B)。数据存储器有数据存储、通用工作寄存器、堆栈、位地址等空间。

(5) 64 KB 总线扩展控制器。总线扩展控制器可寻址 64 KB 外 ROM 和 64 KB 外 RAM 的控制电路，在单片机扩展外 ROM 和外 RAM 时，用来控制外 ROM 和外 RAM 的读写。

(6) 4 个 8 位并行 I/O 口(P0、P1、P2、P3)。并行 I/O 口有 4 × 8 共 32 根 I/O 端线，以实现数据的输入、输出。

(7) 1 个全双工串行接口。全双工串行接口实现单片机和其他设备之间的串行数据传送。

(8) 2 个 16 位的定时器/计数器。定时器/计数器实现定时或计数功能，并以其定时或计数结果对计算机进行控制。做定时器时靠内部分频时钟频率计数实现；做计数器时，对 P3.4(T0)或 P3.5(T1)端口的低电平脉冲计数。

(9) 5 个中断源。中断源有外部中断 2 个，内部中断 3 个。全部中断可分为高级和低级两个优先级别，以满足不同控制应用的需要。

以上所有的器件都由内部总线连接在一起，内部总线是用于传送信息的公共途径，可以分为数据总线(DB)、地址总线(AB)和控制总线(CB)。采用总线结构，可以减少信息传输线的根数，提高系统的可靠性，增强系统的灵活性。

### 3.1.2　外部引脚功能

8051 大都采用 40 引脚的双列直插式封装(DIP)，其引脚示意如图 3-2 所示。

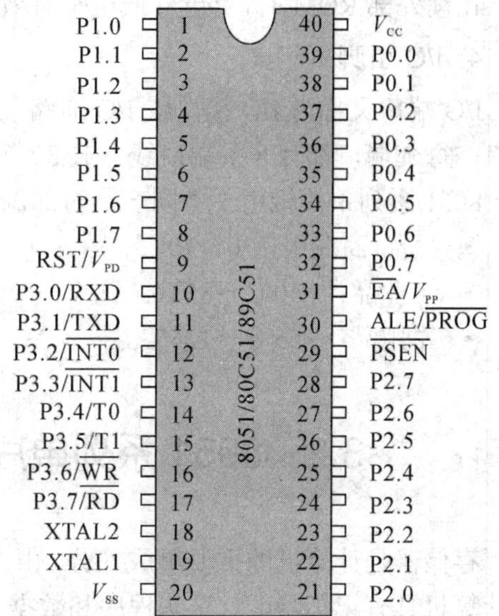

图 3-2　引脚示意图

40 个引脚大致可以分成 4 类：电源引脚、时钟引脚、控制引脚和 I/O 引脚。下面是各引脚的简单说明，各引脚的具体功能和用法将在后续章节中详细介绍。

#### 1. 电源引脚

电源引脚用来接单片机的工作电源。

- $V_{CC}$(40 脚)：芯片电源，接 +5 V。
- $V_{SS}$(20 脚)：接地。

### 2. 时钟引脚

XTAL1(19 脚)、XTAL2(18 脚)：晶体振荡电路反相输入端和输出端。

当 CPU 使用内部振荡电路时，XTAL1、XTAL2 外接石英晶体；当 CPU 使用外部振荡电路时，XTAL1 接外部时钟信号，XTAL2 悬空。

### 3. 控制引脚

控制引脚共 4 根，其中 3 根是复用引脚，即有两种功能。书写时两种功能用斜线隔开，正常工作时使用斜线前的功能，在某种特殊情况下使用斜线后的功能。

- RST/$V_{PD}$(9 脚)：复位信号输入端/备用电源输入端。

RST/$V_{PD}$ 引脚在正常工作时，为复位信号输入端，实现单片机的复位操作；在 $V_{CC}$ 掉电时，该引脚接备用电源，由 $V_{PD}$ 为内 RAM 供电，以保证内 RAM 数据不丢失。

- $\overline{EA}$ /$V_{PP}$(31 脚)：内外 ROM 选择端/片内 EPROM 编程电源。

$\overline{EA}$ /$V_{PP}$ 引脚在正常工作时，使用 $\overline{EA}$ 功能，即内外 ROM 选择端。当 $\overline{EA}$ 保持高电平时，单片机访问的是内 ROM，只有当读取的存储器地址超过 0FFFH 时，才自动读取外部 ROM；当 $\overline{EA}$ 接低电平时，CPU 只读取外部 ROM。8031 单片机内部没有 ROM，在应用 8031 单片机时，这一引脚必须接低电平。

对于片内有 EPROM 的芯片，在 EPROM 编程期间，施加编程电源 $V_{PP}$，即在该引脚加烧写电压 +21 V。

- ALE/$\overline{PROG}$(30 脚)：地址锁存允许/片内 EPROM 编程脉冲。

在系统扩展时，ALE 用于控制把 P0 口的输出低 8 位地址送锁存器锁存起来，以实现低位地址和数据的隔离。当系统没有进行扩展时，ALE 会以 1/6 振荡周期的固定频率输出，因此可以作为外部时钟或者外部定时脉冲使用。

在 EPROM 编程期间，$\overline{PROG}$ 为编程脉冲的输入端。

- $\overline{PSEN}$ (29 脚)：外部 ROM 读选通信号。

在读外部 ROM 时，$\overline{PSEN}$ 低电平有效，以实现外部 ROM 单元的读操作。

### 4. I/O 引脚

I/O 端口又称为 I/O 接口或 I/O 通路，8051 系列单片机有 P0、P1、P2 和 P3 4 个并行端口，每个端口都有 8 条端口线，共 32 个引脚，用于传送数据或地址信息。

8051 系列单片机用于不同产品时的温度范围为：

- 民品(商业用)：0～70℃。
- 工业品：−40℃～85℃。
- 军用品：−55℃～125℃。

## 3.2　8051 系列单片机存储空间配置和功能

存储器是计算机的重要组成部分，由大量缓冲寄存器组成，其用途是存放程序和数据，使计算机具有记忆功能。这些程序和数据在存储器中以二进制代码表示，根据计算机的命令，按照指定地址，可以把代码取出来或存入新代码。

### 3.2.1 存储器的基本概念

#### 1. 存储器的类型

存储器分为只读存储器(ROM)、随机存取存储器(RAM)及可现场改写的非易失性存储器。

1) 只读存储器(ROM)

只读存储器又称为程序存储器。一个微处理器能够聪明地执行某种任务，除了它们强大的硬件外，还需要它们运行的程序，程序相当于给微处理器处理问题的一系列命令，一些固定程序设计好后就不允许修改，设计人员编写的这些程序就存放在微处理器的只读存储器中。只读存储器在使用时，其内容只能读出而不能写入，断电后 ROM 中的信息不会丢失。

ROM 按存储信息的方法又可分为以下几种：

(1) 掩膜 ROM。掩膜 ROM 也称固定 ROM，它是由厂家编好程序写入 ROM(固化)供用户使用，用户不能更改内部程序。其特点是价格便宜，此类单片机适合大批量使用。

(2) 可编程的只读存储器(PROM)。它的内容可由用户根据自己所编程序一次性写入，一旦写入，只能读出，而不能再进行更改。这类存储器现在也称为 OTP(Only Time Programmable)。

(3) 可改写的只读存储器(EPROM)。EPROM 芯片带一个透明窗口，它的内容可以通过紫外线照射而彻底擦除，应用程序可通过专门的编程器重新写入。

(4) 可电改写只读存储器(EEPROM)。EEPROM 可用电的方法写入和清除其内容，其编程电压和清除电压均与微机 CPU 的 5 V 工作电压相同，不需另加电压。它既有与 RAM 一样的读写操作简便，又有数据不会因掉电而丢失的优点，因而使用极为方便。

2) 随机存取存储器(RAM)

随机存取存储器又称为数据存储器。它不仅能读取存放在存储单元中的数据，还能随时写入新的数据，写入后原来的数据就丢失了。断电后 RAM 中的信息全部丢失。因此，RAM 常用于存放经常要改变的程序或中间计算结果等信息。

RAM 按照存储信息的方式又可分为静态和动态两种。

(1) 静态 SRAM。静态 SRAM 的特点是只要有电源加于存储器，数据就能长期保存。

(2) 动态 DRAM。动态 DRAM 对写入的信息只能保存若干毫秒时间。因此，每隔一定时间必须重新写入一次，以保持原来的信息不变。

3) 可现场改写的非易失性存储器

可现场改写的非易失性存储器的特点是：从原理上看，它们属于 ROM 型存储器；从功能上看，它们可以随时改写信息，作用又相当于 RAM。所以，ROM、RAM 的定义和划分已逐渐失去意义。

(1) 快擦写存储器(FLASH)。FLASH 存储器是在 EPROM 和 EEPROM 的制造基础上产生的一种非易失性存储器。其集成度高，制造成本低于 DRAM，既具有 SRAM 读写的灵活性和较快的访问速度，又具有 ROM 在断电后可不丢失信息的特点，所以发展迅速。

(2) 铁电存储器 FRAM。FRAM 是利用铁电材料极化方向来存储数据的。它的特点是：集成度高、读写速度快、成本低、读写周期短。

### 2. 存储单元和存储单元地址

存储器是由大量寄存器组成的，其中每一个寄存器就称为一个存储单元，它可存放一个二进制代码。一个代码由若干位(bit)组成，代码的位数称为位长或字长。一般情况下，计算机中一个代码的位数和它的算术运算单元的位数是相同的。8051 系列单片机中算术单元是 8 位，则字长就是 8 位。在计算机中把一个 8 位的二进制代码称为一个字节(Byte)，常写为 B。对于一个 8 位二进制代码的最低位称为第 0 位(位 0)，最高位称为第 7 位(位 7)。存储器的大小也可称为存储器的容量，以字节(B)为单位，8051 系列单片机内部有 4 KB 的程序存储器，也就是说，8051 单片机的内部程序存储器可以存放 4 × 1024 个字节。

计算机中的存储器往往有成千上万个存储单元，为了使存入和取出不发生混淆，必须给每个存储单元一个唯一的固定编号，这个编号就称为存储单元的地址。为了减少存储器向外引出的地址线，在存储器内部都带有译码器。根据二进制编码、译码的原理，$n$ 根导线可以译成 $2^n$ 个地址号。例如，当地址线为 3 根时，可以译成 $2^3 = 8$ 个地址号；地址线为 8 根时，可以译成 $2^8 = 256$ 个地址号。依此类推，在 8051 系列单片机中有 16 根地址线，也就是说在 8051 系列单片机中有 $2^{16} = 65\,536$ 个地址号，地址号的多少就是单片机寻址范围的大小，也就是前面我们提到过的 8051 系列单片机的寻址范围是 64 KB。在单片机中存储单元的地址和存储单元内存放的内容都是以二进制数表示的，在学习时注意不要混淆。

从上面的介绍可以看出，存储单元地址和这个存储单元的内容含义是不同的。如果把存储器比作一个旅馆，那么存储单元如同一个旅馆的每个房间；存储单元地址则相当于每个房间的房间号；存储单元内容(二进制代码)就相当于这个房间的房客。

### 3. 存储单元的读、写操作

有了存储单元的地址，就可以找到每个存储单元并对其进行读或写。但一个单片机系统可能包含多个存储器，这些存储器的地址线(地址总线)都是共用的，这就需要有一个存储器的控制电路，控制电路包括片选控制、读/写控制和带三态门的输入/输出缓冲电路。片选控制确定存储器芯片是否工作；读/写控制确定数据的传输方向；带三态门的输入/输出缓冲电路用于数据缓冲和防止总线上的数据竞争，即存储器的输出端口不仅能呈现“1”和“0”两种状态，还应该有第三种状态——高阻态。呈高阻态时，输出口相当于断开，对数据总线不起作用，也只有当其他器件呈高阻态时，且存储器在片选允许和输出允许的情况下，才能将自己的数据输出到数据总线上。

#### 1) 存储器的读过程

例如，要将单片机外部 RAM 中 2000H 单元的内容 60H 读出，其过程如下：

(1) CPU 产生片选信号选通该外部 RAM 并发出“读”信号，让外 RAM 允许数据送出。

(2) CPU 将地址码 2000H 送到地址总线上，经存储器地址译码器译码后选通地址为 2000 H 的存储单元。

(3) 存储器将 2000H 中的数据 60H 送到数据总线上。

(4) CPU 将总线上的数据 60H 放入某一指定的寄存器。

对存储单元的读操作，不会破坏该单元原来的内容，只相当于数据的复制。

#### 2) 存储器的写过程

例如，要将 60H 写入外部 RAM 的 2000H 单元中，其过程如下：

(1) CPU 产生片选信号选通该外部 RAM 并发出“写”信号，让外 RAM 允许数据写入。

(2) CPU 将地址码 2000H 送到地址总线上，经存储器地址译码器译码后选通地址为 2000 H 的存储单元。

(3) CPU 将数据 60H 送到数据总线上。

(4) 存储器将总线上的数据 60H 写入地址为 2000H 的存储单元中。

对存储单元的写操作，要改变或刷新该单元原来的内容，相当于把原来的内容覆盖了。

**4. 8051 系列单片机存储空间配置**

8051 系列单片机在物理结构上有 4 个存储空间：片内程序存储器、片外程序存储器、片内数据存储器和片外数据存储器。但在逻辑上，即从用户的角度上看，8051 系列单片机只有 3 个存储空间：片内外统一编址的 64 KB 的程序存储器地址空间(MOVC 指令)、256 B 的片内数据存储器的地址空间(MOV 指令)以及 64 KB 片外数据存储器的地址空间(MOVX 指令)。其存储空间配置图如图 3-3 所示。

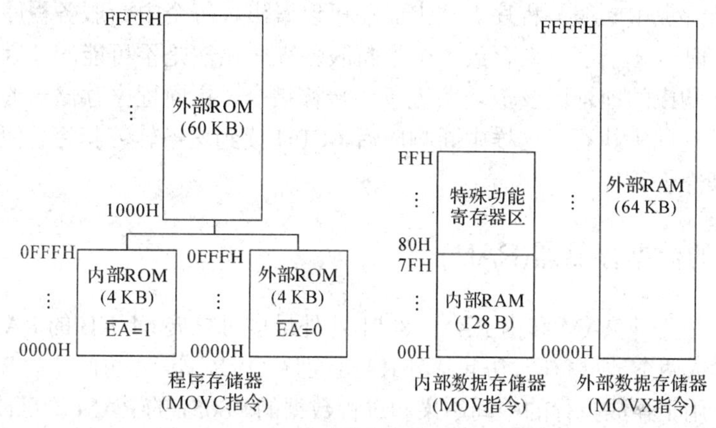


图 3-3　8051 系列单片机存储空间配置图

在访问 3 个不同的逻辑空间时，采用不同形式的指令，以产生不同的存储器空间的选通信号。如图 3-3 所示，外 RAM 地址空间与 ROM 重叠，但不会引起混乱，访问 ROM 用 MOVC 指令，产生选通信号 $\overline{PSEN}$；访问外 RAM 用 MOVX 指令，产生选通信号 $\overline{RD}$ 或 $\overline{WR}$。

### 3.2.2　8051 的程序存储器(ROM)

从图 3-3 可以看出，8051 具有 64 KB 程序存储器寻址空间。其中，60 KB 在片外，地址范围为 1000H～FFFFH；低段 4 KB ROM 因芯片而异，8051、8751、89C51、89S51 等在片内，对于内部无 ROM 的 8031 单片机，则在片外，地址范围为 0000H～0FFFH。无论片内还是片外 ROM，地址空间都是统一的、连续的。对于内部无 ROM 的 8031 单片机，它的程序存储器必须外接，地址空间为 64 KB，此时单片机的 $\overline{EA}$ 端必须接地，强制 CPU 从外部程序存储器读取程序。对于内部有 ROM 的 8051 等单片机，$\overline{EA}$ 应接高电平，使 CPU 先从内部的程序存储器中读取程序。当程序计数器 PC 值超过内部 ROM 的容量时，才会转向外部的程序存储器读取程序。

单片机启动复位后，程序计数器 PC 的内容为 0000H，所以系统将从 0000H 单元开始执行程序。但在程序存储中有两组特殊的单元，在使用中应加以注意。

其中一组特殊单元是 0000H～0002H，系统复位后，PC 为 0000H，单片机从 0000H 单元开始执行程序，如果程序不是从 0000H 单元开始，则应在这 3 个单元中存放一条无条件转移指令，让 CPU 直接去执行用户指定的程序。

另一组特殊单元是 0003H～002AH，这 40 个单元各有用途，它们被均匀地分为 5 段。它们的定义如下：

- 0003H～000AH：外部中断 0 中断地址区；
- 000BH～0012H：定时器/计数器 0 中断地址区；
- 0013H～001AH：外部中断 1 中断地址区；
- 001BH～0022H：定时器/计数器 1 中断地址区；
- 0023H～002AH：串行中断地址区。

可见，以上 40 个单元是专门用于存放中断处理程序的地址单元的，中断响应后，按中断的类型自动转到各自的中断区去执行程序。因此，以上地址单元不能用于存放程序的其他内容，只能存放中断服务程序。从上面还可以看出，每个中断服务程序存放空间只有 8 个字节单元，但用 8 个字节来存放一个中断服务程序显然是不可能的。因此，通常情况下，我们在中断响应的地址区安放一条无条件转移指令，指向程序存储器的其他真正存放中断服务程序的空间去执行，这样中断响应后，CPU 读到这条转移指令，便转向其他地方去继续执行中断服务程序。

### 3.2.3　8051 的数据存储器(RAM)

数据存储器分为外 RAM 和内 RAM。8051 片外最多可扩展 64 KB 的 RAM，内部有 256 B 的内 RAM，构成两个地址空间，访问片外 RAM 用“MOVX”指令，访问片内 RAM 用“MOV”指令。它们都是用于存放执行的中间结果和过程数据的。8051 的 RAM 均可读写，部分单元还可以位寻址。本节主要介绍内 RAM，外 RAM 将在单片机存储器扩展中详细讲解。

由图 3-3 可知，8051 内 RAM 在物理上分为两大区：地址为 00H～7FH(低 128 B)的内部数据存储空间和地址为 80H～FFH(高 128 B)的特殊功能寄存器区。这两个空间的地址是相连的，由于高 128 单元被特殊功能寄存器所占用，从用户角度而言，低 128 单元才是真正的数据存储器。

#### 1. 8051 片内数据存储空间(低 128 B)

内 RAM 又可分为工作寄存器区、位寻址区和数据缓冲区。其地址划分如图 3-4 所示。

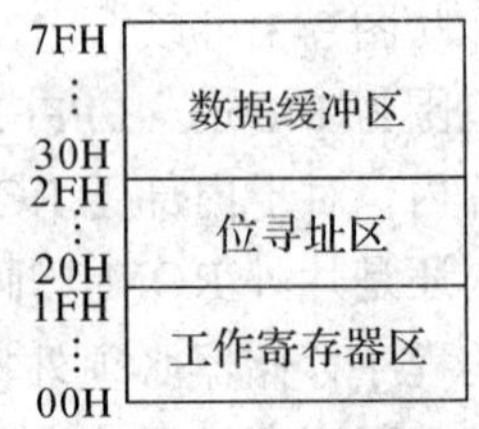

图 3-4　内 RAM 分区

1) 工作寄存器区(00H～1FH)

工作寄存器区又称为通用寄存器区，地址范围是 00H～1FH，共 32 个单元，被均匀地分为 4 组，每组包含 8 个 8 位寄存器，均以 R0～R7 来命名，这些寄存器为通用寄存器。程序中当前工作的寄存器只能是其中一组，其余各组不工作。由程序状态字寄存器(PSW)来管理这 4 组工作寄存器，通过定义 PSW 的 D3 和 D4 位(RS0 和 RS1)，即可选中这 4 组工作寄存器中的某一组，对应的编码关系如表 3-1 所示。若程序中并不需要用 4 组，那么其余的可用作一般的数据缓冲器，CPU 在复位后，选中第 0 组工作寄存器。

**表 3-1　工作寄存器组选择表**

| RS1 | RS0 | 组 | R0 | R1 | R2 | R3 | R4 | R5 | R6 | R7 |
|---|---|---|---|---|---|---|---|---|---|---|
| 0 | 0 | 0 | 00H | 01H | 02H | 03H | 04H | 05H | 06H | 07H |
| 0 | 1 | 1 | 08H | 09H | 0AH | 0BH | 0CH | 0DH | 0EH | 0FH |
| 1 | 0 | 2 | 10H | 11H | 12H | 13H | 14H | 15H | 16H | 17H |
| 1 | 1 | 3 | 18H | 19H | 1AH | 1BH | 1CH | 1DH | 1EH | 1FH |

工作寄存器是 8051 系列单片机的重要寄存器，指令系统中有专门用于工作寄存器操作的指令，其读写速度要比一般的内 RAM 快，指令字节数要比一般的直接寻址指令短。另外，工作寄存器中的 R0 和 R1 还具有间接寻址功能，给编程和应用带来方便。

2) 位寻址区(20H～2FH)

片内 RAM 的 20H～2FH 单元为位寻址区，共有 16 个字节，128 个位，每 1 位都有位地址，位地址范围为 00H～7FH，可对它们的每一位进行寻址。表 3-2 为位寻址区位地址映像表。

**表 3-2　位寻址区位地址映像表**

| 字节地址 | 位地址 | | | | | | | |
|---|---|---|---|---|---|---|---|---|
| | D7 | D6 | D5 | D4 | D3 | D2 | D1 | D0 |
| 2FH | 7FH | 7EH | 7DH | 7CH | 7BH | 7AH | 79H | 78H |
| 2EH | 77H | 76H | 75H | 74H | 73H | 72H | 71H | 70H |
| 2DH | 6FH | 6EH | 6DH | 6CH | 6BH | 6AH | 69H | 68H |
| 2CH | 67H | 66H | 65H | 64H | 63H | 62H | 61H | 60H |
| 2BH | 5FH | 5EH | 5DH | 5CH | 5BH | 5AH | 59H | 58H |
| 2AH | 57H | 56H | 55H | 54H | 53H | 52H | 51H | 50H |
| 29H | 4FH | 4EH | 4DH | 4CH | 4BH | 4AH | 49H | 48H |
| 28H | 47H | 46H | 45H | 44H | 43H | 42H | 41H | 40H |
| 27H | 3FH | 3EH | 3DH | 3CH | 3BH | 3AH | 39H | 38H |
| 26H | 37H | 36H | 35H | 34H | 33H | 32H | 31H | 30H |
| 25H | 2FH | 2EH | 2DH | 2CH | 2BH | 2AH | 29H | 28H |
| 24H | 27H | 26H | 25H | 24H | 23H | 22H | 21H | 20H |
| 23H | 1FH | 1EH | 1DH | 1CH | 1BH | 1AH | 19H | 18H |
| 22H | 17H | 16H | 15H | 14H | 13H | 12H | 11H | 10H |
| 21H | 0FH | 0EH | 0DH | 0CH | 0BH | 0AH | 09H | 08H |
| 20H | 07H | 06H | 05H | 04H | 03H | 02H | 01H | 00H |

在 8051 系列单片机中，ROM 和 RAM 均以字节为单位，每个字节有 8 位，每 1 位可容纳 1 位二进制数 1 或 0。但一般的 RAM 只有字节地址，操作时只能 8 位整体操作，不能按位单独操作。而位寻址区的 16 个字节，不但有字节地址，而且每一字节中的每一位还有位地址，可以位操作，执行例如置 1、清 0、求反、转移、传送等逻辑操作。所谓的

8051 系列单片机具有布尔处理功能，其布尔处理的存储空间指的就是这些位寻址区。

3) 数据缓冲区(30H～7FH)

在片内 RAM 低 128 单元中，通用寄存器占去 32 个单元，位寻址区占去 16 个单元，剩下的 80 个单元就是供用户使用的一般 RAM 区了，地址范围为 30H～7FH。对这部分区域的使用不作任何规定和限制，但应说明的是，堆栈一般开辟在这个区域。

### 2. 特殊功能寄存器(高 128 B)

特殊功能寄存器(Special Function Registers，SFR)又称为专用寄存器。8051 系列单片机内的锁存器、定时器/计数器、串行口以及各种控制寄存器、状态寄存器都以特殊功能寄存器的形式出现，用户编程时可以对它们进行设置，但不能作为他用。特殊功能寄存器离散地分布在内 ROM 的高 128 B，地址范围为 80H～FFH。特殊功能寄存器名称、表示符和地址如表 3-3 所示。

**表 3-3　特殊功能寄存器名称、表示符、地址一览表**

| 寄存器名称 | 符　号 | 字节地址 | 位名称/位地址 | | | | | | | |
|---|---|---|---|---|---|---|---|---|---|---|
| | | | D7 | D6 | D5 | D4 | D3 | D2 | D1 | D0 |
| B 寄存器 | B | F0H | F7H | F6H | F5H | F4H | F3H | F2H | F1H | F0H |
| 累加器 ACC | ACC | E0H | ACC.7<br>E7H | ACC.6<br>E6H | ACC.5<br>E5H | ACC.4<br>E4H | ACC.3<br>E3H | ACC.2<br>E2H | ACC.1<br>E1H | ACC.0<br>E0H |
| 程序状态字寄存器 | PSW | D0H | Cy<br>D7H | AC<br>D6H | F0<br>D5H | RS1<br>D4H | RS0<br>D3H | OV<br>D2H | F1<br>D1H | P<br>D0H |
| 中断优先级控制寄存器 | IP | B8H | —<br>BFH | —<br>BEH | —<br>BDH | PS<br>BCH | PT1<br>BBH | PX1<br>BAH | PT0<br>B9H | PX0<br>B8H |
| P3 口锁存器 | P3 | B0H | P3.7<br>B7H | P3.6<br>B6H | P3.5<br>B5H | P3.4<br>B4H | P3.3<br>B3H | P3.2<br>B2H | P3.1<br>B1H | P3.0<br>B0H |
| 中断允许控制寄存器 | IE | A8H | EA<br>AFH | —<br>AEH | —<br>ADH | ES<br>ACH | ET1<br>ABH | EX1<br>AAH | ET0<br>A9H | EX0<br>A8H |
| P2 口锁存器 | P2 | A0H | P2.7<br>A7H | P2.6<br>A6H | P2.5<br>A5H | P2.4<br>A4H | P2.3<br>A3H | P2.2<br>A2H | P2.1<br>A1H | P2.0<br>A0H |
| 串行口锁存器 | SBUF | 99H | — | | | | | | | |
| 串行口控制寄存器 | SCON | 98H | SM0<br>9FH | SM1<br>9EH | SM2<br>9DH | REN<br>9CH | TB8<br>9BH | RB8<br>9AH | TI<br>99H | RI<br>98H |
| P1 口锁存器 | P1 | 90H | P1.7<br>97H | P1.6<br>96H | P1.5<br>95H | P1.4<br>94H | P1.3<br>93H | P1.2<br>92H | P1.1<br>91H | P1.0<br>90H |
| 定时器/计数器 1(高 8 位) | TH1 | 8DH | — | | | | | | | |
| 定时器/计数器 0(高 8 位) | TH0 | 8CH | — | | | | | | | |
| 定时器/计数器 1(低 8 位) | TL1 | 8BH | — | | | | | | | |
| 定时器/计数器 0(低 8 位) | TL0 | 8AH | — | | | | | | | |

续表

| 寄存器名称 | 符　号 | 字节地址 | 位名称/位地址 | | | | | | | |
|---|---|---|---|---|---|---|---|---|---|---|
| | | | D7 | D6 | D5 | D4 | D3 | D2 | D1 | D0 |
| 定时器/计数器方式选择 | TMOD | 89H | GATE | C/T | M1 | M0 | GATE | C/T | M1 | M0 |
| 定时器/计数器控制寄存器 | TCON | 88H | TF1<br>8FH | TR1<br>8EH | TF0<br>8DH | TR0<br>8CH | IE1<br>8BH | IT1<br>8AH | IE0<br>89H | IT0<br>88H |
| 电源控制寄存器 | PCON | 87H | SMOD | — | — | — | GF1 | GF0 | PD | IDL |
| 数据指针(高 8 位) | DPH | 83H | — | | | | | | | |
| 数据指针(低 8 位) | DPL | 82H | — | | | | | | | |
| 堆栈指针 | SP | 81H | — | | | | | | | |
| P0 口锁存器 | P0 | 80H | P0.7<br>87H | P0.6<br>86H | P0.5<br>85H | P0.4<br>84H | P0.3<br>83H | P0.2<br>82H | P0.1<br>81H | P0.0<br>80H |

由表 3-3 可知，共有 21 个特殊功能寄存器，其中字节地址末位是“0H”或“8H”的寄存器的每 1 位都有位地址，即可以进行位操作。下面对部分特殊功能寄存器先作介绍，其余部分将在后续有关章节中叙述。

1) 累加器 ACC

累加器 ACC 是 8051 系列单片机中最常用的寄存器，所有的运算类指令都要使用它。累加器在指令中的助记符为 A，自身带有全零标志 Z，若 $A = 0$，则 $Z = 1$；若 $A \neq 0$，则 $Z = 0$。该标志常用作程序分支转移的判断条件。

2) B 寄存器

8051 中，在做乘、除法时必须使用 B 寄存器，不做乘、除法时，可作为一般的寄存器使用。

3) 程序状态字 PSW

程序状态字也可以称为标志寄存器，它存放 CPU 工作时的多种标志，借此可以了解 CPU 的当前状态，并做出相应的处理。它是一个非常重要的寄存器，其结构和定义如表 3-4 所示。

**表 3-4　程序状态字的结构和定义**

| 位编号 | PSW.7 | PSW.6 | PSW.5 | PSW.4 | PSW.3 | PSW.2 | PSW.1 | PSW.0 |
|---|---|---|---|---|---|---|---|---|
| 位地址 | D7 | D6 | D5 | D4 | D3 | D2 | D1 | D0 |
| 位名称 | CY | AC | F0 | RS1 | RS0 | OV | F1 | P |

程序状态字 PSW 各位名称的用途如下：

- CY：进位标志。在累加器 A 执行加、减法运算时，若最高位有进位或借位，则 CY 置 1，否则清 0。在进行位操作时，CY 是位操作累加器。
- AC：辅助进位标志。在累加器 A 执行加、减法运算时，若低半字节向高半字节有进位或借位，则 CY 置 1，否则清 0。

· F0、F1：用户标志位。开机时 F0(F1)的内容为 0，用户可以根据需要设定其含义，对该位置 1 或清 0。当 CPU 执行对 F0(F1)测试条件转移指令时，根据 F0(F1)的状态实现分支转移，相当于软开关。

· RS1、RS0：工作寄存器组选择位。RS1、RS0 取值范围为 00B～11B，可分别选中工作寄存器组 0～3。

· OV：溢出标志位。ACC 在有符号数算术运算中的溢出，若补码运算的运算结果有溢出，则 OV = 1；无溢出，则 OV = 0。

注意溢出和进位是两个不同的概念，进位是指无符号数运算时 ACC.7 向更高位的进位。溢出是指带符号数补码运算时，运算结果超出 8 位二进制数的补码表示范围 +127～−128。OV 的状态可由 $OV = C7' \oplus C6'$ 求出，C7'为 ACC.7 向更高位的进位，C6' 为 ACC.6 向 ACC.7 的进位。

· P：奇偶校验位。P 表示 ACC 中二进制数 1 的个数的奇偶性。若为奇数，则 P = 1，否则为 0。即 ACC 中有奇数个 1，P = 1；ACC 中有偶数个 1，P = 0。

4) 堆栈指针 SP

所谓堆栈是指用户在单片机的内 RAM 中构造出的一个区域，用于暂存一些特殊数据，如中断断口地址、子程序的断口地址、执行中断程序前需要保存的一些数据等，这个区域存放数据需符合“先进后出，后进先出”的原则。利用堆栈可以简化数据读写的操作，这一点将在本章指令系统中介绍。用户可以根据自己的需要来决定堆栈在内 RAM 中的位置，堆栈指针 SP 的内容可软件设置初值，单片机复位时 SP = 07H。CPU 每往堆栈中存放一个数，SP 都会先自动加 1，CPU 每从堆栈中取走一个数，SP 都会自动减 1，SP 始终指向堆栈最顶部的数据的地址。

5) 数据指针 DPTR

DPTR 分成 DPL(低 8 位)和 DPH(高 8 位)两个寄存器，用来存放 16 位地址值，以便用间接寻址或变址寻址的方式对外 RAM 或外 ROM 内的数据进行操作，也可以作为通用寄存器使用。

### 3. 程序计数器 PC

程序计数器 PC 是单片机 CPU 内一个物理结构独立的特殊寄存器，它不属于内 ROM、内 RAM 及特殊功能寄存器的范围。

用户程序是存放在内部的 ROM 中的，要执行程序就要从 ROM 中一个个字节地读出来，然后到 CPU 中去执行，那么 ROM 具体执行到哪一条呢？PC 的作用就是用来存放将要从 ROM 中读出的下一指令的地址，共 16 位，可对 64 KB ROM 直接寻址。PC 必须具备以下功能：

(1) 自动加 1 功能，即 CPU 从存储器中读出一个字节的指令码后，PC 自动加 1(指向下一个存储单元)。

(2) 执行转移指令时，PC 能根据该指令的要求修改下一个指令的地址。

(3) 在执行调用子程序或发生中断时，CPU 会自动将当前 PC 值压入堆栈，将子程序或中断入口地址装入 PC；子程序或中断返回时，恢复原压入堆栈的 PC 值，继续执行原顺序程序指令。

# 3.3　并行 I/O 端口

8051 系列单片机有 P0、P1、P2 和 P3 四个 8 位的双向并行端口，每个 I/O 端口都有一个 8 位数据锁存器，数据锁存器与 P0、P1、P2、P3 同名，属于 21 个特殊功能寄存器，对应内部 RAM 地址分别为 80H、90H、A0H、B0H，对 I/O 端口的控制就是对相应的锁存器的控制。访问并行 I/O 端口除了可以用字节地址访问外，还可以按位寻址。当单片机复位时，P0～P3 锁存器的内容均为 1。

P0～P3 四个并行口在结构和功能上各不相同，下面分别叙述各端口的结构、功能和使用方法。

## 3.3.1　P0 口

图 3-5 所示是 P0 口其中 1 位的结构原理图，P0 口由 8 个这样的电路组成。图 3-5 中的锁存器起输出锁存作用；场效应管 V1、V2 组成输出驱动器；与门、非门和多路开关 MUX 构成控制电路。P0 口有两种功能：通用输入/输出(I/O)口；地址/数据总线。

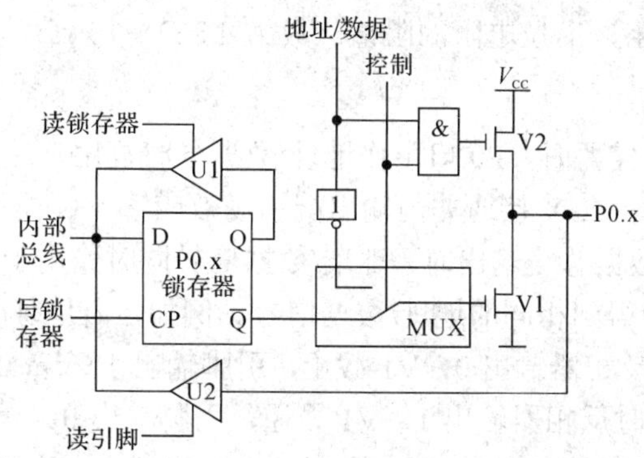


图 3-5　P0 口结构原理图

### 1. 通用输入/输出口

P0 口作为通用输入/输出口使用时，相应的指令使 CPU 控制电平为 0，有两个作用：一是封锁与门，即使与门输出为 0，场效应管 V2 截止，输出级为开漏输出电路；二是多路开关接通 $\overline{Q}$。

P0 口作为通用输入/输出口使用时，有读引脚、读锁存器和输出 3 种工作方式。3 种工作方式由相应的指令区分。

1) 读引脚工作方式

单片机在执行以 I/O 口为源操作数的指令时，一般使用的都是其读引脚功能，如 MOV A，P0。此时三态门 U2 打开，P0.x 上的数据经三态门 U2 进入内部总线，并送到累加器 A。此时数据不经过锁存器，因此，输入时无锁存功能。

当 P0 口执行读引脚操作时，必须保证场效应管 V1 截止。因为若 V1 导通，则从 P0 引脚上输入的信号被 V1 短路。为使场效应管 V1 截止，必须先用输出指令向锁存器写 1，使$\overline{Q}$为 0，V1 截止。由于在输入操作时还必须附加这样一个准备动作，P0 被称为“准双向”I/O 口。向锁存器写 1，可用 MOV P0，#0FFH 或 ORL P0，#0FFH 指令。

2) 读锁存器工作方式

单片机有一些“读-修改-写”指令，简称“读-改-写”指令，例如 ANL、ORL、XRL、JBC、CPL、SATB 等指令。这类指令的执行过程是：先将端口的数据读入 CPU，然后在 ALU 中进行运算，最后将运算结果送回端口。执行这类指令时，CPU 直接读锁存器而不是读端口引脚，如 ORL P0，#0FFH 指令就属于“读-改-写”指令。

采用读锁存器的方法是因为从引脚上读出的数据不一定能真正反映锁存器的状态。例如，若用 P0.x 引脚直接驱动一个 NPN 晶体管的基极，当向此端口写 1 时，晶体管导通并把端口引脚的电平拉低。这时，CPU 若从此引脚读取数据，则会把该数据 1 错读为 0；若直接从锁存器读取，则读出正确的数据。也就是说，锁存器状态取决于单片机企图输出什么电平，而引脚的状态则是引脚的实际电平。

3) 输出工作方式

当 P0 口执行输出指令时，例如 MOV P0，A，CPU 发出写脉冲加在锁存器时钟端 CP，与内部数据总线相连的 D 端数据取反后出现在$\overline{Q}$端，经 V1 反相后出现在 P0 引脚上。

在 P0 口作为输出工作方式时，由于 V2 截止，输出级处于开漏状态，要使 1 信号正常输出，必须外接上拉电阻，上拉电阻的阻值一般为 4.7 Ω～10 kΩ。

**2. 地址/数据总线**

在 CPU 访问外部存储器时，P0 口用作地址/数据分时复用功能。此时，相应的指令使控制电平为 1，多路开关 MUX 接通非门输出端和场效应管 V1，同时打开与门。

当 P0 口用作地址/数据总线输出时，地址/数据信号同时作用于与门和反相器，分别驱动 V2 和 V1，在引脚上得到相同的地址/数据信号。例如，若地址/数据信号为 1，则与门输出 1，V2 导通，同时反相器输出 0，V1 截止，引脚输出 1；若地址/数据信号为 0，则与门输出 0，V2 截止，同时反相器输出 1，V1 导通，引脚输出 0。

当 P0 口用作数据总线输入时，CPU 使 V1、V2 均截止，引脚上的数据经三态门 U2 进入内部数据总线。

注意：地址线是 8 位一起自动输出的，不能逐位定义。

P0 口的驱动能力为 8 个 LSTTL 门电路。

## 3.3.2 P1 口

图 3-6 所示是 P1 口其中 1 位的结构原理图，与 P0 口相比，P1 口的结构原理图中少了地址/数据传输电路和多路开关，场效应管 V2 改为上拉电阻 R。因此，P1 口只能作为通用 I/O 使用，且在作 I/O 口使用时，无需外接上拉电阻。

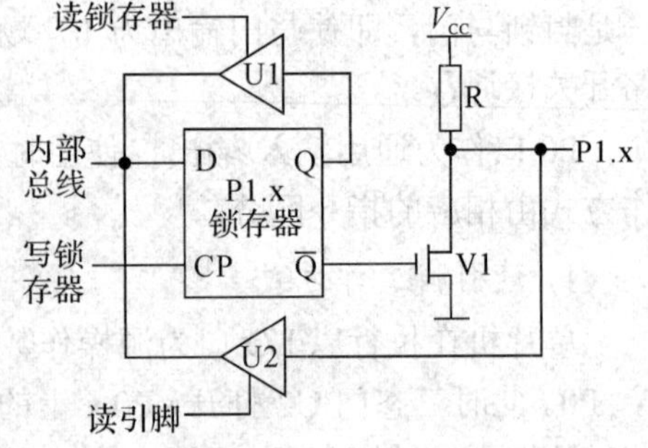


图 3-6　P1 口结构原理图

P1 口作为通用 I/O 口的功能和使用方法与 P0 口相似。

(1) P1 口作为通用 I/O 口使用时，有读引脚、读锁存器和输出 3 种工作方式。

(2) P1 口作为读引脚工作方式时，必须先向 P1 口写 1，是准双向口。

(3) P1 口的驱动能力为 4 个 LSTTL 门电路。

### 3.3.3 P2 口

图 3-7 所示是 P2 口其中 1 位的结构原理图，P2 口有两种功能：通用 I/O 口；地址总线高 8 位。因此，它的位结构比 P1 口多了一个多路开关 MUX。

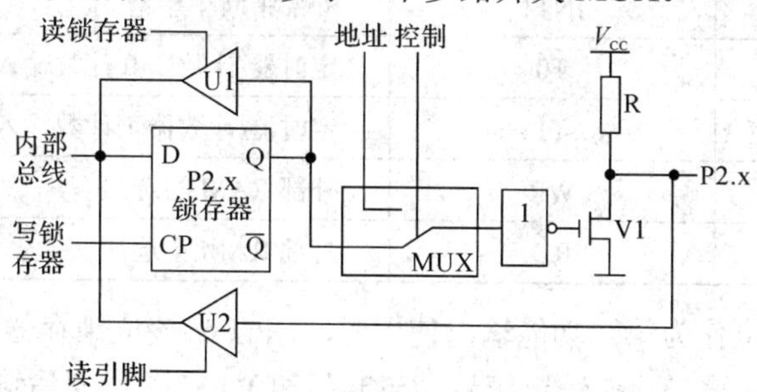


图 3-7　P2 口结构原理图

#### 1. 通用 I/O 口

P2 口作为通用 I/O 口使用时，多路开关接通 Q。其功能与 P1 口相同。

#### 2. 地址总线

在 CPU 访问外部存储器时，多路开关 MUX 接通“地址”，此时 P2 口输出地址总线的高 8 位，并与 P0 口输出的低地址一起构成 16 位的地址线，从而可以分别寻址 64 KB 的程序存储器或外部数据存储器。同样，地址线是 8 位一起自动输出的，不能逐位定义。

P2 口的驱动能力为 4 个 LSTTL 门电路。

### 3.3.4 P3 口

图 3-8 所示是 P3 口其中 1 位的结构原理图，P3 口可用作通用 I/O 口，同时每一个引脚又有其第二功能。

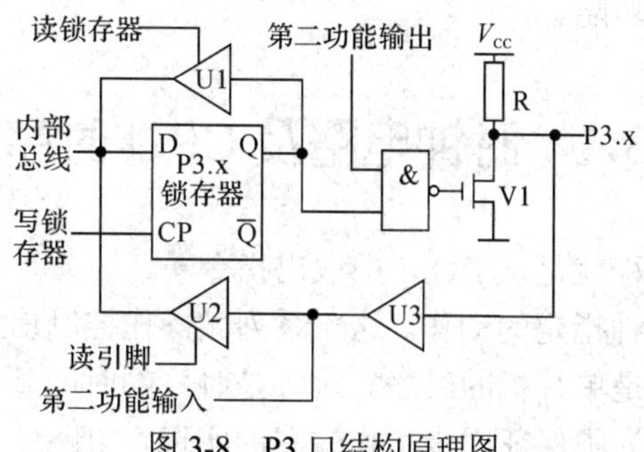


图 3-8　P3 口结构原理图

#### 1. 通用 I/O 口

当 P3 口的第二功能都保持为高电平时，P3 口作为通用 I/O 口使用，其功能与 P1 口相同。

#### 2. 第二功能

P3 口的每一根端口线都有第二功能，各位的功能如表 3-5 所示。

表 3-5　P3 口的第二功能

| 端 口 线 | 第 二 功 能 | 信 号 名 称 |
| --- | --- | --- |
| P3.0 | RXD | 串行数据接收 |
| P3.1 | TXD | 串行数据发送 |
| P3.2 | INT0 | 外部中断 0 申请 |
| P3.3 | INT1 | 外部中断 1 申请 |
| P3.4 | T0 | 定时器/计数器 0 计数输入 |
| P3.5 | T1 | 定时器/计数器 1 计数输入 |
| P3.6 | WR | 外部 RAM 写选通 |
| P3.7 | RD | 外部 RAM 读选通 |

当 P3 口的某 1 位作为第二功能输出使用时，CPU 将该位锁存器置 1，使与非门只受第二功能输出端控制，第二功能输出信号经与非门和 V1 二次反向后输出在该位的引脚上。

当 P3 口的某 1 位作为第二功能输入使用时，该位的“第二功能输出”端和锁存器自动置“1”，V1 截止，该位引脚上的信号经缓冲器 U3，送入第二功能输入端。

在应用中，P3 口的各位如不设定为第二功能，则自动处于通用 I/O 口功能，此时应采用位操作形式。

P3 口的驱动能力也是 4 个 LSTTL 门电路。

综上所述，在应用 P0～P3 口时，要注意以下几点：

(1) 单片机复位时，P0～P3 中各位内容均为 1。

(2) P0～P3 都能作为 I/O 口使用，其中 P0 口要加上拉电阻，而其余口可不加。

(3) 在读 P0～P3 的引脚状态值时，需先向端口写 1。

(4) 在并行扩展外存储器时，P0 口用于低 8 位地址/数据总线，P2 口用于高 8 位地址总线。

(5) P0 口能驱动 8 个 LSTTL 门电路，而 P1、P2、P3 只能驱动 4 个 LSTTL 门电路。

(6) P3 口常用于第二功能。

## 3.4　时钟电路及 CPU 时序

单片机执行指令的过程就是从 ROM 中取出指令一条一条地顺序执行，然后进行一系列的微操作控制来完成各种指定的动作。这一系列微操作控制信号在时间上要有一个严格的先后次序，这种次序就是单片机的时序。时钟是时序的时间基础，单片机本身就如同一个复杂的同步时序电路，为了保证同步工作方式的实现，电路就要在唯一的时钟信号控制下按时序进行工作。

### 3.4.1　时钟电路

单片机的时钟可以采用内部产生也可以外部引进，下面对其分别进行介绍。

#### 1. 内部时钟信号的产生

在 8051 单片机的内部有一个高增益的反相放大器，其输入端为引脚 XTAL1(19 脚)，输出端为 XTAL2(18 脚)，一般只需在外部接上两个微调电容和一个石英晶振，就能构成一个稳定的自激振荡器，如图 3-9 所示。振荡频率取决于石英晶体的振荡频率，范围可取 1.2 MHz～12 MHz，典型值取 6 Hz、12 Hz。C1、C2 一般取瓷片电容或校正电容，起频率稳定、微调作用，一般取值 10 pF～30 pF。在设计电路时，晶振和电容应尽可能地靠近芯片，以减少 PCB 板的分布电容，保证振荡器振荡工作的稳定性，提高系统的抗干扰能力。

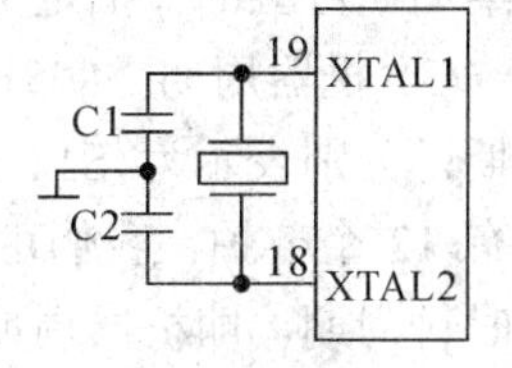


图 3-9　采用内部时钟电路

#### 2. 引入外部时钟信号

在多片单片机组成的单片机系统中，为了保证各单片机之间时钟信号的同步，需引入唯一的公用的外部脉冲信号作为各单片机的振荡脉冲，此时应将 XTAL2 悬空不用，外部脉冲信号由 XTAL1 引入，如图 3-10 所示。

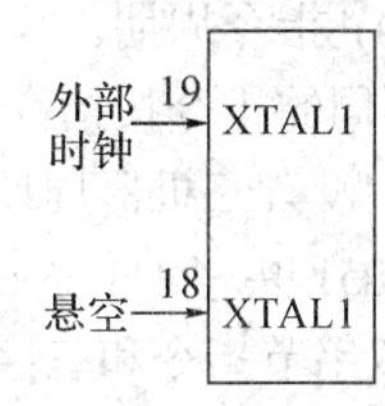


图 3-10　外部时钟引入

### 3.4.2　CPU 时序

#### 1. 8051 的时序单位

时序是用定时单位来描述的，8051 的时序单位有 4 个，它们分别是时钟周期、状态周期、机器周期和指令周期，如图 3-11 所示。接下来分别加以说明。

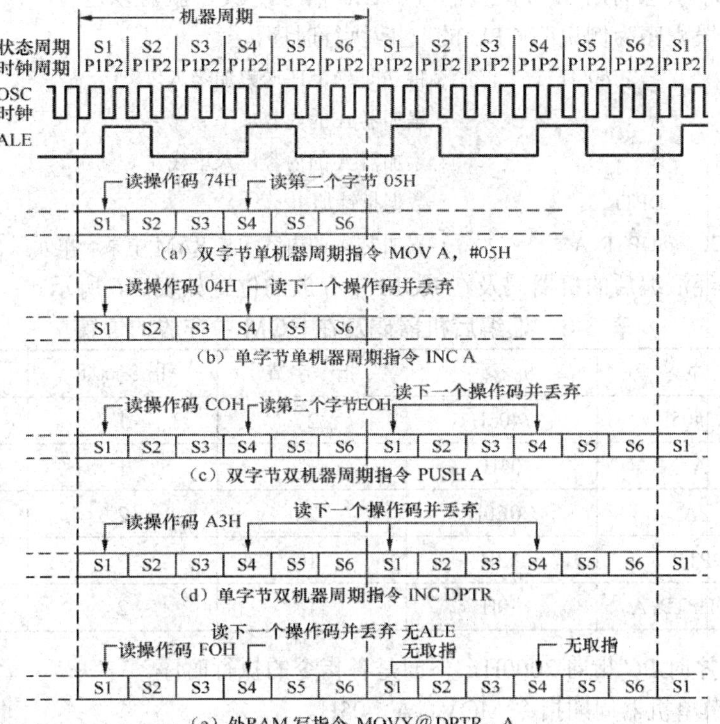


图 3-11　单片机取指/执行时序

(1) 时钟周期(振荡周期)P，为单片机提供定时信号的振荡源的周期(晶振周期或外加振荡源的周期)，又称节拍或拍，用 P 表示。

(2) 状态周期 S，两个振荡周期为一个状态周期，用 S 表示。一个状态有两个节拍，前半周期对应的节拍定义为 P1，后半周期对应的节拍定义为 P2。

(3) 机器周期。8051 系列单片机有固定的机器周期，规定一个机器周期含有 6 个状态周期，分别表示为 S1、S2、…、S6。而一个状态周期包含两个节拍，那么一个机器周期就有 12 个节拍，我们可以记为 S1P1、S1P2、…、S6P1、S6P2，一个机器周期共包含 12 个时钟周期，即机器周期就是振荡脉冲的 12 分频。若使用 6 MHz 的时钟频率，则一个机器周期就是 2 μs；若使用 12 MHz 的时钟频率，则一个机器周期就是 1 μs。

(4) 指令周期，执行一条指令所需要的时间称为指令周期。指令周期以机器周期为单位，不同的指令按指令周期不同分为单机器周期指令、双机器周期指令和四机器周期指令。注意：没有三机器周期指令。

8051 共有 111 条指令，按照指令在存储空间中所占的长度不同可分为三类：单字节指令、双字节指令和三字节指令。注意：没四字节指令。因此，指令又可分为单字节单机器周期指令、单字节双机器周期指令、双字节单机器周期指令和双字节双机器周期指令。三字节指令都是双机器周期的，而单字节的乘除法指令为四机器周期指令。

### 2. CPU 的取指/执行时序

每一条指令的执行都包含取指和执行两个阶段。由图 3-11 可知，ALE 信号在一个机器周期内两次有效，第一次出现在 S1P2 和 S2P1 期间，第二次出现在 S4P2 和 S5P1 期间，有效宽度为一个状态周期 S。每出现一次 ALE 信号，CPU 就可以进行一次取指操作。

下面以一段程序为例说明 CPU 的取指/执行时序。

```
MOV    A,   #05H        ; 将立即数 05H 送累加器 A
INC    A                ; 累加器 A 的内容加 1
PUSH   A                ; 累加器 A 的内容压入堆栈
INC    DPTR             ; 数据指针加 1
MOVX   @DPTR, A         ; 累加器 A 的内容送外 RAM 中某一单元保存
```

该段程序经汇编后的机器码及在 ROM 中存放的位置如表 3-6 所示。

**表 3-6　汇编后机器码及在 ROM 中存放的位置**

| 源 程 序 | 机器码 | 指令字节 | 指令周期 | 存储地址 |
|---|---|---|---|---|
| MOV　A, #05H | 7405H | 2 | 1 | 2000H |
| INC　A | 04H | 1 | 1 | 2002H |
| PUSH　A | C0E0H | 2 | 2 | 2003H |
| INC　DPTR | A3H | 1 | 2 | 2005H |
| MOVX　@DPTR, A | F0H | 1 | 2 | 2006H |

执行该程序时 PC 指向 2000H，下面是各指令的执行时序。

(1) 双字节单机器周期指令 MOV　A, #05H。

执行在第 1 个机器周期 S1P2 开始，操作码 74H 被读入指令寄存器，PC 加 1 后为

2001H；在 S4P2 时读入第 2 个字节 05H，PC 加 1 后为 2002H。如图 3-11(a)所示。

(2) 单字节单机器周期指令 INC　A。

在第 2 个机器周期 S1P2 时，操作码 04H 被读入，PC 加 1 后为 2003H；在 S4P2 时读入下一个操作码 C0H 后丢弃，PC 不加 1。如图 3-11(b)所示。

(3) 双字节双机器周期指令 PUSH　A。

在第 3 个机器周期 S1P2 时，操作码 C0H 被读入，PC 加 1 后为 2004H；在 S4P2 时读入第 2 个字节 E0H，PC 加 1 后为 2005H。在第 4 个机器周期时读入的操作码将被丢弃，且 PC 不加 1。如图 3-11(c)所示。

(4) 单字节双机器周期指令 INC DPTR。

在第 5 个机器周期 S1P2 时，操作码 A3H 被读入，PC 加 1 后为 2006H；在 S4P2 和第 6 个机器周期时读入的操作码将被丢弃，且 PC 不加 1。如图 3-11(d)所示。

(5) 外 RAM 写指令 MOVX　@DPTR，A。

在第 7 个机器周期 S1P2 时，操作码 F0H 被读入指令寄存器，PC 加 1 后为 2007H。在 S4P2 时读入的字节被丢弃。由 S5 开始送出外 RAM 的地址，随后是写操作。如图 3-11(e)所示。

该指令是一条对外 RAM 操作的指令，它与一般的单字节双机器周期指令不同。执行这类指令时，前一机器周期的第 2 个 ALE 信号的下降沿用来锁存 P0 口送出的外 RAM 的低 8 位地址，后一机器周期的外 RAM 读/写期间，ALE 不输出有效信号，读/写操作结束后，有 ALE 但不产生取指操作。

学习单片机的一种有效方法是：必须熟知每一条程序的字节数，但不要求熟知每一条程序的机器周期数。

## 3.5　8051 系列单片机的工作方式

8051 系列单片机有 4 种工作方式：复位方式、程序执行方式、低功耗方式和内 ROM 编程及加密方式。

程序执行方式是单片机的基本工作方式，CPU 总是按照 PC 所指的地址从 ROM 中取指并执行。每取一个字节，PC 自动加 1，只有当调用子程序、中断或执行转移指令时，PC 会相应产生新地址，CPU 仍然按照 PC 所指的地址取指并执行。

单片机的编程与加密由专门的编程器或烧录器来完成，类似的产品有很多，功能也不尽相同，用户只需了解其使用方法即可。

### 3.5.1　复位方式

单片机执行程序时总是从地址 0000H 开始，所以，在进入系统时必须对 CPU 进行复位。另外，由于程序运行中的错误或操作失误使系统处于死锁状态时，为了摆脱这种状态，也需要进行复位。

#### 1. 复位条件

单片机复位靠外部电路实现，只要在单片机复位(RST)引脚(9 脚)上加一个持续时间为两个机器周期的高电平即可。例如，若单片机的时钟频率为 12 MHz，则机器周期为 1 μs，那么需要持续 2 μs 以上的时间；若单片机的时钟频率为 6 MHz，则机器周期为 2 μs，那么需要持续 4 μs 以上的时间。

### 2. 复位电路

常用的复位操作有上电自动复位、按键复位及专用芯片复位 3 种方法。

上电自动复位是通过外部复位电路的电容充电来实现的，如图 3-12(a)所示。当电源接通瞬间，电容 C 对下拉电阻开始充电，由于电容两边的电压不能突变，所以 RST 端维持高电平。只要时间大于两个机器周期，就可以实现对单片机的自动上电复位，即接通电源就完成了系统的初始化。在实际的工程应用中，如果没有特殊要求，一般都采用这种复位方式。

按键复位的电路如图 3-12(b)所示，只需在上电复位电路的基础上加一个常开按钮，若要复位，只需按下 SA。这种电路一般用在需要经常复位的系统中。

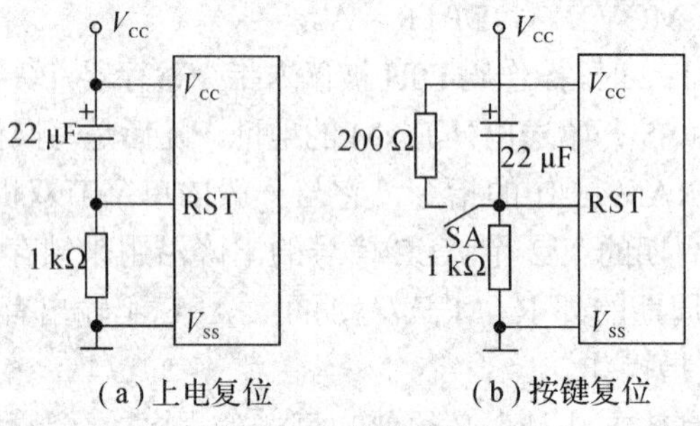

(a) 上电复位　　(b) 按键复位

图 3-12　复位电路

专用芯片复位，例如 X25045、MAX813L、MAX810 等芯片，不但能完成对单片机的自动复位功能，而且还有管理电源、用作外部存储器等作用。此种复位方法通常用于要求比较高的系统中。

### 3. 复位后内部寄存器状态

8051 系列单片机复位期间不产生 ALE 及 $\overline{\text{PSEN}}$ 信号，同时片内各寄存器进入如表 3-7 所示状态。

**表 3-7　复位后内部寄存器状态**

| 寄存器名称 | 复位时的内容 | 寄存器名称 | 复位时的内容 |
|---|---|---|---|
| PC | 0000H | TMOD | 00H |
| ACC | 00H | TCON | 00H |
| B | 00H | TL0 | 00H |
| PSW | 00H | TH0 | 00H |
| SP | 07H | TL1 | 00H |
| DPTR | 0000H | TH1 | 00H |
| P0～P3 | FFH | SCON | 00H |
| IP | ×××00000B | SBUF | 不定 |
| IE | 0××00000B | PCON | 0×××0000B |

注：“×”表示无关位，是一个随机数。

### 3.5.2　低功耗方式

在以电池供电的系统中，有时为了降低电池的功耗，在程序不运行时就要采用低功耗方式。低功耗方式有两种：待机(休闲)方式和掉电方式。掉电保护方式时电流约为 75 μA。

低功耗方式由电源控制寄存器 PCON 来控制。PCON 字节地址为 87H，不能位寻址，其每一位定义如表 3-8 所示。

表 3-8　PCON 每一位定义

| D7 | D6 | D5 | D4 | D3 | D2 | D1 | D0 |
|---|---|---|---|---|---|---|---|
| SMOD | — | — | — | GF1 | GF0 | PD | IDL |

- SMOD：波特率倍增位，在串行通信时用。
- GF1：通用标志位 1。
- GF0：通用标志位 0。
- PD：掉电方式控制位，PD = 1，进入掉电方式。
- IDL：待机方式位，IDL = 1，进入待机方式。

#### 1. 待机方式

(1) 进入待机方式。当使用指令使 PCON 寄存器的 IDL = 1 时，则进入待机工作方式。此时 CPU 停止工作，但时钟信号仍提供给 RAM、定时器、中断系统和串行口；ALE、$\overline{\text{PSEN}}$ 保持逻辑高电平；堆栈指针 SP、程序计数器 PC、程序状态字 PSW、累加器 ACC 以及全部的通用寄存器的内容都保持不变；单片机的消耗电流从 20 mA 左右降为 5 mA 左右。

(2) 退出待机方式。退出待机方式可以采用引入中断的方法，任一中断请求被响应都可使 IDL 清 0，从而退出待机方式。

#### 2. 掉电方式

(1) 进入掉电方式。当使用指令使 PCON 寄存器的 PD = 1 时，则进入掉电工作方式，此时片内振荡器停振，单片机的一切工作都停止，仅保存内部 RAM 的数据。程序可以设计为在检测到电源发生故障但尚能正常工作时将数据保存并置 PD = 1，进入掉电工作方式。掉电方式下电源可以降到 2 V，耗电仅为 50 μA。

(2) 退出掉电方式。退出掉电工作方式的唯一方法是硬件复位，不过应在电源电压恢复到正常值后再进行复位，复位后片内 RAM 数据不变，特殊功能寄存器的内容按复位状态初始化。

## 3.6　8051 系列单片机指令系统

指令是指挥计算机执行某种操作的命令，一台计算机所有指令的集合称为指令系统。不同类型的计算机有不同的指令系统，一般来说是互不兼容的。指令系统反映了计算机的主要功能，是在设计计算机时确定下来的。计算机只能识别和执行机器语言的指令，机器语言指令采用二进制编码，称为指令的机器码或指令码。每一条指令在存放时都是以其机器码的形式存储的，各条指令的机器码以字节为单位存放，不同指令的字节数不一样。指令字越长，所占用内存单元越多。

### 3.6.1 指令系统概述

8051 系列单片机的指令系统共有 111 条指令，从不同的角度看具有不同的分类方式。根据功能不同分为 5 种类型：数据传送类 28 条、算术运算类 24 条、逻辑运算类 25 条、控制转移类和位操作类各 17 条；根据寻址方式方式的不同可分为立即寻址方式、寄存器寻址方式、直接寻址方式、寄存器间接寻址方式、相对寻址方式、基址寄存器加变址寻址方式和位寻址方式；从指令的执行时间来看，可分为单周期 64 条、双周期指令 45 条和 4 周期指令 2 条；从指令机器码字的节数来看，可分为单字节指令 49 条、双字节指令 45 条和 3 字节指令 17 条；根据汇编时功能不同可分为汇编指令和伪指令。

为了方便理解和使用，通常用相应的符号(一般采用英语单词或对应的缩写)来描述计算机的各种指令，这种指令需经过汇编译码，转换为机器码以后才能被计算机执行，故称为汇编指令。不同的机器有不同的指令内容和格式。指令主要由操作码和操作数两部分组成，操作数和操作码一起被译码。8051 系列单片机的指令系统非常丰富，用 42 种操作码助记符来描述 33 种操作功能。

**1. 指令的表达形式**

每条指令有两种不同的表达形式：二进制代码(机器码)指令和助记符(汇编语言)指令。助记符指令必须转换成二进制代码指令才能存入存储器。

举例如下：

助记符指令：　　MOV　A,　# 30H

二进制代码指令：　01110100　　00110000

**2. 汇编语言指令格式**

汇编语言指令格式如下：

操作码　[第一操作数] [，第二操作数] [，第三操作数]

- 操作码：用来规定指令进行何种操作，是指令中不可空缺的部分。
- 操作数：用来表示参与指令操作的数据或数据所在的地址，为可选项。

当有两个操作数时，前一个为目的操作数，后一个为源操作数。

对于 8051 系列单片机的指令系统，其机器码根据指令编码长短的不同可以分以下 3 种格式。

1) 单字节指令

单字节指令有如下两种编码格式：

一种是 8 位编码只表示操作码，指令的操作对象很明确，如加 1 指令 INC　A 的机器码为 04H。

另一种是 8 位编码由操作码和寄存器编码组成。这类指令的高 5 位表示操作码，低 3 位表示通用寄存器 Rn(n = 0～7)，例如加法指令 ADD　A，Rn 的编码格式为：00101rrr。高 5 位 0010l 表示该指令的操作码，低 3 位 rrr 表示寄存器 Rn(n = 0～7)，指令所完成的功能是先将 Rn 中的数据和累加器 A 中的数据相加，然后把结果送回累加器 A 中。

2) 双字节指令

双字节指令的编码格式为：

| 操作码 |
| --- |
| 操作数 |

第一个字节表示操作码，第二个字节表示参与操作的数据(data)或数据所在的存储单元的地址。

3) 三字节指令

三字节指令的编码格式为：

| 操作码 |
| --- |
| 第一操作数 |
| 第二操作数 |

第一个字节表示指令操作码，后两个字节为参与操作的数据或该数据所在的存储单元的地址。

指令的字节数越少，在存储器(内存)中占的存储空间越小。

### 3. 指令中有关操作数符号的说明

指令中有关操作数符号的说明如下：

- Rn：表示当前选中的 8 个工作寄存器 Rn(n = 0～7)中的任一个。
- Ri：表示 8 个内部工作寄存器中的两个寄存器 R0、R1，可作地址指针即间址寄存器，采用@Ri(i = 0，1)的形式。
- direct：表示 8 位内部数据存储器单元的地址，即片内 RAM 单元的地址(范围是 00H～FFH)，可以是片内 RAM 的 00H～7FH 单元或特殊功能寄存器的地址，如 I/O 端口、控制寄存器、状态寄存器(范围是 80H～FFH)等。
- #data：表示包含在指令中的 8 位立即数。
- #data16：表示包含在指令中的 16 为立即数。
- addr16：表示 16 位的目的地址，用于 LCALL 和 LJMP 指令中，目的地址范围是 64 KB 的程序存储器地址空间。
- addr11：表示 11 位的目的地址。用于 ACALL 和 AJMP 指令中，目的地址必须存放在与下一条指令的第一个字节同一个 2 KB 程序存储器的地址空间之内。
- rel：表示 8 位带符号的相对偏移量，用于 SJMP 和所有的条件转移指令中。偏移字节相对于下一条指令的第一个字节计算，范围是 –128～+127。
- DPTR：即数据指针，一般用作 16 位的地址寄存器。
- bit：表示片内 RAM 或特殊功能寄存器中的支持位寻址的直接位寻址。
- A：累加器 ACC。
- B：特殊功能寄存器，用于 MUL 和 DIV 指令中。
- C：进/借位标志或进/借位位，或布尔处理机中的累加器。
- @：间址寄存器或基址寄存器的前缀，如@Ri、@A+PC、@A+DPTR。
- /：位操作数的前缀，表示对该位取反。

• X：片内 RAM 单元的直接地址或寄存器，表示该单元中的数据。在直接寻址方式中，表示直接地址单元中的数据。

• (X)：在间接寻址方式中，表示由间址寄存器指向的地址单元中的数据。所谓指向是指以间址寄存器中的数据为地址，实际访问的是该地址单元所对应的数据。

• →：表示数据的传送方向。

• ↔：表示两个单元的数据互相交换。

## 3.6.2　寻址方式

寻址方式是指在指令中提供操作数的方式，就是确定参与操作的参数的实际地址。指令系统中的一种操作可以使用多种寻址方式。寻址方式越多，则计算机的功能就越强，灵活性就越大，能更有效地处理各种数据。8051 系列单片机的寻址方式主要有 7 种：立即寻址、直接寻址、寄存器寻址、寄存器间接寻址、基址加变址寻址、相对寻址和位寻址。应当注意的是，寻址方式在各种计算机的指令系统中具有重要的意义，透彻理解各种寻址方式对于学习和掌握指令系统极为重要。

### 1. 立即寻址

立即寻址是在指令中直接给出操作数的寻址方式，操作数前有标志符“#”，即操作数直接包含在指令中，和操作码一起构成机器码，位于操作码之后，存放在程序存储器中。操作数就是存放在程序存储器的常数，这样的操作数一般就称为立即数。

立即数有 8 位和 16 位两种。8 位立即数存放在指令操作码之后，占用一个字节单元，16 位立即数同样是存放在本指令操作码之后，占用两个字节单元，高 8 位数据在前，低 8 位数据在后。例如：

```
MOV   R1, #20H          ; 将 8 位立即数 20H 传送到通用寄存器 R1 中
MOV   DPTR, #1234H      ; 将 16 位立即数 1234H 传送到 16 位寄存器 DPTR 中
```

立即数只能作为源操作数，通常用来给寄存器或存储单元赋初值。指令表中常用“#data”表示 8 位数的立即寻址，data 表示 8 位立即数；用“#data16”表示 16 位数的立即寻址，data16 表示 16 位立即数。

### 2. 直接寻址

直接寻址是在指令中直接给出操作数地址的寻址方式，操作数位于操作码之后，存放在程序存储器中，而实际参数则存放在该地址所指向的存储单元中。

直接寻址的可寻址空间只能是片内 RAM(00H～7FH)中的 128 个字节单元和特殊功能寄存器，而且特殊功能寄存器只能采用这种方式寻址。在指令表中常用“direct”表示直接地址。例如：

```
MOV   A, 20H        ; 将片内 RAM 中地址为 20H 的存储单元的数据传送到累加器 A 中
```

### 3. 寄存器寻址

寄存器寻址是指通过寄存器提供操作数的寻址方式，即参与运算的操作数在某一寄存器中。能实现这种寻址的寄存器有 R0～R7 及累加器 A，其中工作寄存器(R0～R7)由指令码的低三位表示，累加器 A 则隐含在指令码中。例如：

```
MOV   A, Rn          ; Rn→A，n = 0～7
```

该指令的功能是将 Rn(n = 0～7)中的数据传送到累加器 A 中，源操作数和目标操作数都采用了寄存器寻址。

由于寄存器在 CPU 内部，因此采用寄存器寻址可以获得较高的运算速度，即通过寄存器来存取数据时，指令的长度最短，执行速度最快。

### 4. 寄存器间接寻址

寄存器间接寻址是指通过寄存器来间接提供操作数的寻址方式，一般简称寄存器间址，即在指令中给出存放操作数地址的寄存器，而操作数本身则存放在该地址所指向的存储单元中。

为了区别于寄存器寻址，当寄存器作为间接寻址时，在间址寄存器前面加上“@”。例如：

```
MOV   A, @R0
```

该指令即属于寄存器间址，该指令的功能是将 R0 指向的存储单元中的数据传送到累加器 A 中，即以 R0 中的数据作为地址，将该地址单元中的数据取出来传送到累加器 A 中。寄存器间址与 C 语言中指针的概念类似，可以对两者进行类比来加深理解。

再如：

```
MOVX   A, @DPTR       ; 将 DPTR 所指向的片外 RAM 单元中的数据传送至累加器 A 中
PUSH   PSW            ; 将 PSW 中的数据传送至堆栈指针 SP 所指向的 RAM 单元中
```

采用寄存器间接寻址可以访问的存储空间有片内 RAM(00A～7FH)和片外 RAM。对片内 RAM 进行寄存器间接寻址时，只能使用 R0 或 R1 作为间址寄存器；对片外 RAM 进行寄存器间接寻址时，对于 0000H～00FFH 的 256 个存储单元，可使用 R0、R1 和 DPTR 作为间址寄存器；对于 0100H～FFFFH 范围内的存储单元，只能使用 DPTR 作为间址寄存器。增强型的 8032/8052/8752/8952 单片机只能采用这一寻址方式访问片内 RAM 的高 128 单元(80H～FFH)。

指令 MOV A, @R0 的功能为将 R0 所指向的片内 RAM 单元中的数据送入累加器 A 中，执行过程如图 3-13 所示。图中设 R0 = 70H，程序存储区中的二进制代码 11100110(E6H)就是单字节指令 MOV　A, @R0 的机器码。该指令在执行时，以 R0 中的数据 01110000(70H)作为地址，将片内 RAM 中 70H 单元的数据 01000010B(42H)读出来传送到累加器 A 中。因此，累加器 A 中的数据就变为 01000010B，累加器 A 中原来保存的数据被新数据覆盖掉了。

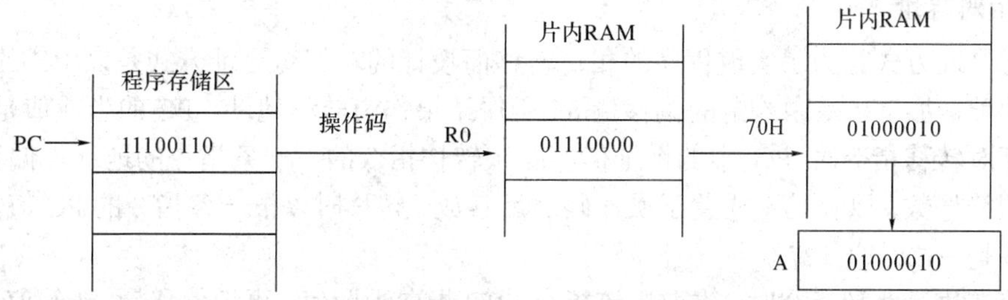


图 3-13　指令 MOV A, @R0 的执行过程

应当说明的是，对存储单元的“访问”就是指对存储单元的读操作(即取数的操作)或写操作(即存数的操作)，即通常把对存储单元的读操作和写操作统称为对存储单元的访问。存储单元包括通用和专用寄存器、片内 RAM、片外 RAM 和 ROM。另外，对任何存储单

元的读操作都是非破坏性的，被读取的单元的数据保持不变。在上例中，指令执行后，70H单元中的数据仍然保持为01000010B，并不会由于其中的数据被“读走”了而“丢失”或发生变化，除非该单元被后来的指令传入了新的数据或系统掉电。

堆栈操作中，执行PUSH和POP指令实际上就是隐含了SP的间址寻址方式。

### 5. 基址加变址寻址

基址加变址寻址方式的全称是基址寄存器加变址寄存器间接寻址，一般简称变址寻址，类似于寄存器间址。指令中给出的也是操作数的地址，不同的是其地址由两部分组成，以16位的数据指针DPTR或程序计数器PC作为基址寄存器，以累加器A作为变址寄存器，基址寄存器的内容与变址寄存器的内容之和作为操作数地址。地址为16位，允许寻址的存储空间为程序存储器的64 KB空间。助记符“MOVC”表示访问的存储器为程序存储器，这两条指令常用于访问程序中的数据表格。指令格式有下面两种：

```
MOVC   A, @A+DPTR          ; (A+DPTR)→A
MOVC   A, @A+PC            ; (A+PC)→A
```

第一条指令的功能是将A的内容与DPTR的内容相加形成操作数地址，将ROM中该地址单元中的数据传送到累加器A中。第二条指令的功能与第一条指令类似，所不同的是操作数地址由A的内容与PC的内容之和形成，图3-14表示了该指令的执行过程。指令开始执行时，A = E0H，PC = 2000H，产生的目标地址就是A + PC = 20E0H，接着就将ROM中20E0H单元中的数据47H取出来传送到累加器A中，而累加器A中原来的数据E0H就被新数据47H所覆盖。

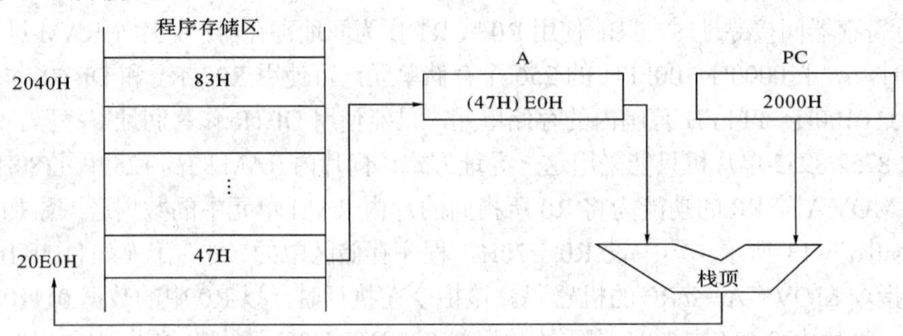


图3-14　MOVC　A, @A+PC的执行过程

### 6. 相对寻址

相对寻址方式是为了实现程序的相对转移而设计的。相对寻址方式是以PC的当前值作为基地址，加上指令中给定的偏移量rel所得结果作为转移地址。PC的当前值是指执行完这条相对转移指令时PC中的地址值，即该转移指令的下一条指令的地址。偏移量rel是8位的符号数，以补码形式置于操作码之后存放。转移时以下一条指令的PC值为起点，转移范围是−128～+127。

系统在执行跳转指令时，先取出该指令，PC指向当前值，再把偏移量rel的值加到PC上，产生转移的目标地址仍存放到PC中。例如下面的指令：

```
JZ   rel        ; PC+2→PC，取指令
                ; 若A = 0，则转移，即PC = PC + rel
                ; 否则，顺序执行下一指令
```

JZ 是一条有条件转移指令，占用两个字节。第一个字节为操作码，第二个字节为相对偏移量 rel。该指令的功能是当累加器 A 的内容为零时，执行转移，转移的目标地址为 PC 的当前值与 rel 之和所形成的地址，否则，顺序执行下一条指令。

再如双字节的条件转移指令 JC　80H 在 C = 1 时跳转，C = 0 时顺序执行。若指令存放在 1005H，取出操作码后 PC 指向 1006H，取出偏移量后，PC 指向 1007H，在计算偏移量相加时，PC 的值已为 1007H，即指向了该条指令的下一条指令。上述指令执行后，最终形成的地址为 0F87H 而非 1087H，这是由于偏移量是符号数。偏移量 = 80H，这里出现的是补码，即 80H 意味是 −128 的补码。补码运算后，形成的跳转地址为 0F87H，其执行过程如图 3-15 所示。

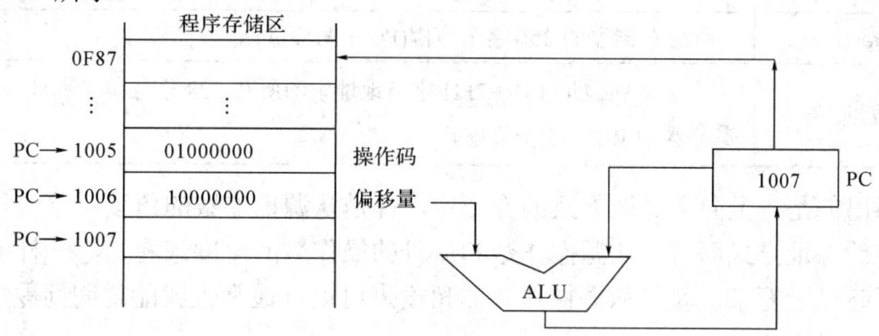


图 3-15　指令 JC　80H(当 C = 1 时)的执行过程

### 7. 位寻址

位寻址方式是对片内 RAM 的位寻址空间进行位操作的寻址方式。在进行位寻址时，借助于进位标志位 CY 作为位操作的累加器，操作数直接给出该位的地址，然后根据操作码的性质对其进行位操作。位寻址的位地址与直接寻址的字节地址形式完全一样，两者主要由操作码区分，使用时应特别注意分清是直接寻址还是位寻址。置位指令如下：

```
SET   20H              ; 1→(20H)
```

8051 系列单片机位寻址方式的寻址范围如下：

· 内部 RAM 中的位寻址区，字节地址为 20H～2FH，共 128 位，位地址为 00H～7FH。

· 特殊功能寄存器的可寻址位，可供位寻址的特殊功能寄存器有 11 个，有寻址位 83 位。

位寻址在指令中的表示方法有以下 5 种：

· 直接使用位地址。包括位寻址区的位地址 00H～7FH 和部分特殊功能寄存器的位地址。例如，PSW 寄存器第 5 位的位地址是 D5H。

· 位名称表示法。专用寄存器中的一些寻址位是有符号名的。例如，PSW 寄存器的第 7 位可用 CY 表示。

· 单元地址加位表示法。例如，2FH 单元的第 1 位，可表示为 2FH.1；D0H 单元(即 PSW)的第 5 位，表示为 D0H.5。

· 专用寄存器名称加位表示法。例如，PSW 寄存器第 5 位，表示为 PSW.5。

· 伪指令定义的方法。

以上分别介绍了 8051 系列单片机指令系统中的 7 种寻址方式，每种寻址方式都有规定的寻址空间和相应的符号来表示。表 3-9 给出了这 7 种寻址方式的符号表示及其相应的可寻址的存储空间。

表 3-9　寻址方式和寻址空间

| 寻址方式 | 寻 址 空 间 |
| --- | --- |
| 立即寻址 | 程序存储器 ROM |
| 直接寻址 | 片内 RAM 的 128 字节、特殊功能寄存器 SFR |
| 寄存器寻址 | 工作寄存器 R0～R7，A |
| 寄存器间址 | 片内 RAM 的低 128 字节(借助于 R0、R1、SP(PUSH 和 POP 指令)；片外 RAM(借助于 R0、R1、DPTR) |
| 变址寻址 | 程序存储器(@A+PC、@A+DPTR) |
| 相对寻址 | 程序存储器的 256 字节范围(PC + 偏移量) |
| 位寻址 | 片内 RAM 的 20H～2FH 字节地址中的所有 128 个位单元和部分特殊功能寄存器 SFR 的 93 个位单元 |

应当指出的是，上面在寻址方式的介绍中，都是从源操作数的角度讨论的，但对于一条具体指令的寻址方式而言，从源操作数和从目的操作数的角度来看是不一样的。一般为了避免说明时过于复杂，就只从源操作数的角度来讨论，通常也就能说明问题了。

### 3.6.3　8051 单片机指令系统

8051 的指令按功能分为 5 大类：数据传送、算术运算、逻辑运算、控制转移和位操作指令。

#### 1. 数据传送类指令

注意：源操作数在传送前后保持不变。

1) 内部数据传送指令

```
MOV   A, Rn              ; A←(Rn)
MOV   A, direct          ; A←(direct)
MOV   A, @Ri             ; A←((Ri))
MOV   A, #data           ; A←#data
MOV   Rn, A              ; Rn←(A)
MOV   Rn, direct         ; Rn←(direct)
MOV   Rn, # data         ; Rn←#data
MOV   direct , A         ; direct ←(A)
MOV   direct , Rn        ; direct ←(Rn)
MOV   direct ,  @Ri      ; direct ←((Ri))
MOV   direct1, direct2   ; direct1←(direct2)
MOV   direct,  #data     ; direct←#data
MOV   @Ri,  A            ; (Ri)←(A)
MOV   @Ri,  direct       ; (Ri) ←( direct)
MOV   @Ri,  #data        ; (Ri)←#data
MOV   DPTR, #data16      ; DPTR←#data16
```

2) 外部数据传送指令

外部数据传送指令完成对片外 RAM 单元中数据的读/写操作。

读指令如下所示：

```
MOVX    A, @DPTR      ; A←((DPTR))
MOVX    A, @Ri        ; A←((Ri))
```

写指令如下所示：

```
MOVX    @DPTR, A      ; (DPTR)←(A)
MOVX    @Ri, A        ; (Ri)←(A)
```

用 R0 和 R1 间接寻址时，要占用 P2 寄存器放外部 RAM 的高 8 位地址，R0 和 R1 放低 8 位地址。使用时，要先将低 8 位地址送入 Ri(R0 或 R1)，高 8 位地址送入 P2 寄存器，然后再用上述指令。

在两个片外 RAM 单元之间不能直接进行数据的传送，必须经过片内的累加器 A 来间接地传送。

3) 访问程序存储器的传送指令(查表指令)

查表指令如下所示：

```
MOVC A, @A+PC         ; PC←(PC)+1，A←((A)+(PC))
MOVC A, @A+DPTR       ; A←((A)+(DPTR))
```

其功能是到程序存储器中查表格数据送入累加器 A。程序存储器中除了存放程序之外，还会放一些表格数据，又称查表指令。指令中的操作数为表格数据。

前一条指令将 A 中的内容与 PC 的内容相加得到 16 位表格地址；后一条指令将 A 中的内容与 DPTR 中的内容相加得到 16 位表格地址。

4) 数据交换指令

数据交换指令如下所示：

```
XCH    A, Rn          ; (A) ↔ (Rn)
XCH    A, direct      ; (A) ↔ (direct)
XCH    A, @Ri         ; (A) ↔ ((Ri))
XCHD   A,  @Ri        ; (A)3~0 ↔ ((Ri))3~0
```

5) 堆栈操作指令

在片内 RAM 的 00H~7FH 地址区域中，可设置一个堆栈区，主要用于保护和恢复 CPU 的工作现场。

进栈指令如下所示：

```
PUSH   direct         ; SP←(SP)+1
                        (SP)←(direct)
```

出栈指令如下所示：

```
POP    direct         ; direct←((SP))
                        SP←(SP)−1;
```

## 2. 算术运算类指令

注意：大部分指令的执行结果将影响程序状态字 PSW 的有关标志位。

1) 加法指令

加法指令如下所示：

```
ADD   A, Rn          ; A←(A)+(Rn)
ADD   A, direct      ; A←(A)+(direct)
ADD   A, @Ri         ; A←(A)+((Ri))
ADD   A, # data      ; A←(A)+ data
ADDC  A, Rn          ; A←(A)+(Rn)+(CY)
ADDC  A, direct      ; A←(A)+(direct)+(CY)
ADDC  A, @Ri         ; A←(A)+((Ri))+ (CY)
ADDC  A, # data      ; A←(A)+ data+(CY)
```

如果把参加运算的两个操作数看做是无符号数(0~255)，则加法运算对 CY 标志位的影响如下：

- 若结果的第 7 位向前有进位(C7'= 1)，则 CY=1。
- 若结果的第 7 位向前无进位(C7'= 0)，则 CY=0。

2) 加 1 指令

加 1 指令如下所示：

```
INC  A          ; A←(A)+1
INC  Rn         ; Rn←(Rn)+1
INC  direct     ; direct←(direct)+1
INC  @Ri        ; (Ri)←((Ri))+1
INC DPTR        ; DPTR←(DPTR)+1
```

该组指令的功能是使源操作数的值加 1。

3) 带借位减法指令

带借位减法指令如下所示：

```
SUBB A, Rn        ; A←(A) − (Rn) − (CY)
SUBB A, direct    ; A←(A) − (direct) − (CY)
SUBB A, @Ri       ; A←(A) − ((Ri)) − (CY)
SUBB A, #data     ; A←(A) − data − (CY)
```

该组指令的功能是先从累加器 A 减去源操作数及标志位 CY，然后将其结果再送到累加器 A。CY 位在减法运算中作借位标志。

SUBB 指令对标志位的影响如下：

- 若第 7 位向前有借位(C7' = 1)，则 CY = 1。
- 若第 7 位向前无借位(C7' = 0)，则 CY = 0。

4) 减 1 指令

减 1 指令如下所示：

```
DEC   A          ; A←(A) − 1
DEC   Rn         ; Rn←(Rn) − 1
DEC   direct     ; direct←(direct) − 1
```

```
DEC   @Ri       ; (Ri) ←((Ri)) − 1
```

该组指令的功能是使源操作数的值减 1。

5) 十进制调整指令

十进制调整指令如下所示：

```
DA    A
```

该指令专用于实现 BCD 码的加法运算，其功能是将累加器 A 中按二进制相加后的结果调整成 BCD 码相加的结果。

- ADD 或 ADDC 指令的结果是二进制数之和。
- DA 指令的结果是 BCD 码之和

十进制调整指令执行时会对 CY 位产生影响。

6) 乘法指令

乘法指令如下所示：

```
MUL   AB            ; BA←(A) × (B)
```

该指令的功能是把累加器 A 和寄存器 B 中两个 8 位无符号整数相乘，并把乘积的高 8 位存于寄存器 B 中，低 8 位存于累加器 A 中。

乘法运算指令执行时会对标志位产生影响：CY 标志位总是被清 0，即 CY=0；OV 标志位则反映乘积的位数，若 OV=1，则表示乘积为 16 位数；若 OV=0，则表示乘积为 8 位数。

7) 除法指令

除法指令如下所示：

```
DIV   AB            ; A 商，B 余←(A) ÷ (B)
```

该指令的功能是把累加器 A 和寄存器 B 中的两个 8 位无符号整数相除，并把所得商的整数部分存于累加器 A 中，余数存于寄存器 B 中。

除法指令执行过程对标志位的影响：CY 标志位总是被清 0，OV 标志位的状态反映寄存器 B 中的除数情况，若除数为 0，则 OV = 1，表示本次运算无意义，否则，OV = 0。

### 3. 逻辑运算类指令

在 8051 指令系统中，逻辑运算类指令有 25 条，可实现与、或、异或等逻辑运算操作。这类指令有可能会影响 CY 和 P 标志位的状态。

1) 累加器 A 的逻辑操作指令

- 累加器 A 清 0：

```
CLR   A             ; A←00H
```

- 累加器 A 取反：

```
CPL   A             ; A←(A)
```

- 累加器 A 循环左移：

```
RL    A
```

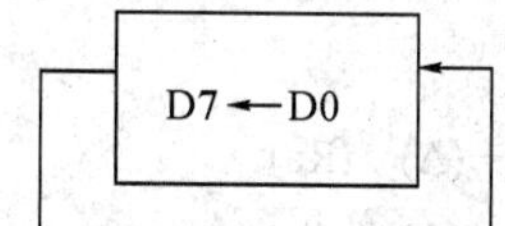


利用左移指令，可实现对 A 中无符号数乘 2 的运算。

- 累加器 A 带进位循环左移：

  RLC　A

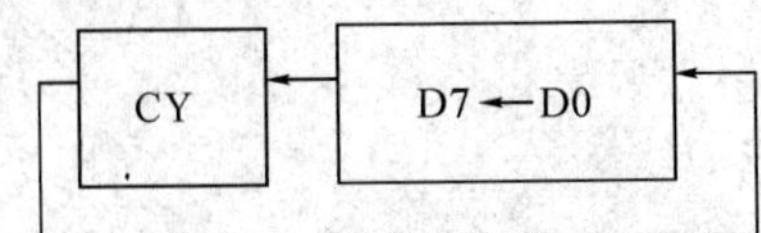


- 累加器 A 循环右移：

  RR　A

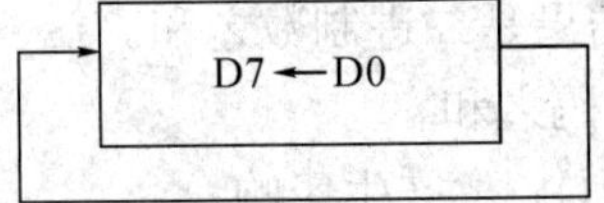


对累加器 A 进行的循环右移，可实现对 A 中无符号数除 2 的运算。

- 累加器 A 带进位循环右移：

  RRC　A

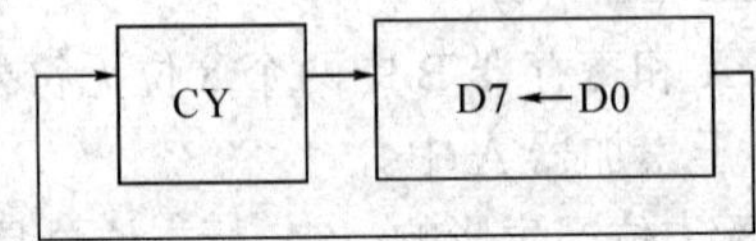


- 累加器 A 半字节交换：

  SWAP　A

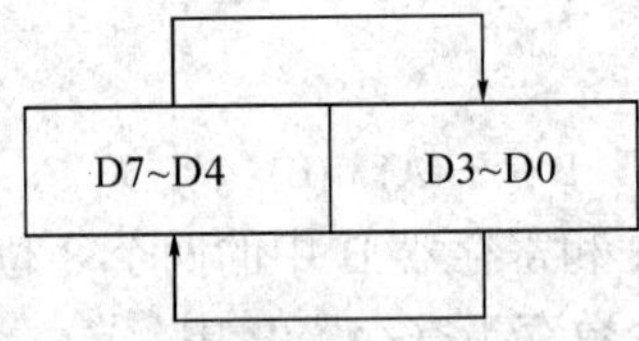


该指令的功能是将累加器 A 中内容的高 4 位与低 4 位互换。

2) 逻辑与指令

逻辑与指令如下所示：

```
ANL  A, Rn              ; A←(A)∧(Rn)
ANL  A, direct          ; A←(A)∧(direct)
ANL  A, @Ri             ; A←(A)∧((Ri))
ANL  A, #data           ; A←(A)∧ #data
ANL  direct, A          ; direct ←(direct)∧(A)
ANL  direct, #data      ; direct ←(direct)∧ #data
```

该组指令的功能是先将目的操作数和源操作数按位进行逻辑与操作，然后将结果送目的操作数。在程序设计中，逻辑与指令主要用于对目的操作数中的某些位进行屏蔽(清 0)。方法是：将需屏蔽的位与“0”相与，其余位与“1”相与即可。

3) 逻辑或指令

逻辑或指令如下所示：

```
ORL  A, Rn              ; A←(A)∨(Rn)
ORL  A, direct          ; A←(A)∨(direct)
```

```
ORL   A, @Ri           ; A←(A)∨((Ri))
ORL   A, #data         ; A←(A)∨ #data
ORL   direct, A        ; direct ←(direct)∨(A)
ORL   direct, #data    ; direct ←(direct)∨ #data
```

该组指令的功能是先将目的操作数和源操作数按位进行逻辑或操作，然后将结果送目的操作数。逻辑或指令可对目的操作数的某些位进行置位。方法是：将需置位的位与“1”相或，其余位与“0”相或即可，常用于组合数据。

4) 逻辑异或指令

逻辑异或指令如下所示：

```
XRL   A, Rn            ; A←(A)⊕(Rn)
XRL   A, direct        ; A←(A)⊕(direct)
XRL   A, @Ri           ; A←(A)⊕((Ri))
XRL   A, #data         ; A←(A)⊕ #data
XRL   direct, A        ; direct ←(direct)⊕(A)
XRL   direct, #data    ; direct ←(direct)⊕# data
```

该组指令的功能是先将目的操作数和源操作数按位进行逻辑异或操作，然后将结果送目的操作数。逻辑异或指令可用于对目的操作数的某些位取反，而其余位不变。方法是：将要取反的这些位和“1”异或，其余位和“0”异或即可。

### 4. 控制转移类指令

转移指令的功能是通过修改程序计数器 PC 的值，使程序执行的顺序发生变化，从而改变程序执行的方向。

1) 无条件转移指令

无条件转移指令是使程序无条件转移到指定的地址去执行。

• 长转移指令：

```
LJMP  addr16        ; PC←addr16
```

该指令的功能是将指令提供的 16 位地址(addr16)送入 PC，然后程序无条件地转向目标地址(addr16)处执行。

addr16 可表示的地址范围是 0000H～FFFFH。

• 绝对转移指令：

```
AJMP  addr11        ; PC←(PC)+2
                      PC10～0←addr11
```

该指令的功能是先使程序计数器 PC 值加 2(完成取指并指向下一条指令的地址)，然后将指令提供的 addr11 作为转移目的地址的低 11 位，和 PC 当前值的高 5 位形成 16 位的目标地址，程序随即转移到该地址处执行。

• 相对转移指令：

```
SJMP   rel          ; PC←(PC)+2 + rel
```

操作数为相对寻址方式。该指令的功能是先使 PC 值加 2(完成取指并指向下一条指令地址)，然后把 PC 当前值与地址偏移量 rel 相加作为目标转移地址。即

目标地址 = PC + 2 + rel = (PC) + rel

rel 是一个带符号的 8 位二进制数的补码(数值范围是 −128～+127)，所以 SJMP 指令的转移范围是：以 PC 当前值为起点，可向前(“−”号表示)跳 128 个字节，或向后(“+”号表示)跳 127 字节。

当满足转移范围的条件时，可采用“SJMP　addr16”形式。

• 间接转移指令：

```
JMP    @A+DPTR    ; PC←(A)+(DPTR)
```

该指令的功能是将累加器 A 中 8 位无符号数与 DPTR 的 16 位内容相加，将相加后的和作为目标地址送入 PC，实现无条件转移。

2) 条件转移指令

条件转移指令要求对某一特定条件进行判断，当满足给定的条件时，程序就转移到目标地址去执行，条件不满足则顺序执行下一条指令。可用于实现分支结构的程序。

这类指令中操作数都为相对寻址方式，目标地址的形成与 SJMP 指令相类似。当满足转移范围的条件时，均可用“addr16”代替“rel”。

• 累加器 A 的判零转移指令：

```
JZ   rel        ; 若(A)=0，则 PC←(PC)+2+rel，若(A)≠0，则 PC←(PC)+2
JNZ  rel    ; 若(A)≠0，则 PC←(PC)+2+rel，若(A)=0，则 PC←(PC)+2
```

第一条指令的功能是：如果累加器 A 的内容为零，则程序转向指定的目标地址，否则，程序顺序执行。

第二条指令的功能是：如果累加器 A 的内容不为零，则程序转向指定的目标地址，否则，程序顺序执行。

• 比较转移指令：

```
CJNE  A,  #data, rel   ; 若(A)≠data，则 PC←(PC)+3+rel，若(A)=data，则 PC←(PC)+3
CJNE  A,  direct,  rel ; 若(A)≠(direct)，则 PC←(PC)+3+rel，若(A)=(direct)，则 PC←(PC)+3
CJNE  Rn,  #data, rel  ; 若(Rn)≠data，则 PC←(PC)+3+rel，若(Rn)=data，则 PC←(PC)+3
CJNE  @Ri,  #data, rel ; 若((Ri))≠data，则 PC←(PC)+3+rel，若((Ri))=data，则 PC←(PC)+3
```

该组指令的功能是将前两个操作数进行比较，若不相等，则程序转移到指定的目标地址执行，否则顺序执行。

指令执行过程中，对两个操作数进行比较采用的是相减运算的方法，因此，比较结果会影响 CY 标志位。如前数小于后数，则 CY=1，否则，CY=0。我们可以进一步根据对 CY 值的判断确定两个操作数的大小，实现多分支转移功能。

• 循环转移指令：

```
DJNZ  Rn, rel      ; 若(Rn) −1≠0，则 PC←(PC)+2+ rel，若(Rn)−1=0，则 PC←(PC)+2
DJNZ  direct, rel  ; 若(direct) −1≠0，则 PC←(PC)+3+ rel，若(direct)−1=0，则 PC←(PC)+3
```

第一条指令的功能是：将 Rn 的内容减 1 后进行判断，若不为零，则程序转移到目标地址处执行；若为零，则程序顺序执行。

第二条指令的功能是：将 direct 单元的内容减 1 后进行判断，若不为零，则程序转移到目标地址；若为零，则程序顺序执行。

3) 子程序调用和返回指令

单片机的应用程序由主程序、子程序等形式组成。

主程序可通过调用指令去调用子程序，子程序执行完后再由返回指令返回到主程序。因此，调用指令应放在主程序中，返回指令应放在子程序中(放在最后一条的位置)。

同一个子程序可以被多次调用，子程序还可调用别的子程序，称为子程序嵌套。

- 调用指令：

长调用指令：

```
LCALL   addr16
```

ddr16：子程序入口地址

绝对调用指令：

```
ACALL   addr11
```

addr11：子程序入口地址的低 11 位(高 5 位由 PC 定)

- 返回指令：

子程序返回指令：

```
RET
```

该指令的功能：从子程序返回到主程序的断点地址。

中断返回指令：

```
RETI
```

该指令的功能：从中断服务程序返回到主程序的断点地址。

4) 空操作指令

空操作指令如下所示：

```
NOP            ; PC←(PC)+1
```

该指令执行时不进行任何有效的操作，但需要消耗一个机器周期的时间。所以，在程序设计中可用于短暂的延时。

### 5. 位操作指令

在 8051 存储器中有两个可位寻址的区域，可利用位操作指令对这些位进行单独的操作。存储器中的两个位寻址区的分布是：

- 片内 RAM 的 20H～2FH 区域；
- 特殊功能寄存器中地址可被 8 整除的单元。

位操作指令中，bit 是位变量的位地址，可使用 4 种不同的表示方法，下面以 CY 位为例进行说明。

- 位地址(如：D7H)。
- 位定义名(如：CY)。
- 寄存器名.位(如：PSW.7)。
- 注意累加器必须表示成：ACC.0～ACC.7。
- 字节地址.位(如：D0H.7)。

标志位 CY 在位操作指令中称作位累加器，用符号 C 表示。

1) 位传送指令

位传送指令如下所示：

```
MOV   C, bit        ; CY←(bit)
MOV   bit, C        ; bit ← (CY)
```

第一条指令的功能是将 bit 位的内容传送到 CY，第二条指令的功能是将 CY 的内容传送到 bit 位。

2) 置位和清零指令

置位和清零指令如下所示：

```
CLR   C             ; CY←0
CLR   bit           ; bit ←0
SETB  C             ; CY←1
SETB  bit           ; bit ←1
```

前两条指令的功能：位清零。后两条指令的功能：位置 1。

3) 位逻辑运算指令

位逻辑运算指令如下所示：

ANL　C, bit　　; CY←(CY)∧(bit)

ANL　C, /bit　　; CY←(CY)∧($\overline{bit}$)

ORL　C, bit　　; CY←(CY)∨(bit)

ORL　C, /bit　　; CY←(CY)∨($\overline{bit}$)

CPL　C　　; CY←($\overline{bit}$)

CPL　bit　　; bit←($\overline{bit}$)

4) 位条件转移指令

• 判 CY 的条件转移指令：

```
JC    rel
JNC   rel
```

第一条指令的功能是对 CY 进行判断，若 CY = 1，则程序转移到目标地址去执行；若 CY = 0，则程序顺序执行。

第二条指令的功能也是对 CY 进行判断，若 CY = 0，则程序转移到目标地址去执行；若 CY = 1，则程序顺序执行。

若发生转移，则目标地址 = (PC) + 2 + rel。

转移范围与 SJMP　rel 指令相同，当满足转移范围的条件时，可用“addr16”代替“rel”。

• 判位变量的条件转移指令：

```
JB    bit, rel
JNB   bit, rel
JBC   bit, rel
```

第一条指令的功能是：若 bit 位内容为 1，则转移到目标地址，目标地址 = (PC) + 3 + rel；若为 0，则程序顺序执行。

第二条指令的功能是：若 bit 位内容为 0(不为 1)，则转移到目标地址，目标地址 =

(PC) + 3 + rel；若为 1，则程序顺序执行。

第三条指令的功能是：若 bit 位内容为 1，则将 bit 位内容清 0，并转移到目标地址，目标地址 = (PC) + 3 + rel；若 bit 位内容为 0，则程序顺序执行。

## 3.7　汇编语言程序设计

程序设计语言包括机器语言、汇编语言、高级语言等。

#### 1. 机器语言

机器语言是用机器码编写程序，能被计算机直接识别和执行。

#### 2. 汇编语言

汇编语言是用助记符编写程序。

汇编：计算机不能直接识别和执行汇编语言程序，而要通过“翻译”把源程序译成机器语言程序(目标程序)才能执行，这一“翻译”工作称为汇编。汇编有人工汇编和计算机汇编两种方法。

反汇编：有时需要根据已有的机器语言程序，将其转化为相应的汇编语言程序，这个过程称为反汇编。

#### 3. 高级语言

高级语言是一种面向算法和过程并独立于机器的通用程序设计语言，如 BASIC、C 语言等。

在 8051 系列单片机开发应用中，单片机 C 语言(C51)正得到越来越广泛的应用。

### 3.7.1　汇编语言概述

汇编语言是面向机器的，每一类计算机分别有自己的汇编语言。汇编语言占用的内存单元少，执行效率高，广泛应用于工业过程控制与检测等场合。

#### 1. MCS-51 单片机汇编语言语句格式

MCS-51 单片机汇编语言语句格式如下：

```
标号:  操作符   操作数          ; 注释
```

例如：

```
START: MOV   A, 30H            ; A←(30H)
```

(1) 标号。标号用来标明语句地址，它代表该语句指令机器码的第一个字节的存储单元地址。标号一般规定由 1~8 个英文字母或数字组成，但第一个符号必须是英文字母。

(2) 注释。注释只是对语句或程序段的含义进行解释说明，以方便程序的编写、阅读和交流，简化软件的维护，一般只在关键处加注释。

#### 2. 伪指令

伪指令只用于汇编语言源程序中，对汇编过程起控制和指导的作用，不生成机器码。汇编结束，伪指令自动消失。8051 单片机主要有 8 条伪指令。

(1) 定义起始地址伪指令 ORG。

伪指令 ORG 的格式为：

ORG　16 位地址或标号

该指令的功能：定义以下程序段的起始地址。

(2) 汇编语言结束伪指令 END。

END 伪指令放在源程序的末尾，用来指示源程序到此全部结束。

(3) 赋值伪指令 EQU。

EQU 用于给它左边的“字符名称”赋值，其格式为：

字符　EQU　操作数

操作数可以是 8 位或 16 位二进制数，也可以是事先定义的标号或表达式。

注意：EQU 伪指令中的字符必须先赋值后使用，故该语句通常放在源程序的开头。

(4) 数据地址赋值伪指令 DATA。

伪指令 DATA 的格式为：

字符名称　DATA　表达式

DATA 伪指令的功能和 EQU 相类似，它把右边“表达式”的值赋给左边的“字符名称”。这里的表达式可以是一个数据或地址，也可以是一个包含所定义字符名称在内的表达式。

DATA 伪指令和 EQU 伪指令的主要区别是：EQU 定义的字符必须先定义后使用，而 DATA 伪指令没有这种限制，故 DATA 伪指令可用于源程序的开头或结尾。

(5) 定义字节伪指令 DB。

伪指令 DB 的格式为：

标号:　DB　项或项表

项或项表：可以是一个 8 位二进制数或一串 8 位二进制数(用逗号分开)。数据可以采用二、十、十六进制和 ASCIl 码等多种表示形式。

标号：表格的起始地址(表头地址)。

该指令的功能是把“项或项表”的数据依次定义到程序存储器的单元中，形成一张数据表(只是一张定义表，数据并未真正存入这些单元)。

(6) 定义字伪指令 DW。

伪指令 DW 的其格式为：

标号:　DW　项或项表

DW 伪指令的功能和 DB 伪指令相似，其区别在于 DB 定义的是一个字节，而 DW 定义的是一个字(即两个字节)。因此，DW 伪指令主要用来定义 16 位地址(高 8 位在前，低 8 位在后)。

(7) 定义存储空间伪指令 DS。

伪指令 DS 的格式为：

标号:　DS　表达式

DS 伪指令指示汇编程序从它的标号地址开始预留一定数量的存储单元作为备用，预留数量由 DS 语句中“表达式”的值决定。

(8) 位地址赋值伪指令 BIT。

伪指令 DIT 的格式为：

字符名称　BIT　位地址

该指令的功能是将位地址赋值给指定的字符。

### 3. 汇编语言程序设计步骤和基本程序结构

#### 1) 汇编语言程序设计步骤

汇编语言程序设计步骤如下：

(1) 分析问题；

(2) 确定算法；

(3) 设计程序流程图；

(4) 分配内存工作单元，确定程序和数据区的起始地址；

(5) 编写汇编语言程序；

(6) 调试程序。

标准的流程图符号如图 3-16 所示。

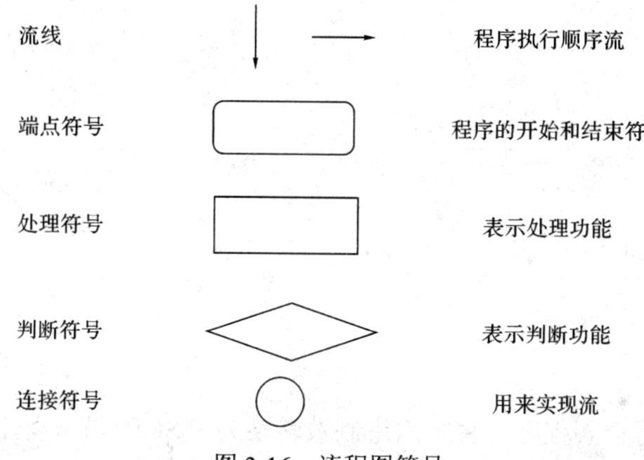


图 3-16　流程图符号

#### 2) 基本程序结构

基本程序结构包括顺序结构、分支结构和循环结构。3 种基本程序结构流程图如图 3-17 所示。

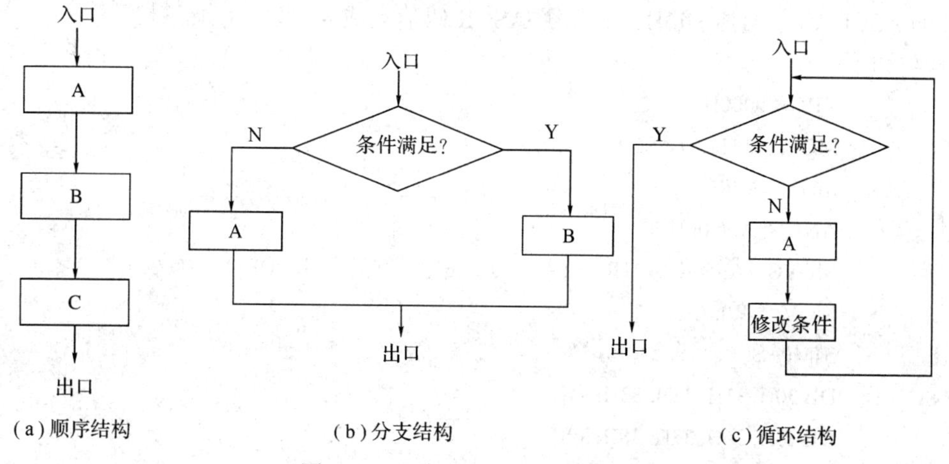


图 3-17　3 种基本程序结构流程图

3) 程序质量的评判标准

程序质量的评判标准如下：

(1) 能可靠地实现系统所要求的各种功能；

(2) 本着节省存储单元、减少程序长度和加快运算时间的原则；

(3) 程序结构清晰、简捷，流程合理，各功能程序模块化、子程序化。

## 3.7.2 顺序结构程序设计

**【例 3-1】** 编写运算程序。设数 $a$ 存放在 R1 中，数 $b$ 存放在 R2 中，计算 $y=a^2-b$，并将结果放入 R4 和 R5 中。

程序如下：

```
ORG   0000H
MOV   A, R1
MOV   B, A
MUL   AB
CLR   C
SUBB  A, R2
MOV   R4, A
MOV   A, B
SUBB  A, #00H
MOV   R5, A
SJMP  $
END
```

**【例 3-2】** 编写查表程序。将十六进制数转换为 ASCII 码。设 1 位十六进制数存在 R0 寄存器的低 4 位，转换后的 ASCII 码仍送回 R0 中。

**解答过程：**

待转换的十六进制数为 0~F。根据 ASCII 码表可知，0～9 的 ASCII 码为 30H～39H，A～F 的 ASCII 码为 41H～46H。将以上 ASCII 码值列成表格。

程序如下：

```
        ORG   0000H
        MOV   DPTR, # ASCTAB
        MOV   A, R0
        ANL   A, # 0FH
        MOVC  A, @A+DPTR     ; A 中为表格中数据的序号，DPTR 中放表头地址
        MOV   R0, A
        SJMP  $
ASCTAB: DB 30H, 31H, 32H, 33H, 34H
        DB 35H, 36H, 37H, 38H, 39H
        DB 41H, 42H, 43H, 44H, 45H, 46H
```

```
        END
```

### 3.7.3　分支结构程序设计

在程序设计中，经常需要计算机对某情况进行判断，然后根据判断的结果选择程序执行的流向，这就是分支程序。

在汇编语言程序中，通常利用条件转移指令形成不同的程序分支。

**1. 单分支程序**

**【例 3-3】** 在片内 RAM 30H 单元中存有一个带符号数，试判断该数的正负性，若为正数，则将 6EH 位清 0；若为负数，则将 6EH 位置 1。

程序如下：

```
SUB1: MOV   A, 30H          ; 30H 单元中的数送 A
      JB    ACC.7, LOOP     ; 符号位等于 1，是负数，转移
      CLR   6EH             ; 符号位等于 0，是正数，清标志位
      RET                   ; 返回
LOOP: SETB  6EH             ; 标志位置 1
      RET                   ; 返回
```

**2. 多分支程序**

**【例 3-4】** 比较片内 RAM 的 50H 和 51H 单元中两个 8 位无符号数的大小，把大数存入 60H 单元，若两数相等，则把标志位 70H 置 1。

程序如下：

```
SUB:   MOV   A, 50H
       CJNE  A, 51H, LOOP
       SETB  70H
       RET
LOOP:  JC    LOOP1
       MOV   60H, A
       RET
LOOP1: MOV   60H, 51H
       RET
```

### 3.7.4　循环结构程序设计

循环程序设计不仅可以大大缩短所编程序的长度，使程序所占内存单元数最少，还能使程序结构紧凑和可读性变好。循环程序的基本结构如图 3-18 所示。

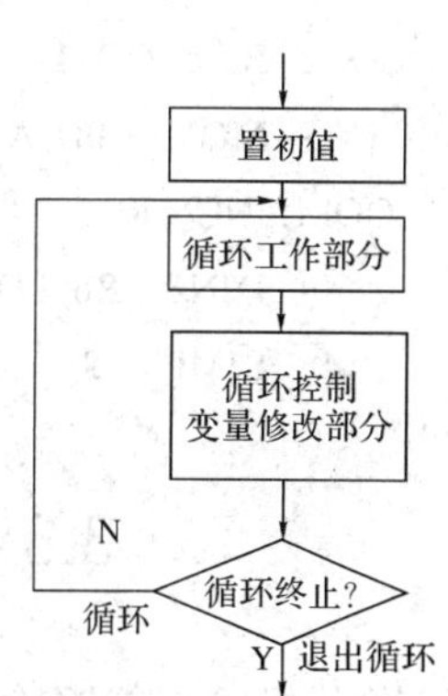

图 3-18　循环程序的结构

**【例 3-5】** 求一组单字节无符号数中最大值。设内部 RAM 的 20H 单元为数据块的起始地址，块长度为 10，试编程求数据块中的最大值并存入 30H 单元中。

**解答过程：**

程序框图如图 3-19 所示。

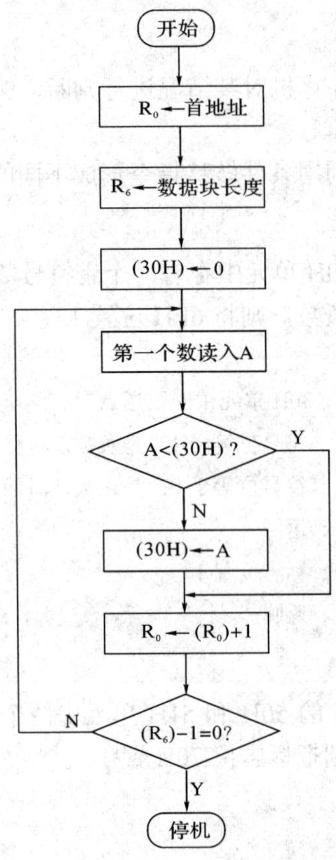


图 3-19　找最大值程序流程图

程序如下：

```
        MOV   R0, #20H          ; 数据块首地址送 R0
        MOV   R6, #0AH          ; 数据块长度送 R6
        MOV   30H, #00H         ; 30H←00H
LOOP:   MOV   A, @R0            ; 数据块的数读入 A 中
        CJNE  A, 30H, NEXT
NEXT:   JC    LOOP1             ; (A) < (30H)转 LOOP1
        MOV   30H, A            ; (A) > (30H)则大数送 30H
LOOP1:  INC   R0                ; 修改数据块指针 R0
        DJNZ  R6, LOOP          ; 未比较完，转 LOOP(循环)
        SJMP  $
```

## 3.8　实践训练——输入输出信号控制

单片机除了能够输出事先规定好的信号形式之外，还可以实现按键控制式的信号输

出，这使得单片机的应用更加广泛。这时，我们可以把单片机看成是一个具有输入/输出通道的控制系统，在这里，键盘是信号输入，LED 灯是信号输出，按下不同的按钮就会产生不同的信号输出。

## 一、应用环境

写字楼里水龙头伸手出水控制、公共汽车按键式语音报站装置、多路控制开关等。

## 二、实现过程

用按键 K13～K16 去控制发光二极管 VD1～VD4 的点亮与熄灭，当某键压下时，与该键对应的发光二极管点亮，再按下该键，发光二极管熄灭。

### 1. 硬件连接

硬件连接的电路图如图 3-20 所示。

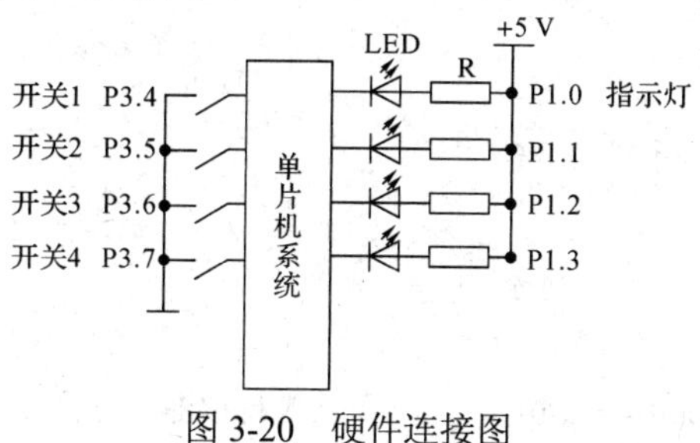


图 3-20　硬件连接图

### 2. 软件流程

软件流程如图 3-21 所示。

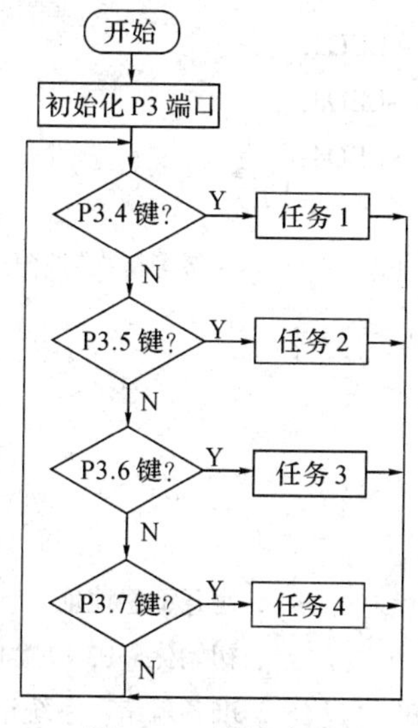


图 3-21　软件流程

### 3. 源程序

C 语言源程序如下：

```
#include <reg51.h>
#include <intrins.h>
#define uchar unsigned char
sbit  K1=P3^4;              //按键定义
sbit  K2=P3^5;
sbit  K3=P3^6;
sbit  K4=P3^7;
sbit  LED1=P1^0;            //发光二极管定义
sbit  LED2=P1^1;
sbit  LED3=P1^2;
sbit  LED4=P1^3;
/*延时程序，n：入口参数；单位：2 毫秒左右*/
void delay(uchar n)
{  uchar i;
   while(n--)
   for(i=0; i<200; i++);
 }
void main(void)
{  while(1)
   {  while ((P3&0xf0)==0xf0);          //等待按键
      delay(10);                        //延时去抖动
      if((P3&0xf0)!=0xf0)
      {  if (K1==0) LED1=~LED1;
         if (K2==0) LED2=~LED2;
         if (K3==0) LED3=~LED3;
         if (K4==0) LED4=~LED4;
      }
      while ((P3&0xf0)!=0xf0);          //等待按键释放
   }
}
```

汇编语言源程序如下：

```
        ORG   0000H
        SJMP  START
        ORG   0030H                 ; 避开敏感地址
START:  MOV   P3，#0FFH             ; 初始化，P3 口置高，重要概念
        MOV   P1，#11111110B        ; 准备就绪，系统正常的标志
BEGIN:  JNB   P3.4，   MODE1        ; 判断 1，注意：按下为 0
        JNB   P3.5，MODE2           ; 判断 2
        JNB   P3.6，MODE3           ; 判断 3
```

```
        JNB   P3.7, MODE4          ; 判断 4
        SJMP  BEGIN                ; 循环检测
MODE1:  ACALL DELAY
        ACALL LEFT4                ; 显示方式 1
        SJMP  BEGIN
MODE2:  ACALL DELAY
        ACALL RIGHT4               ; 显示方式 2
        SJMP  BEGIN
MODE3:  ACALL DELAY
        ACALL CIRCLE               ; 显示方式 3
        SJMP  BEGIN
MODE4:  ACALL DELAY
        ACALL WATER                ; 显示方式 4
        SJMP  BEGIN
DELAY:  MOV   R5, #012H            ; 延时子程序
   F3:  MOV   R6, #0FFH
   F2:  MOV   R7, #0FFH
   F1:  DJNZ  R7,    F1
        DJNZ  R6, F2
        DJNZ  R5, F3
        RET                        ; 返回
WATER:  P1.3=~P1.3
        RET                        ; 返回
CIRCLE: P1.2=~P1.2
        RET
LEFT4:  P1.0=~P1.0
        RET
RIGHT4: P1.1=~P1.1
        RET                        ; 返回
        END
```

该程序的开始地址是 0000H，之后通过 SJMP 语句将程序引向 0030H。显然，在地址段 0000H～0030H 除了 SJMP 本身的两个字节机器码之外，其他地方是没有安排机器指令的，从表面上看这似乎是在浪费存储空间。其实不然，这段区域通常是用来存放单片机的 5 个中断向量入口地址的，本项目中虽然没有中断向量地址的安排，但是这段地址还是要空出来，以便需要时插入中断向量地址。因此，我们称这段存储区是敏感地址，必须要避开。另外，还要注意由 BEGIN 开始的键盘扫描的实现方法，JNB 指令是一种判断低电平的位控指令。标号为 MODE1～MODE4 是 4 个任务的入口地址，并通过 ACALL 指令将其引入到相应的程序段，程序执行完毕后又通过转移指令将其引入到 BEGIN 循环中，我们称这个过程是闭环。标号为 DELAY 是一段延时子程序，改变其中的某些参数可以得到不

同的延时效果。

4. 思考与讨论

(1) 如果把控制 LED 灯由 4 个增加到 8 个，则应如何修改程序？

(2) 为什么在执行按键操作之前要对 P3 口初始化？不进行初始化可以吗？

# 思考与练习

1. 概念题

(1) 当 MCS-51 引脚 ALE 信号有效时，表示从 P0 口稳定地送出了(　　)。

(2) MCS-51 的堆栈是软件设置堆栈指针临时在(　　)内开辟的区域。

(3) 8051 单片机复位后，R4 所对应的存储单元的地址为(　　)，因上电时 PSW=(　　)。这时，当前的工作寄存器区是(　　)组工作寄存器区。

(4) 在 MCS-51 中，PC 和 DPTR 都用于提供地址，但 PC 是为访问(　　)存储器地址，而 DPTR 是为访问(　　)存储器地址。

(5) 定义字节伪指令(　　)用于在单片机内存中保存数据表，只能对(　　)存储器进行操作。

(6) 在变址寻址方式中，以(　　)作变址寄存器，以(　　)或(　　)作基址寄存器。

(7) MCS-51 的 P0 口作为输出端口时，能驱动(　　)个 LS 型 TTL 负载。

(8) MCS-51 有 4 个并行 I/O 口，其中 P0~P3 口由输出转输入时必须先写入(　　)。

(9) 8051 的(　　)口一般不能用作 I/O 口，而作为数据/地址总线使用。

(10) MCS-51 系统中，若晶振频率为 6 MHz，则一个机器周期等于(　　)μs。

① 1　　② 3　　③ 2　　④ 0.5

(11) 51 系列单片机可以寻址(　　)的程序存储空间。

① 64 KB　　② 32 KB　　③ 8 KB　　④ 4 KB

(12) PC 的值是指(　　)。

① 当前正在执行指令的前一条指令的地址

② 当前正在执行指令的地址

③ 当前正在执行指令的下一条指令的地址

④ 控制器中指令寄存器的地址

(13) MCS-51 上电复位后，SP 的内容应是(　　)。

① 00H　　② 07H　　③ 60H　　④ 70H

(14) MCS-51 的并行 I/O 口信息有两种读取方法：一种是读引脚，还有一种是(　　)。

① 读锁存器　　② 读数据库　　③ 读累加器　　④ 读 CPU

(15) MOVX　A，@DPTR 指令中源操作数的寻址方式是(　　)。

① 寄存器寻址　　② 寄存器间接寻址　　③ 直接寻址　　④ 立即寻址

(16) 执行 MOVX　A，@DPTR 指令时，MCS-51 产生的控制信号是(　　)。

① $\overline{\text{PSEN}}$　　② ALE　　③ RD　　④ WR

(17) 对程序存储器的读操作，只能使用(　　)指令。

① MOV　　② PUSH　　③ MOVX　　④ MOVC

(18) 下列指令不可以用作分支结构的是(　　)。

① JB　　② JC　　③ SUBB　　④ JZ

(19) 8051 系列单片机片内总体结构的 9 个部件分别是什么？各自起什么作用？

(20) 51 单片机的 $\overline{EA}$ 引脚有何功能？在使用 80C31 时，$\overline{EA}$ 引脚应如何处理？

(21) 8051 系列单片机的存储空间从逻辑上可分为哪几个部分？各部分的作用是什么？

(22) 8051 系列单片机内 RAM 区功能结构如何分配？4 组工作寄存器使用时如何选择？位寻址区的字节范围是多少？

(23) 位地址 20H 和字节地址 20H 有何区别？位地址 20H 具体在内 RAM 中什么位置？

(24) 8051 系列单片机有 4 个 8 位并行口，实际应用中 16 位地址线是怎样形成的？

(25) P3 口有哪些第二功能？实际应用中第二功能是怎样分配的？

(26) 复位的作用是什么？使单片机复位有哪几种方法？复位后 PC 和 SP 的初始值为何？

(27) 8051 系列单片机有哪几种寻址方式？这几种寻址方式是如何寻址的？

(28) 访问特殊功能寄存器和片外数据存储器应采用哪些寻址方式？

(29) 8051 系列单片机的指令系统可以分为哪几类？试说明各类指令的功能。

(30) 指出下列指令中画线的操作数的寻址方式。

① MOV　R0, #30H　　② MOV　A, 30H

③ MOV　A, @R0　　④ MOV　@R0, A

⑤ MOVC　A, @A+DPTR　　⑥ CJNE　A,#00H, 30H

⑦ MOV　C, 30H　　⑧ MUL　AB

⑨ MOV　DPTR, 1 234H　　⑩ POP　ACC

(31) 什么叫伪指令？有什么作用？常用的伪指令有哪几种？各自功能是什么？

**2. 操作题**

(1) 用汇编语言编程，要求将片内 30H～39H 单元中的内容送到以 3000H 为首的存储区中。

(2) 设无符号数 $X$ 存在于内 RAM 的 20H 中，$Y$ 存在于内 RAM 的 30H 中，请用汇编语言编程并实现以下功能。

$$Y=\begin{cases} X & \text{当}\ X\leqslant 10 \\ 2X & \text{当}\ 10<X<50 \\ 0 & \text{当}\ X\geqslant 10 \end{cases}$$

(3) 用汇编语言编程，实现延时 1 min 功能的子程序($f_{osc}=6$ MHz)。

# 第 4 章　单片机 C 语言编程基础

随着单片机开发技术的不断发展，目前已有越来越多的人从普遍使用汇编语言到逐渐使用高级语言进行单片机系统的开发，其中主要是以 C 语言为主，市场上几种常见的单片机均支持 C 语言开发环境。这里以最为流行的 8051 单片机为例来学习单片机的 C 语言编程技术。

**本章要点：**

- C51 的特点及用 C51 开发应用程序的过程；
- C51 的数据类型、存储类型与 8051 存储器结构的关系；
- C51 特殊功能寄存器；
- C51 指针和函数；
- C51 常用语句。

## 4.1　C 语言与 MCS-51

C 语言是一种编译型程序设计语言，它兼顾了多种高级语言的特点，并具备汇编语言的某些特点，用 C 语言进行程序设计已经成为软件开发的一个主流。单片机系统的开发也适应了这个潮流。

### 1. C 语言的特点

与汇编语言相比，用 C 语言开发单片机具有如下特点：

(1) 开发速度优于汇编语言；

(2) 软件的可读性和可维护性显著改善；

(3) 提供的库函数包含许多标准子程序，具有较强的数据处理能力；

(4) 关键字及控制转移方式更接近人的思维方式；

(5) 方便进行多人联合开发，可进行模块化软件设计；

(6) C 语言本身并不依赖于机器硬件系统，移植方便；

(7) 适合运行嵌入式实时操作系统；

(8) 针对 8051 的特点对标准的 C 语言进行了扩展。

对单片机的指令系统不要求十分了解，只要对 8051 单片机的存储结构有初步了解，就可以编写出应用软件。

寄存器的分配、不同存储器的寻址及数据类型等细节由编译器管理。

用 C 语言编写的应用程序必须经单片机的 C 语言编译器(简称 C51)转换生成单片机可

执行代码程序。支持 8051 系列单片机的 C 语言编译器有很多种，如 American Automation、Auoect、Bso/Tasking、Keil 等。其中德国 Keil 公司的 C51 编译器在代码生成方面领先，可产生较少代码，它支持浮点和长整型数、可重入和递归，使用非常方便。本章针对这种被广泛应用的 Keil C51 编译器来介绍 8051 单片机 C 语言的程序设计。

### 2. C51 程序的开发过程

用 C 语言编写单片机应用程序和编写标准的 C 语言程序的不同之处，在于根据单片机的存储结构及内部资源定义 C 语言中的数据类型和变量，其他的语法规定、程序结构及程序设计方法与标准的 C 语言相同。所以，在后面的几节中主要介绍如何定义 C51 中变量的数据类型、存储类型、特殊功能寄存器以及中断函数。

C51 的开发过程和用其他语言包括汇编语言开发没有什么不同。下面通过两个例子比较一下单片机 C51 语言和汇编语言。

**【例 4-1】** 编写清零程序，将 2000H～20FFH 的内容清零。

汇编语言程序如下：

```
       ORG    0000H
SE01:  MOV R0, #00H
       MOV DPTR, #2000H       ; (0000H)送 DPTR
LOO1:  CLR A
       MOVX @DPTR,A           ; 0 送(DPTR)
       INC DPTR               ; DPTR+1
       INC R0                 ; 字节数加 1
       CJNE R0, #00H, LOO1    ; 不到 FF 个字节再清
LOOP:  SJMP LOOP
```

C51 程序如下：

```
#include <reg51.h>
main( )
{
    int    i;
    unsigned char xdata *p=0x2000;    /*指针指向 2000H 单元*/
    for(i=0; i<256; i++)
    {*p=0; p++;}    /*清零 2000H～20FFH 单元*/
}
```

**【例 4-2】** 查找零的个数，在 2000H～200FH 中查出有几个字节是零，把个数放在 2100H 单元中。

汇编语言程序如下：

```
       ORG 0000H
L00:   MOV R0, #10H           ; 查找 16 个字节
       MOV R1, #00H
       MOV DPTR, #2000H
```

```
L11:  MOVX A, @DPTR
      CJNE A, #00H, L16              ; 取出内容与 00H 相等吗
      INC R1                         ; 取出个数加 1
L16:  INC DPTR
      DJNZ R0, L11                   ; 未完继续
      MOV DPTR, #2100H
      MOV A, R1
      MOVX @DPTR, A                  ; 相同数个数送 2100H
L1E:  SJMP L1E
```

C51 程序如下：

```
#include <reg51.h>
main ( )
{
    unsigned char xdata *p=0x2000;          /*指针 p 指向 2000H 单元*/
    int n=0, i;
    for(i=0; i<16; i++)
    {
        if(*p==0) n++;                      /*若该单元内容为零，则 n+1*/
        p++;                                /*指针指向下一单元*/
    }
    p=0x2100;                               /*指针 p 指向 2100H 单元*/
    *p=n;                                   /*把个数放在 2100H 单元中*/
}
```

## 4.2　C 语言基础

C 语言是一种高级程序设计语言，它的优点是可读性强和可移植性高。使用 C 语言来开发程序不但可以减少程序开发的时间，而且所开发出来的程序不会占据大量的程序存储器，因此，许多嵌入式系统程序都使用 C 语言作为开发工具。单片机虽然有各种不同的 C 语言编译器，但在使用 C 语言编程时仍然依照 C 语言格式进行。

### 4.2.1　C 语言与 ANSI C 的区别

用汇编语言编写单片机程序时，必须要考虑其存储器的结构，尤其要考虑其片内数据存储器、特殊功能寄存器的使用是否正确合理，以及是否按照实际地址端口处理数据。

用 C51 编写程序，虽然不像汇编语言那样需要进行具体组织、分配存储器资源，但是 C51 对数据类型和变量的定义，必须要与单片机的存储结构相关联，否则，编译器不能正确地映射定位。

用 C51 编写单片机程序与用 ANSI C 编写程序的不同之处是，前者需要根据单片机存

储器结构及内部资源定义相应的数据类型和变量。其他的语法规定、程序结构及程序设计方法，都与 ANSI C 相同。

### 4.2.2　C51 扩展的关键字

由于单片机在结构及编程上的特殊要求，C51 有自己的特殊关键字，称为 C51 扩展关键字，下面给出常用的 C51 扩展关键字。

_at_、aien、bdata、breadk、bit、case、char、code、compact、data、default、do、double、far、else、enum、extern、float、for、goto、if、funcused、idata、int、inline、interrupt、large、long、pdata、_priority_、reentrant、return、sbit、sfr、sfr16、short、signed、sizeof、small、sttic、struct、switchc_task_、typedef、using、union、unsigned、void、while、xdata。

### 4.2.3　编译器

在开始介绍 C 语言之前，我们先看一个完整的单片机程序案例，该程序要实现的功能是：P1 口连接 8 只发光二极管，每隔 0.5 秒移动一次，当 P2.0 为电平高时，发光二极管左移，否则右移。本程序利用 Keil C 软件编写。

```
/*************************/
#include <reg51.h>            //标准的 8051 头文件，定义了所有的 SFR
#include<intrins.h>           //内部函数包含到程序中，
#define uchar unsigned char
#define uint unsigned int
sbit KEY =P2^0;               //定义 P2.0 为开关输入
void   Delay(void)            //软件延时函数
{  uint   t;
   for(t=0; t<30000; t++);         //空循环延时，大约 0.5 秒左右
}
void main(void)
{  uchar   data   led;
   led=0xfe;                  //低电平点亮发光管，初始值对应最低位，P1.0 为低，即 L0 点亮
   while(1)
   {  P1=led;                 //将 led 送到 P1 口
      Delay();                //延时 0.5 秒
      if(KEY)                 //如果 KEY 为 1(开关断开)，则变量 led 循环左移一位
         led=_crol_(led, 1);
      else
         led=_cror_(led, 1);//否则 led 循环右移一位
   }
}
/*************************/
```

从以上程序中，我们看到 C 语言程序有以下特点：

(1) C 语言程序中大小写是有所区别的，C 语言大多使用小写。

(2) 程序中每一条指令的结尾都必须加上分号“;”。

(3) C 语言程序中，main()表示主程序，所以程序中一定要有 main()。

(4) main()之后的“{”表示程序开始，“}”表示程序结束。

(5) 程序中所使用的变量一定要预先作声明，换言之，变量的声明必须放在程序的开头。

注意：程序主函数中由 while(1)所构成的死循环，因为单片机中没有其他软件，也就没有 PC 机 C 语言中所谓的退到 DOS 或 Windows 的概念。如果程序中没有这样的死循环，则程序执行完最后一条语句，随后的结果将不可预计。

**1. 编译指令 #include**

编译指令用来指示 C 语言编译器，这是在编译程序时必须声明的。C 语言有以下一些编译指令，如表 4-1 所示。

**表 4-1　编 译 指 令**

| 编译指令 | 说　明 |
| --- | --- |
| #include | 包含另一个文件 |
| #define | 定义一个宏(macro)或是常量 |
| #undef | 取消一个宏或是常量的定义 |
| #asm 和 endasm | 在程序中加入汇编语言的程序 |
| #ifdef、#indef、#else 和 #endif | 用于条件式的编译 |

#include 指示编译器把它所包含的文件加进来一起进行编译。在本案例中，#include<regx51.h>把文件 regx51.h 包含进来，而文件 regx51.h 定义所有 8051 的特殊用途寄存器的地址和一些经常使用的常量；另外一个文件 stdio.h 定义 C 语言经常使用的基本输入输出函数。

#include 之后所跟随的文件如果放在“< >”内就表示该文件位于 include 子目录中；如果被包含的文件保存在当前的工作目录中，就必须用“”括起来。

当使用到 C 语言的一些特定函数时，就必须将定义这些函数的文件包含进来一起编译，至于哪一个文件包含哪些函数请参考相应手册。

**2. 注解**

编程人员可以在程序中加入注释，这样可以让人更容易读懂程序。C 语言的注释可以分成单行注释和多行注释两种。单行注释以双斜线“//”开始，双斜线之后的文字都是注释，但是只能在同一行，例如：//这是单行注释；多行注释是以“/*”开始、以“*/”结束的注释，在“/*”和“*/”之间的文字都是注释。多行注释可以占用一行，也可以占用许多行。

## 4.2.4　数据类型

无论我们学习哪一种语言，首先遇到的都是数据类型，C51 共有以下几种数据类型：

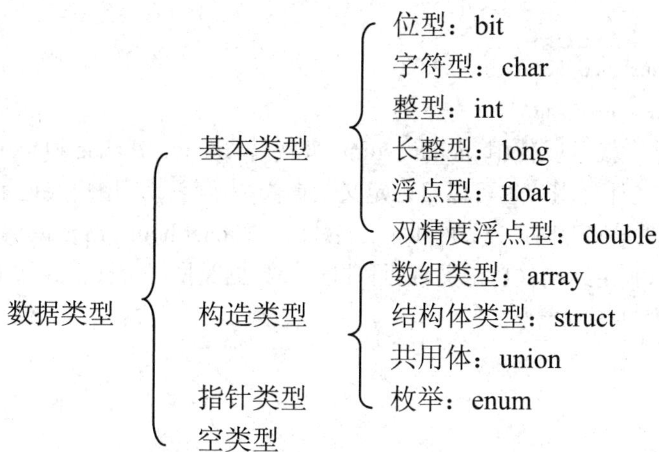


### 1. 基本数据类型

Keil C51 所支持的基本数据类型如表 4-2 所示。

表 4-2　Keil C51 基本数据类型说明

| 数据类型 | 长度/bit | 长度/Byte | 值 域 范 围 |
|---|---|---|---|
| bit | 1 | | 0，1 |
| unsigned char | 8 | 1 | 0～255 |
| signed char | 8 | 1 | −128～127 |
| unsigned int | 16 | 2 | 0～65 535 |
| signed | 16 | 2 | −2768～32 767 |
| unsigned long | 32 | 4 | 0～4 294 967 295 |
| uigned long | 32 | 4 | −2 147 483 648～2 147 483 647 |
| float | 32 | 4 | ±1.176E−38～±3.40E+38 |
| double | 64 | 8 | ±1.176E−38～±3.40E+38 |
| 一般指针 | 24 | 3 | 存储类型(1 字节)偏移量(2 字节) |

有了这些数据类型，我们用变量去描述一个现实中的数据时，就应按需选择变量类型。对于 C51 来讲，不管采用哪一种数据类型，虽然源程序看起来是一样的，但最终形成的目标代码却大相径庭，其效率相差非常大。

例如：当我们要表示时间量秒的时候，虽然可用 unsigned int 类型甚至 double 类型，但由于秒的取值范围是 0～59，所以采用 unsigned char 就够了。这样不仅节省了存储空间，而且还可以提高程序的运行速度。因此，我们在编程时应按照变量可能的取值范围和精度要求去选择恰当的数据类型。

另外，如果不涉及负数运算，则要尽量采用无符号类型，这样可以提高编译后目标代码的效率。编程时最常用到的是无符号数运算，因此为了编程时书写的方便，我们可以采用简化的缩写形式来定义变量的数据类型。其方式是在源程序的开始处加上下面两条语句：

```
#define uchar   unsigned   char
#define uint    unsigned   int
```

这样在定义变量时，就可以使用 uchar、uint 来代替 unsigned char 和 signed char。

除了基本数据类型之外，用户也可以自己定义数据类型。譬如，用户要记录时间或日期时，可以分别用不同的变量储存时、分、秒和年、月、日，如 char hour，minute，second，year，moth，day；另外也可以利用结构体自定义时间和日期等数据类型，定义格式如下所示：

```
/*************************/
typedef struct
{
    char hour;
    char minute;
    char second;
}time;
typedet struct
{
    char year;
    char month;
    char day;
}data;
```

当用户定义好 time 和 date 之后，就可以声明数据类型是 time 和 date 变量，如 time now，alarm；date today，tmpday;

用户自定义数据类型的定义格式如下：

```
typedef struct
{ 数据类型   变量序列 1;
  数据类型   变量序列 2;
  …
}自定义数据类型的名称;
```

### 2. 标识符

标识符就是编程人员为程序中的变量、常量所标示或取的名字。在上面的范例中，变量 i 和 j 则是用户自己取的名称，因此它们都是标识符。编程人员所命名的标识符遵守一定的命名规则，如下所述：

(1) 标识符只能由英文字母、数字以及下划线(_)所组成。

(2) 标识符只能以英文字母或下划线开头。

(3) 标识符的长度不能超过 32 个字符。

(4) 大小写英文字母是不同的。

(5) 关键字不能作为标识符。

以下是合法的标识符：step1，Delay1_ms，scan_twice，u2_wait_for_me_s1。

以下是不合法的标识符：

2_w：　　只能以英文字母或下划线开头。

wait!：　　！不能作为标识符。

Sfrw：　　关键字不能作为标识符。

注意：Wait 和 wait 是不同的标识符，因为 C 语言中大小写英文字母是不同的。

### 3. 常量

C 语言的程序中经常会使用到一些常量，例如 0X0012 就是一个常量。整数类型的常量可以用不同的方式或不同的数据类型表示。除此之外还有字符常量和字符串常量，如表 4-3 所示是各种常量使用的规则和范例。

**表 4-3　各种常量使用的规则和范例**

| 各种常数 | 规　则 | 范　例 |
|---|---|---|
| 十进制 | 一般十进制格式 | 1234 |
| 二进制 | 开头加上 0b | 0b00110110 |
| 八进制 | 开头加上 O | O0123 |
| 十六进制 | 开头加上 0x | 0xff00 |
| 无符号整数常量 | 结尾加上 U | 30000U |
| 长整数常量 | 结尾加上 L | 299L |
| 无符号长整数常量 | 结尾加上 UL | 320000UL |
| 浮点数的常量 | 结尾加上 F | 4.312F |
| 字符常量 | 以单引号括起来 | 'a' |
| 字符常量 | 以双引号括起来 | "Hello" |

如果希望将常量存入程序存储器中，声明时在前面加上 code 即可，例如：

```
int code a=123;
char code init_data[] = "2002//08/03 SAT";
```

init_date[]中的数字省略时，编译器会自动地计算出需要多少位置来储存此变量。注意：上面所声明的常量会存入程序存储器中，所以它们并不是变量，也就是说数值无法改变。另外，编程人员也会经常使用 #define 来设置常量，例如：

```
#define CLOCK 0
#define ALARM 1
```

但是#define 是一种宏(macro)，它所定义的数据采用替换的方式，在编译之前将逐一地被替换掉；因此，上面例子中的 CLOCK 在编译之前会被换成 0，ALARM 则被换成 1。一般约定都用英文大写来定义这种常量。

### 4. 变量声明

C 语言程序中所使用的变量一定要预先声明，变量声明时的格式如下所示：

数据类型　变量序列；

表 4-4 所示是一些变量声明的范例。

表 4-4　变量声明的范例

| 变量声明 | 说　明 |
| --- | --- |
| char i, j, k; | 声明 i、j、k 为字符类型的变量 |
| unsigned char a, b; | 声明 a、b |
| long a_large_int; | 声明 a_large_int |
| float pi, sigma; | 声明 pi 和 sigma 为实数 |
| char thit[32]; | 声明字符串(字符数组)thit，其中有 32 个元素 |

### 5. 数组

数组就是存储器中使用相同名字的一组存储器位置。如果有相同性质的数据，或是某些数据必须储存在一起时，就可以声明为数组。声明数组时只要在变量的后面加上“[]”，然后在“[]”中放入数组元数的个数即可，例如：

```
char k[12];
```

以上数组表示数据存储器中有 12 个字符变量。

C 语言都没有字符串这种数据类型，如果用户希望储存字符串数据时，可以声明字符数组来存储字符串，例如上面所声明的数组 k[12]就是一个可以存储字符串的变量。

如果用户在程序中执行了 k="Keil C"，C 语言会在字符串的结尾自动地加上“/0”，“/0”就是一个全都是 0 的字节。我们称这种以“/0”为结尾的字符串为 ASCII 字符串。

二维数组的声明格式如下所示：

```
数据类型　　变量名字[整数 1][整数 2];
```

以下是一些二维数组声明的范例：

```
int f[3][3];
char c[3][6] = {"Watch", "Alarm", "Timer"};
char weekday[7][4] = {"MON", "TUE", "WED", "FRI", "SAT", "SUN"};
```

二维数组可以用来储存一些程序中会用到的数据，例如星期一到星期日的英文简写，1 月到 12 月的英文简写，或是系统的菜单、错误信息等数据。

### 6. 运算符

C 语言程序可以执行如表 4-5 所示的算术运算符。

表 4-5　算术运算符

| 运算符 | 说　明 | 运算符 | 说　明 |
| --- | --- | --- | --- |
| + | 加 | = | 等于 |
| – | 减 | += | 先相加再等于 |
| * | 乘 | –= | 先相减再等于 |
| / | 除 | *= | 先相乘再等于 |
| % | 取余数 | /= | 先相除再等于 |
| ++ | 加 1 | %= | 先取余数再等于 |
| –– | 减 1 | | |

C 语言程序可以使用如表 4-6 所示的比较运算符，比较运算的结果是一个布尔值：TRUE 或 FALSE。

表 4-6　比 较 运 算 符

| 运算符 | 说　　明 |
| --- | --- |
| == | 等于 |
| != | 不等于 |
| > | 小于 |
| > | 大于 |
| <= | 小于等于 |
| >= | 大于等于 |

C 语言程序可以使用如表 4-7 所示的逻辑运算符，逻辑运算的结果是一个布尔值：TRUE 或 FALSE。

表 4-7　逻 辑 运 算 符

| 运算符 | 说　　明 |
| --- | --- |
| && | AND |
| ‖ | OR |
| ! | NOT |

位逻辑运算符是针对运算元的每一个位逐一地实施逻辑运算的运算符，如表 4-8 所示。

表 4-8　位逻辑运算符

| 运算符 | 说　　明 |
| --- | --- |
| & | AND |
| \| | OR |
| ~ | NOT |
| ^ | XOR |
| << | 左移 |
| >> | 右移 |

### 7. 数据类型转换

1) 自动转换

自动转换规则是向高精度数据类型转换、向有符号数据类型转换。当字符型变量与整型变量相加时，则位变量先转换成字符型或整型数据，然后再相加。

2) 强制转换

像 ANSI C 一样，强制转换是通过强制类型转换的方式进行转换的。例如：

```
unsigned int b;
float c; b=(int)c;
```

## 4.3　C51 数据存储类型与 8051 存储器结构

C51 系列单片机将程序存储器(ROM)和数据存储器(RAM)分开，并有各自的寻址机构和寻址方式。8051 单片机在物理上有以下 4 个存储空间：

• 片内程序存储器空间：0000～0FFF。

• 片外程序存储器空间：1000～FFFF(EA = 1)；0000～FFFF(EA = 0)。

• 片内数据存储器空间：1F 为通用工作寄存器区；20～2F 为位寻址空间；30～7F 为用户 RAM 区；80～FF 为特殊功能寄存器区。

• 片外数据存储器空间：0000～FFFF。

我们采用汇编编语言编程时，是按地址去读写指定的存储单元的，用不同的指令表示不同的存储空间。例如，MOV 指令访问片内数据存储器，MOVX 指令访问片外数据存储器，MOVC 指令访问程序存储器。在 C51 中直接使用变量名去访问存储单元，而无需关心变量的存放地址，因此程序的可读性大大增加了。但变量放在哪一个存储空间呢？这对最终目标代码的效率影响很大。因此，在编程时除了说明变量的数据类型外，还应说明变量所在的存储空间即存储类型。

C51 将变量、常量定义成不同的存储类型，以完全支持 8051 单片机的存储器结构。

### 4.3.1　C51 数据的存储

C51 系列单片机只有 bit 和 unsigned char 两种数据类型支持机器指令，而其他类型的数据都需要转换成 bit 或 unsigned char 型进行存储。

为了减少单片机的存储空间和提高运行速度，要尽可能地使用 unsigned char 型数据。

#### 1. 位变量的存储

bit 和 sbit 型位变量直接存于 RAM 的位寻址空间，包括低 128 位和特殊功能寄存器位。

#### 2. 字符变量的存储

对于字符变量(char)，无论是 unsigned char 数据还是 signed char 数据，均为 1 个字节，能够被直接存储在 RAM 中，可以存储在 0～0x7f 区域，也可以存储在 0x80～0xff 区域，与变量的定义有关。

• unsigned char 数据：可直接被 MSC-51 接受。

• signed char 数据：用补码表示。需要额外的操作来测试、处理符号位，使用的是两种库函数，代码量大，运算速度降低。

#### 3. 整型变量的存储

对于整型变量(int)，不管是 unsigned int 数据还是 signed int 数据，均为 2 个字节，其存储方法是高位字节保存在低位地址(在前面)，低位字节保存在高位地址(在后面)。signed int 数据用补码表示。

#### 4. 长整型变量的存储

长整型变量(long)为 4 个字节，其存储方法与整型数据一样，最高位字节保存的地址在最低位(在最前面)，最低位字节保存的地址在最高位(在最后面)。

#### 5. 浮点型变量的存储

浮点型变量(float)占 4 个字节，用指数方式表示，其具体格式与编译器有关。对于 Keil C，采用的是 IEEE-754 标准，具有 24 位精度，尾数的最高位始终为 1，因而不保存。具体分布为：1 位符号位、8 位阶码位、23 位尾数。

### 4.3.2　C51 变量的定义

C51 变量定义的一般格式如下：

[存储类型] 数据类型 [存储区] 变量名 1[=初值] [,变量名 2[=初值]] [,…]或 [存储类型] [存储区] 数据类型 变量名 1[=初值] [,变量名 2[=初值]] [,…]

可见变量(非位变量)的定义由 4 部分组成，即在变量定义时，指定变量 4 种属性。数据类型在前面的 4.2.4 小节中已经叙述过，对于变量名也无须多说。下面主要解释“存储类型”、“存储区”等概念。

### 4.3.3　C51 变量的存储类型

存储类型这个属性我们仍沿用 ANSI C 的说法，尽量不改变原来的含义。按照 ANSI C 的说法，C 语言的变量有以下 4 种存储类型。

#### 1. 动态存储

用 auto 定义的变量为动态变量，也叫自动变量。动态存储的作用范围在定义它的函数内或复合语句内部。当定义它的函数或复合语句执行时，C51 才为变量分配存储空间，结束时所占用的存储空间被释放。

定义变量时，auto 可以省略，或者说如果省略了存储类型项，则默认为是动态变量。动态变量一般分配使用寄存器或堆栈。

#### 2. 静态存储

用 static 定义的变量为静态变量，它分为内部静态变量和外部静态变量。在函数体内定义的为内部静态变量，在函数内可以任意使用和修改，函数运行结束后会一直存在，但在函数外不可见，即在函数体外得到保护。在函数体外部定义的为外部静态变量，在定义的文件内可以任意使用和修改，外部静态变量会一直存在，但在文件外不可见，即在文件外得到保护。

#### 3. 全局存储

用 extern 声明的变量为外部变量，这是在其他文件定义过的全局变量。用 extern 声明后，便可以在所声明的文件中使用。但是在定义变量时，即便是全局变量，也不能使用 extern 定义。

#### 4. 寄存器存储

用 register 定义的变量为寄存器变量。寄存器变量存放在 CPU 的寄存器中，这种变量处理速度快，但数目少。C51 的编译器在编译时，能够自动识别程序中使用频率高的变量，并将其安排为寄存器变量，用户不用专门声明。

### 4.3.4　C51 变量的存储区

变量的存储区属性是单片机扩展的概念，非常重要，它涉及 7 个新的关键字。8051 单片机有四个存储空间，分成三类，它们分别是片内数据存储空间、片外数据存储空间和程序存储空间。由于片内数据存储器和片外数据存储器又分成不同的区域，所以单片机的变量有更多的存储区域。在定义变量时，必须明确指出变量存放在哪个区域。C51 存储区与存储空间的对应关系如表 4-9 所示。

表 4-9　C51 存储区与存储空间的对应关系

| 存储类型 | 与存储空间的对应关系 |
| --- | --- |
| data | 直接寻址片内数据存储区，速度快(00～7F) |
| bdata | 可位寻址片内数据存储区，允许位/字节混合访问(20～2F) |
| idata | 间接寻址片内数据存储区，可访问全部 RAM 空间(00～FF)，用 MOV @Ri 访问 |
| pdata | 分页寻址片外数据存储区(256 字节)，用 MOVX @Ri 访问 |
| xdata | 片外数据存储区(64 字节)，用 MOVX @DPTR 访问 |
| code | 代码存储区(64 K 字节)，用 MOVC @DPTR 访问 |

- 定义存储在 data 区域的动态 unsigned char 变量：
  ```
  unsigned char data sec=0, min=0, hou=0;
  ```
- 定义存储在 data 区域的静态 unsigned char 变量：
  ```
  static unsigned char data scan_code=0xfe;
  ```
- 定义存储在 data 区域的静态 unsigned int 变量：
  ```
  static unsigned int data dd;
  ```
- 定义存储在 bdata 区域的动态 unsigned char 变量：
  ```
  unsigned char bdata operate, operate1;     //定义指示操作的可位寻址的变量
  ```
- 定义存储在 idata 区域的动态 unsigned char 数组：
  ```
  unsigned char idata temp[20];
  ```
- 定义存储在 pdata 区域的动态有符号 int 数组：
  ```
  int pdata send_data[30];            //定义存放发送数据的数组
  ```
- 定义存储在 xdata 区域的动态 unsigned int 数组：
  ```
  unsigned int xdata receiv_buf[50];       //定义存放接收数据的数组
  ```
- 定义存储在 code 区域的 unsigned char 数组：
  ```
  unsigned char code dis_code[10]={0x3f, 0x06, 0x5b, 0x4f, 0x66,0x6d,0x7d,0x07,0x7f,0x6f};
                                               //定义共阴极数码管段码数组
  ```

### 4.3.5　C51 变量的存储模式

如果在定义变量时缺省了存储区属性，则编译器会自动选择默认的存储区域，也就是

存储模式，变量的存储模式也就是程序(或函数)的编译模式。编译模式分为三种：小模式(small)、紧凑模式(compact)和大模式(large)。编译模式由编译控制命令决定。存储模式(编译模式)决定了变量的默认存储区域和参数的传递方法。

### 1. small 模式

在 small 模式下，变量的默认存储区域是“data”、“idata”，即将未指出存储区域的变量保存到片内数据存储器中，并且堆栈也安排在该区域中。small 模式的特点：存储容量小，但速度快。在 small 模式下，参数的传递是通过寄存器、堆栈或片内数据存储区完成的。

### 2. compact 模式

在 compact 模式下，变量的默认存储区域是“pdata”，即将未指出存储区域的变量保存到片外数据存储器的一页中，最大变量数为 256 字节，并且堆栈也安排在该区域中。compact 模式的特点：存储容量较 small 模式大，速度较 small 模式稍慢，但比 large 模式要快。在 compact 模式下，参数的传递是通过片外数据区的一个固定页完成的。

### 3. large 模式

在 large 模式下，变量的默认存储区域是“xdata”，即将未指出存储区域的变量保存到片外数据存储器，最大变量数可达 64 KB，并且堆栈也安排在该区域中。large 模式的特点是：存储容量大，速度慢。在 large 模式下，参数的传递也是通过片外数据存储器完成的。

C51 支持混合模式，即可以对函数设置编译模式。所以在 large 模式下，可以将某些函数设置为 compact 模式或 small 模式，从而提高运行速度。如果文件或函数未指明编译模式，则编译器按 small 模式处理，即默认编译模式。

编译模式控制命令：“#pragma small(或 compact、large)”应放在文件的开始。

## 4.3.6　C51 变量的绝对定位

C51 有三种方式可以对变量(I/O 端口)进行绝对定位：绝对定位关键字_at_、指针和库函数的绝对定位宏。对于后两种方式，在后面指针一节介绍。

C51 扩展的关键字“_at_”专门用于对变量做绝对定位，“_at_”使用在变量的定义中，其格式为：

[存储类型] 数据类型[存储区] 变量名 1 _at_ 地址常数[，变量名 2…]

_at_的使用方法说明如下：

- 对 data 区域中的 unsigned char 变量 aa 做绝对定位：

```
unsigned char data aa _at_ 0x30;
```

- 对 pdata 区域中的 unsigned int 数组 cc 做绝对定位：

```
unsigned int pdata cc[10] _at_ 0x34;
```

- 对 xdata 区域中的 unsigned char 变量 printer_port 做绝对定位：

```
unsigned char xdata printer_port _at_ 0x7fff;
```

具体使用变量绝对定位时还需注意以下几点：

(1) 绝对地址变量在定义时不能初始化，因此不能对 code 型变量做绝对定位；

(2) 绝对地址变量只能够是全局变量，不能在函数中对变量做绝对定位；

(3) 绝对地址变量多用于 I/O 端口，一般情况下不对变量做绝对定位；

(4) 位变量不能使用_at_做绝对定位。

【例 4-3】 有一变量存储程序如下：

```
#define uchar unsigned char
void main(void)
{
    uchar   b;    //由于省去了存储类型，C51 会根据当前的选择存储模式来确定 b 的存储类型
    b=12;
}
```

如果当前的存储模式为 small，则编译后所形成的目标代码为：

```
MOV   08H, #0CH      ; 这里 08H 为变量 b 在片内 RAM 的地址，#0CH 即为 12
```

如果当前的存储模式为 cpmpact，则编译后所形成的目标代码为：

```
MOV   R0, #00H          ; 这里 00H 为变量 b 在片外 RAM 的页面地址，#0CH 即为 12
MOV   A, #0CH
MOVX   @R0, A
```

如果当前的存储模式为 large，则编译后所形成的目标代码为：

```
MOV DPTR, #0000H       ; 这里 0000H 为变量 b 在片外 RAM 的地址，#0CH 即为 12
MOV   A, #0CH
MOVX   @DPTR, A
```

## 4.4　8051 特殊功能寄存器及其 C51 定义

对变量的存储类型进行定义后，我们可以通过变量访问 8051 系列单片机的各类存储器，但又通过什么方法去访问它的特殊功能寄存器呢？

### 4.4.1　位变量定义

#### 1. bit 型位变量的定义

常说的位变量指的就是 bit 型位变量。C51 的 bit 型位变量定义的一般格式为：

[存储类型] bit 位变量名 1[=初值][, 位变量名 2[=初值]] [, …]

bit 位变量被保存在 RAM 中的位寻址区域(字节地址为 0x20～0x2f，16 字节)。例如：

```
bit flag_run, receiv_bit=0;
static bit send_bit;
```

bit 型位变量与其他变量一样，可以作为函数的形参，也可以作为函数的返回值，即函数的类型可以是位型的。位变量不能定义指针，也不能定义数组。

#### 2. sbit 型位变量的定义

对于能够按位寻址的特殊功能寄存器、定义在位寻址区域的变量(字节型、整型、长整型)，可以对其各位用 sbit 定义位变量。

1) 特殊功能寄存器中位变量定义

能够按位寻址的特殊功能寄存器中位变量定义的一般格式为：

sbit 位变量名 = 位地址表达式

这里的位地址表达式有三种形式：直接位地址、特殊功能寄存器名带位号和字节地址带位号。

(1) 直接位地址定义位变量。

在这种情况下，位变量的定义格式为：

sbit 位变量名=位地址常数

这里的位地址常数范围为 0x80～0xff，实际是定义特殊功能寄存器的位。例如：

```
sbit P0_0=0x80;
sbit P1_1=0x91;
sbit RS0=0xd3;          //定义 PSW 的第 3 位
sbit ET0=0xa9;          //定义 IE 的第 1 位
```

(2) 特殊功能寄存器名带位号定义位变量。

在这种情况下，位变量的定义格式为：

sbit 位变量名 = 特殊功能寄存器名^位号常数

这里的位号常数为 0～7。例如：

```
sbit P0_3=P0^3;
sbit P1_4=P1^4;
sbit OV=PSW^2;          //定义 PSW 的第 2 位
sbit ES=IE^4;           //定义 IE 的第 4 位
```

(3) 字节地址带位号定义位变量。

在这种情况下，位变量的定义格式为：

sbit 位变量名 = 特殊功能寄存器地址^位号常数

这里的位号常数同上，为 0～7。例如：

```
sbit P0_6=0x80^6;
sbit P1_7=0x90^7;
sbit AC=0xd0^6;         //定义 PSW 的第 6 位
sbit EA=0xa8^7;         //定义 IE 的第 7 位
```

使用特殊功能寄存器中位变量定义时还需注意以下几点：

(1) 用 sbit 定义的位变量，必须能够按位操作，而不能对无位操作功能的位定义位变量。

(2) 用 sbit 定义的位变量，必须放在函数外面作为全局位变量，而不能在函数内部定义。

(3) 用 sbit 每次只能定义一个位变量。

(4) 对其他模块定义的位变量(bit 型或 sbit 型)的引用声明，都使用 bit。

(5) 用 sbit 定义的是一种绝对定位的位变量(因为名字与确定位地址是对应的)，其具有特定的意义，在应用时不能像 bit 型位变量那样随便使用。

2) 位寻址区变量的位定义

bdata 型变量(字节型、整型、长整型)被保存在 RAM 中的位寻址区，因此，可以对 bdata

型变量各位做位变量定义。这样既可以对 bdata 型变量做字节(或整型、长整型)操作，也可以做位操作。

bdata 型变量的位定义格式为：

```
sbit 位变量名 = bdata 型变量名^位号常数
```

bdata 型变量的位在此之前应该是定义过的，位号常数可以是 0～7(8 位字节变量)，或 0～15(16 位整型变量)，或 0～31(32 位字长整型变量)。例如：

```
unsigned char bdata operate;
```

对 operate 的低 4 位做位变量定义如下：

```
sbit flag_key=operate^0;     //键盘标志位
sbit flag_dis=operate^1;     //显示标志位
sbit flag_mus=operate^2;     //音乐标志位
sbit flag_run=operate^3;     //运行标志位
```

## 4.4.2　C51 特殊功能寄存器的定义

### 1. 对特殊功能寄存器的访问

8051 单片机内有 21 个特殊功能寄存器(SFR)，分散在片内 RAM 的高端，地址为 80H～0FF，对它们的操作，只能用直接寻址方式。为了能够直接访问 21 个特殊功能寄存器(SFR)，C51 提供了一种自主形式的定义方法。

特殊功能寄存器的访问格式为：

```
sfr   SFR 名 = SFR 地址
```

例如：

```
sfr  TMOD=0x89;    //定时器方式寄存器的地址是 89H
sfr  TL0=0x8A;     //定时器 TL0 的地址是 8AH
```

一般在程序设计时，将所有特殊功能寄存器的定义放在一个头文件中，在程序的开始处用#include <头文件名>指明一下，在随后的程序中即可引用。例如：

```
TMOD=0X12;         //将定时器 0 设置为方式 2，定时器 1 设置为方式 1
TL0=0X50;          //将时间常数 50H 赋给 TL0
```

在 C51 中，对所有 特殊功能寄存器的定义已放在一个头文件 REG51.H 中。因此，只要在程序的开始处加上#include <reg51.h>语句，即可在 C51 中按名访问所有的特殊功能寄存器，无需用户再用 sfr 定义。

### 2. 对于 SFR 的 16 位数据的访问

16 位寄存器的高 8 位地址位于低 8 位地址之后，为了有效地访问这类寄存器，可使用如下格式定义：

```
sfr16   16 位 SFR 名 = 低 8 位 SFR 地址
```

例如：

```
sfr16  DPTR=0x82;  // DPTR 由 DPH、DPL 两个 8 位寄存器组成，其中 DPL 的地址为 82H
...
DPTR=0X1234;       //将立即数 1234H 传送给 DPTR，相当于 MOV DPTR，#1234H
```

具体使用时还需注意以下几点：

(1) 定义特殊功能寄存器中的地址必须在 0x80～0xff 范围内。

(2) 定义特殊功能寄存器时必须放在函数外面作为全局变量。

(3) 用 sfr 或 sfr16 每次只能定义一个特殊功能寄存器。

(4) 像 sbit 一样，用 sfr 或 sfr16 定义的是绝对定位的变量(因为名字与确定地址是对应的)，其具有特定的意义，在应用时不能像一般变量那样随便使用。

**【例 4-4】** 从 IC 卡读取一个字节，其中，CLK 为时钟线，IO 为数据线。

C51 程序如下：

```
unsigned char bdata ibase;   //定义位寻址单元，用于发送与接收一个字节
sbit mybit7 = ibase^7;        //定义一个位
unsigned char   Readchar(void)
{   unsigned char i;
    for(i=0; i<8; i++)
    {
        CLK=0;
        Delay5Us();
        ibase=ibase>>1;
        mybit7=IO;
        CLK=1;
        Delay5Us();
    }
    return ibase;
}
```

# 4.5　C51 指针

由于 8051 单片机有 3 种不同类型的存储空间，并且还有不同的存储区域，因此 C51 指针的内容更丰富。

指针除了具有变量的 4 种属性(存储类型、数据类型、存储区、变量名)外，还可按存储区不同将指针分为通用指针和不同存储区域的专用指针。

## 4.5.1　通用指针

通用指针就是可以访问所有的存储空间的指针。在 C51 库函数中，通常使用这种指针来访问。

通用指针用 3 个字节来表示：第一个字节表示指针所指向的存储空间；第二个字节为指针地址的高字节；第三个字节为指针地址的低字节。

通用指针的定义与一般 C 语言指针的定义相同，其格式为：

[存储类型] 数据类型*指针名 1[, *指针名 2] [, …]

例如：

```
unsigned char *cpt;
int *dpt;
long *lpt;
static char *ccpt;
```

通用指针具有以下特点：

(1) 定义简单；

(2) 访问所有空间；

(3) 访问速度慢。

## 4.5.2 存储器专用指针

存储器专用指针就是只能够访问规定的存储空间区域的指针。指针本身占用 1 个字节(data *，idata*，bdata *，pdata *)或 2 个字节(xdata*，code *)。存储器专用指针的一般定义格式为：

[存储类型] 数据类型 指向存储区 *[指针存储区]指针名 1[,*[指针存储区] 指针名 2,…]

其中“指向存储区”是指针变量所指向的数据存储空间区域，不能缺省。而“指针存储区”是指针变量本身所存储的空间区域，缺省时认为指针存储区在默认的存储区域，其默认存储区域取决于所设定的编译模式。指向存储区和指针存储区两者可以是同一个区域，但多数情况下不会是同一个区域。

例如：

```
unsigned char data *cpt1, *cpt2;
signed int idata *dpt1, *dpt2;
unsigned char pdata *ppt;
signed long xdata *lpt1, *lpt2;
unsigned char code *ccpt;
```

上面所定义的指针虽然所指向的空间不同，但指针变量本身都存储在默认的存储区域。

又如：

```
unsigned char data *idata cpt1,*idata cpt2;
signed int idata *data dpt1, *data dpt2;
unsigned char pdata *xdata ppt;
signed long xdata *lpt1, *xdata lpt2;
unsigned char code *data ccpt;
```

data、idata、code、xdata、pdata 为指针所指向的存储区，*idata、*idata 、*data 、*xdata、*xdata、*data 为指针本身所存储的区域。

使用存储器专用指针还需注意以下几点：

(1) 要区分指针变量指向的空间区域和指针变量本身所存储的区域；

(2) 定义时，空间区域不能缺省，而存储区域可以缺省；

(3) 指针变量的长度不同，指向不同的区域，占用的字节数不同。

指针变量本身所存储的区域在定义指针时一般都省略了，指针变量本身保存在缺省存储的区域中。定义时，缺省指针存储的区域，这样显得简单，并且对初学者而言更容易理解。

### 4.5.3　指针变换

由前面的讨论可知，通用指针由 3 个字节组成，第一个字节为数据的存储区域，后两个字节为指针地址。第一个字节的存储区域编码如表 4-10 所示。

表 4-10　通用指针存储区域编码

| 存储区 | idata | xdata | pdata | data | code |
|---|---|---|---|---|---|
| 编码 | 1 | 2 | 3 | 4 | 5 |

指针转换有两种途径：一种是显式的编程转换，另一种是隐式的自动转换。

指针的编程转换是通用指针的第一字节与专用指针的指向数据区属性之间的相互转换；通用指针后两个字节的地址与专用指针值之间的转换。

指针的隐式自动转换由编译器在进行编译时自动完成。

### 4.5.4　C51 指针应用

指针在 PC 机上的 C 语言中应用很广泛。在单片机中，由于不使用操作系统，指针的应用可以独立于变量，独立地指向所需要访问的存储空间位置。指针也可以访问函数。

下面介绍利用指针访问存储区的两种方法。

#### 1. 通过指针定义的宏访问存储器

1) 访问存储器宏的定义

用指针定义的、访问存储器宏的格式为：

```
#define 宏名((数据类型 volatile 存储区*)0)
```

格式中的“数据类型”主要为无符号的字符型数、整型数。格式中的“存储区”主要使用 data、idata、pdata、xdata 和 code 类型，不使用 bdata 存储区类型。格式中的关键字“volatile”是在单片机中定义的，其含义为这种变量在程序执行中可被隐含地改变而编译器无法检测到，告知编译器不要做优化处理，使应用者能够得到正确的变量值。volatile 常用于定义寄存器，特别是状态寄存器，因为状态寄存器的值不是由程序员设置的，而是单片机在运行中由 CPU 设置的。

2) 库函数中访问存储器宏的原型

C51 编译器提供了两组用指针定义的绝对存储器访问的宏，其原型如下：

(1) 按字节访问存储器的宏：

```
#define CBYTE ((unsigned char volatile code*)0)
#define DBYTE ((unsigned char volatile data*)0)
#define PBYTE ((unsigned char volatile pdata*)0)
#define XBYTE ((unsigned char volatile xdata*)0)
```

(2) 按整型双字节访问存储器的宏：

```
#define CWORD ((unsigned int volatile code*)0)
```

```
#define DWORD ((unsigned int volatile data*)0)
#define PWORD ((unsigned int volatile pdata*)0)
#define XWORD ((unsigned int volatile xdata*)0)
```

无 idata 型不能访问片内 RAM 高 128 字节区域(0x80～0xff)，需要时可以自己定义。

这些宏定义原型放在 absacc.h 文件中，使用时需要用预处理命令把该头文件包含到文件中，形式为#include <absacc.h>。

3) 绝对访问存储器宏的应用

使用宏定义访问存储器的形式类似于数组。

(1) 字节访问存储器宏。其形式为：

宏名[地址]

该数组中的下标就是存储器的地址，因此使用起来非常方便。例如：

```
DBYTE[0x30]=48;                    //给片内 RAM 送数据
XBYTE[0x0002]=0x36;                //给片外 RAM 送数据
dis_buf[0]=CBYTE[TABLE+5];         //从 CODE 区读取数据
```

(2) 按整型数访问存储器宏。其形式为：

宏名[下标]

由于整型数占两个字节，所以下标与地址的关系为：地址=下标×2。由于数组中的下标与存储器的地址是倍数关系，使用时要注意。例如：

```
DWORD[0x20]=0x1234;          //给 0x40、0x41 送数
XWORD[0x0002]=0x5678;        //给 4、5 单元送数
```

通过指针定义的宏访问存储器的这种方法，特别适用于访问 I/O 口。

## 2. 通过专用指针直接访问存储器

使用指针直接访问存储器对 PC 机而言是禁止的，但对于单片机来说是可以的。使用指针直接访问存储器的方法是：先定义所需要的指针，给指针赋地址值，然后使用指针访问存储器。例如：

```
unsigned char xdata *xcpt;
xcpt=0x2000;
*xcpt=123;                  //给 0x2000 送数
xcpt++; *xcpt=234;          //给 0x2001 送数
```

**【例 4-5】** 编写程序，将单片机片外数据存储器中地址从 0x1000 开始的 20 个字节数据，传送到片内数据存储器地址从 0x30 开始的区域。

C51 程序如下：

```
unsigned char data i, *dcpt;
unsigned char xdata *xcpt;
dcpt=0x30;              //给指针赋地址
xcpt=0x1000;
for(i=0; i<20; i++)
*(dcpt+i)=*(xcpt+i);
```

# 4.6　C51 的输入/输出

C51 的输入和输出函数的形式虽然与 ANSI C 的一样，但实际意义和使用方法都大不相同。因此，有必要专门介绍一下 C51 的输入/输出函数。

在 C51 的输入/输出函数库中定义的输入/输出函数，都是以 getkey 和 putchar 函数为基础的。这些输入/输出函数包括字符输入/输出函数 getchar 和 putchar、字符串输入/输出函数 gets 和 puts、格式输入/输出函数 printf 和 scanf 等。

C51 的输入/输出函数都是通过单片机的串行接口实现的。在使用这些输入/输出函数之前，必须先对单片机的串行口、定时器/计数器 T1 进行初始化。假设单片机的晶振为 11.0592 MHz，波特率为 9600 b/s，则初始化程序段为：

```
SCON=0x52;          //设置串口方式 1 收、发
TMOD=0x20;          //设置 T1 以模式 2 工作
TL1=0xfd;           //设置 T1 低 8 位初值
TH1=0xfd;           //设置 T1 自动重装初值
TR1=1;              //开 T1
```

## 4.6.1　基本输入/输出函数

### 1. 基本输入函数 getkey

getkey 函数是基本的字符输入函数，其原型为 char _getkey(void)。其函数功能是从单片机串行口读入一个字符，如果没有字符输入则等待，返回值为读入的字符，不显示。getkey 函数为可重入函数。

### 2. 字符输入函数 getchar

getchar( )函数的功能与 getkey 基本相同，唯一的区别是 getchar 函数还要从串行口返回字符。

### 3. 基本输出函数 putchar

putchar 函数是基本的字符输出函数，其原型为 char putchar(char)。其函数功能是从单片机的串行口输出一个字符，返回值为输出的字符。putchar 函数为可重入函数。

## 4.6.2　格式输出函数 printf

格式输出函数的功能是通过单片机的串行口输出若干任意类型的数据。其格式如下：

printf(格式控制，输出参数表)

格式控制是用双引号括起来的字符串，也称为转换控制字符串。它包括以下三种信息：

(1) 格式说明符：由“%”和格式字符组成，其作用是指明输出数据的格式，如%d、%c、%s 等，详细情况如表 4-11 所示。

表 4-11　printf 函数的格式字符

| 格式字符 | 数据类型 | 输 出 格 式 |
|---|---|---|
| d | int | 有符号十进制数 |
| u | int | 无符号十进制数 |
| o | int | 无符号八进制数 |
| x, X | int | 无符号十六进制数 |
| f | float | 十进制浮点数 |
| e, E | float | 科学计数法的十进制浮点数 |
| g, G | float | 自动选择 e 或 f 格式 |
| c | char | 单个字符 |
| s | 指针 | 带结束符的字符串 |

(2) 普通字符：在输出时，要求这些字符按原样输出，主要用来输出一些提示信息。

(3) 转义字符：它由“\”和字母或字符组成，其作用是输出特定的控制符，如转义字符“\n”的含义是输出换行，详细情况如表 4-12 所示。

表 4-12　printf 函数的转义字符

| 转义字符 | 含　义 | ASCII 码 |
|---|---|---|
| \0 | 空字符 | 0x00 |
| \n | 换行符 | 0x0a |
| \r | 回车符 | 0x0d |
| \t | 水平制表 | 0x09 |
| \b | 退格符 | 0x08 |
| \f | 换页符 | 0x0c |
| \' | 单引号 | 0x27 |
| \" | 双引号 | 0x22 |
| \\ | 反斜杠 | 0x5c |

用 printf 函数输出例子(假设 y 已定义过，也赋值过)：

```
printf("x=%d", 36) ;                          //从串行口输出 x=36
printf("y=%d", y) ;                           //从串行口输出 y=y 的值
printf("c1=%c, c2=%c", 'A', 'B') ;            //从串行口输出 c1=A，c2=B
printf("%s\n", "OK, Send data begin!") ;      //从串行口输出 OK, Send data begin!和\n
```

### 4.6.3　格式输入函数 scanf

scanf 函数的功能是通过单片机串行口实现各种数据输入。函数格式如下：

scanf(格式控制, 地址列表)

格式控制与 printf 函数的类似，也是用双引号括起来的一些字符，它包括以下三种信息：

(1) 格式说明符：由“%”和格式字符组成，其作用是指明输入数据的格式，如表 4-11 所示。

(2) 普通字符：在输入时，要求这些字符按原样输入。

(2) 空白字符：包括空格、制表符、换行符等，这些字符在输入时被忽略。

地址列表由若干个地址组成，它可以是指针变量、变量地址(取地址运算符“&”加变量)、数组地址(数组名)或字符串地址(字符串名)等。

用 scanf 函数输入例子(假设 x、y、z、c1、c2 是定义过的变量，str1 是定义过的指针)：

```
scanf("%d", &x);
scanf("%d%d", &y, &z);
scanf("%c%c", &c1, &c2);
scanf("%s", str1);
```

在实际的串行通信中，传输的数据多数是字符型和字符串，其中又以字符串居多。scanf 函数往往把数字型数据转换成字符串传输。

**【例 4-6】** 有一单片机时钟系统，为了演示输出函数 putchar 和输入函数 getkey 的应用，编写程序，用串行口方式 1 自发自收，每一秒钟从串行口发送一次时间数据的时、分、秒，从串行口接收到数据后，送给 6 位数码管显示。设晶振频率为 11.0592 MHz，波特率为 9600 b/s。不用编写时钟计时函数和数码管显示函数。

C51 程序如下：

```
#include <reg51.h>                      //包含头文件
#include <stdio.h>                      //包含 I/O 函数库
unsigned char data t1[3];               //存放原始的时分秒
unsigned char data dis_buf[6];          //数码管显示
void main(void)
{   unsigned char data t2[3];           //存放接收的时间
    unsigned char data sec0=61;         //秒备份
    unsigned char data i;
    SCON=0x52;                          //串行口初始化
    TMOD=0x20;                          //设置定时器工作模式
    TH1=0xfd;                           //设置 T1 重装的初值
    TR1=1;                              //开 T1 运行
    while(1)
    {
        if(sec0!=t1[2])                 //判断秒是否已经改变
        {
            putchar(t1[i]);
            t2[i++]=_getkey();
            if(i>2)
            {   dis_buf[0]=t2[0]/10; dis_buf[1]=t2[0]%10;
                dis_buf[2]=t2[1]/10; dis_buf[3]=t2[1]%10;
```

```
            dis_buf[4]=t2[2]/10; dis_buf[5]=t2[2]%10;
            i=0; sec0=t1[2];              //更新秒备份
         }
      }
   display( );                            //调用数码管扫描显示函数
   }
}
```

## 4.7　C51 函数

程序中经常反复执行的部分可以写成函数，然后就可以在程序中反复地调用。以下是函数的一般格式：

```
函数类型　函数名称(参数序列);
参数声明
{
    函数的主体
}
```

其中函数类型用来设置一个函数被调用之后所返回数值的类型，如果用户希望写一个不返回任何数据的函数，则可以将函数类型设为 void。如果要求函数返回数值，则必须使用 return 命令。

以下是一个函数声明和调用的例子。

```
void delay(void)
{   /*不返回任何数据的函数*/
   unsigned char i,j; /*没有任何参数的函数*/
   for (i=0; i<255, i++)
      for(j=0; j<255; j++)
         ;
}
main()
{
   ...
   delay();              //调用函数
}
```

### 4.7.1　内部函数

C51 编译器支持许多内部库函数，内部函数产生的在线嵌入代码与调用函数产生的代码相比，执行速度快、效率高。常用的内部函数如下：

- _crol_(v, n)：将无符号字符变量 v 循环左移 n 位。

- _cror_(v, n)：将无符号字符变量 v 循环右移 n 位。
- _irol_(v, n)：将无符号整型变量 v 循环左移 n 位。
- _iror_(v, n)：将无符号整型变量 v 循环右移 n 位。
- _lrol_(v, n)：将无符号长整型变量 v 循环左移 n 位。
- _lror_(v, n)：将无符号长整型变量 v 循环右移 n 位。
- _nop_()：延时一个机器周期，相当于 NOP 指令。

以上内部函数的原型在 intrins.h 头文件中。为了使用这些函数，必须在程序开始时加上#include <intrins.h>。

## 4.7.2　C51 函数的定义

在 C51 中，函数的定义与 ANSI C 基本是相同的。唯一不同的就是：C51 在函数的后面需要带上若干个 C51 的专用关键字。C51 函数定义的一般格式如下：

```
返回类型函数名(形参表) [函数模式] [reentrant] [interrupt m] [using n]
{
   局部变量定义
   执行语句
}
```

各属性含义如下：

- 函数模式：也就是编译模式、存储模式，可以为 small、compact 和 large。缺省时则使用文件的编译模式。
- reentrant：表示重入函数。所谓可重入函数，就是允许被递归调用的函数，是 C51 定义的关键字。在编译时会为重入函数生成一个堆栈，通过这个堆栈来完成参数的传递和存放局部变量。重入函数不能使用 bit 型参数；函数返回值也不能是 bit 型。
- interrupt m：中断关键字和中断号。
- interrupt：它由 C51 定义。C51 支持 32 个中断源。中断入口地址与中断号 m 的关系是：中断入口地址 = 3 + 8 × m。
- using n：选择工作寄存器组和组号，n 可以为 0～3，对应第 0 组到第 3 组。关键字 using 由 C51 定义。如果函数有返回值，则不能使用该属性，因为返回值是存于寄存器中的，函数返回时要恢复原来的寄存器组，导致返回值错误。

**【例 4-7】** 编写程序，使用定时器/计数器 0 定时并产生中断，实现从 P1.7 产生方波的功能。

C51 程序如下：

```
#include <reg51.h>
#define TIMER0L 0x18 //设振荡频率为 12 MHz
#define TIMER0H 0xfc //定时 1ms(1000 μs)
void timer0_int(void) interrupt 1
{
   TL0=TIMER0L;
```

```
    TH0=TIMER0H;
    P1_7=~P1_7;                    //产生的方波频率为 500 Hz
}
void main(void)
{
    TMOD=0x01;                     //设置 T1 模式 1 定时
    TL0=TIMER0L;                   //设置 T0 低 8 位初值
    TH0=TIMER0H;                   //设置 T0 高 8 位初值
    IE=0x82;                       //开 T0 中断和总中断
    TR0=1;                         //开 T0 运行
    while(1);                      //等待中断，产生方波
}
```

# 4.8 C51 与汇编语言混合编程

C51 与汇编语言混合编程有两种方式：一种是在 C 语言函数中嵌入汇编语言程序，程序中没有独立的汇编语言函数，只有个别 C 语言函数中嵌入有汇编程序；另一种是 C 语言文件与汇编语言文件混合编程，程序中有独立的汇编程序函数和汇编语言文件。

无论是哪种混合编程方式，采用 C51 后，程序的大部分是 C 语言，只有少部分是汇编语言。

## 4.8.1 在 C51 程序中嵌入汇编程序

要在 C51 程序中嵌入汇编程序，需要用编译控制指令“#pragmasrc”、“#pragma asm”和“#pragma endasm”实现。“#pragma src”是控制编译器将 C 源文件编译成汇编文件，“#pragma src”要放在文件的开始；“#pragma asm”和“#pragma endasm”指示汇编语言程序的开始和结束，分别放在汇编程序段的前面和后面。

**【例 4-8】** 编写一段程序，在 C51 程序中嵌入汇编程序。

C51 程序如下：

```
#pragma src //指示将 C 文件编译成汇编文件
…
void round_lamp(void)
{   static unsigned char lamp=0x55;
    P1=lamp;
    # pragma asm //指示汇编语言程序开始
    MOVA, lamp //对变量 lamp 做循环右移
    RR A
    MOVlamp, A
    # pragma endasm //指示汇编语言程序结束
}
```

### 4.8.2　C51 程序与汇编程序混合编程

在 C51 程序与汇编程序混合编程的情况下，C 语言与汇编语言程序都是独立的文件，它们的函数要相互调用，这就涉及汇编语言程序的参数传递和函数命名两个问题。

下面先讨论汇编语言函数的命名和参数传递问题，然后讨论混合编程的问题。

#### 1. C51 函数的命名规则

从表 4-13 中可以看出，C51 函数的命名规则主要有以下几种：

(1) 函数名字符串//不传递参数的函数。

(2) _函数名字符串//通过寄存器传递参数。

(3) _?函数名字符串//通过堆栈传递参数的可重入函数。

C51 函数名还有其它的格式，如通过存储器传递参数的函数等，但在混合编程中基本不用。

表 4-13　C51 中函数名的转换规则

| C51 函数声明 | 汇编函数名 | 说　明 |
|---|---|---|
| type func1(void) | FUNC1 | 调用时不传递参数，但有返回值，函数名不变 |
| type func2(args) | _FUNC2 | 通过寄存器传递参数，函数名加前缀“_” |
| type func3(args) reentrant | _?FUNC3 | 重入函数，通过堆栈传递参数，函数名加前缀“_?” |

#### 2. C51 函数段与数据段的格式

C51 编译后对每个函数都分配一个独立的 CODE 段，并且汇编函数名字还要带上模块名。所以，C51 汇编语言函数段的格式有以下几种：

(1) ?PR? 函数名字符串?模块名。

(2) ?PR?_ 函数名字符串?模块名。

(3) ?PR?_? 函数名字符串?模块名。

如果函数中定义有局部变量，编译时也给局部变量分配数据段，数据段的格式为：

　　? 数据段前缀? 函数名? 数据类型

C51 数据段类型前缀与存储如表 4-14 所示。

表 4-14　C51 数据段类型前缀与存储

| 段前缀 | 存储区类型 | 说　明 |
|---|---|---|
| ?PR? | code | 可执行程序段 |
| ?CO? | code | 程序存储器中的常数数据段 |
| ?BI? | bit | 内部 RAM 的位类型数据段 |
| ?BA? | bdata | 内部 RAM 的可位寻址的数据段 |
| ?DT? | data | 内部 RAM 的数据段 |
| ?ID? | idata | 内部 RAM 的间接寻址的数据段 |
| ?PD? | pdata | 外部 RAM 的分页数据段 |
| ?XD? | xdata | 外部 RAM 的一般数据段 |

### 3. C51 函数的参数传递规则

C51 函数的参数传递分为调用时参数的传递和返回值时参数的传递两种。

1) 调用时参数的传递

调用时参数的传递分三种情况：少于等于 3 个参数时通过寄存器传递(寄存器不够用时通过存储区传递)；多于 3 个时有一部分通过存储区传递；对于重入函数参数通过堆栈传递。通过寄存器传递速度最快。表 4-15 给出了第一种情况——通过寄存器传递参数的规则。

**表 4-15　C51 利用寄存器传递参数规则**

| 参数号 | char | Int | Long，float | 一 般 指 针 |
|---|---|---|---|---|
| 1 | R7 | R6,R7 (低字节) | R4～R7 | R1，R2，R3(R3 为存储区，R2 为高地址，R1 为低地址) |
| 2 | R5 | R4,R5 (低字节) | R4～R7 或存储区 | R1，R2，R3 或存储区 |
| 3 | R3 | R2,R3 (低字节) | 存储区 | R1，R2，R3 或存储区 |

2) 函数返回值时参数的传递

当函数有返回值时，通过寄存器传递。C51 函数返回值时传递参数的规则如表 4-16 所示。

**表 4-16　C51 函数返回值传递规则**

| 返回类型 | 使用的寄存器 | 说　明 |
|---|---|---|
| bit | C(进位标志) | 由进位标志位返回 |
| char 或 1 字节指针 | R7 | 由 R7 返回 |
| int 或 2 字节指针 | R6，R7 | 高字节在 R6，低字节在 R7 |
| long | R4～R7 | 高字节在 R4，低字节在 R7 |
| float | R4～R7 | 32 位 IEEE 格式 |
| 一般指针 | R1～R3 | R3 为存储区，R1 为低地址 |

### 4. 汇编语言文件及函数编写方法

汇编语言文件的构成主要有：定义模块名、函数声明、公共函数声明、引用函数声明、引用变量声明、函数定义等部分。

1) 定义模块

对汇编语言文件定义模块名，一般一个文件为一个模块名，也可以多个文件为同一个模块名。模块名定义格式如下：

NAME 模块名

定义模块名要放在文件的开始。例如：

```
NAME EXAMP
```

2) 函数声明

函数声明即对本模块定义的函数作声明，其格式为：

?PR?函数名?模块名 SEGMENT CODE

格式中的“函数名”规则修改与变量名规则一样。例如：

```
?PR?DISPLAY?EXAMP SEGMENT CODE
```

```
?PR?_RIGHT?EXAMP SEGMENT CODE
?PR?_?MUSIC?EXAMP SEGMENT CODE
```

函数的声明放在文件的前面，一般在模块名定义之后，并且紧接着模块名定义。

3) 公共函数声明

如果函数在其他文件(模块)中调用，则必须作公共函数声明。声明格式为：

```
PUBLIC 函数名
```

例如：

```
PUBLIC DISPLAY
PUBLIC _RIGHT_SHIFT
PUBLIC _?MUSIC
```

声明公共函数应放在函数声明之后。

4) 引用函数声明

如果在汇编程序中引用了其他文件中的函数，则必须作引用声明。声明格式为：

```
EXTRN CODE(函数名)
```

例如：

```
EXTRN CODE(KEY)
EXTRN CODE(_COUNT)
```

函数引用声明中的“KEY”函数不传递参数；“_COUNT”函数通过寄存器传递参数。

5) 引用变量声明

如果在汇编程序中引用了其他文件中的变量，必须作引用声明。声明格式为：

```
EXTRN 存储区(变量名)
```

例如：

```
EXTRN DATA(TIMER_SEC)
EXTRN IDATA(DIS_BUF)
ENTRN XDATA(SEND_BUF)
```

6) 函数定义格式

汇编语言函数定义的格式如下：

```
RSEG ?PR?函数名?模块名
函数名：
…
…
RET(或 RETI)
```

### 5. 在 C51 中调用汇编函数的方法

在 C 语言文件中调用汇编语言中的函数，必须先声明再调用，其声明方法与声明 C 语言函数完全一样，即：

```
extern 返回值类型函数名(参数表) ;
```

例如：

```
extern unsigned char right_shift(char,char);
```

```
extern unsigned char left_shift (char, char);
```

汇编语言函数的调用方法与 C 语言中函数的调用完全一样。

# 4.9　C51 常用语句

C51 常用语句主要包括条件语句和循环语句。

## 4.9.1　条件语句

### 1. 简单 if 语句

简单 if 语句格式如下：

```
if(条件)语句 1;
else  语句 2;
```

其中 else 的部分可以省略。首先判断 if 后面的条件是真还是假，如果是真就执行语句 1，否则就执行语句 2。

【例 4-9】已知电路如图 4-1 所示，要求采用简单 if 语句编程，实现按一下 K1 键 LED 全亮，按一下 K2 键 LED 全灭的功能。

C51 程序如下：

```
#include<reg51.h>
sbit key1=P3^2;
sbit key2=P3^3;
void main()
{
   for(;;)
   {
      P3|=0x3c;
       if(!key1)   P1&=0xe1;
       if(!key2)   P1|=0x1e;
   }
}
```

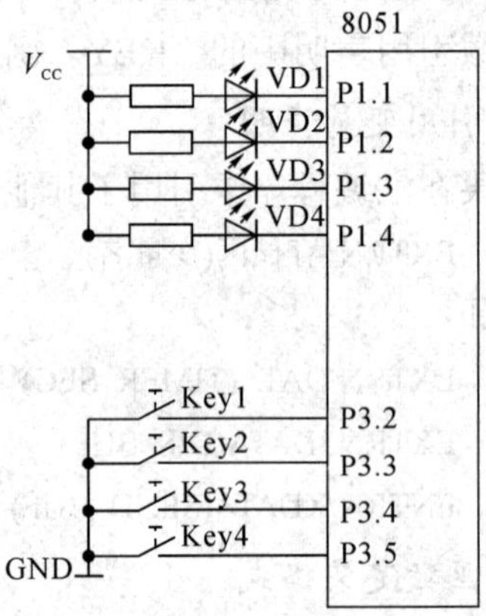

图 4-1　电路图

【例 4-10】 已知电路如图 4-1 所示，要求采用双分支 if 语句编程，实现按住 K1 键 LED 全亮，松开 K1 键 LED 全灭的功能。

C51 程序如下：

```
#include<reg51.h>
sbit key1=P3^2;
void main()
{
   for(;;)
   {
```

```
        P3|=0x3c;
        if(!key1)   P1&=0xe1;
           else     P1|=0x1e;
     }
}
```

【例 4-11】 已知电路如图 4-1 所示，要求采用多分支 if 语句编程，实现按下 K1 键点亮 LED，按 K2 键熄灭 LED，且 K2 优先，只要 K2 被按住 LED 就不能被点亮的功能。

C51 程序如下：

```
#include<reg51.h>
sbit key1=P3^2;
sbit key2=P3^3;
void main()
{
   for(;;)
   {  P3|=0x3c;
      if(!key2)     P1|=0x1e;
      else if(!key1)   P1&=0xe1;
    }
}
```

### 2. 嵌套 if 语句

嵌套 if 语句是指 if 语句中又有 if 语句。

【例 4-12】 已知电路如图 4-1 所示，要求采用 if 语句的嵌套编程，实现 K1 键被按住，K2 键也被按住，那么 LED 全亮，松开 K2 键，LED 全不灭，松开 K1 键，LED 全灭的功能。

C51 程序如下：

```
#include<reg52.h>
sbit key1=P3^2;
sbit key2=P3^3;
void main()
{  for(;;)
   {  P3|=0x3c;
      if(!key1)
      {  if(!key2)    P1&=0xe1;}
         else     P1|=0x1e;
   }
}
```

### 3. switch 语句

switch 语句的格式如下：

```
switch (变量)
{
```

```
    case 常量 1: 语句 1; break;
    case 常量 2: 语句 2; break;
    case 常量 3: 语句 3; break;
    ...
    default  : 语句 n;
}
```

【例 4-13】 已知电路如图 4-1 所示，要求采用 switch 语句编程，实现按 K1 键，VD1 亮；按 K2 键，VD2 亮；按 K3 键，VD3 亮；按 K4 键，VD4 亮；每次按键只有一个 LED 亮的功能。

C51 程序如下：

```
#include<reg51.h>
#define uchar unsigned char
sbit led1=P1^1; sbit led2=P1^2;
sbit led3=P1^3; sbit led4=P1^4;
void main()
{   uchar KeyValue;
    for(;;)
    {       P3|=0x3c;
            KeyValue=P3|0xc3;
            switch(KeyValue)
            { case 0xfb:   P1|=0x1e;led1=0;break;
                case 0xf7:   P1|=0x1e;led2=0;break;
                case 0xef:   P1|=0x1e;led3=0;break;
                case 0xdf:   P1|=0x1e;led4=0;break;
            }
    }
}
```

### 4.9.2 循环语句

#### 1. for 循环

for 循环格式如下：

```
for(初值; 条件; 变化值)语句;
```

下面是一个无穷 for 循环：

```
for( ; ; );
```

【例 4-14】 已知电路如图 4-1 所示，要求采用 for 语句编程，实现开机后全部 LED 不亮，按 K1 键则从 VD1 开始依次点亮，至 VD4 后停止并全部熄灭；待再次按 K1 键，可重复上述过程。如果中间 K2 键被按下，则 LED 立即全部熄灭，并返回起始状态的功能。

C51 程序如下：

```
#include<reg51.h>
#include<intrins.h>
```

```
sbit key1=P3^2; sbit key2=P3^3;
void mDelay(unsigned int DelayTime)
{   uint j=0;
    for( ; DelayTime>0; DelayTime--)
    {   for(j=0; j<125; j++) ;} }                /*延时 1 毫秒*/
void main()
{   unsigned char i, OutData=0xfd;
    while(1)
    {   P3|=0x3c;
        if(!key1)                                /*K1 键被按下*/
        {   for(i=0; i<4; i++)
            {   OutData=0xfd;
                if(!key2)   break;               /*K2 键被按下*/
                    OutData=_crol_(OutData,i);
                    P1&=OutData;mDelay(1000);}}  /*延时 1 秒*/
        P1=0xff;
    }
}
```

### 2. while 循环

while 循环格式如下：

```
while(条件)语句;
```

下面是一个无穷 while 循环：

```
while(1);
```

**【例 4-15】** 已知电路如图 4-1 所示，要求采用 while 语句编程，实现若 K1 键被按下，流水灯工作；否则，LED 全部熄灭的功能。

C51 程序如下：

```
#include<reg51.h>
#include<intrins.h>
sbit key1=P3^2;
void mDelay(unsigned int DelayTime)
{   unsigned int j=0;
    for( ; DelayTime>0; DelayTime--)
    {   for(j=0; j<125; j++) ;}}             /*延时 1 毫秒*/
void main()
{
    unsigned char OutData=0xfd;
    while(1)
    {   P3 |= 0x3c;
```

```
        while(!key1)
        {    P1=OutData;
             if(OutData==0xef) OutData=0xfe;
                OutData=_crol_(OutData, 1); mDelay(500);
        }
        P1=0xff;
    }
}
```

### 3. do/while 循环

do/while 循环格式如下：

```
do {
语句;
...
}while(条件);
```

**【例 4-16】** 已知电路如图 4-1 所示，要求采用 do/while 语句编程，实现若 K1 键被按下，流水灯工作；否则，LED 全部熄灭的功能。

C51 程序如下：

```
#include<reg51.h>
#include<intrins.h>
sbit key1=P3^2;
void mDelay(unsigned int DelayTime)
{
    unsigned int j=0;
    for( ; DelayTime>0; DelayTime--)
    {   for(j=0; j<125; j++) ;}}              /*延时 1 毫秒*/
void main()
{   unsigned char OutData=0xfd;
    while(1)
    {
        P3|=0x3c;
        do{   P1=OutData;
            if(OutData==0xef) OutData=0xfe;
            OutData=_crol_(OutData, 1);
            mDelay(1000);                   /*延时 1 秒*/
        } while(!key1);
        P1=0xff;
    }
}
```

# 4.10　实践训练——交通信号灯模拟控制系统

交通信号灯模拟控制系统设计利用单片机的定时器定时，令十字路口的红绿灯交替点亮和熄灭，并且用 LED 数码管显示时间。用 8051 做输出口，控制发光二极管燃灭，模拟交通灯管理。

## 一、应用环境

交通信号灯控制。

## 二、实现过程

假设一个十字路口为东西南北走向。初始状态为东西红灯，南北绿灯。然后转为南北红灯，东西绿灯通车。过一段时间转为东西绿灯灭，黄灯亮 5 秒，南北仍然红灯。再转为南北绿灯通车，东西红灯。过一段时间转为南北绿灯灭，黄灯亮 5 秒，东西仍然红灯。最后循环至南北红灯，东西绿灯通车，如此重复。

用 P1 端口的 6 个引脚控制交通灯，高电平灯亮，低电平灯灭。

C51 程序如下：

```
#include<reg51.h>
//sbit 用来定义一个符号位地址，方便编程，提高可读性和可移植性
#define uchar unsigned char
#define uint unsigned int
sbit RED_A=P1^0;            //东西方向红灯
sbit YELLOW_A=P1^1;         //东西方向黄灯
sbit GREEN_A=P1^2;          //东西方向绿灯
sbit RED_B=P1^3;            //南北方向红灯
sbit YELLOW_B=P1^4;         //南北方向黄灯
sbit GREEN_B=P1^5;          //南北方向绿灯
uchar Flash_Count=0, Operation_Type=1; //闪烁次数，操作类型变量
//延时
void DelayMS(uint x)
{   uchar i;
    while(x--) for(i=0; i<120; i++);
}
//还可以通过生成汇编程序来计算指令周期数，结合晶体频率来调整循环次数
//交通灯切换
void Traffic_Light()
{
```

```
    switch(Operation_Type)
    {
    case 1:                                  //东西向绿灯与南北向红灯亮
        RED_A=0; YELLOW_A=0; GREEN_A=1;
        RED_B=1; YELLOW_B=0; GREEN_B=0;
        DelayMS(2000);
        Operation_Type=2;
        break;
    case 2:                                  //东西向黄灯闪烁，绿灯关闭
        DelayMS(300);
        YELLOW_A=~YELLOW_A; GREEN_A=0;
        if(++Flash_Count!=10) return;        //闪烁 5 次
        Flash_Count=0;
        Operation_Type=3;
        break;
    case 3:                                  //东西向红灯，南北向绿灯亮
        RED_A=1; YELLOW_A=0; GREEN_A=0;
       RED_B=0; YELLOW_B=0; GREEN_B=1;
        DelayMS(2000);
        Operation_Type=4;
        break;
    case 4:                                  //南北向黄灯闪烁 5 次
        DelayMS(300);
        YELLOW_B=~YELLOW_B; GREEN_B=0;
        if(++Flash_Count!=10) return;
        Flash_Count=0;
        Operation_Type=1;
    }
}
//主程序
void main()
{   while(1) Traffic_Light();
}
```

## 思考与练习

**1. 概念题**

(1) 在 C51 语言程序中，注释一般采用(　　)符号和(　　)符号来实现。

(2) 字符 char 型变量的取值范围为(　　)。

(3) 返回语句由关键字(　　)来表示，常用于函数的末尾。

(4) 在定义指针变量时，指针名前的(　　)不能省略，同一个指针变量只能指向同一类型的变量。

(5) 以下不是 C51 的关键字的是(　　)。

① if　　② case　　③ return　　④ ch

(6) 以下不是 C51 的存储类型的是(　　)。

① int　　② sfr　　③ bdata　　④ code

(7) bdata 不可用于以下(　　)类型的声明。

① int　　② short　　③ float　　④ long

(8) 简述 C51 程序的特性。

(9) 说明 sbit 的用法。

(10) 简述 C51 语言中各种存储类型的保存区域。

### 2. 操作题

(1) 利用汇编语言和 C 语言分别完成将 2000H～20FFH 的内容清零的程序。

(2) 利用汇编语言和 C 语言分别完成在 2000H～200FH 中查出有几个字节是零，把零的个数放在 2100H 单元中的程序。

(3) 用如图 4-2 所示的电路图，完成跑马灯的 C 语言程序设计。所谓跑马灯，即让彩灯从左到右或从右到左依次点亮。

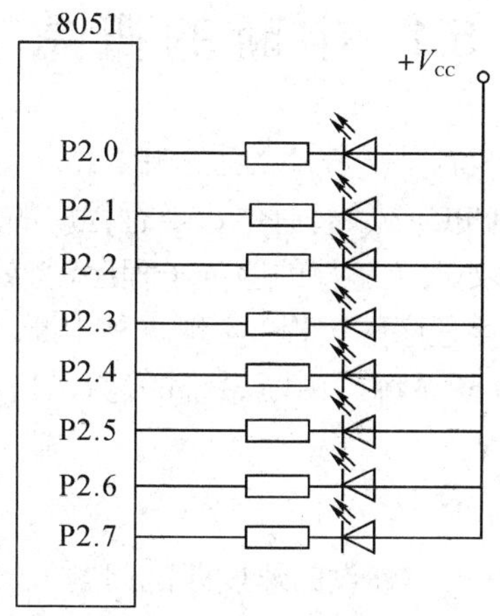


图 4-2　跑马灯电路

# 第5章　中断系统

计算机与外设交换信息时，慢速工作的外设与快速工作的 CPU 之间形成一个很大的矛盾。例如，计算机与打印机相连接，CPU 处理和传送字符的速度是微秒级的，而打印机打印字符的速度远比 CPU 慢，CPU 不得不花大量时间等待和查询打印机打印字符。中断就是为解决这类问题而提出的。

**本章要点：**

- 中断的基本概念；
- 8051 中断系统的结构；
- 单片机中断系统；
- 8051 中断的使用；
- 中断服务程序。

## 5.1　中断的概念

所谓中断，是指计算机在执行某一程序的过程中，由于计算机系统内部或外部的某种原因，CPU 必须暂时停止现行程序的执行，而自动转去执行预先安排好的处理该事件的服务子程序，待处理结束之后，再回来继续执行被暂停程序的过程。实现这种中断功能的硬件系统和软件系统统称为中断系统。中断系统的运行过程如图 5-1 所示。

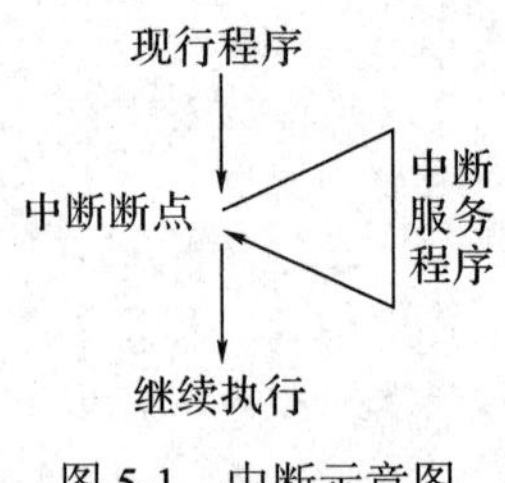


图 5-1　中断示意图

### 1. 中断的作用

中断技术的引入解决了 CPU 与外设的速度匹配问题，提高了 CPU 的工作效率，其功能主要表现如下：

(1) 分时处理功能：在正常状态下，CPU 执行主程序，当外设需要 CPU 为它服务时，就向 CPU 发出中断请求，CPU 就响应中断，执行相应的中断服务程序，处理完毕后，CPU 又返回主程序正常运行。如果有几个外设同时发出中断请求，多项任务同时要处理，就会出现资源竞争的现象。中断技术就是为了解决资源竞争的一个可行的方法，从而实现计算机与外部设备间传送数据及实现人机对话。

(2) 实时控制功能：在工业实时控制中，由于现场的参数或信息随时会出现变化并要求 CPU 能够极快地响应并做出处理，如果没有中断技术就很难实现。有了中断技术后，可以将这些参数或信息设定为中断请求信号向 CPU 提出中断请求，从而使 CPU 能及时对参数或信息的变化做出相应的处理，达到实现实时控制的目的。

(3) 故障自动处理功能：当故障发生时，故障源作为中断源向CPU发出中断请求，从而使CPU马上执行相应的故障服务程序，保证计算机不会因故障而造成严重的后果。

**2. 中断系统需要解决的问题**

中断系统是计算机的重要组成部分。中断系统需要解决以下基本问题。

(1) 中断源：中断请求信号的来源。其包括中断请求信号的产生及该信号怎样被CPU有效地识别。要求中断请求信号产生一次，只能被CPU接收处理一次，不能一次中断申请被CPU多次响应，这就涉及中断请求信号的及时撤除问题。根据处理的功能，中断源主要有以下几种：

- 故障源：电源掉电、存储器损坏、运算溢出等。
- 外围设备：键盘、打印机、A/D转换器等。
- 实时控制信号：实时时钟、定时器定时信号、实时控制中的各种参数和信号。
- 断点：为调试程序而人为设置的断点，一般在程序调试完毕后要消除断点。

(2) 中断响应与返回：CPU采集到中断请求信号后，怎样转向特定的中断服务子程序及执行完中断服务子程序又怎样返回被中断的程序继续执行。中断响应与返回的过程中涉及CPU响应中断的条件、现场保护、现场恢复等问题。

(3) 优先级控制：一个计算机应用系统，特别是计算机实时测控系统，往往有多个中断源，各中断源的重要程度又有轻重缓急之分。与人处理问题的思路一样，希望重要紧急的事件优先处理，而且如果当前处于正在处理某个事件的过程中，有更重要、更紧急的事件到来，就应当暂停当前事件的处理，转去处理新事件，这就是中断系统优先级控制所要解决的问题。中断优先级控制形成了中断嵌套。8051系列单片机中断系统原理及组成如图5-2所示。

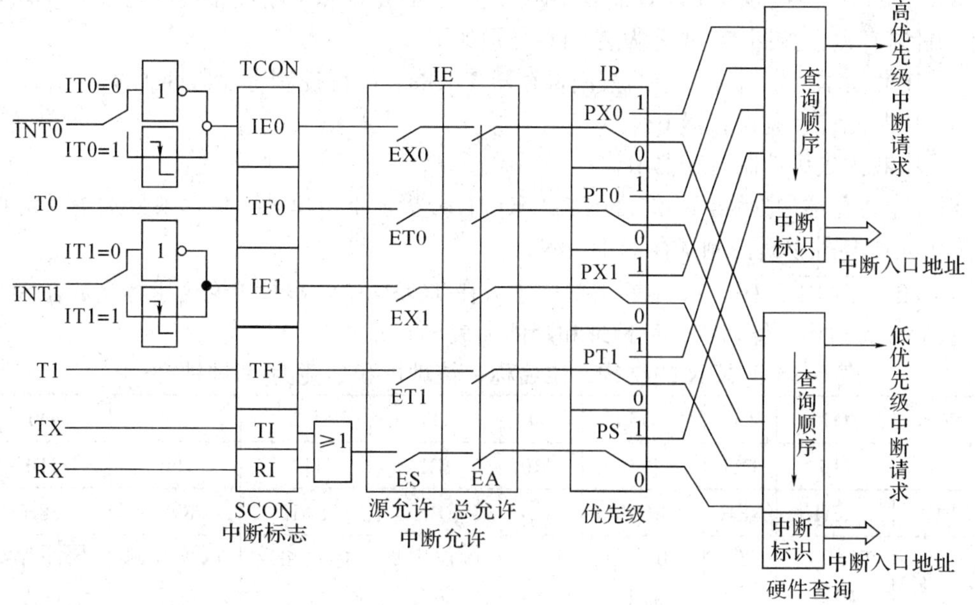


图5-2 8051系列单片机中断系统原理及组成图

8051 中断优先控制首先根据中断优先级，同时还规定了同一优先级之间还有中断优先权，权的高低次序是：$\overline{\mathrm{INT0}}$、T0、$\overline{\mathrm{INT1}}$、T1、串行口。需注意的是：中断优先级是可以编程的，而中断优先权是固定的。中断优先权仅用于同级中断源同时请求中断时的优先次序。8051 中断优先控制的基本原则如下：

- 同一中断优先级中，有多个中断源同时请求中断的，CPU 将先响应优先权高的中断。
- 正在进行的低优先级中断服务，能被高优先级中断请求所中断。
- 正在进行的中断过程不能被新的同级或低优先级的中断请求所中断。

## 5.2　8051 的中断源和中断控制寄存器

### 1. 中断源

中断源是指向 CPU 发出中断请求的信号来源，中断源可以人为设定，也可以响应突发性随机事件。8051 系列单片机有 5 个中断源，其中 2 个是外部中断源，3 个是内部中断源。

(1) $\overline{\mathrm{INT0}}$：外部中断 0，从 P3.2 引脚输入的中断请求。

(2) $\overline{\mathrm{INT1}}$：外部中断 1，从 P3.3 引脚输入的中断请求。

(3) T0：定时器/计数器 T0，定时器 0 溢出发出中断请求，计数器 0 从外部 P3.4 引脚输入计数脉冲中断请求。

(4) T1：定时器/计数器 T1，定时器 1 溢出发出中断请求，计数器 1 从外部 P3.5 引脚输入计数脉冲中断请求。

(5) 串行口中断：包括串行接收中断 RI 和串行发送中断 TI。

### 2. 中断控制寄存器

8051 系列单片机涉及中断控制有中断请求、中断允许和中断优先级控制三个方面 4 个特殊功能寄存器。按图 5-2 所示从左到右分别如下：

- 中断请求：定时和外中断控制寄存器 TCON、串行控制寄存器 SCON。
- 中断允许控制寄存器 IE。
- 中断优先级控制寄存器 IP。

对 4 个寄存器的理解，要结合图 5-2 来进行分析，不可单独记忆，现分别予以说明。

(1) 定时和外中断控制寄存器 TCON。

$\overline{\mathrm{INT0}}$、$\overline{\mathrm{INT1}}$、T0、T1 中断请求标志放在 TCON 中，串行中断请求标志放在 SCON 中。TCON 的结构、位名称、位地址和功能如表 5-1 所示。

表 5-1　TCON 的结构、位名称、位地址和功能(字节地址 88H)

| TCON | D7 | D6 | D5 | D4 | D3 | D2 | D1 | D0 |
|---|---|---|---|---|---|---|---|---|
| 位名称 | TF1 | TR1 | TF0 | TR0 | IE1 | IT1 | IE0 | IT0 |
| 位地址 | 8FH | 8EH | 8DH | 8CH | 8BH | 8AH | 89H | 88H |
| 功　能 | T1 中断标志 | | T0 中断标志 | | $\overline{\mathrm{INT1}}$ 中断标志 | $\overline{\mathrm{INT1}}$ 触发方式 | $\overline{\mathrm{INT0}}$ 中断标志 | $\overline{\mathrm{INT0}}$ 触发方式 |

每个位的功能和说明如下：

· TF1：T1溢出中断请求标志。当定时器/计数器T1计数溢出后，由CPU内硬件自动置1，表示向CPU请求中断。CPU响应该中断后，片内硬件自动对其清0。TF1也可由软件程序查询其状态或由软件置位清0。

· TF0：T0溢出中断请求标志。其意义和功能与TF1相似。

· IE1：外中断$\overline{INT1}$中断请求标志。当P3.3引脚信号有效时，触发IE1置1，当CPU响应该中断后，由片内硬件自动清0(自动清0只适用于边沿触发方式)。

· IE0：外中断$\overline{INT0}$中断请求标志。其意义和功能与IE1 相似。

· IT1：外中断$\overline{INT1}$触发方式控制位。IT1 = 1，为边沿触发方式，当P3.3引脚出现下降沿脉冲信号时有效；IT1=0，为电平触发方式，当P3.3引脚为低电平信号时有效。IT1由软件置位或复位。

· IT0：外中断$\overline{INT0}$触发方式控制位。其意义和功能与IT1相似。

TCON的字节地址为88H，TR1、TR0与中断无关，将在定时器/计数器章节中介绍。

(2) 串行控制寄存器SCON。

SCON的结构、位名称、位地址和功能如表5-2所示。

**表5-2　SCON的结构、位名称、位地址和功能(字节地址98H)**

| SCON | D7 | D6 | D5 | D4 | D3 | D2 | D1 | D0 |
|---|---|---|---|---|---|---|---|---|
| 位名称 | SM0 | SM1 | SM2 | REN | TB8 | RB8 | TI | RI |
| 位地址 | 9FH | 9EH | 9DH | 9CH | 9BH | 9AH | 99H | 98H |
| 功能 | | | | | | | 串行发送中断标志 | 串行接收中断标志 |

· TI：串行口发送中断请求标志。当CPU将一个发送数据写入串行接口发送缓冲器时，就启动发送过程，每发完一个串行帧，由硬件置位 TI。CPU 响应中断后，硬件不能自动清除TI，必须由软件清除。

· RI：串行口接收中断请求标志。当允许串行接口接收数据时，每接收完一个串行帧，由硬件置位RI。CPU响应中断后，硬件不能自动清除RI，必须由软件清除。

有关串行中断的内容将在串行通信中叙述。

CPU响应中断后，需注意事项如下：

· CPU响应中断后，TF1、TF0由硬件自动清0。

· CPU响应中断后，在边沿触发方式下，IE1、IE0由硬件自动清0；在电平触发方式下，不能自动清除IE1、IE0标志，也就是说，IE1、IE0状态完全由$\overline{INT1}$、$\overline{INT0}$的状态决定。所以，在中断返回前必须撤除$\overline{INT1}$、$\overline{INT0}$引脚的低电平，否则，就会出现一次中断申请被CPU多次响应的情况。

· CPU响应中断后，TI、RI必须由软件清除。

所有产生中断的标志位均可由软件置1或清0，获得与硬件置1或清0同样的效果。单片机复位后，TCON和SCON各位清0。

**【例 5-1】** 外中断电平触发方式中断请求信号的撤除。对外中断$\overline{INT0}$、$\overline{INT1}$采用电平触发方式时如何避免重复中断，需要采取软硬结合的方法。

**解答过程：**

硬件电路如图5-3所示。当外部设备有中断请求时，中断请求信号经反相后加到锁存器 CP 端，作为 CP 脉冲。由于 D 端接地为 0，Q 端输出低电平，触发 $\overline{\text{INT0}}$ 产生中断。

当 CPU 响应中断后，应在该中断服务程序中安排以下两条语句：

```
P1.0=0;
P1.0=1;
```

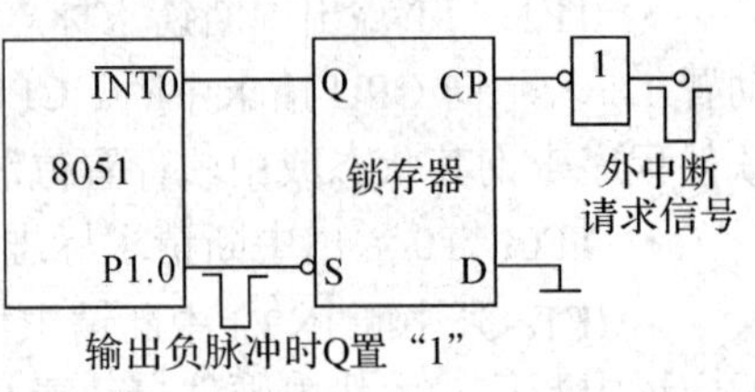

图 5-3　外中断电平触发方式中断请求信号的撤除

使 P1.0 输出一个负脉冲信号，加到锁存器 S 端(强迫置“1”端)，Q 端输出高电平，从而撤销引起重复中断的 $\overline{\text{INT0}}$ 低电平信号。因此，一般来说，对外中断 $\overline{\text{INT0}}$、$\overline{\text{INT1}}$，应尽量采用边沿触发方式，以简化硬件电路和软件程序。

### 3. 中断允许控制寄存器 IE

CPU 对中断系统的所有中断以及某个中断源的开放和屏蔽是由中断允许控制寄存器 IE 控制的。IE 的状态可通过程序由软件设定。某位设定为 1，相应的中断源中断允许；某位设定为 0，相应的中断源中断屏蔽。CPU 复位时，IE 各位清 0，禁止所有中断。IE 的结构、位名称和位地址如表 5-3 所示。

**表 5-3　IE 的结构、位名称和位地址(字节地址 A8H)**

| IE | D7 | D6 | D5 | D4 | D3 | D2 | D1 | D0 |
|---|---|---|---|---|---|---|---|---|
| 位名称 | EA | — | — | ES | ET1 | EX1 | ET0 | EX0 |
| 位地址 | AFH | AEH | ADH | ACH | ABH | AAH | A9H | A8H |
| 中断源 | CPU | — | — | 串行口 | T1 | $\overline{\text{INT1}}$ | T0 | $\overline{\text{INT0}}$ |

每个位的功能和说明如下：

• EA：CPU 中断允许控制位。EA = 1，CPU 全部开中断；EA = 0，CPU 全部关中断，相当于是一个总开关。如果 5 个中断源中的任何一个要开中断，则必须 EA = 1；EA = 0，5 个中断源就无法开中断。

• EX0：外部中断 $\overline{\text{INT0}}$ 中断允许控制位。EX0 = 1，$\overline{\text{INT0}}$ 开中断；EX0 = 0，$\overline{\text{INT0}}$ 关中断。

• ET0：定时器/计数器 T0 中断允许控制位。ET0 = 1，T0 开中断；ET0 = 0，T0 关中断。

• EX1：外部中断 $\overline{\text{INT1}}$ 中断允许控制位。EX1 = 1，$\overline{\text{INT1}}$ 开中断；EX1 = 0，$\overline{\text{INT1}}$ 关中断。

• ET1：定时器/计数器 T1 中断允许控制位。ET1 = 1，T1 开中断；ET1 = 0，T1 关中断。

• ES：串行口中断允许控制位。ES = 1，串行口开中断；ES = 0，串行口关中断。

### 4. 中断优先级控制寄存器 IP

8051 系列单片机有两个中断优先级，即可实现二级中断服务嵌套。每个中断源的中断优先级都由中断优先级寄存器 IP 中的相应位状态定义。IP 的状态由软件设定，某位为 1，则相应的中断源为高优先级中断；某位为 0，则相应的中断源为低优先级中断。单片机复位时，IP 各位清 0，各中断源处于低优先级中断。IP 的结构、位名称和位地址如表 5-4 所示。

表 5-4　IP 的结构、位名称和位地址(字节地址 B8H)

| IP | D7 | D6 | D5 | D4 | D3 | D2 | D1 | D0 |
|---|---|---|---|---|---|---|---|---|
| 位名称 | — | — | — | PS | PT1 | PX1 | PT0 | PX0 |
| 位地址 | BFH | BEH | BDH | BCH | BBH | BAH | B9H | B8H |
| 中断源 | — | — | — | 串行口 | T1 | $\overline{\text{INT1}}$ | T0 | $\overline{\text{INT0}}$ |

每个位的功能和说明如下：

• PX0：$\overline{\text{INT0}}$ 中断优先级控制位。PX0 = 1，$\overline{\text{INT0}}$ 为高优先级；PX0=0，$\overline{\text{INT0}}$ 为低优先级。

• PT0：T0 中断优先级控制位。PT0 = 1，T0 为高优先级；PT0=0，T0 为低优先级。

• PX1：$\overline{\text{INT1}}$ 中断优先级控制位。控制方法同 PX0。

• PT1：T1 中断优先级控制位。控制方法同 T0。

• PS：串行口中断优先级控制位。PS = 1，串行口中断为高优先级；PS = 0，串行口中断为低优先级。

例如，若要将 $\overline{\text{INT1}}$、串行口设置为高优先级，其余中断源设置为低优先级，可执行下列指令：

```
IE=10010100B;
IP=00010100B;
```

## 5.3　中断处理的过程

中断处理过程分 4 步：中断请求、中断响应、中断服务和中断返回。如图 5-4 所示为中断处理过程流程图。

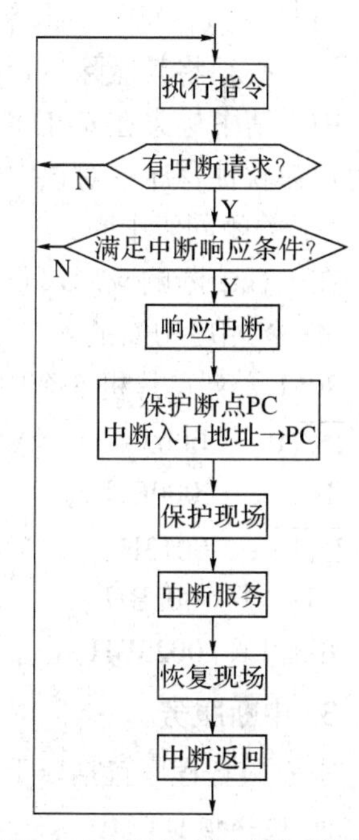


图 5-4　中断处理过程流程图

### 1. 中断请求

当中断源要求 CPU 为它服务时，必须发出一个中断请求信号。若是外部中断源，则需将中断请求信号送到规定的外部中断引脚上，CPU 将相应的中断请求标志位置 1。为保证该中断得以实现，中断请求信号应保持到 CPU 响应该中断后才能取消。若是内部中断源，则内部硬件电路将自动置位该中断请求标志。CPU 将不断地及时地查询这些中断请求标志，一旦查询到某个中断请求标志置位，CPU 就响应该中断源中断。

### 2. 中断响应

CPU 查询(检测)到某中断标志为 1，在满足中断响应条件下，响应中断。

1) 中断响应的条件

满足中断响应的条件如下：

(1) 中断源有中断请求。

(2) CPU 开中断，对应的中断源开中断。

(3) 此时没有响应同级或更高级的中断。

(4) 当前正处于所执行指令的最后一个机器周期。8051 CPU 在执行每一条指令的最后一个机器周期的 S5P2 期间去查询(或称检测)中断标志是否置位，查询到有中断标志置位，则 CPU 在下一个机器周期便执行一条由中断系统提供的硬件 LCALL 指令，转向被称为中断向量的特定地址单元，进入相应的中断服务程序。

(5) 正在执行 RETI 指令或者任何访问 IE、IP 指令的时刻，则必须等待执行完下条指令后才能响应。若正在执行 RETI 指令，则牵涉前一个中断断口地址问题，必须等待前一个中断返回后，才能响应新的中断；若是访问 IE、IP 指令，则牵涉可能改变中断允许开关状态和中断优先级次序状态，必须等其确定后，按照新的 IE、IP 控制执行中断响应。

2) 中断响应操作

在满足中断响应条件的前提下，进入中断响应，CPU 响应中断后，进行下列操作。

(1) 保护断点地址。

CPU 响应中断是中断原来执行的程序，转而去执行中断服务程序。中断服务程序执行完毕后，还要返回原来的中断点，继续执行原来的程序。因此，必须把中断点的 PC 地址记下来，以便正确返回。那么中断断点的 PC 地址如何保存、保存在哪里？具体做法是：执行一条硬件 LCALL 指令，把程序计数器 PC 的内容压入堆栈保存(注意是硬件入栈，不是程序入栈)，再把相应的中断服务程序入口地址送入 PC。

(2) 撤除该中断源的中断请求标志。

CPU 在执行每一条指令的最后一个机器周期去查询各中断请求标志位是否置位，响应中断后，必须将其撤除，否则，中断返回后将重复响应该中断而出错。对于 8051 来讲，有的中断请求标志在 CPU 响应中断后，由 CPU 硬件自动撤除，但有的中断请求标志必须由用户在软件程序中对该中断标志清 0。

(3) 关闭同级中断。

在一种中断响应后，同一优先级的中断即被暂时屏蔽，待中断返回时再重新自动开启。

(4) 将相应中断的入口地址送入 PC。

8051 系列单片机 5 个中断源的中断入口地址如下：

$\overline{INT0}$：　0003H

T0：　　000BH

$\overline{INT1}$：　0013H

T1：　　001BH

串行口：0023BH

### 3. 中断服务

中断服务程序包括以下几个部分。

1) 保护现场

在中断服务程序中，通常会涉及一些特殊功能寄存器，如 ACC、PSW 和 DPTR，而这些特殊功能寄存器中断前的数据在中断返回后还要用到，若在中断服务程序中被改变，返回主程序后将会出错。因此，要求把这些特殊功能寄存器中断前的数据保存起来，待中断返回时恢复。

所谓保护现场，是指把断点处有关寄存器的内容压入堆栈保护，以便中断返回时恢复。“有关”是指中断返回时需要恢复，不需要恢复就是无关。通常有关是指中断程序中要用到的寄存器及地址。

2) 执行中断服务程序

中断服务程序要做的事情是中断源请求中断的目的，是 CPU 完成中断处理的主体。

3) 恢复现场

恢复现场与保护现场相对应，中断返回前，应将进入中断服务程序时保护的有关寄存器及地址的内容从堆栈中弹出，送回到原有关寄存器，以便返回断点后继续执行原来的程序。需要指出的是，对于 8051 系列单片机，利用堆栈保护和恢复现场需要遵循先进后出、后进先出的原则，特别是硬件堆栈与程序入栈共用时更要注意。

再次强调，中断服务程序是中断源请求中断的目的，用程序指令实现相应的操作要求。保护现场和恢复现场是相对应的，但不是必需的。需要保护就保护，不需要或无保护内容时则不需要保护现场。

### 4. 中断返回

中断服务程序的最后一条指令必须是中断返回指令 RETI。RETI 指令能使 CPU 结束中断服务程序的执行，返回到曾经被中断过的程序处，继续执行主程序。RETI 指令的具体功能如下。

1) 恢复断点地址

将中断响应时压入堆栈保存的断点地址从栈顶弹出送回 PC，CPU 从原来中断的地方继续执行程序。

注意，不能用 RET 指令代替 RETI 指令，因为用 RET 指令虽然也能控制 PC 返回到原来中断的地方，但 RET 指令没有清 0 中断优先级状态触发器的功能，中断控制系统会认为中断仍在进行，其后果是与此同级的中断请求将不被响应。

若用户在中断服务程序中进行了入栈操作，则在 RETI 指令执行前应进行相应的出栈操作，使栈顶指针 SP 与保护断点后的值相同，即在中断服务程序中，PUSH 指令与 POP 指令必须成对使用，否则，不能正确返回断点。

2) 开放同级和低级中断

上述中断响应过程大部分操作是 CPU 自动完成的，用户只需要了解来龙去脉。而用户需要做的事情是编制中断服务程序，并在此之前完成中断初始化，即设置堆栈、定义外中断触发方式、定义中断优先级、开放中断等。

## 5.4 中断响应等待时间

图 5-5 所示为某中断的响应时序。

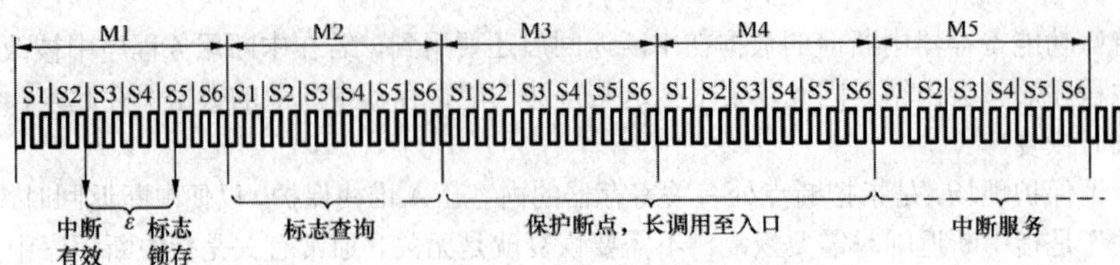


图 5-5　中断响应时序

从中断源提出中断申请到 CPU 响应中断，当然前提条件是满足中断响应条件，需要经历一定的时间过程。若在 M1 周期的 S5P2 前某中断生效，则在 S5P2 期间其中断请求被锁存到相应的标志位中去。下一个机器周期 M2 恰逢某指令的最后一个机器周期，且该指令不是 RETI 或访问 IE、IP 的指令。于是，后面两个机器周期 M3 和 M4 便可以执行硬件 LCALL 指令，M5 周期将进入中断服务程序。

可见，8051 的中断响应时间(从标志置 1 到进入相应的中断服务程序)至少要 3 个完整的机器周期。中断控制系统对各中断标志进行查询需要 1 个机器周期，如果响应条件具备，则 CPU 执行中断系统提供的硬件 LCALL 指令，这个过程要占用 2 个机器周期。另外，如果中断响应过程受阻，就要增加等待时间。若同级或高级中断正在进行，所需要的附加等待时间取决于正在执行的中断服务程序的长短，等待的时间不确定；若没有同级或高级中断正在进行，所需要的附加等待时间为 3～5 个机器周期。这是因为：第一，如果查询周期不是正在执行的指令的最后机器周期，附加等待时间不会超过 3 个机器周期(因执行时间最长的指令 MUL 和 DIV 也只有 4 个机器周期)；第二，如果查询周期恰逢 RET、RETI 或访问 IE、IP 指令，而这类指令之后又跟着 MUL 或 DIV 指令，则由此引起的附加等待时间不会超过 5 个机器周期(1 个机器周期完成正在进行的指令再加上 MUL 或 DIV 的 4 个机器周期)。

综上所述，若排除 CPU 正在响应同级或更高级的中断情况，则中断响应等待时间为 3～8 个机器周期。一般情况是 3～4 个机器周期，执行 RETI 或访问 IE、IP 指令，且后一条指令是乘除法指令时，最长可达 8 个机器周期。

## 5.5　C51 中断服务函数

C51 函数的定义实际上已经包含了中断服务函数，但为了明确起见，下面专门给出中断处理函数的具体定义形式：

```
函数类型　函数名([形式参数表]) interrupt n　[using　n]
{
    局部变量定义
    执行语句
}
```

用汇编语言编写中断服务程序时，程序员必须将中断服务程序放在由中断向量所指定的位置。用 C51 编程时，只要指出相应的中断号，编译器就会根据中断号产生中断向量，关键字 interrupt 后面的 n 就是中断号，取值范围为 0～31，编译器从 8n+3 处产生中断向量。

关键字 using 后面 n 的取值范围为 0～3，分别表示 4 组工作寄存器 R0～R7，如不带该项，则由编译器选择一个寄存器组作为绝对寄存器组访问。

具体使用时需要注意以下问题：

(1) 中断函数不能进行参数传递，如果中断函数中含有任何参数申明都将导致编译出错，同时也没有返回值，一般定义中断程序的类型为 void。

(2) 函数名的选择与普通的函数一样，编译器是根据中断号而不是函数名来识别中断源的，但为了程序的可读性，可根据中断源来定义函数名，例如定时器 T0 的中断服程序可以这样定义：

```
void   timer0(void) interrupt 1
```

(3) 中断服务函数必须有 interrupt n 属性。

(4) 进入中断服务函数，ACC、B、PSW 会进栈，根据需要，DPL、DPH 也可能进栈，如果没有 using n 属性，R0～R7 也可能进栈，否则不进栈。

(5) 在中断服务函数中调用其他函数，被调函数最好设置为可重入的，因为中断是随机的，中断服务函数所调用的函数有可能出现嵌套调用现象。

(6) 不能够直接调用中断服务函数。

通常单片机都包含有一些不同的周边设备，而这些设备必须由中断来处理输入与输出请求。因此，单片机会有许多不同的中断来源，以处理各种不同的外围设备所产生的中断请求。当中断发生并被接受后，单片机就跳到相对应的中断服务子程序执行，以处理中断请求。中断服务子程序有一定的编写格式，以下是 Keil C 语言的中断服务子程序的格式：

```
void 中断服务程序的名称(void)interrupt 中断号码 using 寄存器组号码
{
    中断服务子程序的主体
}
```

对于 8051 而言，其中断号码可以是从 0～4 的数字，为了方便起见，在包含文件 regx51.h 中定义了这些常量，如下所示：

```
#define IE0_VECTOR 0/* 0x03 External Interrupt 0 */
#define TF0_VECTOR 1/* 0x0B Timer 0*/
#define IE1_VECTOR 2/* 0x03 External Interrupt 1 */
#define TF1_VECTOR 3/* 0x1B Timer 1*/
#define SIO_VECTOR 4/* 0x23 Serial port */
```

因此，用户只要使用以上所定义的常量即可，下面的范例是设置 Timer0 的溢出中断服务程序。其中中断服务程序的名称是用户自定义的，但是最好能用如上所示的比较有意义的名称。

具体应用如下：

```
static void timer0_isr(void) interrupt TF0_VECTOR using1
{
    ...
    ...
}
```

对于 8052 而言，其中断号码可以是从 0～5 的数字，为了方便起见，在包含文件 AT89X52.h 中定义了这些常量，如下所示：

```
#define IE0_VECTOR 0/* 0x03 External Interrupt 0 */
#define TF0_VECTOR 1/* 0x0B Timer 0*/
#define IE1_VECTOR 2/* 0x03 External Interrupt 1 */
#define TF1_VECTOR 3/* 0x1B Timer 1*/
#define SIO_VECTOR 4/* 0x23 Serial port */
#define TF@_VECTOR 5/* 0x2B Timer 2*/
#define EX2_VECTOR 5 /*0x2B External Interrupt 2*/
```

以下是一个中断服务程序的具体应用：

```
static void xint0_isr(void) interrupt IE0_vector using1
{
    unsigned char imj=0XFF;        /*变量 j*/
    for(i=0;i<16;i++)
    {
        j=;
        p1=j;        /*将数值输出到 LED 输出端头*/
        delay_4isr();
    }
}
```

【例 5-2】 编写程序，每产生一中断，变量 var 加 1，加到 12 时清 0，当 var 小于 6 时，接 P1.0 指示灯点亮(即 P1.0=1)，否则，熄灭指示灯。

C51 程序如下：

```
#include<reg51.h>
#include<absacc.h>
#define uchar unsigned char
uchar var;
sbit P1_0=P1^0;
main()
{
    var=0;
    P1_0=1;
    EA=1;
    EX0=1;
    IT0=1;
    while(1)
    {  if (var<6) P1_0=1;
       else P1_0=0;
    }
```

```
}
void key_int0() interrupt 0 using 1
{   var++;
    if (var==12)   var=0;
}
```

## 5.6 中断系统的应用

中断系统的应用要解决的问题主要是编制应用程序，编制应用程序包括两大部分内容：第一部分是中断初始化，第二部分是中断服务程序。

### 1. 中断初始化

中断初始化应在产生中断请求前完成，一般放在主程序中，与主程序其他初始化内容一起完成设置。

(1) 设置堆栈指针 SP。因中断涉及保护断点 PC 地址和保护现场数据，且均要用堆栈实现保护，因此要设置适宜的堆栈深度。深度要求不高且工作寄存器组 1～3 不用时，可维持复位时状态：SP=07H，深度为 24 B(20H～2FH 为位寻址区)。要求有一定深度时，可设置 SP=60H 或 50H，深度分别为 32 B 和 48 B。

(2) 定义中断优先级。根据中断源的轻重缓急，划分高优先级和低优先级。

(3) 定义外中断触发方式。一般情况下，定义边沿触发方式为宜。若外中断信号无法适用边沿触发方式，必须采用电平触发方式时，应在硬件电路上和中断服务程序中采取撤除中断请求信号的措施。

(4) 开放中断。注意开放中断必须同时开放二级控制，即同时置位 EA 和需要开放中断的中断允许控制位。可用 MOV IE，#XXH 指令设置，也可用 SETB EA 和 SETB XX 位操作指令设置。

(5) 除上述中断初始化操作外，还应安排好等待中断或中断发生前主程序应完成的操作内容。

### 2. 中断服务程序

中断服务程序内容要求如下：

(1) 在中断服务入口地址设置一条跳转指令，转移到中断服务程序的实际入口处。8051 相邻两个中断入口地址间只有 8 B 的空间，8 B 只能容纳一个有 3～8 条指令的极短程序，一般情况中断服务程序均大大超出 8 B 长度。因此，中断服务程序必须跳转到其他合适的地址空间。跳转指令可用 SJMP、AJMP 或 LJMP 指令，SJMP、AJMP 均受跳转范围影响，建议用 LJMP 指令，则可将真正的中断服务程序不受限制地安排在 64 KB 的任何地方。

(2) 根据需要保护现场。保护现场不是中断服务程序的必需部分。通常是保护 ACC、PSW、DPTR 等特殊功能寄存器中的内容。若中断服务程序中不涉及 ACC、PSW 和 DPTR，则不需保护，也不需恢复。保护现场数据越少越好，数据保护越多，堆栈负担越重，堆栈深度设置就越深。

(3) 中断源请求中断服务要求的操作，这是中断服务程序的主体。

(4) 若是外中断电平触发方式，则应有中断信号撤除操作；若是串行收发中断，则应有对 RI、TI 清 0 指令。

(5) 恢复现场。恢复现场与保护现场相对应，注意先进后出、后进先出操作原则。

(6) 中断返回，最后一条指令必须是 RETI。

以上阐述的内容主要针对汇编语言讲述中断系统的应用，下面看一个汇编语言的中断程序。

**【例 5-3】** 利用中断方式实现输入/输出。在图 5-6 中，每按一次 P 按钮便在 $\overline{\text{INT1}}$ 的输入端产生一个负脉冲，向 CPU 请求中断，响应中断后，读取开关 S0～S3 上的数据，输出到发光二极管 VD0～VD3 显示。当开关闭合时，对应的发光管点亮。

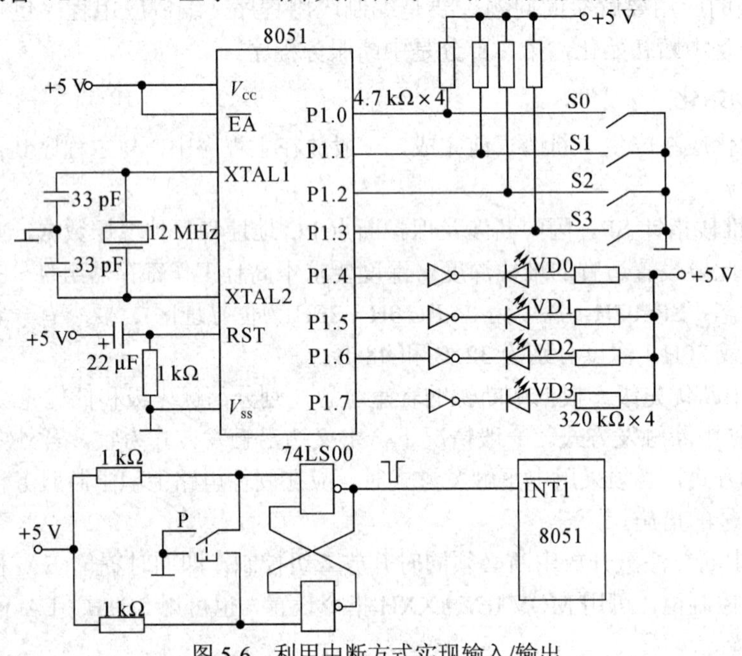


图 5-6　利用中断方式实现输入/输出

主程序和中断服务子程序如下：

```
        ORG   0000H
        LJMP  MAIN
        ORG   0013H
        LJMP  INT1
        ORG   0030H
MAIN:   SETB  IT1              ; 选择边沿触发方式
        SETB  EX1              ; 允许INT1中断
        SETB  EA               ; 开 CPU 中断
HERE:   LJMP  HERE             ; 等待中断
INT0:   MOV   P1, #0FH         ; 设置 P1.0～P1.3 为输入
        MOV   A,  P1
        SWAP  A
        ORL   A, #0FH
```

```
MOV   P1, A               ; 数据送 VD0～VD3
RETI
END
```

下面介绍 C 语言的中断服务程序的实例。

**【例 5-4】** 如图 5-7 所示，要求每次按键，使外接发光二极管 LED 改变一次亮灭状态。

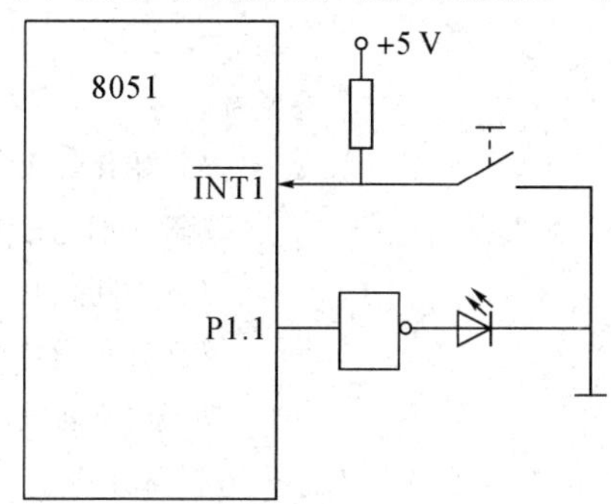


图 5-7　外部中断的应用

**解答过程：**

$\overline{INT1}$ 输入按键信号，P1.1 输出改变 LED 状态。

C51 程序如下：

(1) 下跳变触发：每次下跳变引起一次中断请求。

```
#include <reg51.h>
sbit P1_1=P1^1;
sbit P3_3=P3^3;
void   int1 (void) interrupt 2 using 1          //INT1 中断函数
{
    P1_1=~P1_1;                                 //读入开光状态，使开光反映在发光二极管上
}
main ()
{
    P1=0x02;                                    //初始化发光二极管灭
    P3_3=1;                                     //输入端先置 1
    EA=1;                                       //开中断总开光
    EX1=1;                                      //允许 INT1 中断
    IT1=1;                                      //下降沿产生中断
    while (1);                                  //等待中断
}
```

(2) 电平触发：注意避免一次按键引起多次中断响应，用软件等待按键或采用硬件清除中断信号。

```
#include <reg51.h>
sbit   P1_1=P1^1;
sbit   P3_3=P3^3;
```

```
void   int1 (void )   interrupt 1 using 1          //INT1中断函数
{
    while (P3_3==0);
    P1_1=~P1_1;
}
main ()
{
    P1=0x02;                                     //初始化灯灭
    P3_3=1;                                      //输入端先置1
    EA=1;                                        //开中断总开关
    EX1=1;                                       //允许INT1中断
    IT1=1;                                       //低电平触发产生中断
    while (1);                                   //等待中断
}
```

**【例 5-5】** 编程实现按下任何一个开关均可向单片机申请中断的功能，电路如图 5-8 所示。

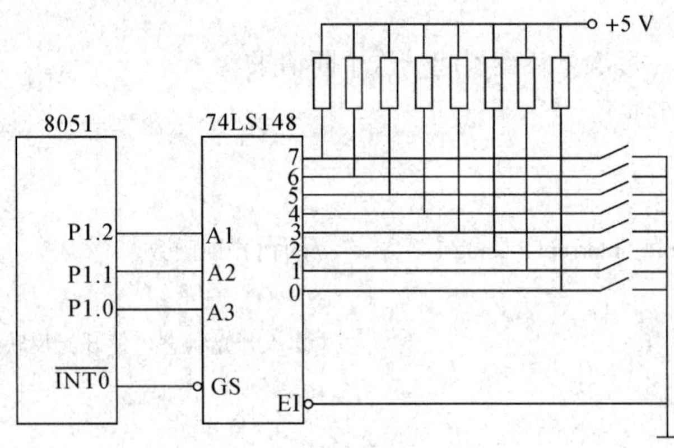


图 5-8　申请中断电路图

C51 程序如下：

```
#include<reg51.h>
#define uchar unsigned char
uchar status;   bit flag;
void int1(void) interrupt 1 using 2
{   flag=1; status=P1&0x07;}
void main()
{   P1|=0x07; PX0=1; EA=1; EX0=1; /* INT0置高优先级，开中断*/
    for(;;)
    {
        if(flag)
        {   switch(stutas)
```

```
            {
              case 0:   …; break;
              case 1:   …; break;
              case 2:   …; break;
              case 3:   …; break;
                    ⋮
              default: …break;
            }
            flag=0;
        }
    }
}
```

## 5.7 实践训练——键控彩灯

在一个单片机系统中，为了实现人对单片机的控制，按键是最常用的输入设备之一。本训练的任务是用按键(采用外部中断方式)去控制彩灯的运行。通过按动按键，让彩灯在三种闪亮方式(彩灯左移、彩灯右移和自定义花样)之间切换。

### 一、应用环境

交通灯和霓虹灯的控制。

### 二、实现过程

#### 1. 硬件电路分析

为了使用单片机的外部中断来检测按键，因而将外部按键连接在外部中断P3.2($\overline{\text{INT0}}$)和P3.3($\overline{\text{INT1}}$)所对应的引脚上，单片机的外部中断可以由引脚上的低电平或下降沿引起中断，所以将按键的另一端连接到地线上，同时将单片机的外部中断引脚置为高电平。彩灯电路由单片机端口P2连接到8只LED构成。

具体来说，单片机的外部中断实际上是由单片机内部的硬件电路自动对单片机的外部中断引脚进行检测(不需要编写按键检测程序段)，只需在程序中用命令启用外部中断，对中断有关的内部寄存器进行必要的设置。在程序运行过程中，根据中断对应的标志位的设置情况，当P3.2($\overline{\text{INT0}}$)或P3.3($\overline{\text{INT1}}$)的按键被按下，引脚出现低电平或下降沿时，单片机就会自动中断正在执行的程序，转而执行对应的中断处理程序(称为“中断函数”)去完成按键任务处理和相关操作。在中断函数执行完毕后，又自动返回被中断的程序断点处继续执行。

#### 2. 程序设计分析

由于中断函数与主程序之间的运行，相当于两个程序并行运行，将一个任务分为两个部分处理的具体分解方法有多种，所以用中断函数去控制彩灯的显示，具体的实现方法和实现程序也是多种多样的，图 5-9 所示框图就是其中的一种处理方法。

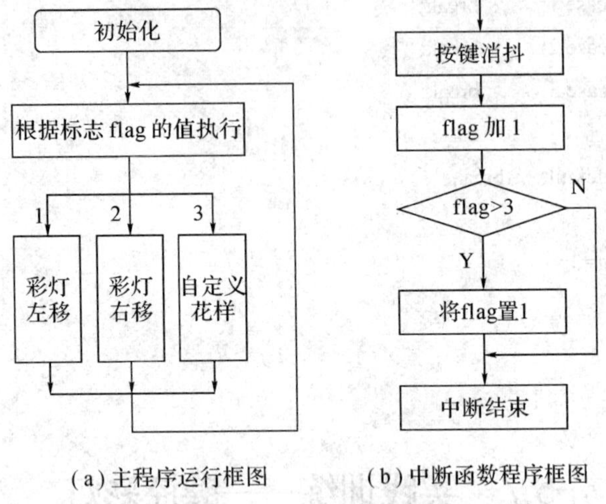


(a) 主程序运行框图　　　(b) 中断函数程序框图

图 5-9　键控彩灯程序框图

如图 5-9 所示，在主程序中设置了一个判断的标志变量 flag，当没有中断发生时，标志 flag 的值没有被改变，程序保持运行使彩灯按其中某一种花样闪亮显示。如果按下键后，使单片机产生中断，中断函数被调用，标志 flag 的值将发生一次改变(这里的中断函数就是修改 flag 的值)，在退出中断后，主程序再次执行到判断标志 flag 时，由于标志 flag 的值已是新的值，所以将执行另一彩灯控制子程序，彩灯将按另一种花样进行显示。

### 3. C 语言源程序

```
/*用外部中断控制彩灯显示。 samp5_1.C */
#include <reg51.h>
#define uchar unsigned char
/*定义标志变量*/
uchar flag;
uchar light, assum;
void delay05s(void)              //延时 0.5 秒
{
    unsigned char i, j, k;
    for(i=5; i>0; i--)
    for(j=200; j>0; j--)
    for(k=250; k>0; k--);
}
void delay10ms(void)             //延时 10 毫秒
{
    unsigned char i, k;
    for(i=20; i>0; i--)
```

```
    for(k=250; k>0; k--);
}
void left()                    //左移显示
{
    light=light<<1;
    if (light==0) light=0x01;
    P2=~light;
}
void right()                   //右移显示
{
    light=light>>1;
    if (light==0) light=0x80;
        P2=~light;
}
void assume()
{
    /*定义花样数据*/
    uchar code dispcode[8]={0x7e, 0xbd, 0xdb, 0xe7, 0xdb, 0xbd, 0x7e, 0xff };
    if(assum==7) assum=0;  //使花样数据指针指向下一个花样数据
    else assum++;
    P2=dispcode[assum];     //输出花样数据
}
void main()
{
    IT0=1;        /*设置中断标志寄存器的值。IT0=1，即将外部中断 0 设置为下降沿触发；IT0=0，
即将外部中断 0 设置为低电平触发*/
    EX0=1;        //允许外部中断 0 产生中断，EX0=0，则不允许中断 0 产生中断
    EA=1;         //中断总允许位设置，EA=1，允许各中断申请
    flag=1;
    light=0x01;
    assum=0;
    while(1)
    {
        switch(flag)
        {
         case 1: left(); break;
         case 2: right(); break;
         case 3: assume();break;
        }
```

```
        delay05s();
    }
}
void int_0() interrupt 0
{
    delay10ms();
    if(INT0==0)
    {
        flag++;
        if(flag>3) flag=1;
    }
}
```

## 思考与练习

**1. 概念题**

(1) 当(　　)时，禁止串行口中断；当(　　)时，允许串行口中断。

(2) PX1 是外部中断 1 优先级设置位。当(　　)时，该中断源被定义为低优先级；当(　　)时，该中断源被定义为高优先级。

(3) 以下中断标志不会自动清零的是(　　)。

① RI　　② TF0　　③ TF1　　④ IE0

(4) 外部中断 0 的入口地址为(　　)。

① 000BH　　② 0013H　　③ 0003H　　④ 0023H

(5) 51 系列单片机对中断的自然优先级查询次序为(　　)。

① 外部中断 1→T0→外部中断 0→T1→串行中断

② 外部中断 0→T1→外部中断 1→T0→串行中断

③ 外部中断 0→T0→外部中断 1→T1→串行中断

④ 外部中断 1→T1→外部中断 0→T0→串行中断

(6) 在中断服务程序中，至少应有一条(　　)。

① 传送指令　　② 中断返回指令　　③ 加法指令　　④ 转移指令

(7) 要使 MCS-51 能够响应定时器 T1 中断、串行接口中断，它的中断允许寄存器 IE 的内容应是(　　)。

① 98H　　② 89H　　③ 84H　　④ 22H

(8) 在 MCS-51 中，需要外加电路实现中断撤除的是(　　)。

① 定时中断　　② 脉冲方式的外部中断

③ 串行中断　　④ 电平方式的外部中断

(9) ORG　000BH

LJMP　3000H

```
ORG   0003H
LJMP  2000H
```

当 CPU 响应外部中断 0 后，PC 的值是(　　)。

① 0003H　② 2000H　③ 000BH　④ 3000H

(10) 8051 有几个中断源？CPU 响应中断时，其各中断源的入口地址是多少？

(11) 在 8051 系列单片机中，外部中断有哪两种触发方式？这两种触发方式所产生的中断过程有何不同，怎样设定？

(12) 单片机在什么条件下可响应 $\overline{\text{INT0}}$ 中断？简要说明中断处理过程。

(13) 当正在执行某一中断源的中断服务程序时，如果有新的中断请求出现，试问在什么情况下可响应新的中断请求？在什么情况下不能响应新的中断请求？

(14) 什么叫保护现场？需要保护哪些内容？什么叫恢复现场？恢复现场与保护现场有什么关系？需遵循什么原则？

**2. 操作题**

(1) 试编写一段对中断系统初始化的程序，使之允许 $\overline{\text{INT0}}$、$\overline{\text{INT1}}$、T0 和串行口中断，且使 T0 中断为高优先级。

(2) 8051 系统中有 5 个外部中断源，属于多中断源系统，而单片机只有两个外部中断请求，此时，应扩展外部中断源。通常当外部中断源多于中断输入引脚时，可采取以下措施：

① 用定时器计数输入信号端 T0、T1 作外部中断输入口引脚；

② 用串行口接收端 RXD 作外部中断入口引脚；

③ 用一个中断入口接受多个外部中断源，并加入中断查询电路。

试设计多个外部中断源的电路，并编写程序。

# 第 6 章　定时器/计数器控制

在单片机的应用系统中，常常会有定时控制的需求，如定时输出、定时检测、定时扫描等；也经常要对外部事件进行计数。8051 系列单片机片内集成有两个可编程的定时器/计数器：T0 和 T1。它们既可以工作于定时模式，也可以工作于外部事件计数模式。此外，T1 还可以作为串行接口的波特率发生器。

要实现定时功能，可以采用下面三种方法：

(1) 采用软件定时：让 CPU 循环执行一段程序，通过选择指令和安排循环次数，以实现软件定时。软件定时不占用硬件资源，但占用了 CPU 时间，降低了 CPU 的利用率。

(2) 采用时基电路定时：例如采用 555 电路，外接必要的元器件(电阻和电容)，即可构成硬件定时电路。此种方法实现容易，通过改变电阻和电容值，可以在一定范围内改变定时值。但在硬件连接好以后，定时值与定时范围不能由软件进行控制和修改，即不可编程。

(3) 采用可编程芯片定时：这种定时芯片的定时值及定时范围很容易用软件来确定和修改，定时功能强，使用灵活。在单片机的定时器/计数器不够用时，可以考虑进行扩展，典型的可编程定时芯片如 Intel 8253。

**本章要点：**

- 定时和计数的基本概念；
- 定时器/计数器的结构；
- 单片机定时器/计数器的特点；
- 定时器/计数器的使用(合理选择定时器/计数器工作方式，初始值的计算，初始化程序的设计)；
- 定时器/计数器工程中的运用。

## 6.1　8051 定时器/计数器的结构和工作原理

### 1. 定时器/计数器的结构

图 6-1 所示是定时器/计数器的结构原理框图。

定时器/计数器的实质是加 1 计数器(16 位)，由高 8 位和低 8 位两个寄存器组成(T0 由

TH0 和 TL0 组成，T1 由 TH1 和 TL1 组成)。TMOD 是定时器/计数器的工作方式寄存器，由它确定定时器/计数器的工作方式和功能；TCON 是定时器/计数器的控制寄存器，用于控制 T0、T1 的启动和停止以及设置溢出标志。

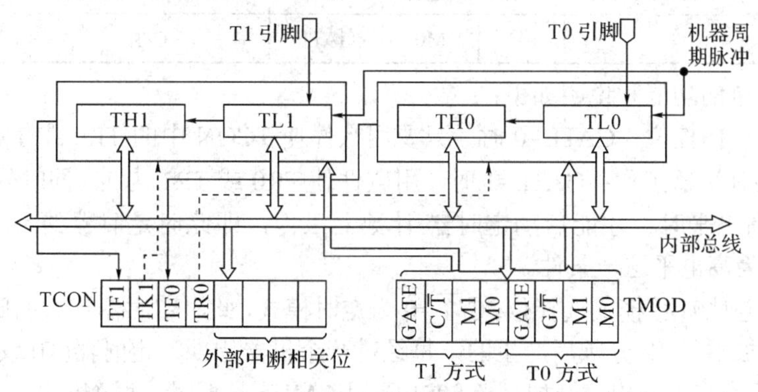


图 6-1　定时器/计数器的结构原理框图

### 2. 定时器/计数器的工作原理

作为定时器/计数器的加 1 计数器，其输入的计数脉冲有两个来源，一个是由系统的时钟振荡器输出脉冲经 12 分频后送来，另一个是 T0 或 T1 引脚输入的外部脉冲源。每来一个脉冲，计数器加 1，当加到计数器为全 1 时，再输入一个脉冲，就使计数器回 0，且计数器的溢出使 TCON 中 TF0 或 TF1 置 1，向 CPU 发出中断请求(定时器/计数器中断允许时)。如果定时器/计数器工作于定时模式，则表示定时时间已到；如果定时器/计数器工作于计数模式，则表示计数值已满。可见，由溢出时计数器的值减去计数初值才是加 1 计数器的计数值。

设置为定时器模式时，定时器/计数器对内部机器周期进行计数。计数值乘以机器周期就是定时时间。

设置为计数器模式时，外部事件计数脉冲由 T0(P3.4)或 T1(P3.5)引脚输入到计数器。在每个机器周期的 S5P2 期间采样 T0、T1 引脚电平。当某周期采样到一高电平输入，而下一周期又采样到一低电平输入时，计数器加 1，更新的计数值在下一个机器周期的 S3P1 期间装入计数器。由于检测一个从 1 到 0 的下降沿需要两个机器周期，因此，要求被采样的电平至少要维持一个机器周期，所以最高计数频率为晶振频率的 1/24。当晶振频率为 12 MHz 时，最高计数频率不超过 1/2 MHz，即计数脉冲的周期要大于 2 μs。

## 6.2　定时器/计数器的控制寄存器

8051 系列单片机定时器/计数器的工作由两个特殊功能寄存器控制。TMOD 用于设置其工作方式，TCON 用于控制其启动和中断申请。

### 1. 工作方式寄存器 TMOD

工作方式寄存器 TMOD 用于设置定时器/计数器的工作方式，高 4 位用于 T1，低 4 位用于 T0。TMOD 的结构和各位名称、功能如表 6-1 所示。

表 6-1　TMOD 的结构和各位名称、功能(字节地址 89H)

| 高 4 位控制 T1 | | | | 低 4 位控制 T0 | | | |
|---|---|---|---|---|---|---|---|
| 门控位 | 定时/计数方式选择 | 工作方式选择 | | 门控位 | 定时/计数方式选择 | 工作方式选择 | |
| GATE | $C/\overline{T}$ | M1 | M0 | GATE | $C/\overline{T}$ | M1 | M0 |

TMOD 各位的功能和说明如下：

• GATE：门控位。GATE=0 时，只要用软件使 TCON 中的 TR0 或 TR1 为 1，就可以启动定时器/计数器工作；GATE=1 时，用软件使 TR0 或 TR1 为 1，同时外部中断 $\overline{INT0}$ 或 $\overline{INT1}$ 也为高电平时，才能启动定时器/计数器工作，即此时定时器的启动条件加上了 $\overline{INT0}$ 或 $\overline{INT1}$ 为高电平这一条件。

• $C/\overline{T}$：定时/计数模式选择位。$C/\overline{T}$=0 为定时模式，此时定时器计数的脉冲是由 8051 单片机片内晶振器经 12 分频后产生的，每经过一个机器周期，定时器(T0 或 T1)的数值加 1，直至计数器满产生溢出。例如，当 8051 采用 6 MHz 晶振时，每个机器周期为 2 μs，计 10 个机器周期即为 20 μs，即定时 20 μs。$C/\overline{T}$ = 1 为计数模式，通过引脚 T0(P3.4)和 T1(P3.5)对外部脉冲信号计数。当输入脉冲信号由 1 至 0 的下降沿时，计算器的值加 1。在每个机器周期，CPU 采样 T0 和 T1 的输入电平。

虽然对输入信号的占空比没有特殊要求，但是为了确保某个电平在变化之前至少被采样一次，要求电平保持时间至少是一个完整的机器周期，又由于检测一个 1 至 0 的下跳变需要两个机器周期，故最高计数频率为 $f_{osc}/24$，即晶振频率的 1/24。

• M1M0：工作方式设置位。定时器/计数器有 4 种工作方式，由 M1M0 进行设置。如表 6-2 所示。

表 6-2　定时器/计数器工作方式设置表

| M1M0 | 工作方式 | 说　明 |
|---|---|---|
| 00 | 方式 0 | 13 位定时器/计数器 |
| 01 | 方式 1 | 16 位定时器/计数器 |
| 10 | 方式 2 | 8 位自动重装定时器/计数器 |
| 11 | 方式 3 | T0 分成两个独立的 8 位定时器/计数器；T1 此方式停止计数 |

特别需要注意，TMOD 不能进行位寻址，所以，只能用字节指令设置定时器/计数器的工作方式。CPU 复位时 TMOD 所有位清 0，上电复位后应重新设置。

### 2. 控制寄存器 TCON

TCON 的低 4 位用于控制外部中断，已在前面介绍。高 4 位用于控制定时器/计数器的启动与中断申请。TCON 的结构、位名称、位地址和功能如表 6-3 所示。

表 6-3　TCON 的结构、位名称、位地址和功能(字节地址 88H)

| TCON | D7 | D6 | D5 | D4 | D3 | D2 | D1 | D0 |
|---|---|---|---|---|---|---|---|---|
| 位名称 | TF1 | TR1 | TF0 | TR0 | IE1 | IT1 | IE0 | IT0 |
| 位地址 | 8FH | 8EH | 8DH | 8CH | 8BH | 8AH | 89H | 88H |
| 功能 | T1 中断标志 | T1 运行控制 | T0 中断标志 | T0 运行控制 | | | | |

TCON 各位的功能和说明如下：

- TF1：T1 溢出中断请求标志。当定时器/计数器 T1 计数溢出后，由 CPU 片内硬件自动置 1，表示向 CPU 请求中断。CPU 响应该中断后，片内硬件自动对其清 0。TF1 也可由软件程序查询其状态或由软件置位清 0。
- TF0：T0 溢出中断请求标志。其意义和功能与 TF1 相似。
- TR1：定时器/计数器 T1 运行控制位。TR1=1，T1 运行；TR1=0，T1 停止。
- TR0：定时器/计数器 T0 运行控制位。TR0=1，T0 运行；TR0=0，T0 停止。

## 6.3　定时器/计数器的工作方式

8051 系列单片机定时器/计数器有 4 种工作方式，由 TMOD 中 M1M0 的状态确定。前 3 种工作方式下，T0 和 T1 除所使用的寄存器、有关控制位、标志不同外，其他操作完全相同。T1 无方式 3。下面以 T0 为例进行分析。

### 1. 工作方式 0

当 M1M0=00 时，定时器/计数器工作于方式 0，如图 6-2 所示。在方式 0 的情况下，内部计数器为 13 位。由 TL0 低 5 位和 TH0 8 位组成，特别需要注意的是，TL0 低 5 位计数满时不向 TL0 的第 6 位进位，而是向 TH0 进位，13 位计满溢出，TF0 置 1，最大计数值为 $2^{13} = 8192$(计数器初值为 0)。

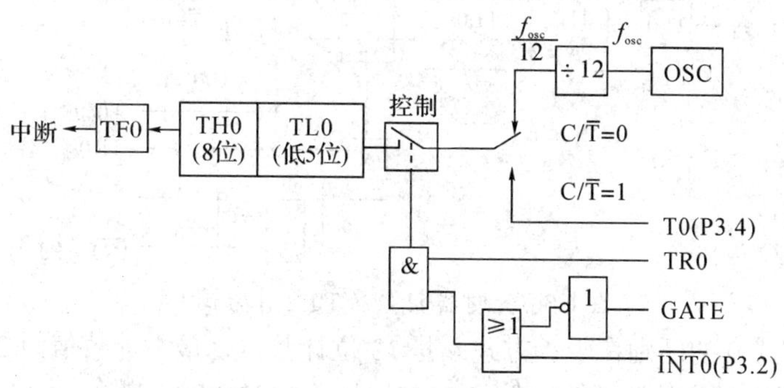


图 6-2　定时器/计数器 T0 工作方式 0

GATE 位决定定时器/计数器的启/停控制取决于是 TR0 还是 TR0 和 $\overline{INT0}$ 引脚两个条件的组合。当门控位 GATE = 0 时，由于 GATE 信号封锁了或门，使引脚 $\overline{INT0}$ 信号无效，T0 运行控制由 TR0 单独控制。当 TR0 = 1 时，接通模拟开关，定时器/计数器工作；当 TR0 = 0 时，模拟开关断开，定时器/计数器停止工作。当 GATE = 1 时，T0 运行控制由 TR0 和 $\overline{INT0}$ 两个条件共同控制。如果 TR0 = 1，同时 $\overline{INT0}$ = 1，则与门输出为 1，定时器/计数器方可工作。

TF0 是定时器/计数器的溢出状态标志，溢出时由硬件置位，TF0 溢出中断被 CPU 响应时，转入中断时硬件清零，TF0 也可由程序查询和清零。

工作方式 0 对定时器/计数器高 8 位和低 5 位的初值计算很麻烦，易出错。方式 0 采用 13 位计数器是为了与早期的产品兼容，所以在实际应用中常由 16 位的方式 1 取代。

**【例 6-1】** 设定时器 T0 选择工作方式 0，定时时间为 1 ms，$f_{osc}$= 6 MHz。试确定 T0 初值并计算最大定时时间 $T$。

**解答过程：**

当 T0 处于工作方式 0 时，加 1 计数器为 13 位。设 T0 的初值为 $X$，则：

$$(2^{13}-X)\times\frac{1}{6\times10^{6}}\times12=1\times10^{-3}\,\text{s}$$

$$X=7692$$

转换为二进制数：$X$ = 1111000001100B

T0 的低 5 位：01100B = 0CH

T0 的高 8 位：11110000B = F0H

T0 最大定时时间对应于 13 位计数器 T0 的各位全为 1，即 TH0 = FFH，TL0 = 1FH。则：

$$T=2^{13}\times\frac{12}{6}=16.384\ \text{ms}$$

### 2. 工作方式 1

当 M1M0 = 01 时，定时器/计数器工作于方式 1，如图 6-3 所示。在方式 1 的情况下，内部计数器为 16 位。由 TL0 低 8 位和 TH0 高 8 位组成。16 位计满溢出时，TF0 置 1。

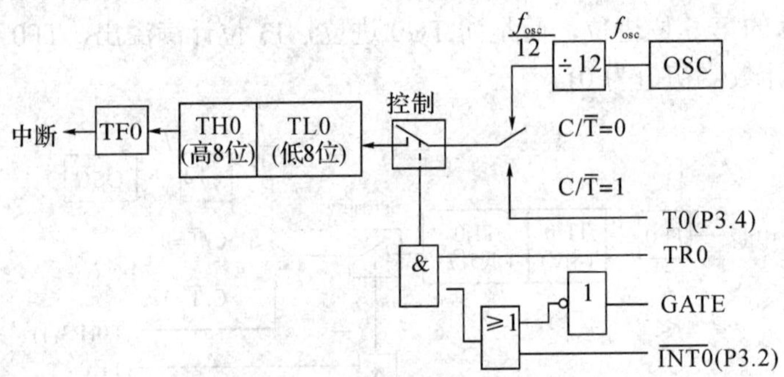


图 6-3　定时器/计数器 T0 工作方式 1

方式 1 与方式 0 的区别在于：方式 0 是 13 位计数器，最大计数值为 $2^{13}$ = 8192；方式 1 是 16 位计数器，最大计数值为 $2^{16}$ = 65 536。用作定时器时，若 $f_{osc}$ = 12 MHz，则方式 0 最大定时时间为 8192 μs，方式 1 最大定时时间为 65 536 μs。

### 3. 工作方式 2

当 M1M0 = 10 时，定时器/计数器工作于方式 2，如图 6-4 所示。在方式 2 的情况下，定时器/计数器为 8 位，能自动恢复定时器/计数器初值。在方式 0、方式 1 时，定时器/计数器的初值不能自动恢复，计满后若要恢复原来的初值，则必须在程序指令中重新给 TH0 和 TL0 赋值。但方式 2 与方式 0、方式 1 不同，方式 2 仅用 TL0 计数，最大计数值为 $2^{8}$ = 256。计满溢出后，进位 TF0，使溢出标志 TF0 = 1，同时，原来装在 TH0 中的初值自动装入 TL0(TH0 中的初值允许与 TL0 不同)。所以，方式 2 既有优点，又有缺点。优点是定时初值可自动恢复，缺点是计数范围小。因此，方式 2 适用于需要重复定时，而定时范围不大的应用场合，特别适合于用作较精确的脉冲信号发生器。

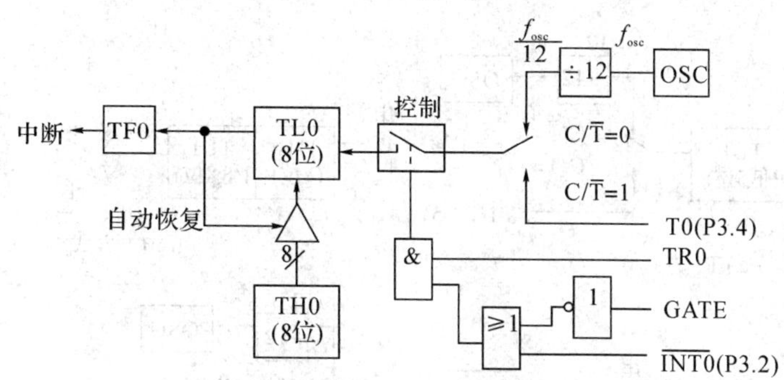


图 6-4　定时器/计数器 T0 工作方式 2

### 4. 工作方式 3

当 M1M0 = 11 时，定时器/计数器工作于方式 3，但方式 3 仅适用于 T0，T1 无方式 3。

(1) T0 方式 3。在方式 3 的情况下，T0 被拆成 2 个独立的 8 位计数器 TL0 和 TH0，如图 6-5 所示。

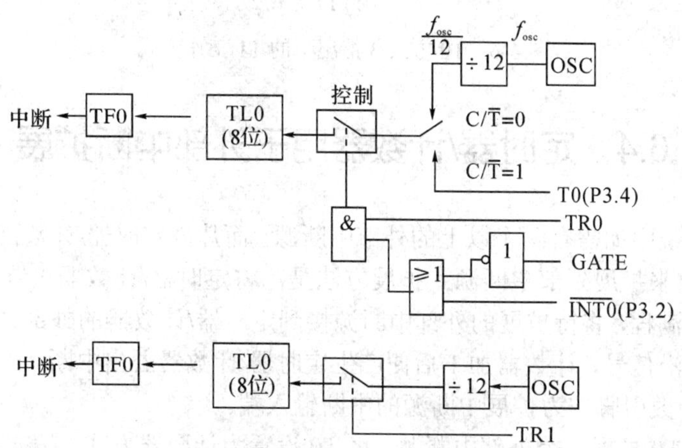


图 6-5　定时器/计数器 T0 工作方式 3

TL0 使用 T0 原有的控制寄存器资源。TF0、TR0、GATE、C/$\overline{T}$ 和 $\overline{INT0}$，组成一个 8 位的定时器/计数器。TH0 借用 T1 的中断溢出标志 TF1、TR1，只能对机内机器周期脉冲计数，组成一个 8 位定时器。

(2) T0 方式 3 情况下的 T1。T1 由于 TF1、TR1 被 T0 的 TH0 占用，计数器溢出时，只能将输出送至串行口，即用作串行口波特率发生器，但 T1 工作方式仍可设置为方式 0、方式 1 和方式 2，C/$\overline{T}$ 控制位仍可使 T1 工作在定时器/计数器方式，如图 6-6 所示。

从图 6-6(c)中可以看出，T0 方式 3 情况下的 T1 方式 2，因定时初值能自动恢复，故用作波特率发生器更为合适。

在这种情况下，定时器/计数器通常作为串行口的波特率发生器使用，以确定串行通信的速率，因为已没有 TF1 被定时器/计数器 0 借用了，所以只能把计数溢出直接送给串行口。把定时器/计数器 1 当做波特率发生器使用时，只需设置好工作方式，即可自动运行。如果停止它的工作，则需送入一个把它设置为方式 3 的方式控制字即可，这是因为定时器/计数器本身就不能工作于方式 3，如果硬把它设置为方式 3，自然会停止工作。

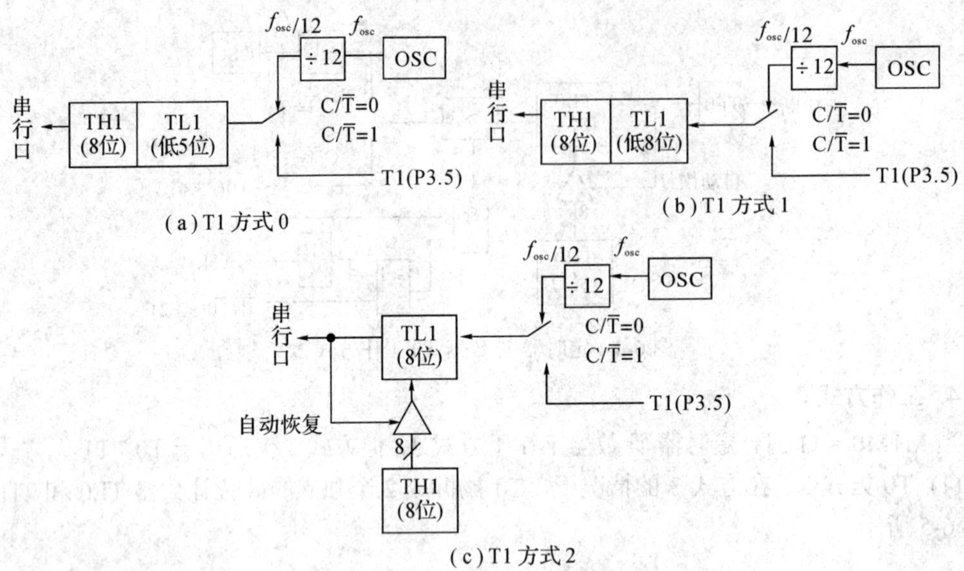


图 6-6 T0 方式 3 情况下的 T1 工作方式

## 6.4 定时器/计数器用于外部中断扩展

实际应用系统中如需有两个以上的外部中断源，而片内定时器/计数器未使用时，可利用定时器/计数器来扩展外部中断源。扩展方法是：将定时器/计数器设置为计数器方式，计数初值设定为满程，将待扩展的外部中断源接到定时器/计数器的外部计数引脚。从该引脚输入一个下降沿信号，计数器加 1 后便产生定时器/计数器溢出中断。因此，可把定时器/计数器的外部计数引脚作为扩展中断源的中断输入端。

例如，利用 T0 扩展一个外部中断源。将 T0 设置为计数器方式，按方式 2 工作，TH0、TL0 的初值均为 0FFH，T0 允许中断，CPU 开放中断。其初始化程序如下：

```
MOV   TMOD, #06H        ; 置 T0 为计数器方式 2
MOV   TL0, #0FFH        ; 置计数初值
MOV   TH0, #0FFH
SETB  TR0               ; 启动 T0 工作
SETB  EA                ; CPU 开中断
SETB  ET0               ; 允许 T0 中断
…     …
…     …
```

对应的 C 语言初始化程序如下：

```
TMOD=0x06;
TL0=0xFF;
TH0=0xFF;
TR0=1;
```

```
EA=1;
ET0=1;
…   …
…   …
```

当 T0(P3.4)引脚上出现外部中断请求信号(一个下降沿信号)时，TL0 计数加 1，产生溢出，将 TF0 置 1，向 CPU 发出中断请求。同时，TH0 的内容 0FFH 又自动装入 TL0，作为下一轮的计数初值。这样，P3.4 引脚每输入一个下降沿脉冲，都将 TF0 置 1，向 CPU 发出中断请求，这就相当于又多了一个边沿触发的外部中断源。

## 6.5　定时器/计数器应用

在工程应用中，常常会遇到要求系统定时或对外部事件计数等类似问题，若用 CPU 直接进行定时或计数不但降低了 CPU 的效率，而且还会无法响应实时事件。灵活运用定时器/计数器不但可减轻 CPU 的负担，简化外围电路，而且可以提高系统的实时性，能快速响应和处理外部事件。

由于定时器/计数器的功能是由软件编程实现的，因此，一般在使用定时器/计数器前都要对其进行初始化。所谓初始化，实际上就是确定相关寄存器的值。初始化步骤如下：

(1) 确定工作方式。对 TMOD 赋值。根据任务性质明确工作方式及类型，从而确定 TMOD 寄存器的值。例如，要求定时器/计数器 T0 完成 16 位定时功能，TMOD 的值就应为 01 H，用指令 MOV　TMOD，#01H 即可完成工作方式的设定。

(2) 预置定时器/计数器的计数初值。依据以上确定的工作方式和要求的计数次数，计算出相应的计数初值，直接将计数初值写入 TH0、TL0 或 TH1、TL1。

(3) 根据需要开放定时器/计数器中断。直接对 IE 寄存器赋值。

(4) 启动定时器/计数器工作。将 TR0 或 TR1 置 1。当 GATE = 0 时，直接由软件置位启动；当 GATE = 1 时，除软件置位外，还必须在外中断引脚处加上相应的电平值才能启动。

**【例 6-2】**设单片机的振荡频率为 12 MHz，用定时器/计数器 0 的模式 1 编程，在 P1.0 引脚产生一个 50 Hz 的方波，定时器 T0 采用中断的处理方式。

**分析过程：**

需要产生周期信号时，选择定时方式。定时时间到了，对输出端进行周期性的输出即可。周期为 50 Hz 的方波要求定时器的定时时间为 10 ms，每次溢出时，将 P1.0 引脚的输出取反，就可以在 P1.0 上产生所需要的方波。

**解答过程：**

定时器初值计算：

振荡频率为 12 MHz，则机器周期为 1 μs。设定时初值为 $X$，$(65536-X) \times 1\ \mu s = 10\ ms$，则 $X = 55536 =$ D8F0H

定时器的初值为：TH0 = 0D8H，TL0 = 0F0H

C 语言程序如下：

```
#include   <reg51.h>          //包含特殊功能寄存器库
```

```
sbit P1_0=P1^0;                    //进行位定义
void main( )
{   TMOD=0x01;                     // T0 做定时器，模式 1
    TL0=0xf0;
    TH0=0xd8;                      //设置定时器的初值
    ET0=1;                         //允许 T0 中断
    EA=1;                          //允许 CPU 中断
    TR0=1;                         //启动定时器
    while(1);                      //等待中断
}
void   time0_int(void)   interrupt   1
{   //中断服务程序
    TL0=0xf0;
    TH0=0xd8;                      //定时器重赋初值
    P1_0=~P1_0;                    //P1.0 取反，输出方波
}
```

**【例 6-3】** 用定时器控制 P1.1 所接的 LED 每 100 ms 亮或灭一次，设系统的晶振为 6 MHz。采用查询方式实现。

**分析过程：**

要使用单片机的定时器，首先要设置定时器的工作方式，然后给定时器赋初值，即进行定时器的初始化。

**解答过程：**

这里选择定时器 T0 定时，方式 1，不使用门控位。由此可以确定定时器的工作方式字 TMOD 应为 00000001B，即 0x01。定时初值的计算如下：

由于 $f_{osc}$ = 6 MHz，Tm = 2 μs，因此时间常数的计算为：

TH0 = (65536-100000/2)/256 = 0x3c

TL0 = (65536-100000/2)%256 = 0xb0

初始化定时器后，要定时器工作，必须将 TR0 置 1。下面用查询方式完成。

```
#include <reg51.h>
sbit P1_1=P1^1;
void main (void)
{   P1=0xff;
    TMOD=0x01;
    TH0=0x3c;
    TL0=0xb0;
    TR0=1;
    while(1)
    {
        if (TF0==1)
        {   TF0=0;
```

```
            TH0=0x15;
            TL0=0xa0;
            P1_1=~P1_1;
        }
    }
}
```

当定时时间到，TF0 被置为 1。因此，只需要查询 TF0 是否等于 1，即可得知定时时间是否到达，程序中用“if(TF0==1)”语句来判断。如果 TF0=0，则条件满足，大括号中的程序不会被执行；当定时时间到，TF1=1，条件满足，执行大括号中的程序，首先将 TF0 清零，然后重置定时初值，最后执行规定动作，取反 P1.1 的状态。

## 6.6　定时器 2

除了定时器 0 和定时器 1 外，52 系列单片机还有另外一个定时器——定时器 2。下面简单介绍一下定时器 2 的使用方法。

定时器 2 是一个 16 位的定时器/计数器。T2CON 中的 C/T2 位决定定时器 2 是用作定时器还是计数器。定时器 2 有 3 种工作模式：捕捉模式、自动重载(增或减计数)模式和波特率发生器模式。定时器 2 的工作模式由 T2CON 决定。定时器 2 有两个 8 位的寄存器 TH2 和 TL2。在定时器功能中，每个机器周期 TL2 都会增 1。由于一个机器周期由 12 个振荡周期组成，所以定时器 2 的计数速率为振荡频率的 1/12。

与定时器 2 有关的寄存器为 T2CON 和 T2MOD。

T2CON 寄存器的组成如表 6-4 所示。

**表 6-4　T2CON 寄存器**

| TF2 | EXF2 | RCLK | TCLK | EXEN2 | TR2 | C/T 2 | CP/RL2 |
|---|---|---|---|---|---|---|---|
| D7 | D6 | D5 | D4 | D3 | D2 | D1 | D0 |

详细介绍如下：

- TF2：定时器 2 溢出标志位。定时器 2 溢出时置位，必须由软件清零。当 RCLK = 1 或 TCLK = 1 时，TF2 不会置位。
- EXF2：定时器 2 外部标志位。当 EXEN2 = 1，且 T2EX 引脚发生电平的负跳变引起捕捉或重载时被置位。当允许定时器 2 中断时，EXF2 = 1 会使 CPU 跳转到定时器 2 的中断处理函数中。EXF2 必须由软件清零。在增/减计数模式下(DCEN = 1)，EXF2 不会引起中断。
- RCLK：接收时钟使能。置位时，在串行通信模式 1 和模式 3 下，串口将使用定时器 2 的溢出脉冲作为接收时钟。RCLK = 0，将使串口使用定时器 1 的溢出脉冲作为接收时钟。
- TCLK：发送时钟使能。置位时，在串行通信模式 1 和模式 3 下，串口将使用定时器 2 的溢出脉冲作为发送时钟。TCLK = 0，将使串口使用定时器 1 的溢出脉冲作为发送时钟。
- EXEN2：定时器 2 外部信号使能。置位时，如果定时器 2 并没有用作串口的波特率发生器，则 T2EX 引脚的电平负跳变将发生捕捉或重载。

• TR2：定时器 2 启动/停止控制位。TR2 = 1，将启动定时器 2。

• C/T2：定时器/计数器选择位。C/T2=0，用作定时器，C/T2 = 1，用作计数器(下降沿触发) 。

• CP/RL2：捕捉/重载选择位。CP/RL2 = 1 时，如果 EXEN2 = 1，将在 T2EX 引脚发生电平负跳变时产生捕捉事件。CP/RL2 = 0 时，当定时器 2 溢出或 T2EX 引脚发生电平负跳变时(如果 EXEN2 = 1)发生重载。当 RCLK = 1 或 TCLK = 1 时，这一位将被忽略，定时器 2 溢出时会被强行自动重载。

T2MOD 寄存器的组成如表 6-5 所示。

**表 6-5　T2MOD 寄存器**

| — | — | — | — | — | — | T2OE | DCEN |
|---|---|---|---|---|---|---|---|
| D7 | D6 | D5 | D4 | D3 | D2 | D1 | D0 |

具体说明如下：

• T2OE：定时器 2 输出使能位。

• DCEN：置位时，定时器 2 可设置成增/减计数器。

定时器 2 的工作模式如表 6-6 所示。

**表 6-6　定时器 2 的工作模式**

| RCLK+TCLK | CP/RL2 | TR2 | T2OE | 模　式 |
|---|---|---|---|---|
| 0 | 0 | 1 | 0 | 16 位自动重载方式 |
| 0 | 1 | 1 | 0 | 16 位捕捉方式 |
| 1 | × | 1 | 0 | 波特率发生器方式 |
| 0 | × | 1 | 1 | 时钟输出方式 |
| × | × | 0 | × | 关闭 T2 |

### 1. 捕捉模式

在捕捉模式下，要设置 T2CON 中的 EXEN2 位。如果 EXEN2 = 0，那么定时器 2 是一个 16 位的定时器或计数器，当它溢出时，T2CON 中的 TF2 置位，并可产生中断。如果 EXEN2 = 1，那么定时器 2 也是一个 16 位的定时器或计数器，但单片机的 T2EX 引脚从 1 到 0 的电平变化会把当前 TH2 和 TL2 的值分别捕捉到 RCAP2H 和 RCAP2L 中。此外，T2EX 引脚的电平变化会使 T2CON 中的 EXF2 位置位。EXF2 和 TF2 一样，都可以产生中断。

### 2. 自动重载(增或减计数)模式

在 16 位自动重载模式下，定时器 2 可以设置成增计数或减计数。这一功能由 T2MOD 中的 DCEN(减计数使能)位设置。当单片机复位时，DCEN 被置 0，定时器为增计数方式。当 DCEN 被置位时，定时器 2 可以为增计数或减计数，这要取决于 T2EX 引脚的值。

当 DCEN = 0 时，定时器 2 处于增计数方式。在这种模式下，如果 EXEN2 = 0，那么定时器 2 增计数至 0xFFFF，当定时器溢出时，把 TF2 位置位。定时器溢出会使定时器的寄存器值自动从 RCAP2H 和 RCAP2L 自动重载。RCAP2H 和 RCAP2L 的值由软件预设。如果 EXEN2 = 1，那么定时器寄存器的重载除由定时器溢出触发外，还可以被 T2EX 引脚的从 1 到 0 的电平变化触发。这一电平变化还会把 EXF2 位置位。如果中断被允许，TF2

和 EXF2 的置位都可以产生中断。

把 DCEN 位置 1 使定时器 2 可以增计数或减计数。在这种模式下，T2EX 引脚的电平控制计数的方向。当 T2EX 引脚为高电平时，定时器 2 增计数。当定时器计数至 0xFFFF 溢出并把 TF2 置位，同时 RCAP2H 和 RCAP2L 的值会被分别自动重载至定时器的寄存器 TH2 和 TL2。

当 T2EX 引脚为低电平时，定时器 2 减计数。当 TH2 和 TL2 分别与 RCAP2H 和 RCAP2L 相等时，定时器下溢出，TF2 置位，0xFFFF 被重载至定时器的寄存器中。在这种模式下，EXF2 位在定时器 2 上溢出或下溢出时翻转，可以被用作定时器的第 17 位，这时 EXF2 并不作为中断的标志位。

### 3. 波特率发生器模式

通过设置 T2CON 中的 TCLK 和(或)RCLK 位，定时器 2 可用作波特率发生器。注意：如果把定时器 2 仅用作发送或接收而把定时器 1 用作另一功能，那么发送和接收的波特率可以不一样。

波特率发生器模式与自动重载模式相似，TH2 的溢出会引起定时器 2 的定时器值被由软件预设的 RCAP2H 和 RCAP2L 自动重载。

串行通信模式 1 和模式 3 下的波特率由定时器 2 的溢出速率决定：

$$\text{模式 1 和模式 3 的波特率}=\frac{\text{定时器2的溢出率}}{16}$$

这时，定时器 2 可以被设置作定时器或计数器。在大多数应用中，定时器 2 都被设置作定时器。当定时器 2 被设置作波特率发生器时，它与定时器操作是不一样的。通常，作为定时器时，定时器每个机器周期增 1(以振荡频率的 1/12 的速率增 1)。但作为波特率发生器时，定时器每两个振荡周期增 1。波特率的计算公式如下：

$$\text{模式 1 和模式 3 的波特率}=\frac{\text{振荡器频率}}{32\times[65\,536-(\text{RCAP2H，RCAP2L})]}$$

其中(RCAP2H，RCAP2L)是由 RCAP2H 和 RCAP2L 组成的 16 位无符号整数。

在使用时要注意 TH2 的溢出并不会使 TF2 置位，也不会产生中断。另外，如果 EXEN2 被置位，T2EX 引脚处的从 1 到 0 的电平变化会把 EXF2 置位，但不会引起(RCAP2H，RCAP2L)重载到(TH2，TL2)。因此，当定时器 2 被用作波特率发生器时，T2EX 可以用作额外的外部中断。当定时器 2 在波特率发生器模式下运行(TR2 = 1)时，TH2 和 TL2 不应被读写。RCAP2 寄存器可以读，但不应被写入。在访问定时器 2 的寄存器或 RCAP2 寄存器前，应先把定时器停掉(把 TR2 清 0)。

定时器/计数器 T2 作为波特率发生器使用时的编程方法如下：

```
…
RCAP2H=0x30;        //设置波特率
RCAP2L=0x38;
TCLK=1;             //选择定时器 2 的溢出脉冲作为波特率发生器
```

### 4. 可编程时钟输出

P1.0 可用作输出 50% 占空比的方波。这一引脚除了常规的 I/O 外，还有两个其他功能。

它可以用作定时器 2 的外部时钟输入，也可以用作输出从 61 Hz～4 MHz(振荡频率为 16 MHz 时)的占空比为 50% 的方波。

要把定时器 2 设置成时钟发生器，要把 C/T2 清 0、T2OE(T2MOD.1)置 1。TR2 位(T2CON.2)用于开始或停止定时器。

时钟的输出频率取决于振荡器频率和定时器 2 的捕捉寄存器(RCAP2H 和 RCAP2L)：

$$\text{输出频率}=\frac{\text{振荡器频率}}{4\times\left[65\,536-(\text{RCAP2H，RCAP2L})\right]}$$

在时钟发生器模式下，定时器 2 的溢出不会产生中断，可以同时把定时器 2 用作波特率发生器和时钟发生器。但是，波特率和时钟频率不能分别确定，因为它们共用 RCAP2H 和 RCAP2L。

**【例 6-4】** 用定时器/计数器 2 从 P1.0 产生一个 5000 Hz 的方波，假设晶振频率 $f_{osc}$ 为 12 MHz。

**分析过程：**

当 T2MOD 的 T2OE = 1，T2CON 的 C/T2 = 0 时，T2 工作于时钟输出方式。T2 溢出信号自动触发 T2(P1.0)引脚状态翻转，从 P1.0 引脚输出频率可调、精度高的方波信号。

**解答过程：**

溢出后，将 RCAP2H 和 RCAP2L 寄存器内容装入 TH2 和 TL2 寄存器中，重新计数，以便获得准确的溢出信号。输出信号频率为

$$\frac{f_{osc}}{4\times\left[65536-(\text{RCAP2H，RCAP2L})\right]}$$

方波频率为 5000 Hz。

计数初值为 65536 − 600 = 64936。

C 语言程序如下：

```
# include <reg52.h>
sfr16 RCAP2=0xca;              //特殊寄存器定义
sfr16 T2=0xcc;
sfr T2MOD=0xc9;
void main()
{   RCAP2=64936;
    T2=64936;
    T2MOD=2;
    TR2=1;
    while(1);
}
```

## 6.7　看　门　狗

看门狗是 S5x 系列单片机比 C5x 系列单片机多出来的功能之一。看门狗可以在 CPU

死机时重启 CPU。看门狗由一个 14 位的计数器和看门狗寄存器 WDTRST 组成。单片机复位后，看门狗是处于禁用状态的。要使能看门狗，就要连续向 WDTRST 寄存器写入 0x1e 和 0xe1。当看门狗使能且振荡器工作时，看门狗计数器每个机器周期增 1。使能看门狗后，除了复位(硬件复位或看门狗溢出复位)外，没有其他办法禁用看门狗。当看门狗计数器溢出时，它会在 RST 引脚产生一个高电平脉冲，迫使单片机复位。

当看门狗使能后，程序必须不断地向 WDTRST 写 0x1e 和 0xe1 以避免看门狗溢出(通常称为“喂狗”)。看门狗的 14 位计数器在数到 16 383(0x3FFF)后溢出，这时单片机会复位。这意味着程序必须最多 16 383 机器周期内喂一次狗。

## 6.8　实践训练——简易频率计设计

利用单片机 T0 和 T1 的定时/计数功能，完成对输入信号的频率进行测量，测量的结果通过 8 位动态数码管显示出来。这里要求实现对 0～200 kHz 的信号频率进行准确测量，测量误差不超过 ±1 Hz。

频率计的功能是测出 1 s 内的输入信号的周期个数，再用数字的方式显示出来，也就是需要完成定时 1 s、对输入的脉冲计数和数字显示的硬件电路和相应的程序。

### 一、应用环境

数字频率计是一种用十进制数字显示被测信号频率的数字测量仪器。根据电信号的频率的定义，就是在 1 s 内信号变化的周期数。在一个单片机系统中，为了实现频率的测量，就要对外部信号进行计数，每到 1 s 时，将计数所得的数值送到显示器上。

### 二、实现过程

#### 1. 硬件电路分析

从设计要求可以得出，定时 1 s 可以通过单片机内部的定时器来完成，不需要额外的硬件电路。同样，对脉冲的计数也可以用单片机内部的定时器/计数器来完成，也不需要额外的硬件电路，只需要将外部的计数脉冲连接到对应的引脚上。本训练中选择 T0 作为计数用，所以将计数脉冲连接到对应的 T0 引脚(P3.4，第二功能)上。

显示频率的数字，可以采用各种显示器件，如 LED、LCD 等。本设计中采用 LED 的动态显示电路，P0 口接 7 段显示器的段码输入端，P2 口接位码控制端。输出脉冲的 P1.0(采用定时器 2 产生脉冲)作为信号源。(可以参考后面的显示器设计一章)

#### 2. 程序设计分析

通过任务分析，要求单片机要完成 3 个实时任务，分别是：对输入信号周期进行计数、1s 定时、动态显示，频率计算及频率转换为显示数据。要同时完成 3 个实时任务，只有使用中断的方式进行任务分割，可以用定时器 T0、T1 及其中断服务程序和主程序来分别完成每一个任务。

其中，动态显示因人的视觉的不敏感，对实时要求最低，因而使用主程序完成，同时将数据的运算也放在主程序中。剩下的两个任务分别用 T0 完成输入信号的计数和 T1 完成

1 s 的定时。

1) 定时 1 s

T1 工作在定时状态下，最大定时时间约为 65 ms，达不到 1 s 的定时，所以采用定时 50 ms，共定时 20 次，即可完成 1 s 的定时功能。

因电路晶振 $f_{osc}$ = 11.0592 MHz，所以 T1 的初值装入语句如下：

```
TH1=(65536-5*110592/12)/256;          //高 8 位的初始值
TL1=(65536-5*110592/12)%256;          //低 8 位的初始值
```

每定时 1 s 时间到了，就停止 T0 的计数，先从 T0 的计数单元中读取计数的数值，然后进行数据处理，并送到数码管显示出来。

定时器 1 的中断服务程序如下：

```
void time1() interrupt 3 //
{
    TH1=(65536-5*110592/12)/256;          //高 8 位的初始值
    TL1=(65536-5*110592/12)%256;          //低 8 位的初始值
    if (T1count==19)                      // 1 s 是否到了
    {
        calc();                           //计算频率，并送显示
        init();                           //初始化
    }
    else T1count++;
}
```

2) 输入的脉冲计数

T0 是工作在计数状态下对输入的频率信号进行计数。在本任务中，由于单片机的工作频率 $f_{osc}$ = 11.0592 MHz，工作在计数状态下的 T0，最大计数值为 $f_{osc}$/24，因此，T0 能计数的脉冲的最大计数频率为 11.0592 MHz/24 = 460.8 kHz。对于频率大于此值的脉冲，需要在计数前面加上分频器，分频后再进行计数。

作为定时器 T0，为了得到 1 s 内的频率值，需要在定时 1 s 之前将其初始值赋为 0。同时，由于 T0 的最大计数值为 65 536，小于要求计数的频率的最大值，所以在 1 s 内，完全有可能产生溢出。对此，采用与定时 1 s 的类似方法，使用软件来记录计数器有几次溢出。若 1 s 内有 $A$ 次溢出，最后 T0 的计数值为 $B$，则输出信号的频率为

$$f = A\times 65536 + B$$

将频率 $f$ 转换为显示所需的数据，可以采用循环除 10 和取模的方法得到各位数据。

3) 主程序

由于将定时 1 s 和对外部脉冲进行计数的任务都由定时器及中断服务程序完成，所以在主程序中，除了对定时器/计数器及相关变量初始化外，主要就是将计数的结果进行显示。

关键部分主程序如下：

```
void main()
{   init();               //调用初始化函数
```

```
    TMOD=0X15;      //将 T1 设置为模式 1 定时方式，T0 为模式 1 计数方式
    TH1=(65536-5*110592/12)/256;          //定时 50 ms 的初始值
    TL1=(65536-5*110592/12)%256;
    ET1=1;
    ET0=1;
    EA=1;
    TR1=1;
    TR0=1;
    while(1)
    {    display();                       //一直调用显示函数
    }
}
void time0() interrupt 1                  //定时器 0 的中断服务程序
{    T0count++;                           //计算 T0 在 1 s 内中断了几次
}
void time1() interrupt 3                  //定时器 1 的中断服务程序
{   TH1=(65536-5*110592/12)/256;          //高 8 位的初始值
    TL1=(65536-5*110592/12)%256;          //低 8 位的初始值
    if (T1count==19)                      //1 s 是否到了
    {   calc();                           //计算频率，并送显示
        init(); //初始化
    }
    else T1count++;
}
```

### 3. 思考与讨论

(1) 为了简化程序，对于频率测量和显示只处理了整数部分，对于小数部分如何完成？

(2) 程序仅用计数方式对 P3.4 引脚输入的脉冲进行计数，误差为 1 Hz，当在频率较低时相对误差比较大，采用什么方法降低误差？

(3) 如果要测量其他波形的频率，如何进行硬件电路设计？

## 思考与练习

### 1. 概念题

(1) 如果定时器/计数器 T0 产生溢出，将标志位(　　)置位，请求中断，中断系统将进入中断处理。

(2) T0 和 T1 都具有(　　)和(　　)的功能，可以通过特殊功能寄存器(　　)的(　　)位来选择。

(3) 当定时器 T0 工作在方式 3 时，要占定时器(　　)的(　　)和(　　)两个控制位。

(4) 定时器/计数器的工作方式 2，它是一个(　　)的定时器/计数器

(5) T1 不可以工作在如下(　　)方式。

① 工作方式 0　　② 工作方式 1　　③ 工作方式 2　　④ 工作方式 3

(6) 定时器/计数器在各方式下，晶振频率分别为 6 MHz、12 MHz 时的最大定时时间各为多少？

(7) 若 8051 系列单片机的晶振频率为 12 MHz，要求用定时器/计数器 T0 产生 1 ms 的定时，试确定计数初值以及 TMOD 寄存器的内容。

(8) 若 8051 系列单片机的晶振频率为 6 MHz，要求用定时器/计数器产生 100 ms 的定时，试确定计数初值以及 TMOD 寄存器的内容。

**2. 操作题**

(1) 设晶振频率为 12 MHz。编程实现以下功能：利用定时器/计数器 T0 通过 P1.7 引脚输出一个 50 Hz 的方波。

(2) 已知晶振频率为 12 MHz，如图 6-7 所示，要求利用定时器/计数器使图中的发光二极管 VD 进行秒闪烁。

(3) 每隔 1 s 读一次 P1.0，如果所读的状态为“1”，则将片内 RAM 的 10H 单元内容加 1；如果所读的状态为“0”，则将片内 RAM 的 11H 单元内容加 1。设单片机的晶振频率为 12 MHz，画出硬件原理图并设计相应程序。

(4) 已知晶振频率为 12 MHz，如何用 T0 来测量 1 s～20 s 之间的方波周期？又如何测量频率为 0.5 MHz 的脉冲频率？

(5) 如图 6-8 所示，P1 中接有 8 个发光二极管，编程使 8 个发光二极管依次点亮，每个发光二极管持续点亮时间为 100 ms，设晶振为 6 MHz。

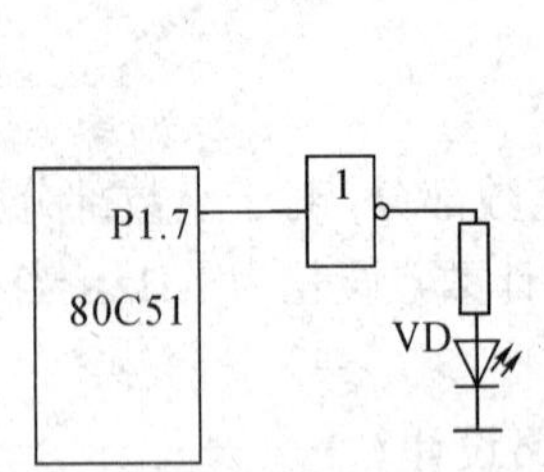


图 6-7　发光二极管闪烁电路示意图

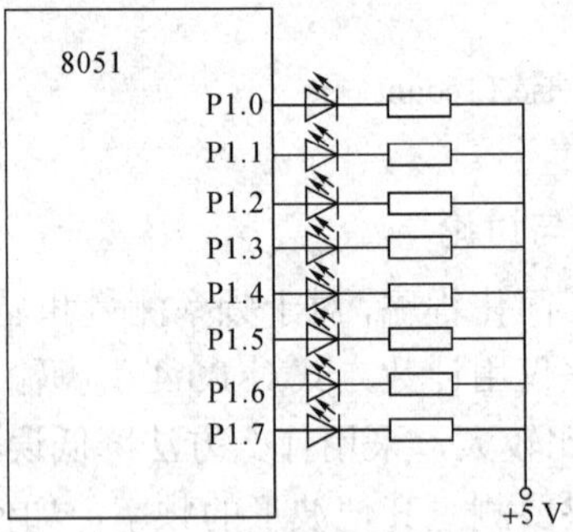

图 6-8　发光二极管依次点亮电路示意图

(6) 在 P1.6 端接一个发光二极管 LED，要求利用定时控制使 LED 亮 1 s 灭 1 s，周而复始，设 $f_{osc}$ = 12 MHz。如图 6-9 所示。

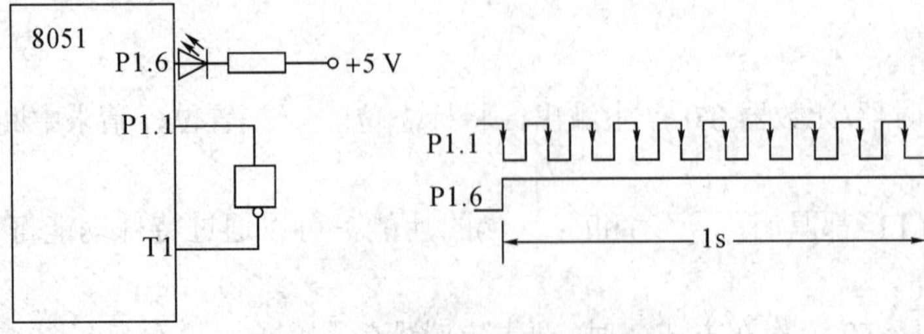


图 6-9　硬件连线控制示意图

# 第 7 章　单片机系统的扩展

通常情况下，采用 8051 的最小应用系统最能发挥单片机体积小、成本低的优点。但在很多情况下，构成一个工业测控系统时，考虑到传感器接口、伺服控制接口、人机对话接口等的需要，最小应用系统常常不能满足要求。因此，必须在片外扩展相应的外围芯片，这就是系统扩展。它包括程序存储器(ROM)扩展、数据存储器(RAM)扩展、I/O 口扩展、定时器/计数器扩展、中断系统扩展以及其他特殊功能扩展。8051 单片机有很强的扩展功能，外围扩展电路、扩展芯片和扩展方法都非常典型、规范。

**本章要点：**

- 单片机的系统总线；
- 3 种译码方法；
- 外部 ROM、RAM 的扩展 ；
- 74 系列芯片 I/O 扩展；
- 可编程 8255A、8155 的扩展。

## 7.1　单片机系统总线的形成

51 系列单片机的种类很多，这使得单片机的性能和实用性得到了很大的提升。在有些应用场合，一个单片机本身就是一个最小应用系统，许多实际的应用系统就是由这种低成本、小体积的单片机构成的。

单片机本身的资源是有限的，如 51 系列单片机的片内 RAM 容量一般为 128 B～256 B，片内程序存储器为 4 KB～8 KB。对复杂系统而言，若单片机本身的资源满足不了实际要求时，就需要进行系统扩展。

系统扩展的主要内容有如下几个方面：

(1) 外部数据存储器扩展；

(2) 外部程序存储器扩展；

(3) 输入/输出接口扩展；

(4) A/D 和 D/A 扩展。

(5) 键盘/显示器、定时器/计数器的扩展。

为了使单片机能方便地与各种芯片连接，常用单片机的外部连线连接。外部连线有地址总线、数据总线和控制总线。对于 51 系列单片机，三总线结构形式如图 7-1 所示。

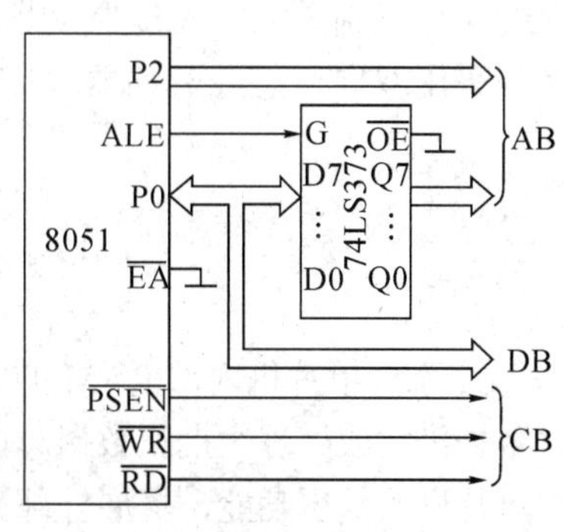

图 7-1　三总线结构形式

地址总线：对单片机进行系统扩展时，P2 口作为高 8 位地址总线。单片机访问外部程序存储器，或访问外部数据存储器和扩展 I/O 端口(如执行 MOVC A，@A+DPTR 或 MOVX A，@DPTR 等指令)时，由 P2 口输出高 8 位地址信号 A15～A8。P2 口具有输出锁存功能，在 CPU 访问外部部件期间，P2 口能保持地址信息不变。P0 口为地址/数据分时复用口，分时用作低 8 位地址总线和 8 位双向数据总线。因此，构成系统总线时，应加 1 个 74LS373 锁存器，用于锁存低 8 位地址信号 A7～A0。

74LS373 是一个 8 位锁存器，三态输出，74LS373 的 8 个输入端 D7～D0 分别与 P0.7～P0.0 相连。G 为 74LS373 的使能端，用地址锁存信号 ALE 控制，当 ALE 为“1”时，使能端 G 有效，P0 口提供的低 8 位地址信号被 74LS373 锁存，其输出 Q7～Q0 即为地址信号 A7～A0；当 ALE 为“0”时，CPU 用 P0 口传送指令代码或数据，此时，使能端 G 无效，地址信号 A7～A0 保持不变，从而保证了 CPU 访问外部部件(外部程序存储器或外部数据存储器，也可能是扩展的 I/O 端口)期间地址信号不会发生变化。

数据总线：P0 口作为数据总线 D7～D0。数据总线是双向三态总线。

控制总线：系统扩展时常用的控制信号有以下几种。

- ALE：地址锁存信号。当 CPU 访问外部部件时，利用 ALE 信号的正脉冲锁存出现在 P0 口的低 8 位地址，因此把 ALE 称为地址锁存信号。
- $\overline{\text{PSEN}}$：片外程序存储器访问允许信号，低电平有效。当 CPU 从外部程序存储器读取指令或读取常数(即执行 MOVC 指令)时，该信号有效，CPU 通过数据总线读回指令或常数。扩展外部程序存储器时，用该信号作为程序存储器的读出允许信号。当 CPU 访问外部数据存储器期间，该信号无效。
- $\overline{\text{RD}}$：片外数据存储器读信号，低电平有效。
- $\overline{\text{WR}}$：片外数据存储器写信号，低电平有效。

当 CPU 访问外部数据存储器或访问外部扩展的 I/O 端口时(执行 MOVX 指令时)，会产生相应的读/写信号。扩展外部数据存储器和 I/O 端口时，$\overline{\text{RD}}$ 和 $\overline{\text{WR}}$ 用于外部数据存储器芯片和 I/O 接口芯片的读/写控制。

8051 系列单片机作为数据总线和低 8 位地址总线的 P0 口可驱动 8 个 LSTTL 电路，而 P1、P2、P3 只能驱动 4 个 LSTTL 电路。当应用系统规模过大时，可能造成负载过重，致使驱动能力不够，系统不能可靠地工作。在设计计算机应用系统硬件电路时，首先要估计总线的负载情况，以确定是否需要对总线的驱动能力进行扩展。地址总线和控制总线为单向的，可采用单向三态线驱动器(如 74LS244)进行驱动能力的扩展。数据总线为双向的，必须采用双向三态线驱动器(如 74LS245)进行驱动能力的扩展。

## 7.2　外部数据存储器的扩展

51 系列单片机内部 RAM 的容量是有限的，一般只有 128 B 或 256 B。当单片机用于实时数据采集或处理大批量数据时，仅靠片内提供的 RAM 是远远不够的。此时，我们可以利用单片机的扩展功能，扩展外部数据存储器。单片机的地址总线为 16 条 A15～A0，可以寻址外部数据存储器的最大空间为 64 KB，用户可根据系统的需要确定扩展存储器容量的大小。

数据存储器即随机存取存储器，用于存放可随时修改的数据信息。常用的外部数据存储器有静态 RAM 和动态 RAM 两种。前者优点是读/写速度快，一般都是 8 位宽度，使用方便、易于扩展；缺点是集成度低、成本高、功耗大。后者优点是集成度高、成本低、功耗相对较低；缺点是需要增加动态刷新电路，硬件电路复杂。因此，对单片机扩展数据存储器时一般都采用静态 RAM。

常用的静态 RAM 芯片有 6264、62256 等芯片，其引脚配置均为 28 脚双列直插式封装，有利于印制板电路设计，使用方便。图 7-2 给出了 6264 的引脚图和真值表。

| 信号 | 引脚 | 6264 | 引脚 | 信号 |
|---|---|---|---|---|
| NC | 1 | | 28 | +5V |
| A12 | 2 | | 27 | $\overline{WE}$ |
| A7 | 3 | | 26 | CS2 |
| A6 | 4 | | 25 | A8 |
| A5 | 5 | | 24 | A9 |
| A4 | 6 | | 23 | A11 |
| A3 | 7 | | 22 | $\overline{OE}$ |
| A2 | 8 | | 21 | A10 |
| A1 | 9 | | 20 | $\overline{CS1}$ |
| A0 | 10 | | 19 | D7 |
| D0 | 11 | | 18 | D6 |
| D1 | 12 | | 17 | D5 |
| D2 | 13 | | 16 | D4 |
| GND | 14 | | 15 | D3 |

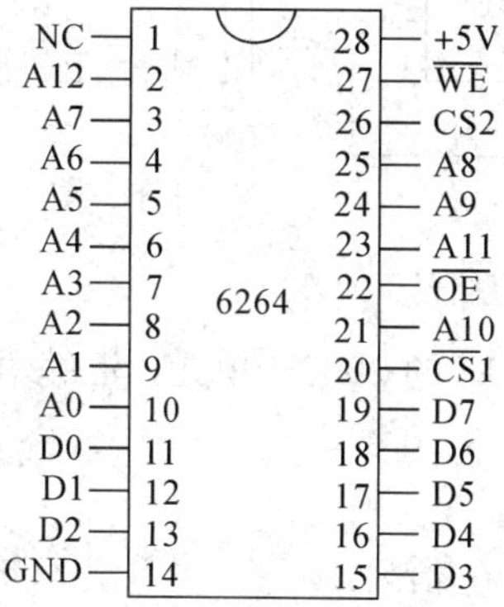

6264 真值表

| $\overline{CS1}$ | CS2 | $\overline{OE}$ | $\overline{WE}$ | D7~D0 |
|---|---|---|---|---|
| 0 | 1 | 0 | 1 | 读出 |
| 0 | 1 | 1 | 0 | 写入 |
| 0 | 0 | × | × | 三态(高阻) |
| 1 | 1 | × | × | |
| 1 | 0 | × | × | |

图 7-2　6264 的引脚图和真值表

存储器扩展的核心问题是存储器的编址问题，就是给存储单元分配地址。由于存储器通常由多块芯片组成，因此存储器的编址分为两个层次：存储器芯片内部存储单元编址和存储器芯片编址。前者靠存储器芯片内部的译码器选择芯片内部的存储单元。后者必须利用译码电路实现对芯片的选择。译码电路是将输入的一组二进制编码变换为一个特定的输出信号，即将输入的一组高位地址信号通过变换，产生一个有效的输出信号，用于选中某一个存储器芯片，从而确定该存储器芯片所占用的地址范围。常用的有 3 种译码方法：全译码、部分译码和线选法。

### 7.2.1　全译码

全译码是用全部的高位地址信号作为译码电路的输入信号进行译码。其特点是：地址与存储单元一一对应，也就是说 1 个存储单元只占用 1 个唯一的地址，地址空间的利用率高。对于要求存储器容量大的系统，一般使用这种译码方法。

**【例 7-1】** 利用全译码为 8051 扩展 16 KB 的外部数据存储器，存储器芯片选用 SRAM 6264，要求外部数据存储器占用从 0000H 开始的连续地址空间。

**解答过程：**

确定需要使用两片 6264 芯片，1# 芯片地址是 0000H～1FFFH，2#芯片地址是 2000H～3FFFH。根据地址译码关系画出原理电路图，如图 7-3 所示。P2.7、P2.6 必须为“0”，P2.5 为“0”时，1# 芯片 $\overline{CS1}$ 有效，故 1# 芯片地址是 0000H～1FFFH；P2.5 为“1”时，2# 芯片 $\overline{CS1}$ 有效，故 2# 芯片地址是 2000H～3FFFH。

$\overline{RD}$ 和 $\overline{OE}$ 直接相连，$\overline{WR}$ 和 $\overline{WE}$ 直接相连。

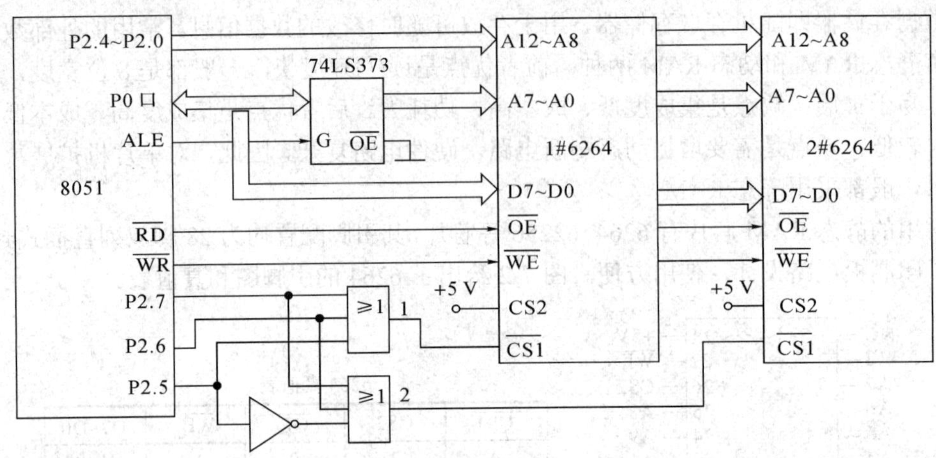


图 7-3　扩展 16 KB 的外部数据存储器

如把外部 RAM 的 1000H 单元的数据传送到外部 RAM 的 2000H 单元，汇编语言程序编制为：

```
MOV   DPTR, #1000H        ；设置源地址指针
MOVX   A, @DPTR           ；产生RD信号，读 1# 存储器芯片
MOV   DPTR, #2000H        ；设置目的地址指针
MOVX   @DPTR, A           ；产生WR信号，写 2# 存储器芯片
```

C 语言程序编制为：

```
unsigned char xdata *p=0x1000;   /*指针 p 指向 1000H 单元*/
n=*p
unsigned char xdata *p=0x2000;   /*指针 p 指向 2000H 单元*/
*p=n;
```

该例中采用的是全译码，故 1# 和 2# 存储器芯片的每一个存储单元各占用 1 个唯一的地址，每个芯片为 8 KB 存储容量，扩展的外部数据存储器总容量为 16 KB，地址范围为 0000H～3FFFH。

**【例 7-2】**利用全译码为 8051 扩展 40 KB 的外部数据存储器，存储器芯片选用 SRAM 6264。要求外部数据存储器占用从 6000H 开始的连续地址空间。

**解答过程：**

确定需要使用 5 片 6264 芯片，1# 芯片地址是 6000H～7FFFH，2# 芯片地址是 8000H～9FFFH，3# 芯片地址是 A000H～BFFFH，4# 芯片地址是 C000H～DFFFH，5# 芯片地址是 E000H～FFFFH。

对于要求存储器容量大的系统，一般使用全译码方法进行译码。这时扩展的芯片数目较多，译码电路需使用专用译码器。译码器 74LS138 是一种常用的地址译码器，其引脚图和真值表如图 7-4 所示。其中，$\overline{G2A}$、$\overline{G2B}$ 和 G1 为控制端，只有当 G1 为“1”且 $\overline{G2A}$、$\overline{G2B}$ 为“0”时，译码器才能进行译码输出，否则，译码器的 8 个输出端全为高阻状态。使用 74LS138 时，$\overline{G2A}$、$\overline{G2B}$ 和 G1 可直接接固定电平，也可参与地址译码，但其译码关系必须为 001。通过地址分配可以很方便地画出存储器系统的连接图，如图 7-5 所示。

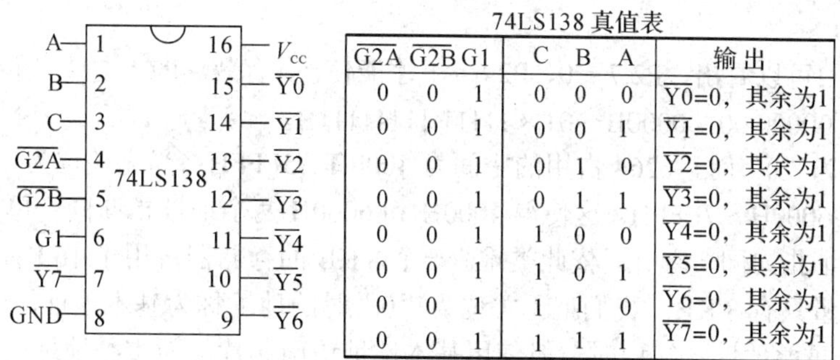


74LS138 真值表

| G2A | G2B | G1 | C | B | A | 输出 |
|---|---|---|---|---|---|---|
| 0 | 0 | 1 | 0 | 0 | 0 | Y0=0，其余为1 |
| 0 | 0 | 1 | 0 | 0 | 1 | Y1=0，其余为1 |
| 0 | 0 | 1 | 0 | 1 | 0 | Y2=0，其余为1 |
| 0 | 0 | 1 | 0 | 1 | 1 | Y3=0，其余为1 |
| 0 | 0 | 1 | 1 | 0 | 0 | Y4=0，其余为1 |
| 0 | 0 | 1 | 1 | 0 | 1 | Y5=0，其余为1 |
| 0 | 0 | 1 | 1 | 1 | 0 | Y6=0，其余为1 |
| 0 | 0 | 1 | 1 | 1 | 1 | Y7=0，其余为1 |

图 7-4　74LS138 引脚图和真值表

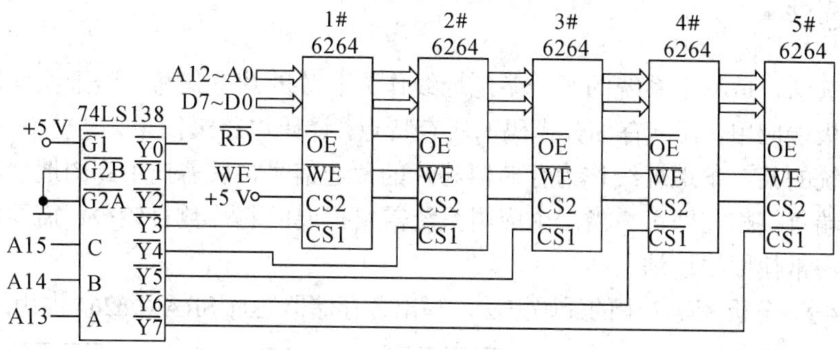


图 7-5　扩展 40 KB 的数据存储器

## 7.2.2　部分译码

部分译码是用部分高位地址信号作为译码电路的输入信号进行译码。其特点是：地址与存储单元不是一一对应的，而是一个存储单元占用多个地址。即在部分译码电路中，有若干条地址线不参与译码，会出现地址重叠现象。我们把不参与译码的地址线称为无关项，若 1 条地址线不参与译码，则一个单元占用 $2^1$ 个地址；若 2 条地址线不参与译码，则一个单元占用 $2^2$ 个地址；若 $n$ 条地址线不参与译码，则一个单元占用 $2^n$ 个地址，$n$ 为无关项的个数。部分译码会造成地址空间的浪费，但译码电路简单，给地址译码电路的设计带来了很大的方便。一般在较小的系统中常采用部分译码方法进行译码。

**【例 7-3】** 分析图 7-6 中的译码方法，写出存储器芯片 SRAM 6264 占用的地址范围。

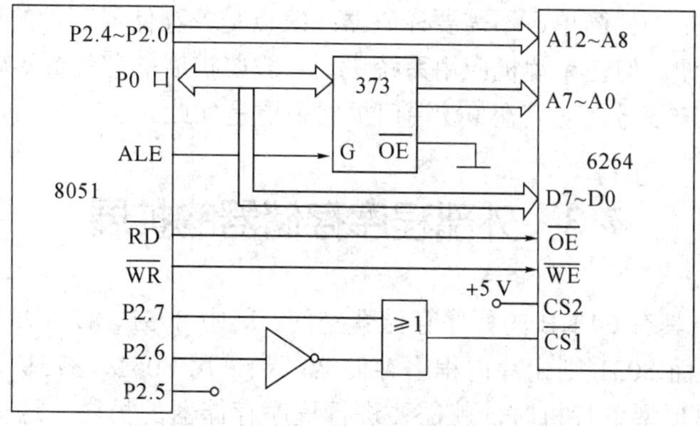


图 7-6　数据存储器扩展(1)

**解答过程：**

从图 7-6 中可以看出，P2.7 = 0、P2.6 = 1 才能使 $\overline{CS1}$ 有效。P2.5 是无关位，故 6264 的地址就为 01×00000 00000000B～01×11111 11111111B。

当无关位为“0”时，6264 占用的空间为 4000H～5FFFH；当无关位为“1”时，6264 占用的空间为 6000H～7FFFH。这使得 4000H 和 6000H 两个地址指向同一单元，4001H 和 6001H 两个地址指向同一单元，依此类推。一个 8 KB 的存储器占用了 16 KB 的地址空间，其实际存储容量只有 8 KB。我们把无关位为“0”时的地址称为基本地址，无关位为“1”时的地址称为重叠地址，编程时一般使用基本地址访问芯片，而重叠地址空着不用。

### 7.2.3 线选法

所谓线选法，是利用系统的某一条地址线作为芯片的片选信号。线选法实际上是部分译码的一种极端应用，其具有部分译码的所有特点，译码电路最简单，甚至不使用译码器，如直接以系统的某一条地址线作为存储器芯片的片选信号，只需把用到的地址线与存储器芯片的片选端直接相连即可。当一个应用系统需要扩展的芯片数目较少，需要的实际存储空间较小时，常使用线选法。

**【例 7-4】** 分析图 7-7 中的译码方法，写出各存储器芯片 SRAM 6264 占用的地址范围。

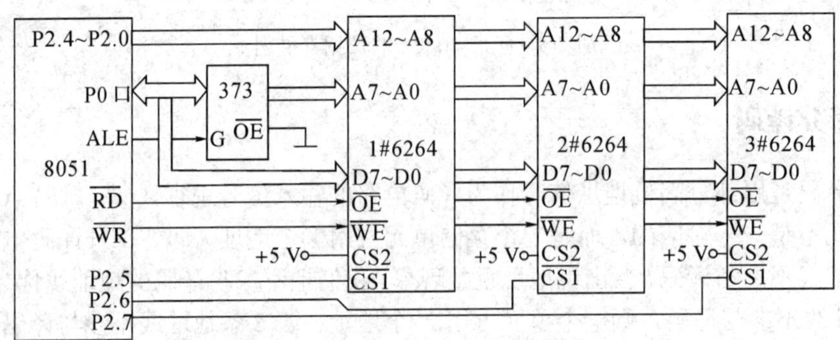


图 7-7　数据存储器扩展(2)

**解答过程：**

图 7-7 中直接把地址线 A15、A14 和 A13 作为芯片的片选信号，故 1#6264 的地址就是 C000H～DFFFH，2#6264 的地址就是 A000H～BFFFH，3#6264 的地址就是 6000H～7FFFH。

线选法的优点是硬件简单，不需要译码器；缺点是各存储器芯片的地址范围不连续，给程序设计带来不便。但在单片机应用系统中，一般要扩展的芯片数目较少，广泛使用线选法作为芯片的片选信号，尤其在 I/O 端口扩展中更是如此。

## 7.3 外部程序存储器的扩展

51 系列单片机具有 64 KB 的程序存储器空间，其中 8051、8751 单片机含有 4 KB 的片内程序存储器，而 8031 则无片内程序存储器。当采用 8051、8751 单片机而程序超过 4 KB，或采用 8031 型单片机时，就需要进行程序存储器的扩展。这里要注意的是，51 系列单片机有一个引脚 $\overline{EA}$ 跟程序存储器的扩展有关。如果 $\overline{EA}$ 接低电平，则不使用片内程序存储器，片外程序存储器地址范围为 0000H～FFFFH；如果 $\overline{EA}$ 接高电平，那么片内存储器和片外程序存储器总容量为 64 KB。

### 7.3.1　EPROM 扩展

扩展程序存储器常用的器件是 EPROM 芯片，如 2764、27128 和 27256。它们均为 28 脚双列直插式封装，引脚如图 7-8 所示。

| 27256 | 27128 | 2764 | 引脚 | 引脚 | 2764 | 27128 | 27256 |
|---|---|---|---|---|---|---|---|
| $V_{PP}$ | $V_{PP}$ | $V_{PP}$ | 1 | 28 | $V_{CC}$ | $V_{CC}$ | $V_{CC}$ |
| A12 | A12 | A12 | 2 | 27 | $\overline{PGM}$ | $\overline{PGM}$ | A14 |
| A7 | A7 | A7 | 3 | 26 | NC | A13 | A13 |
| A6 | A6 | A6 | 4 | 25 | A8 | A8 | A8 |
| A5 | A5 | A5 | 5 | 24 | A9 | A9 | A9 |
| A4 | A4 | A4 | 6 | 23 | A11 | A11 | A11 |
| A3 | A3 | A3 | 7 | 22 | $\overline{OE}$ | $\overline{OE}$ | $\overline{OE}$ |
| A2 | A2 | A2 | 8 | 21 | A10 | A10 | A10 |
| A1 | A1 | A1 | 9 | 20 | $\overline{CE}$ | $\overline{CE}$ | $\overline{CE}$ |
| A0 | A0 | A0 | 10 | 19 | D7 | D7 | D7 |
| D0 | D0 | D0 | 11 | 18 | D6 | D6 | D6 |
| D1 | D1 | D1 | 12 | 17 | D5 | D5 | D5 |
| D2 | D2 | D2 | 13 | 16 | D4 | D4 | D4 |
| GND | GND | GND | 14 | 15 | D3 | D3 | D3 |

图 7-8　2764、27128、27256 引脚图

2764 是 8 K × 8 bit 的 EPROM，单一 +5 V 供电，其引脚有：13 条地址线(A13～A0)，8 位数据线(D7～D0)，片选信号 $\overline{CE}$，输出允许信号 $\overline{OE}$。当 $\overline{CE}=0$、$\overline{OE}=0$ 时，被寻址的单元才能被读出。编程电源 $V_{PP}$，当芯片编程时，该端加编程电压(+25 V 或 +12 V)；正常使用时，该端接 +5 V 电源。

使用 2764，只能将其所存储的内容读出，读出过程与 SRAM 的读出过程相似。

**【例 7-5】** 图 7-9 所示的电路为 8051 扩展的外部存储器，用 $\overline{PSEN}$ 作为 EPROM 的读出允许信号，分析该电路，写出该系统的程序存储器容量及地址范围。

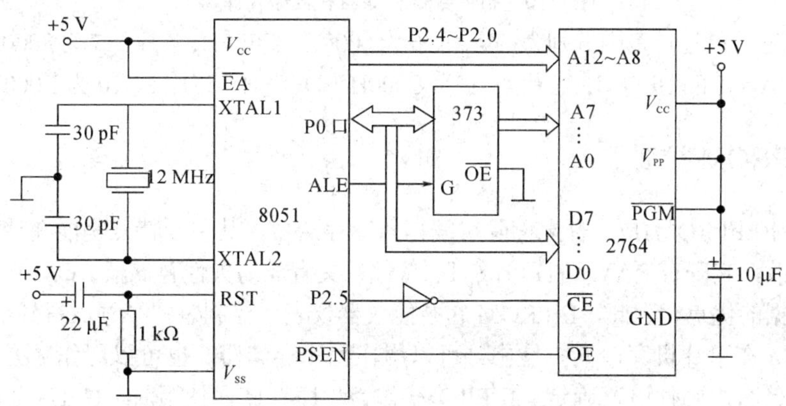


图 7-9　程序存储器扩展

**解答过程：**

由于 P2.7、P2.6 没接线为 0，P2.5 必须为 1，故 2764 的地址应为 2000H～3FFFH。

该系统中，既有片内程序存储器，又有片外程序存储器。执行程序时，CPU 是从片内程序存储器取指令还是从片外程序存储器取指令，是由单片机 $\overline{EA}$ 引脚电平的高低来决定的。图中，$\overline{EA}$ 为高电平，加电后 CPU 先执行片内程序存储器的程序，当 PC 的值超过 0FFFH 时将自动转向片外程序存储器执行指令。但应当注意，由于该系统中的程序存储器的地址是不连续的，在编程时应当合理地进行程序的转移。(初学者往往会忽略这一点)

**【例 7-6】** 利用全译码为 8051 扩展 40 KB 的外部数据存储器和 40 KB 的外部程序存储器，存储器芯片选用 SRAM 6264 和 EPROM 2764。要求 6264 和 2764 占用从 6000H 开始的连续地址空间。

**解答过程：**

确定需要使用 5 片 6264 芯片和 5 片 2764 芯片。使用专用译码器 74LS138 进行译码，其存储器系统的连接图如图 7-10 所示。

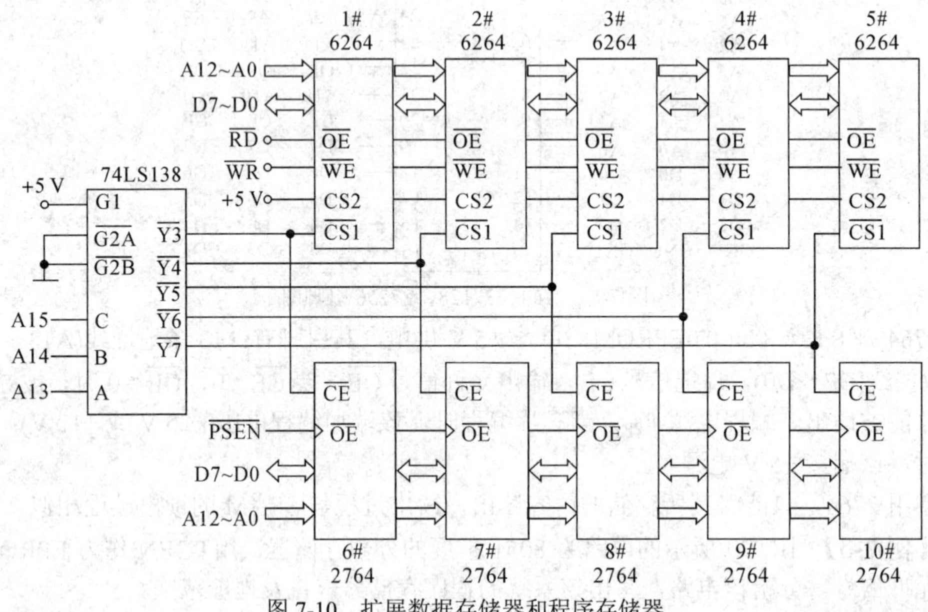


图 7-10　扩展数据存储器和程序存储器

其中，各芯片的地址范围分别为：芯片 1、6 为 6000H～7FFFH；芯片 2、7 为 8000H～9FFFH；芯片 3、8 为 A000H～BFFFH；芯片 4、9 为 C000H～DFFFH；芯片 5、10 为 E000H～FFFFH。

## 7.3.2　E²PROM 扩展

E²PROM(EEPROM)是一种电擦除可编程只读存储器，其主要特点是能在计算机系统中进行在线修改，它既有 RAM 可读可改写的特性，又有非易失性存储器 ROM 在掉电后仍能保持所存数据的优点。因此，E²PROM 在智能仪器仪表、控制装置等领域得到了普遍应用。

E²PROM 在单片机存储器扩展中，可以用作程序存储器，也可以用作数据存储器，至于具体用作什么由硬件电路确定。E²PROM 作为程序存储器使用时，CPU 读取 E²PROM 数据同读取一般 EPROM 的操作相同；E²PROM 作为数据存储器使用时，总线连接及读取 E²PROM 数据同读取 RAM 的操作相同，但 E²PROM 的写入时间较长，必须用软件或硬件来检测写入周期。常用的 E²PROM 芯片有 Intel 2816A、2817A 和 2864A，它们各自的引脚如图 7-11 所示。

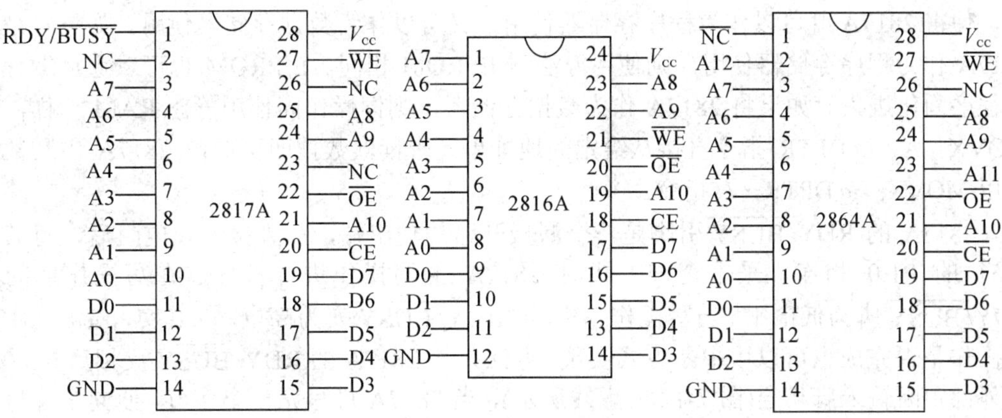


图 7-11　$E^2PROM$ 引脚图

我们以 2817A 芯片为例介绍其性能和扩展方法。2817A 的封装是 DIP28，其容量是 2 K × 8 bit。采用单一 +5 V 供电，片内设有编程所需的高压脉冲产生电路，无需外加编程电源和编程脉冲即可工作。2817A 的读操作与普通 EPROM 的读出相同。2817A 的写入过程如下：CPU 向 2817A 发出字节写入命令后，即当地址有效、数据有效及控制信号 $\overline{CE} = 0$、$\overline{OE} = 1$，且在 $\overline{WE}$ 端加上 100 ns 的负脉冲，便启动一次写操作。但应注意的是，写脉冲过后并没有真正完成写操作，还需要一段时间进行芯片内部的写操作，在此期间，2817A 的引脚 RDY/$\overline{BUSY}$ 为低电平，表示 2817A 正在进行内部的写操作，此时它的数据总线呈高阻状态，因而允许 CPU 在此期间执行其他的任务。当一次写入操作完毕，2817A 便将 RDY/$\overline{BUSY}$ 置高电平，由此来通知 CPU。

**【例 7-7】** 用 8051 单片机扩展 2 KB 的 $E^2PROM$。

**解答过程：**

单片机扩展 2817A 的硬件电路图如图 7-12 所示。图 7-12 中，P2.6 反相后与 2817A 的片选端相连，2817A 的地址范围是 4000H～47FFH。

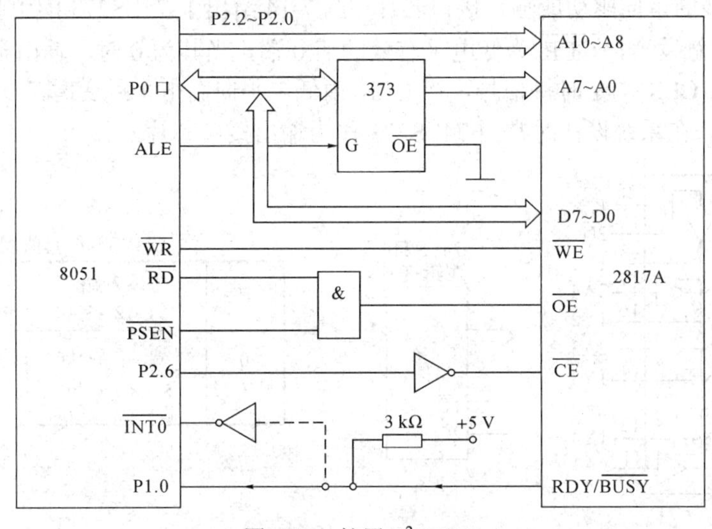


图 7-12　扩展 $E^2PROM$

2817A 的读/写控制线连接采用了将外部数据存储器空间和程序存储器空间合并的方法，使得 2817A 既可以作为程序存储器使用，又可以作为数据存储器使用。如果只是把 2817A 作为程序存储器使用，则使用方法与 EPROM 相同。E$^2$PROM 也可以通过编程器将程序固化进去。如果将 2817A 作为数据存储器，则读操作同使用静态 RAM 一样，用 MOVX　A，@DPTR 指令直接从给定的地址单元中读取数据即可；向 2817A 中写数据采用 MOVX　@DPTR，A 指令。

2817A 的 RDY/$\overline{\text{BUSY}}$ 引脚是一个漏极开路的输出端，故外接上拉电阻后，将其与 8051 的 P1.0 相连。采用查询方式对 2817A 的写操作进行管理。在写操作期间，RDY/$\overline{\text{BUSY}}$ 脚为低电平，当写操作完毕时，RDY/$\overline{\text{BUSY}}$ 变为高电平。其实，检测 2817A 写操作是否完成也可以用中断方式实现，方法是将 2817A 的 RDY/$\overline{\text{BUSY}}$ 反相后与 8051 的外部中断输入脚相连(图 7-12 中虚线所示)，当 2817A 每写完一个字节，便向单片机提出中断请求。

## 7.4　简单 I/O 端口扩展

虽然单片机本身具有 I/O 端口，但其数量有限，在工程应用时往往要扩展外部 I/O 端口。I/O 端口扩展的方法有 3 种：简单 I/O 端口扩展、可编程并行 I/O 端口扩展以及利用串行口进行 I/O 端口扩展。这里介绍简单 I/O 端口扩展方法及实际应用。

对一些简单外设的接口，只要按照“输入三态，输出锁存”与总线相连的原则，选择 74LS 系列的 TTL 或 MOS 器件即能组成扩展接口电路。例如，可采用 8 位三态缓冲器 74LS244 组成输入口，采用 8D 锁存器 74LS273、74LS373、74LS377 等组成输出口。采用这些简单接口芯片进行系统扩展，接口电路简单、配置灵活、编程方便、且价格低廉，是 I/O 端口扩展的一种首选方案。

图 7-13 给出了 74LS244 的引脚图与真值表，它是 8 位三态缓冲器，在系统设计时常常用作系统总线的单向驱动或输入接口芯片。图 7-14 给出了 74LS273 的引脚图与真值表。74LS273 是 8D 触发器，$\overline{\text{CLR}}$ 为低电平有效的清 0 端，当其为 0 时，输出全为 0，且与其他输入端无关；CLK 端是时钟信号，当 CLK 由低电平向高电平跳变时，D 端输入数据传送到 Q 端输出。在系统设计时常用 74LS273 作为输出接口芯片。

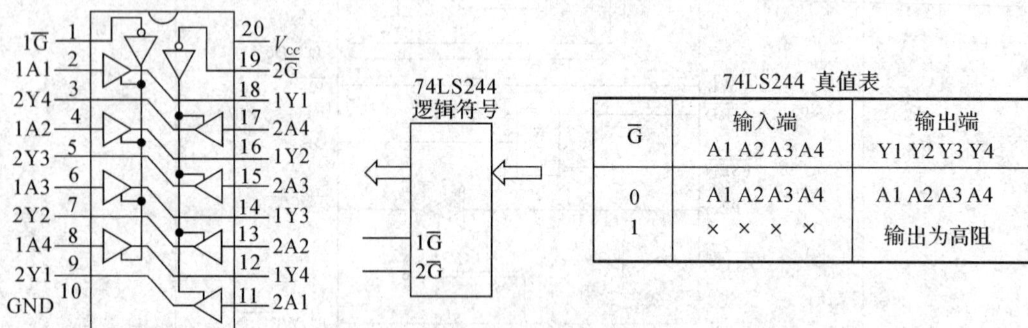


74LS244 真值表

| $\overline{\text{G}}$ | 输入端<br>A1 A2 A3 A4 | 输出端<br>Y1 Y2 Y3 Y4 |
|---|---|---|
| 0 | A1 A2 A3 A4 | A1 A2 A3 A4 |
| 1 | × × × × | 输出为高阻 |

图 7-13　74LS244 引脚图与真值表

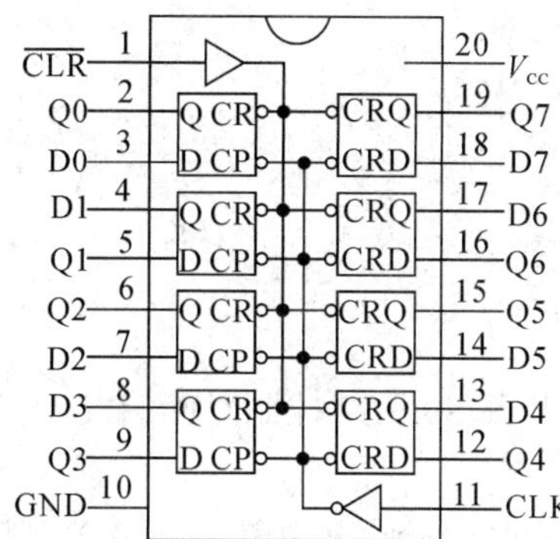


74LS273 真值表

| $\overline{CLR}$ | CLK | D | Q |
|---|---|---|---|
| 0 | × | × | 0 |
| 1 | ↑ | 1 | 1 |
| 1 | ↑ | 0 | 0 |
| 1 | 0 | × | 保持 |

图 7-14　74LS273 引脚图与真值表

**【例 7-8】** 采用 74LS244 和 74LS273 为 8051 单片机扩展 8 位输入端口和 8 位输出端口。

**解答过程：**

单片机扩展 74LS244 和 74LS273 的硬件电路图如图 7-15 所示。

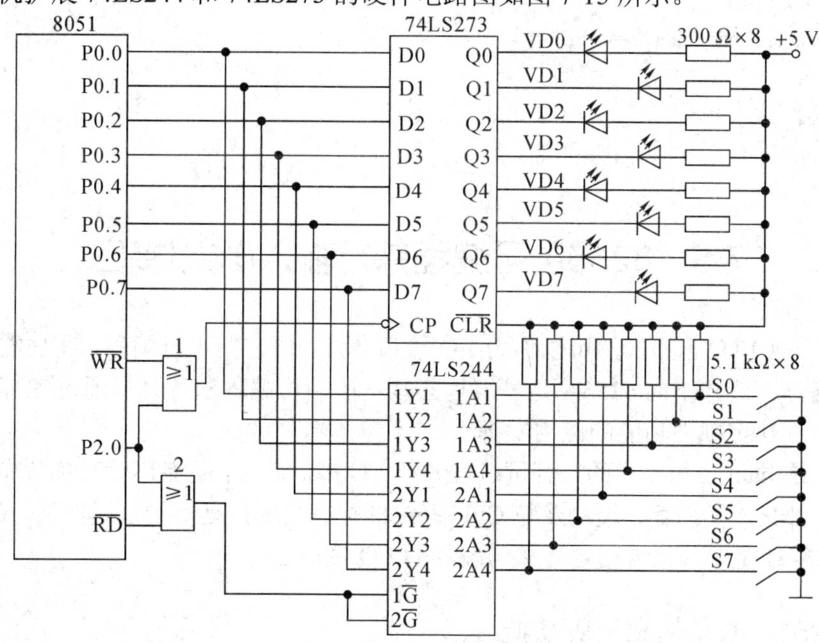


图 7-15　简单 I/O 端口扩展

图 7-15 中，P0 口作为双向 8 位数据线，既能够从 74LS244 输入数据，又能够从 74LS273 输出数据。P2.0 分别与 $\overline{RD}$、$\overline{WR}$ 或运算作为输入口和输出口的选通及锁存信号。因为 74LS244 和 74LS273 都是在 P2.0 为 0 时被选通的，所以两者的口地址统一，只要保证 P2.0 = 0，与其他地址位无关。

在 51 单片机中，扩展的 I/O 端口采用与片外数据存储器相同的寻址方法，所有扩展的 I/O 端口与片外 RAM 统一编址。因此，对片外 I/O 端口的输入/输出指令就是访问片外 RAM 的指令，即：

```
MOVX   A,   @DPTR     ; 产生读信号 RD
MOVX   A,   @Ri       ; 产生读信号 RD
MOVX   @DPTR, A       ; 产生写信号 WR
```

```
MOVX   @Ri,   A          ; 产生写信号WR
```

C 语言程序如下：

```
unsigned char xdata *p;
unsigned char idata *f;
*p=n;
*f=m;
```

针对图 7-15 中的电路可编写程序，实现用开关 S0～S7 控制对应的发光二极管 VD0～VD7 发光。程序如下：

```
NEXT:  MOV   DPTR, #0FEFFH     ; 数据指针指向口地址，P2.0=0，其他无关位为 1
       MOVX  A, @DPTR          ; 输入开关信息
       MOVX  @DPTR,  A         ; 向 74LS273 输出数据，控制发光二极管
       LJMP  NEXT              ; 循环
```

C 语言程序如下：

```
unsigned char xdata *p=0xFEFF;
n=*p;
*p=n;
for (;;)
```

# 7.5　8255A 可编程并行输入/输出接口

74LS 系列 TTL 芯片虽然可以作为 I/O 接口芯片，但它们不可编程，其功能取决于芯片集成电路，本节介绍的 8255A 是可编程芯片。所谓可编程芯片是指通过编程决定其功能，通过软件决定硬件功能的应用发挥。

8255A 是 Intel 公司生产的一种可编程并行 I/O 接口芯片，是专门针对单片微机开发设计的，其内部集成了锁存、缓冲及与 CPU 联络的控制逻辑，是一种通用性强、应用广泛，可以与 MCS-51 型单片机方便地连接与编程的 I/O 接口芯片。

## 7.5.1　8255A 的结构和引脚功能

### 1. 内部结构

8255A 的内部结构框图与引脚图如图 7-16 所示，它由下列几个部分组成。

(1) 并行 I/O 端口 A、B、C。8255A 的内部有 3 个 8 位并行 I/O 口：A 口、B 口和 C 口。三个 I/O 口都可以通过编程选择为输入口或输出口，但在结构和功能上有所不同。当数据传送不需要联络信号时，这三个端口都可以用作输入口或输出口。当 A 口、B 口需要联络信号时，C 口可以作为 A 口和 B 口的联络信号线。

(2) 工作方式控制电路。8255A 的三个端口在使用时可分为 A、B 两组。A 组包括 A 口 8 位和 C 口高 4 位；B 组包括 B 口 8 位和 C 口低 4 位。两组的控制电路都有控制寄存器，根据写入的控制字决定两组的工作方式，也可以对 C 口的每 1 位置 1 或清 0。

(3) 数据总线缓冲器。数据总线缓冲器是三态双向的 8 位缓冲器，是 8255A 与单片机

数据总线的接口，8255A 的 D0～D7 可以和 MCS-51 型单片机 P0.0～P0.7 直接相连。数据的输入/输出、控制字和状态信息的传递，均可通过数据总线缓冲器进行。

(4) 读/写控制逻辑。8255A 读/写控制逻辑的作用是从 CPU 的地址和控制总线上接收有关信号，转变成各种控制命令送到数据缓冲器及 A 组和 B 组的控制电路，控制 A、B、C 三个端口的操作。

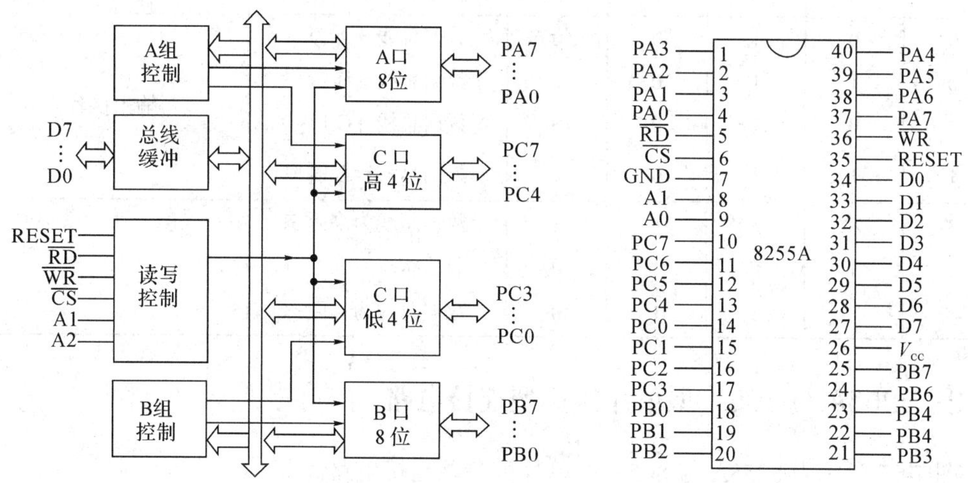


图 7-16　8255A 内部结构框图与引脚图

### 2. 引脚功能

8255A 共有 40 个引脚，双列直插 DIP 封装，40 个引脚可分为与 CPU 连接的数据线、地址和控制信号以及与外围设备连接的三个端口线。

8255A 各个引脚的功能和说明如下：

- D0～D7：双向三态数据总线。
- RESET：复位信号，输入，高电平有效。复位后，控制寄存器清 0，A 口、B 口、C 口被置为输入方式。
- $\overline{CS}$：片选信号，输入，低电平有效。
- $\overline{RD}$：读信号，输入，低电平有效。$\overline{RD}$ 有效时，允许 CPU 通过 8255A 从 D0～D7 读取数据或状态信息。
- $\overline{WR}$：写信号，输入，低电平有效。$\overline{WR}$ 有效时，允许 CPU 将数据或控制字通过 D0～D7 写入 8255A。
- A1、A0：端口控制信号，输入。两位可构成四种状态，分别寻址 A 口、B 口、C 口和控制寄存器。A1A0 为 00、01、10、11 时分别选择 A 口、B 口、C 口和控制寄存器。
- PA0～PA7：A 口数据线，双向。
- PB0～PB7：B 口数据线，双向。
- PC0～PC7：C 口数据/信号线，双向。当 8255A 工作于方式 0 时，PC0～PC7 分为两组(每组 4 位)并行 I/O 数据线；当 8255A 工作于方式 1 或方式 2 时，PC0～PC7 为 A 口、B 口提供联络信号。
- A1A0 与 $\overline{RD}$、$\overline{WR}$、$\overline{CS}$ 信号一起，可确定 8255A 的操作状态，如表 7-1 所示。

表 7-1　8255A 功能操作

| A1 | A0 | $\overline{RD}$ | $\overline{WR}$ | $\overline{CS}$ | 操　作 | |
|---|---|---|---|---|---|---|
| 0 | 0 | 0 | 1 | 0 | A 口→数据总线 | 输入操作 |
| 0 | 1 | 0 | 1 | 0 | B 口→数据总线 | |
| 1 | 0 | 0 | 1 | 0 | C 口→数据总线 | |
| 0 | 0 | 1 | 0 | 0 | 数据总线→A 口 | 输出操作 |
| 0 | 1 | 1 | 0 | 0 | 数据总线→B 口 | |
| 1 | 0 | 1 | 0 | 0 | 数据总线→C 口 | |
| 1 | 1 | 1 | 0 | 0 | 数据总线→控制口 | |
| × | × | × | × | 1 | 数据总线为高阻态 | 禁止操作 |
| 1 | 1 | 0 | 1 | 0 | 非法状态 | |
| × | × | 1 | 1 | 0 | 数据总线为高阻态 | |

## 7.5.2　8255A 与 8051 型单片机典型连接电路

图 7-17 所示为 8255A 与 8051 型单片机典型连接电路。

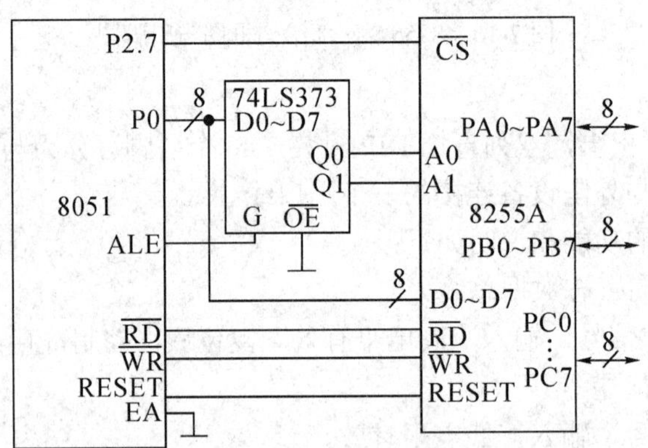


图 7-17　8255A 与 8051 型单片机典型连接电路

由图可知以下：

(1) 8255A 数据线 D0～D7 与 MCS-51 型单片机数据总线 P0.0～P0.7 直接相连。

(2) 8255A RESET 与 MCS-51 型单片机 RESET 相接，MCS-51 型单片机复位时，8255A 同时复位。

(3) 8255A $\overline{WR}$、$\overline{RD}$ 与 MCS-51 型单片机 $\overline{WR}$、$\overline{RD}$ 相接。

(4) 8255A 片选端 $\overline{CS}$ 通常与 MCS-51 型单片机 P2.0～P2.7 中一根端线相接，决定 8255A 口地址。

(5) 8255A 的 A1A0 通常接经 74LS373 锁存后的低 8 位地址 Q1Q0，A1A0 决定 8255A 内部 4 个端口地址。

(6) 8255A 的 A 口、B 口、C 口端线接外围设备，作为扩展的并行 I/O 口。

例如，8255A 各端口地址(设无关位为 1)分别为：A 口 7FFCH、B 口 7FFDH、C 口

7FFEH、控制口 7FFFH。

## 7.5.3　8255A 的控制字

8255A 的控制字有两种：工作方式控制字和 C 口位操作控制字。工作方式控制字控制 A、B、C 三个端口 3 种工作方式，C 口位操作控制字控制 C 口按位置 1 或清 0。

### 1. 工作方式控制字

8255A 各端口的工作方式由工作方式控制字确定，该控制字由 CPU 写入 8255A 控制口。图 7-18(a)所示为 8255A 工作方式控制字每一位的含义和功能。

- D7：工作方式控制字标志，“1”有效。
- D6～D3：确定 A 组(包括 A 口和 C 口高 4 位)工作方式。
- D2～D0：确定 B 组(包括 B 口和 C 口低 4 位)工作方式。

例如，若要求 8255A 的工作方式为：A 口方式 0 输入，B 口方式 0 输出，C 口高 4 位输入，C 口低 4 位输出，则方式控制字为 10011000B，即 98H。对于图 7-18，设置上述工作方式可执行如下指令：

```
MOV    DPTR, #7FFFH          ; 置 8255A 控制口地址
MOV    A,   #98H             ; 工作方式控制字→A
MOVX   @DPTR, A              ; 工作方式控制字→8255A 控制口
```

C 语言程序如下：

```
#define COM8255 XBYTE[0x7FFF]    /*命令口地址*/
COM8255=0x98;                    /*送方式选择命令字*/
```

### 2. C 口位操作控制字

C 口除按字节输入/输出外，还可按位进行位操作。通过 C 口位操作控制字对 C 口任意位置 1 或清 0。图 7-18(b)为 8255A C 口位操作控制字每一位的含义和功能。

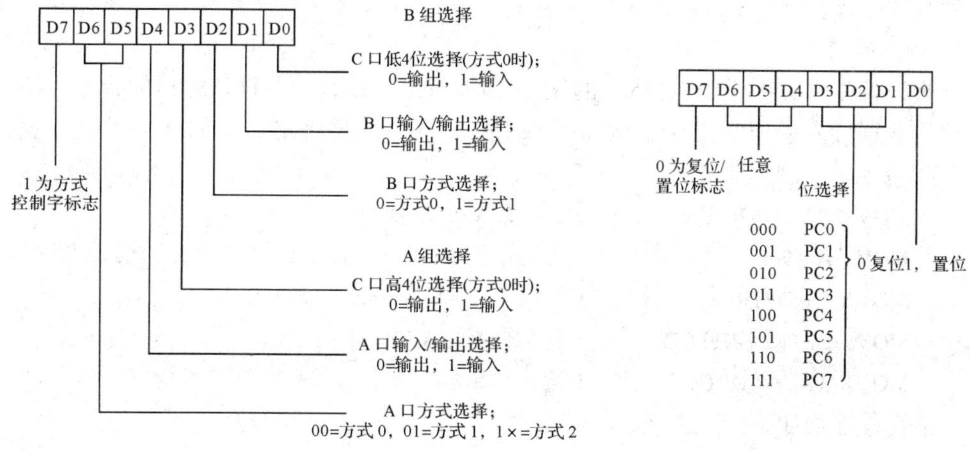


图 7-18　8255A 控制字格式

- D7：C 口位操作控制字标志，0 有效。
- D6～D4：无关位。
- D3～D1：位选择。
- D0：置 1 或清 0。

例如，若要置 PC4=1，则 C 口位操作控制字为 0×××1001B，即 09H。对于图 7-21，可执行如下指令：

```
MOV     DPTR,  #7FFFH        ; 置 8255A 控制口地址
MOV     A,  #09H             ; C 口位操作控制字→A
MOVX    @DPTR,  A            ; C 口位操作控制字→8255A 控制口
```

C 语言程序如下：

```
#define COM8255 XBYTE[0x007f]    /*命令口地址*/
COM8255=0x09;        /*PC4=1*/
```

8255A 的工作方式控制字和 C 口位操作控制字均写入 8255A 控制口，其区别在于控制字的最高位 D7 是 1 还是 0，D7=1 是工作方式控制字，D7=0 是 C 口位操作控制字，初学者容易搞错。

## 7.5.4　8255A 的工作方式

8255A 有 3 种工作方式：方式 0、方式 1 和方式 2。工作方式的选择是通过写控制字的方法来完成的。

### 1. 方式 0(基本输入/输出工作方式)

A 口、B 口及 C 口的高 4 位、低 4 位都可以设置为输入方式或输出方式，不需要选通信号，但某时刻不能既作输入又作输出。单片机可以用 8255A 进行数据的无条件传送，数据在 8255A 的各端口能得到锁存和缓冲。在方式 0 下，输入口为缓冲输入方式，输出口具有锁存功能。

1) 输入操作

外围设备先将数据送到 8255A 的某一端口，CPU 执行一条读该端口的指令，即可将该端口的数据读入累加器 A 中。例如，参照图 7-18，若要从 8255A 的 A 口读入数据，可执行下列指令：

```
MOV   DPTR, #7FFFH        ; 置 8255A 控制口地址
MOV   A, #90H             ; 工作方式控制字→累加器 A，A 口方式 0 输入(无关位为 0)
MOVX  @DPTR, A            ; 工作方式控制字→8255A 控制口
MOV   DPTR,  #7FFCH       ; 置 8255A 的 A 口地址
MOVX  A,  @DPTR           ; 读 A 口数据
```

C 语言程序为如下：

```
#define COM8255 XBYTE[0x7fff]      /*命令口地址*/
#define PA8255 XBYTE[0x7ffc]       /*口 A 地址*/
#define uchar unsigned char
uchar xdata *ram;                  /*RAM 起始地址*/
```

```
COM8255=0x90;                 /*送方式选择命令字*/
PA8255=*ram;                  /*读 A 口数据*/
```

2) 输出操作

CPU 先将输出数据送入累加器 A 中，然后执行一条输出到 8255A 某一端口的指令，即可将数据输出。例如，若要将内 RAM 30H 中的数据从 8255A 的 B 口输出，可执行下列指令：

```
MOV   DPTR, #7FFFH            ；置 8255A 控制口地址
MOV   A, #80H                 ；工作方式控制字→累加器 A，B 口方式 0 输出(无关位为 0)
MOVX  @DPTR, A                ；工作方式控制字→8255A 控制口
MOV   A,      30H             ；读输出数据
MOV   DPTR,  #7FFDH           ；置 8255A 的 B 口地址
MOVX  @DPTR, A                ；输出数据→8255A 的 B 口
```

C 语言程序如下：

```
#define COM8255 XBYTE[0x7fff]        /*命令口地址*/
#define PB8255 XBYTE[0x7ffd]         /*口 B 地址*/
#define uchar unsigned char
uchar xdata *ram=0x30;               /*RAM 起始地址*/
COM8255=0x08;                        /*送方式选择命令字*/
PB8255=*ram;                         /*输出数据送 8255A 的 B 口*/
```

### 2. 方式 1(选通输入/输出工作方式)

8255A 工作方式 1 是选通输入/输出方式。在这种方式下，A 口和 B 口由编程可分别设定为输入口或输出口，而 C 口则分为两部分，分别用来作 A 口和 B 口的控制和同步信号，以便于 8255A 与 CPU 或外围设备之间传送状态信息及中断请求信号。这种联络信号是由 8255A 内部规定的，不是由用户指定的。C 口高 4 位服务于 A 口，C 口低 4 位服务于 B 口。在方式 1 输入和输出情况下，C 口各位的定义如表 7-2 所示。

**表 7-2　8255A C 口方式 1 位定义表**

| 引 脚 | PC7 | PC6 | PC5 | PC4 | PC3 | PC2 | PC1 | PC0 |
|---|---|---|---|---|---|---|---|---|
| 方式 1 输入 | I/O | I/O | $IBF_A$ | $\overline{STB_A}$ | $INTR_A$ | $\overline{STB_B}$ | $IBF_B$ | $INTR_B$ |
| 方式 1 输出 | $\overline{OBF_A}$ | $\overline{ACK_A}$ | I/O | I/O | $INTR_A$ | $\overline{ACK_B}$ | $\overline{OBF_B}$ | $INTR_B$ |

C 口在 A 口和 B 口都工作于方式 1 的输入或输出方式下，各位定义不同，有固定 6 位，其中 3 位为 A 口、3 位为 B 口提供状态和控制信号。剩余 2 位可作为基本输入或输出方式。若 A 口、B 口中一个工作于方式 1，另一个工作于方式 0，则 C 口固定的 3 位为其中一个口服务，剩余 5 位作为基本输入/输出。

1) 方式 1 输入

图 7-19 所示为 8255A 工作方式 1 输入时 A 口和 B 口功能图。

C 口状态和控制信号定义如下：

• $\overline{STB}$：选通信号，低电平有效，由外围设备提供。C 口对 A 口、B 口各有一个 $\overline{STB}$，分别为 $\overline{STB_A}$ 和 $\overline{STB_B}$。当有效时，外围设备把数据送入 8255A 的 A 口和 B 口。

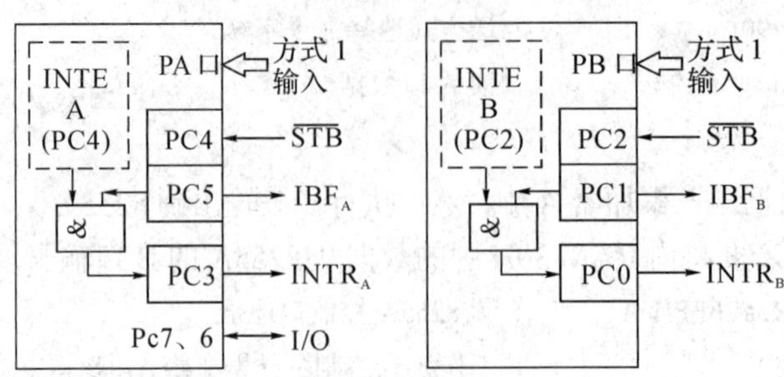


图 7-19　方式 1 输入时的联络信号

• IBF：输入缓冲器满信号，高电平有效，由 8255 输出给外围设备。A 口和 B 口的 IBF 分别为 $IBF_A$、$IBF_B$。当 IBF 有效时，表明外围设备已将数据送到 A 口或 B 口的输入缓冲器，但尚未取走，禁止外围设备继续向 8255A 传送数据。IBF 也可作为 CPU 向 8255A 查询信号。IBF = 1，CPU 应该从 8255A 端口读取数据。IBF 由外围设备提供的 $\overline{STB}$ 信号置位，由 CPU 读外 RAM 时发出的 $\overline{RD}$ 信号复位。

• INTR：中断请求信号，高电平有效，由 8255A 发出，向 CPU 请求中断，在中断服务程序中读取外围设备输入的数据。A 口、B 口的 INTR 信号分别为 $INTR_A$ 和 $INTR_B$，INTR 应反相后，才能与 MCS-51 型单片机 $\overline{INT0}$ 或 $\overline{INT1}$ 连接。INTR 置位条件：INTE = 1、$\overline{STB}$ = 1、IBF = 1。INTR 复位条件：$\overline{RD}$ 下降沿。

• INTE 是 8255A 内部的中断允许控制信号，是内部中断允许触发器的状态，由 C 口的相应位设置，A 口、B 口的 INTE 分别为 $INTE_A$ 和 $INTE_B$，其中 $INTE_A$ 由 PC4 控制：CPU 置 PC4 = 1 时，$INTE_A$ = 1，允许 A 口接收中断；$INTE_B$ 由 PC2 控制：CPU 置 PC2=1 时，$INTE_B$ = 1，允许 B 口接收中断；且 PC4、PC2 控制 $INTE_A$ 和 $INTE_B$ 时，对 PC4、PC2 的另一个功能 $\overline{STB_A}$ 和 $\overline{STB_B}$ 无影响。例如，PC4 用于置 $INTE_A$ 时，由 CPU 对 C 口位操作控制字写入 PC4 = 1；而 $\overline{STB_A}$ 是外围设备直接对 PC4 输入的数字信号，两者无关系。

8255A 工作于方式 1，选通输入时的工作过程如下：

(1) 8255A $IBF_A$ = 0，表示 A 口输入缓冲器空，允许外围设备向 8255A 的 A 口输入数据。

(2) 外围设备接到 8255A $IBF_A$ = 0 的信号后，输出一组数据给 8255A 的 A 口，同时输出一个低电平信号，注入 8255A $\overline{STB_A}$ 端(PC4)。

(3) 8255A 收到外围设备发出的 $\overline{STB_A}$ 信号后，知道外围设备已将数据发送到 8255A 的 A 口，即利用 $\overline{STB_A}$ 信号作为 8255A A 口输入数据缓冲器的触发脉冲，锁存外围设备发向 A 口的这组数据。

(4) 8255A 锁存外围设备发来的数据后，向外围设备发出 $IBF_A$(PC5)=1，表示 A 口输入缓冲器已满，外围设备应停止向 A 口继续发送数据。

(5) 外围设备收到 8255A 发出的 $IBF_A$= 1 后，停止发送数据，并发出高电平信号，注入 8255A 的 $\overline{STB_A}$ 端(PC4)。

(6) 若 CPU 已先对 8255A 的 C 口 PC4 写入位控制字，PC4 = 1，触发 8255A 片内 A 口中断允许触发器 $INTE_A$，使 $INTE_A$ = 1，表示允许 A 口中断。则在上述条件下，$INTR_A$(PC3) = 1，向 CPU 发出中断请求。

(7) CPU 响应 8255A 的中断请求后，在中断服务程序中读取 A 口数据，执行 MOVX 指令时，$\overline{RD}$ 自动有效，在 $\overline{RD}$ 的上升沿 $IBF_A$ 复位($IBF_A = 0$)，在 $\overline{RD}$ 下降沿 $INTR_A$ 复位($INTR_A = 0$)，至此完成一个数据从外围设备经 8255A 到 CPU 的选通输入。

2) 方式 1 输出

图 7-20 所示为 8255A 工作方式 1 输出时 A 口和 B 口功能图。

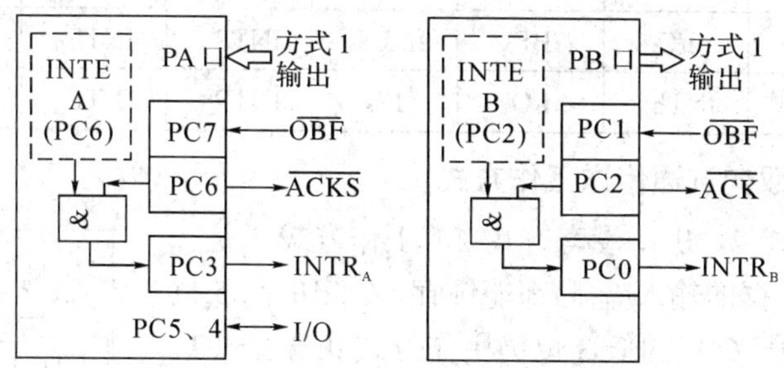


图 7-20　方式 1 输出时的联络信号

C 口状态和控制信号定义如下：

· $\overline{OBF}$：输出缓冲器满，低电平有效，由 8255A 输出给外围设备。A 口和 B 口的分别为 $\overline{OBF_A}$ 和 $\overline{OBF_B}$，当有效时，表示 CPU 已将输出数据送至 A 口或 B 口的输出缓冲器中，外围设备可以将该数据取走。$\overline{OBF}$ 由 CPU 的 $\overline{WR}$ 上升沿清 0，由外围设备发来的 $\overline{ACK}$ 下降沿置 1。

· $\overline{ACK}$：响应信号，低电平有效。当外围设备从 8255A 的 A 口或 B 口取走数据后，发出一个负脉冲，注入 8255A $\overline{ACK}$ 端。

· INTR：中断请求信号，高电平有效，由 8255 的 A 发出，向 CPU 请求中端。INTR 反相后，才能与 MCS-51 单片机 $\overline{INT0}$ 或 $\overline{INT1}$ 连接。INTR 置位条件：INTE = 1、$\overline{OBF} = 1$、$\overline{ACK} = 1$。INTR 复位条件：$\overline{WR}$ 上升沿。

在方式 1 输出中，$INTE_A$ 由 PC6 控制：CPU 置 PC6 = 1 时，$INTE_A = 1$，允许 A 口发送中断；$INTR_B$ 由 PC2 控制：CPU 置 PC2 = 1 时，$INTE_B = 1$，允许 B 口发送中断。

8255A 工作于方式 1，选通输出时的工作过程如下：

(1) CPU 输出数据到 8255A 的 A 口，执行 MOVX 指令时，$\overline{WR}$ 自动有效，$\overline{WR}$ 上升沿使 8255A 的 $INTR_A = 0$，取消中断申请，暂停继续向 A 口输出数据。同时使 8255A 发出 $\overline{OBF_A} = 0$ 信号，$\overline{OBF_A}$ 信号有效表示外围设备可以接收信号。

(2) 外围设备收到 $\overline{OBF_A} = 0$ 信号，从 8255A 的 A 口取走数据后，发 $\overline{ACK_A} = 0$ 信号，其下降沿使 8255A 的 $\overline{OBF_A} = 1$，禁止外围设备继续向 8255A 要数据，也可作为 CPU 向 8255A 查询，以便输出下一个数据。

(3) 当外围设备发出 $\overline{ACK_A}$ 信号变为高电平后，若 CPU 预置 PC6 = 1，使 8255A $INTE_A = 1$，允许中断，则 $INTR_A = 1$，向 CPU 发出中断请求，开始进入输出下一个数据的操作过程。

3) 方式 1 的状态字

在方式 1 的情况下，可以通过读 C 口数据读得 C 口的状态字，用来检查外围设备或 8255A 的工作状态，从而控制程序的进程。状态字位表如表 7-3 所示，与表 7-2 相比，读得的C口状态字在输入情况下的PC4和PC2不是该引脚上外围设备送来的选通信号$\overline{STB_A}$和$\overline{STB_B}$；在输出情况下的 PC6 和 PC2 不是该引脚上外围设备送来的响应信号$\overline{ACK_A}$和$\overline{ACK_B}$，而是由位控制字确定的该位的状态(即中断允许信号 INTE)。

表 7-3　8255A C 口方式 1 状态字位表

| 引 脚 | PC7 | PC6 | PC5 | PC4 | PC3 | PC2 | PC1 | PC0 |
|---|---|---|---|---|---|---|---|---|
| 方式1输入 | I/O | I/O | $IBF_A$ | $INTE_A$ | $INTR_A$ | $INTE_B$ | $IBF_B$ | $INTR_B$ |
| 方式1输出 | $\overline{OBF_A}$ | $INTE_A$ | I/O | I/O | $INTR_A$ | $INTE_B$ | $\overline{OBF_B}$ | $INTR_B$ |

### 3. 方式 2(A 口双向选通传送工作方式)

只有 A 口有方式 2，B 口没有方式 2。工作方式 2 是一种双向传送方式，数据的输入/输出都能锁存，C 口的高 5 位用作 A 口的联络信号，C 口的低 3 位仍用作方式 0 与方式 1，在方式 0 时可作 C 口基本输入/输出，在方式 1 时用作 B 口联络信号。图 7-21 所示为 8255A 工作方式 2 时的功能图，表 7-4 所示是 8255A 方式 2 时 C 口各位的定义。

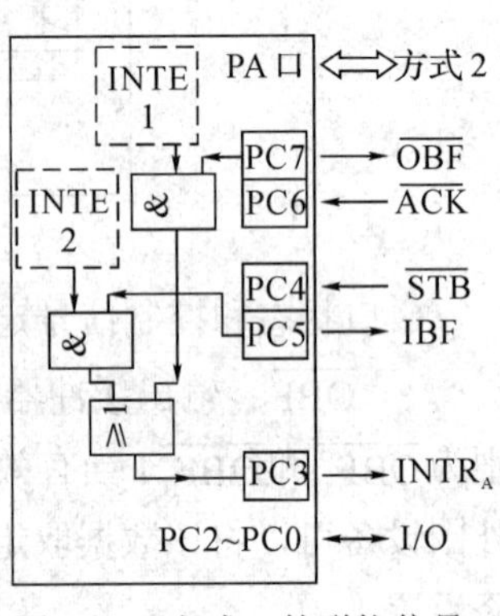

图 7-21　方式 2 的联络信号

$\overline{OBF_A}$和$\overline{ACK_A}$构成双向方式下输出的联络信号，$\overline{OBF_A}$与方式 1 输出时功能相同，$\overline{ACK_A}$与方式 1 输出有所不同。在方式 2 的情况下，外围设备收到 8255A 发出的$\overline{OBF_A}$输出缓冲器满信号，不能直接从 A 口输出缓冲器读取输出数据，而要利用$\overline{ACK_A}$去触发 8255A 的 A 口输出缓冲器，让 8255A 将 A 口输出缓冲器中的数据传送到 A 口外部数据线上，否则，8255A 的 A 口输出缓冲器输出端呈高阻态。

表 7-4　8255A 方式 2 时 C 口各位的定义

| 引　脚 | PC7 | PC6 | PC5 | PC4 | PC3 |
|---|---|---|---|---|---|
| 信　号 | $\overline{OBF_A}$ | $\overline{ACK_A}$ | $IBF_A$ | $\overline{STB_A}$ | $INTR_A$ |

$IBF_A$和$\overline{STB_A}$构成双向方式下输入的联络信号，其功能与方式 1 输入时相同。

$INTR_A$是双向方式下输入与输出合用的中断请求信号，其置位复位条件和功能与方式 1 相同。当 A 口工作于方式 2 时，允许中断。若 B 口工作于方式 1 时，也允许中断。这时就有 3 个中断源：A 口的输入、A 口的输出和 B 口；2 个中断信号：$INTR_A$和$INTR_B$。CPU 在响应 8255A 的中断请求时，先要查询 PC3($INTR_A$)和 PC0($INTR_B$)，以判断中断源是 A 口还是 B 口。如果是 A 口，则还要进一步查询 PC5($IBF_A$)和 PC7($\overline{OBF_A}$)，以确定是输入中断还是输出中断。

8255A 工作方式 2 时的 C 状态字如表 7-5 所示。

表 7-5　8255A C 口方式 2 状态字位表

| 引脚 | PC7 | PC6 | PC5 | PC4 | PC3 | 引　脚 | PC2 | PC1 | PC0 |
|---|---|---|---|---|---|---|---|---|---|
| 方式 2 | $\overline{OBF_A}$ | $INTE_1$ | $IBF_A$ | $INTE_2$ | $INTR_A$ | 方式 1 输入 | $INTE_B$ | $IBF_B$ | $INTR_B$ |
| | | | | | | 方式 1 输出 | $INTE_B$ | $\overline{OBF_B}$ | $INTR_B$ |

**【例 7-9】** 利用 8255 控制打印机。

**解答过程：**

图 7-22 是 8051 扩展 8255 与打印机接口的电路。8255 的片选线为 P0.7，打印机与 8051 采用查询方式交换数据。打印机的状态信号输入给 PC7，打印机忙时 BUSY=1，微型打印机的数据输入采用选通控制，当 STB 上负跳变时数据被输入。8255 采用方式 0 由 PC0 模拟产生 STB 信号。

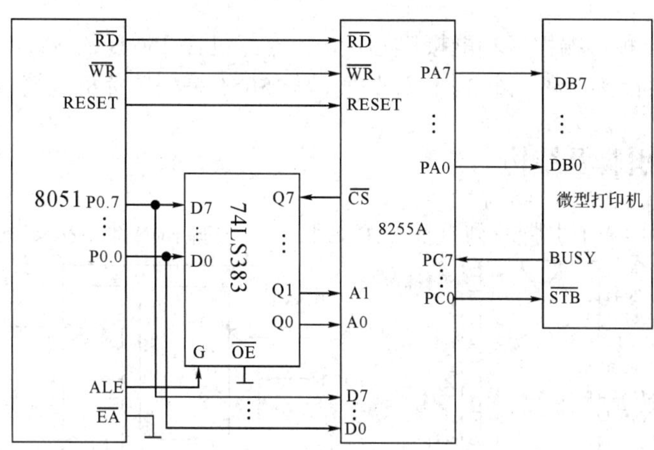


图 7-22　8051 扩展 8255 与打印机接口的电路

按照接口电路，A 口地址为 7CH，C 口地址为 7EH，命令口地址为 7FH，PC7～PC4 输入，PC3～PC0 输出。方式选择命令字为 8EH。

向打印机输出字符串“WELCOME”的程序如下：

```
#include <absacc.h>
#include <reg51.h>
#define uchar unsigned char
#define COM8255 XBYTE[0x007f]        /*命令口地址*/
#define PA8255 XBYTE[0x007c]         /*A 口地址*/
#define PC8255 XBYTE[0x007e]         /*C 口地址*/
void toprn (uchar *p)                /*打印字符串函数*/
{
    while (*p!='\0')
    {   While ((0x80 & PC8255)!=0);  /*查询等待打印机的 BUSY 状态*/
        PA8255=*p;                   /*输出字符*/
        COM8255=0x00;                /*模拟 STB 脉冲*/
        COM8255=0x01;
        p++;
    }
}
void   main(void)
{   uchar idata prn[]="WELCOME";          /*设测试用字符串*/
```

```
    COM8255=0x8e;                /*输出方式选择命令*/
    toprn(prn);                  /*打印字符串*/
}
```

# 7.6　8155 可编程并行输入/输出接口

8155 芯片是一种可编程多功能接口芯片，其内部包含 256 B 的 SRAM，两个 8 位并行接口，一个 6 位并行接口和一个 14 位计数器，与 8051 系列单片机的接口非常简单。

## 7.6.1　8155 的引脚及结构

8155 芯片采用 40 个引脚双列直插 DIP 封装，其引脚和内部结构如图 7-23 所示。

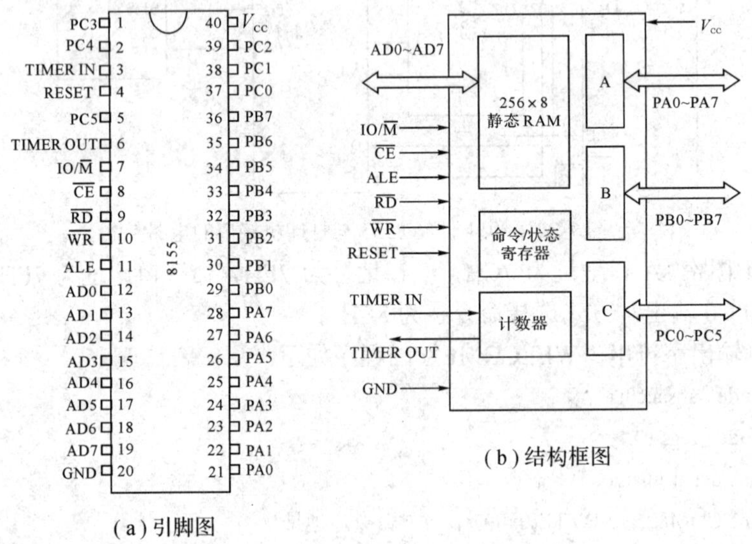


图 7-23　8155 的引脚及结构框图

8155 的内部包含以下几部分：

(1) 256 字节的 SRAM。

(2) 可编程的 8 位并行接口 A、B 和 6 位并行接口 C。

(3) 一个 14 位的减法计数器。

(4) 只允许写入的 8 位命令寄存器/只允许读出的 8 位状态寄存器。

各引脚功能如下：

• AD7～AD0：三态地址/数据总线，双向三态，可直接与 8051 系列单片机的 P0 接口连接。

• ALE：地址锁存允许信号输入端。其信号的下降沿将 AD7～AD0 线上的 8 位地址锁存在内部地址寄存器中。该地址可以作为 256 B 存储器的地址，也可以作为 8155 内部各端口地址，这将由输入的 IO/$\overline{M}$ 信号的状态来决定。在 AD7～AD0 引脚上出现的数据是写入还是读出，8155 由系统控制信号 $\overline{WR}$ 和 $\overline{RD}$ 来决定。

• RESET：8155 的复位信号输入端。该信号的脉冲宽度一般为 600 ns，复位后 3 个

I/O 口总是被置成输入工作方式。

- $\overline{CE}$：片选信号，低电平有效。
- IO/$\overline{M}$：内部端口和 SRAM 选择信号。当 IO/$\overline{M}$ = 1 时，选择内部端口；当 IO/$\overline{M}$ = 0 时，选择 SRAM。
- $\overline{WR}$：写选通信号。当低电平有效时，将 AD7～AD0 上的数据写入 SRAM 的某一地址单元，或某一端口。
- $\overline{RD}$：读选通信号。当低电平有效时，将 8155 SRAM 某地址单元的内容读至数据总线，或将内部端口的内容读至数据总线。
- PA7～PA0：A 口的 8 根通用 I/O 线，数据的输入或输出的方向由可编程命令寄存器内容决定。
- PB7～PB0：B 口的 8 根通用 I/O 线，数据的输入或输出的方向由可编程命令寄存器内容决定。
- PC5～PC0：C 口的 6 根数据/控制线，通用 I/O 方式时传送 I/O 数据，A 口或 B 口选通 I/O 方式时传送控制和状态信息。控制功能由可编程命令寄存器的内容实现。
- TIMER IN：计数器时钟输入端。
- TIMER OUT：计数器时钟输出端。其输出信号是矩形还是脉冲，是输出单个信号还是连续信号，由计数器的工作方式决定。

## 7.6.2　8155 与 8051 单片机的连接电路

8051 系列单片机可以与 8155 直接连接而不需要任何附加电路，使系统增加 256 字节的 RAM、22 位 I/O 线及一个计数器。如图 7-24 所示为 8051 与 8155 的连接。由图分析可知，P2.7 必须为 0；P2.0 = 0 时，选中 RAM，P2.0=1 时，选中内部端口寄存器；P2.6～P2.1 为无关位，设定为 1。

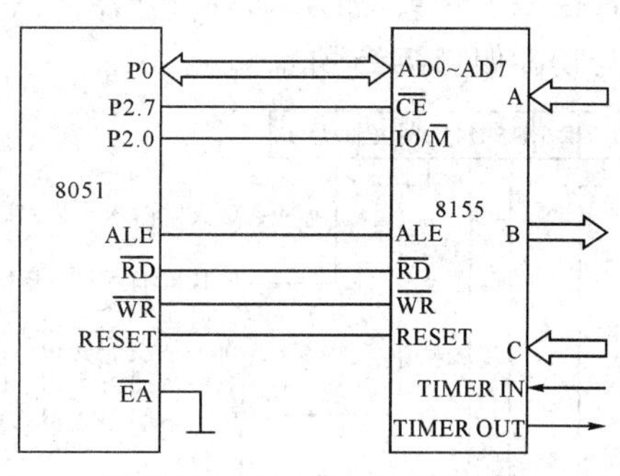

图 7-24　8051 与 8155 的连接

由于 RAM 需 256 B 单元空间，故 P0.7～P0.0 从 00H～FFH 定义；内部端口寄存器地址需 6 个，故 P0.2～P0.0 从 000B～101B 定义，剩余 P0.7～P0.3 为无关位，设定为 0。表 7-6 所示为 8155 寄存器地址定义。

**表 7-6　8155 寄存器地址**

| AD2 | AD1 | AD0 | 寄存器名称 |
|---|---|---|---|
| 0 | 0 | 0 | 命令/状态寄存器 |
| 0 | 0 | 1 | A 口 |
| 0 | 1 | 0 | B 口 |
| 0 | 1 | 1 | C 口 |
| 1 | 0 | 0 | 定时器低 8 位 |
| 1 | 0 | 1 | 定时器高 6 位和输出信号波形 |

根据以上分析可知，8155 片内 RAM 和各寄存器地址如下：

(1) RAM 地址：7E00H～7EFFH。

(2) 命令/状态寄存器：7F00H。

(3) A 口：7F01H。

(4) B 口：7F02H。

(5) C 口：7F03H。

(6) 定时器/计数器低 8 位：7F04H。

(7) 定时器/计数器高 8 位：7F05H。

## 7.6.3　8155 工作方式控制字和状态字

8155 的工作方式由可编程命令寄存器内容决定，状态可由状态寄存器的内容获得。8155 命令寄存器和状态寄存器均为独立的 8 位寄存器。在 8155 内部，从逻辑上说，只允许写入命令寄存器和读出状态寄存器。命令寄存器和状态寄存器共用同一地址，以简化硬件结构，并将两个寄存器简称为命令/状态寄存器。

### 1. 工作方式控制字

8155 的 A 口和 B 口都有两种工作方式：基本输入/输出方式和选通输入/输出方式，每种方式都可置为输入或输出，以及有无中断功能。C 口能用作基本输入/输出，也可为 A 口、B 口工作于选通方式时提供控制线。工作方式的选择是通过写入命令寄存器的工作方式控制字来实现的，命令寄存器的内容只能写入不能读出。工作方式控制字的每一位含义与功能如图 7-25 所示。

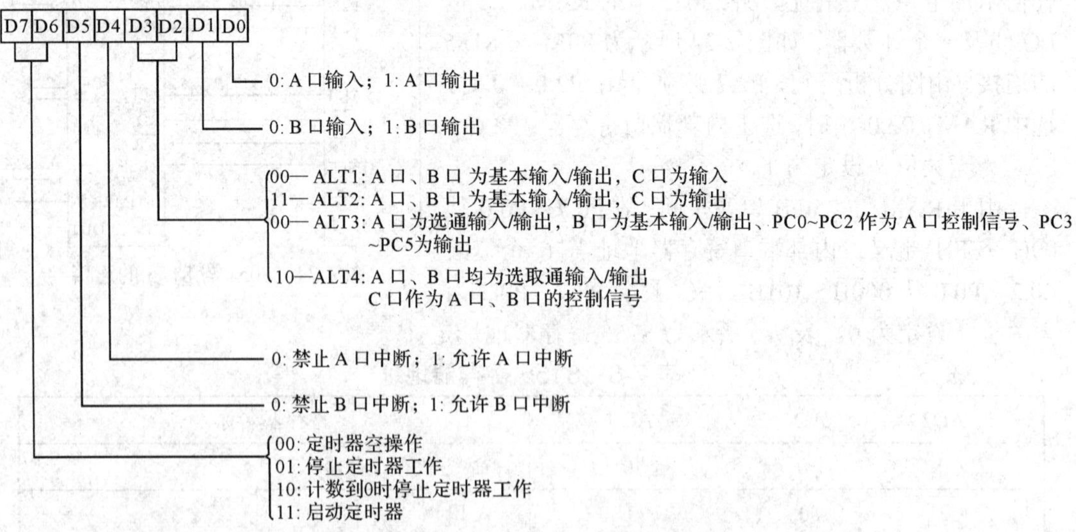


图 7-25　8155 工作方式控制字格式

### 2. 状态控制字

8155 的状态寄存器由 8 位锁存器组成，其最高位为任意值，通过读状态寄存器的操作，知道 8155 A 口、B 口和定时器的工作状态，状态寄存器的内容只能读出不能写入，状态口的地址与命令口的地址相同，如图 7-26 所示。

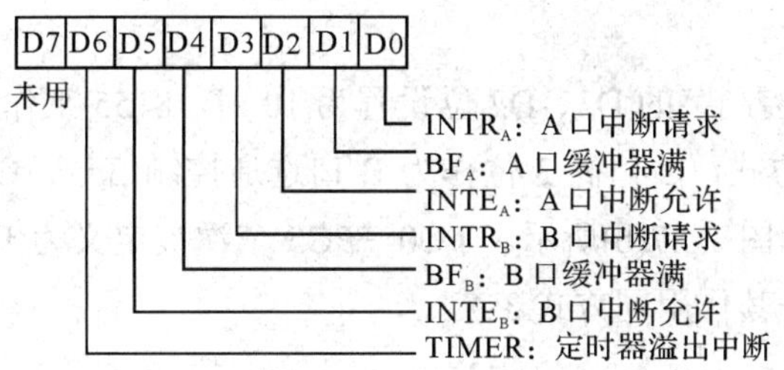


图 7-26　8155 状态字的格式

## 7.6.4　8155 工作方式

### 1. 基本输入/输出方式

当 8155 的控制字 D3、D2 位设置为 00 或 11 时，8155 工作于方式 1 与方式 2，A 口、B 口均为基本输入/输出方式，输入或输出由 D0、D1 位分别决定。C 口在方式 1 下为基本输入方式，在方式 2 下为基本输出方式。

### 2. 选通输入/输出方式

8155 工作在选通输入/输出方式时有两种方式：方式 3 下仅 A 口为选通工作方式；方式 4 下 A 口、B 口均为选通工作方式。

1) *方式 3*

当 8155 工作方式控制字的 D3、D2 位设置为 01 时，8155 工作于方式 3，即 A 口为选通输入/输出方式，B 口为基本输入/输出方式，C 口的低 3 位作为 A 口选通方式的控制信号，其余 3 位可用作输出，其功能如图 7-27(a)所示。

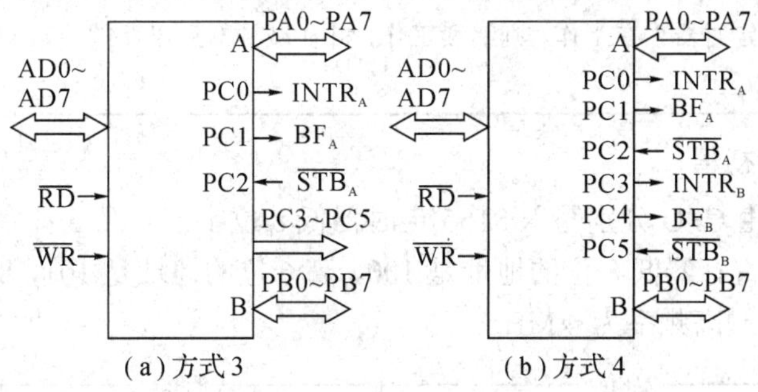


图 7-27　8155 选通输入/输出方式的功能

在方式 3 下，C 口低 3 位定义如下：

- PC0：$INTR_A$，A 口中断请求信号，输出，高电平有效。
- PC1：$BF_A$，A 口缓冲器满信号，输出，高电平有效。
- PC2：$\overline{STB_A}$，A 口选通信号，输入，低电平有效。

8155 工作于选通输入/输出方式时的操作情况与 8255A 工作于选通输入/输出方式相似，区别是 8255A 的缓冲器满信号分为输入缓冲器满 IBF 和输出缓冲器满 $\overline{OBF}$，而 8155 的缓冲器满信号只有一个 BF，不分输入/输出；另外，8255A 与外围设备的联络信号在输入方式下为$\overline{STB}$，在输出方式下为$\overline{ACK}$，而 8155 不分输入/输出，均为$\overline{STB}$。

2) 方式 4

当 8155 工作方式控制字的 D3、D2 位设置为 10 时，8155 工作于方式 4，即 A 口和 B 口均为选通输入/输出方式，C 口高 3 位作为 B 口选通控制信号，C 口低 3 位作为 A 口选通控制信号，其功能如图 7-27(b)所示。PC0～PC5 依次被定义为 $INTR_A$、$BF_A$、$\overline{STB_A}$、$INTR_B$、$BF_B$、$\overline{STB_B}$，其作用同方式 3。

## 7.6.5 8155 定时器/计数器

8155 片内有一个 14 位的减法计数器，计数脉冲从 TIMER IN 引脚输入，每次减 1，减到 0 时从 TIMER OUT 引脚输出一个信号，可实现定时与计数功能。

### 1. 设置工作状态

8155 定时器/计数器的工作状态由 8155 方式控制字的最高 2 位 D7D6 决定。表 7-7 所示为定时器/计数器命令字。

表 7-7 定时器/计数器命令字

| D7D6 | 工 作 状 态 |
|---|---|
| 00 | 空操作，对定时器无影响 |
| 01 | 停止定时器工作 |
| 10 | 若定时器未启动，则表示空操作；<br>若定时器正在工作，则计数器继续工作，直至减到 0 时立即停止工作 |
| 11 | 启动定时器工作；<br>若定时器尚未启动，则在设置时间常数和输出方式后立即启动；<br>若定时器正在工作，则继续工作，并在减到 0 后以新的计数初值和输出方式进行工作 |

### 2. 设置定时器初值

定时器的初值由 CPU 分别写入 8155 定时器低 8 位字节和高 6 位字节寄存器，其格式如图 7-28 所示。该寄存器低 8 位的地址是 100，高 6 位的地址是 101，8155 允许从 TIMER IN 引脚输入的脉冲最高频率为 4 MHz。

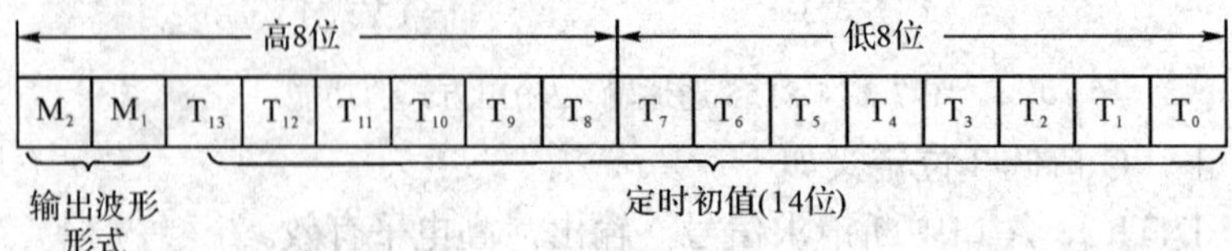


图 7-28 8155 定时器低 8 位和高 6 位字节寄存器

### 3. 设置波形输出

定时器/计数器溢出时在 TIMER OUT 引脚端输出一个信号，其波形有 4 种形式，可由 8155 定时器的初值寄存器最高 2 位 $M_2M_1$ 决定，输出波形如图 7-29 所示。

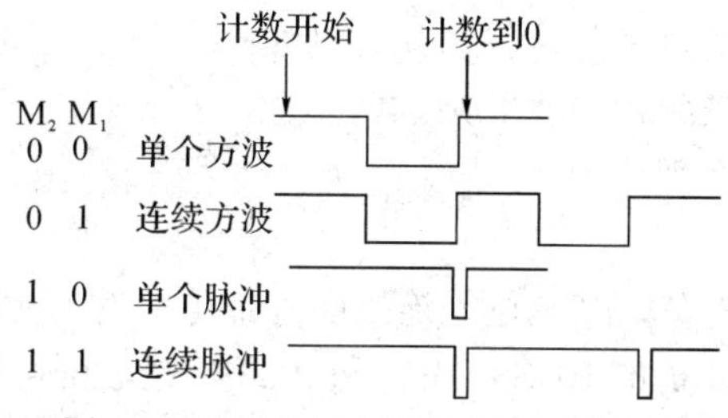


图 7-29　8155 定时器的输出波形形式

当 $M_2M_1 = 00$ 或 10 时，TIMER OUT 引脚端输出单个方波或单个脉冲；当 $M_2M_1 = 01$ 或 11 时，TIMER OUT 引脚端输出连续方波或连续脉冲。在这种情况下，8155 定时器能像 MCS-51 型单片机定时器/计数器方式 2 那样，自动恢复定时器初值，重新开始计数。

注意：TIMER OUT 引脚端输出的方波形状与定时器的初值有关。当定时器初值是偶数时，TIMER OUT 引脚端输出的方波是对称的；当定时器初值是奇数时，TIMER OUT 引脚端输出的方波不对称，高电平比低电平多一个计数间隔。

**【例 7-10】** 编写 8155 定时器作 100 分频器的程序。设 8155 命令寄存器的地址为 0000H，定时器低字节寄存器的地址为 0004H，定时器高字节寄存器的地址为 0005H。

C51 程序如下：

```
unsigned char xdata *p=0x0004;
unsigned int n=0x64;
p++
n=0x40;
*p = n;
p=0x0000;
n=0xC0;
*p = n;
for (;;)
*p = n;
```

# 7.7　8051 并行接口及其 C51 定义

## 1. 片内并行口的定义

8051 单片机带有 4 个 8 位并行口，即 SFR 中的 P0、P1、P2、P3 口，对它的定义在 reg51.h 中已存在，可直接对其引用。例如：

```
P2 = 0xFE;          //将数据 0xFE 输出到 P2 口
Key = P1;           //从 P1 口输入数据到变量 Key
```

如果要单独对某位进行操作，可在程序的开头加上位寄存器定义。例如：

```
sbit P1_0 = P1^0;    //定义 P1_0 为 P1 口的第 0 位
sbit P1_1 = P1^1;    //同上
sbit P1_2 = P1^2;
```

在随后的程序中即可对这些位进行访问。例如：

```
while(P1_0==1);   //等待 P1_0 脚出现低电平
```

对应的目标代码为：

```
JB   P1.0, $
```

假如 P0、P1、P2、P3 口的某些位是连接到外部电路的指定引脚的，可将这些引脚名作为位名。例如，假如打印机的 BUSY 引脚和 P1.0 相连，则可以这样进行定义：

```
sbit BUSY = P1^0;
```

于是，前面的语句“while(P1_0==1);”就可改写为“while(BUSY==1);”，这样程序的可读性就增加了。

### 2. 片外并行口的定义

对于 8051 单片机外扩展的 I/O 口，如 8255、8155 等，则根据其硬件译码地址，将其视为片外数据存储器的一个单元，使用#define 语名定义格式如下：

```
#define     I/O 口名称     XBYTE[I/O 口地址]
```

其中，XBYTE 表示绝对存储器访问的宏，在文件 absacc.h 中定义，“[]”中是存储器的绝对地址。在使用这种格式定义之前，应加上语句“#include <absacc.h>”。

例如，在系统中扩充中 USB 接口芯片，其数据口地址为 0xBCF0，可以这样定义：

```
#include <absacc.h>
#define CMDPORT   XBYTE[0xBDF1]    //将 CMDPORT 定义为外部 I/O 口，地址为 0xffc0，长 8 位
#define DATPORT   XBYTE[0Xbdf0]    //将 DATPORT 定义为外部 I/O 口，地址为 0xffc0，长 8 位
...
CMDPORT=0x21;  //将 0x21 写入 CMDPORT 口
d=DATPORT;       //从 DATPORT 口读数据到变量 d
```

## 7.8　实践训练——存储器扩展

8051 系列单片机内部集成了诸如 CPU、RAM、ROM、PIO、SIO 等功能部件，对于小型测控系统已经足够用了，但是，对于一些比较大的应用系统，则还需要扩展一些外围芯片，以满足应用系统的需要。由于单片机受到引脚数目的限制，数据总线和地址总线的低 8 位是分时复用的，复用技术的核心是采用带有三态门控制的 8D 锁存器，以三总线的方式与外部设备进行连接。

在实际应用系统设计中，往往既需要扩展程序存储器，又需要扩展数据存储器，同时还需要扩展 I/O 接口芯片，而且有时需要扩展多片。适当地把外部 64 KB 的数据存储器空间和 64 KB 的程序存储器空间分配给各个芯片，使程序存储器的各芯片之间、数据存储器的各芯片之间的地址不发生重叠，从而避免单片机在读/写外部存储器时发生数据冲突。

### 一、应用环境

在复杂数据采集和控制系统中扩充 RAM 和 ROM 芯片，用于存放大量实时数据和程序。

## 二、实现过程

### 1. 电路实现

图 7-30 所示就是单片机与 RAM 的接口电路。P2 口提供存储器的高 8 位地址，P0 口分时提供低 8 位地址和 8 位数据线，通过 74LS373 8D 锁存器来识别其输出端是低 8 位地址信号还是 8 位数据信号，片外存储器的读写由 CPU 的 $\overline{RD}$ 和 $\overline{WR}$ 信号控制。所以，虽然程序存储器与数据存储器在地址上是重叠的，但是彼此不会混淆。6264 是一片 8 KB 的静态 RAM 芯片。2764 是 8 KB 的 EPROM。

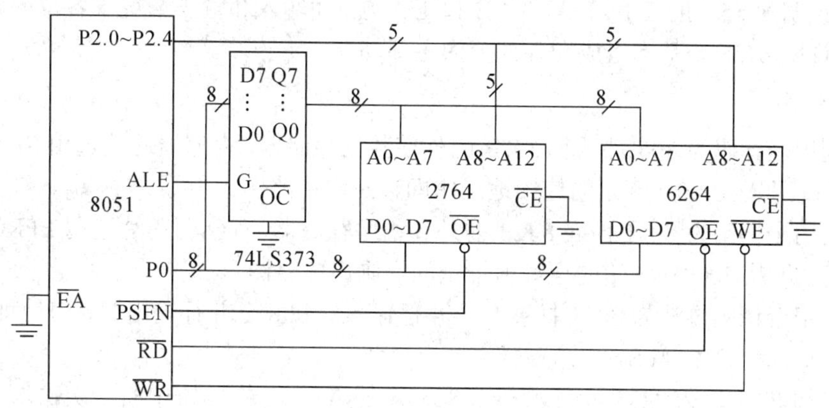


图 7-30　单片机存储器扩展电路

### 2. 思考与讨论

(1) 扩展 RAM 6264 和 EPROM 2764 有什么区别？

(2) 如何检查 RAM 和 ROM 扩展的正确性？

(3) 如何在现有的基础上设计一个数据采集装置，将采集到的数据存放到 RAM 单元中？

# 思考与练习

### 1. 概念题

(1) 三态缓冲寄存器输出端的“三态”是指(　　)态、(　　)态和(　　)态。

(2) 扩展外围芯片时，片选信号的 3 种产生方法为(　　)、(　　)和(　　)。

(3) 起始范围为 0000H～2FFFH 的存储器的容量是(　　)KB。

(4) 10 根地址线可选(　　)个存储单元，32 KB 存储单元需要(　　)根地址线。

(5) 当 8051 外扩程序存储器 8 KB 时，需要使用 EPROM 2716(　　)片。

① 2　　② 3　　③ 4　　④ 5

(6) 某种存储器芯片是 8 KB×4 片，那么它的地址线是(　　)根。

① 11　　② 12　　③ 13　　④ 14

(7) 访问外部数据存储器时，不起作用的信号是(　　)。

① RD　　② WR　　③ ALE　　④ PSEN

(8) 扩展外部存储器时要加锁存器 74LS373，其作用是(　　)。

① 锁存寻址单元的低 8 位地址　　② 锁存寻址单元的数据

③ 锁存寻址单元的高 8 位地址　　④ 锁存相关的控制和选择信号

(9) MCS-51 单片机系统中，片外程序存储器和片外数据存储器共用 16 位地址线和 8 位数据线，为何不会产生冲突？

(10) 当 P0～P3 用作输入口时，应先进行什么指令操作？

(11) 简述全译码、部分译码和线选法的特点及应用场合。

(12) 说明 8255A 的基本组成和各部分的主要功能。

(13) 说明 8255A 的 C 口在 A 口、B 口工作方式 1 输入和输出情况下各位的含义。

(14) 说明 8155 的基本组成和各部分的主要功能。

2. 操作题

(1) 利用全译码为 8051 扩展 16 KB 的外部数据存储器，存储器芯片选用 SRAM 6264。要求 6264 占用从 A000H 开始的连续地址空间，画出电路图。

(2) 利用全译码为 8051 扩展 8 KB 的外部程序存储器，存储器芯片选用 EPROM 2764，要求 2764 占用从 2000H 开始的连续地址空间，画出电路图。

(3) 采用全译码方法为 8051 扩展 8 个并行输入口和 8 个并行输出口，口地址自定，画出电路图。(要求使用 74LS138 译码器)

(4) 已知 P2.7 片选 8255A，要求利用 8255A 的 A 口方式 1，每中断一次输入一个数据，共 16 个数据，存入以 30H 为首址的内 RAM 中。

(5) 试利用 8051 型单片机 ALE 信号($f_{osc}$=6 MHz)作为 8155 TIMER IN 引脚的信号，编制程序，从 8155 TIMER OUT 引脚输出脉宽 10 ms 的连续方波。

(6) 已知 P2.1、P2.0 分别与 8155 $\overline{CE}$、IO/$\overline{M}$ 端相连，试编制程序，将 8155 片内 RAM 30H～3FH 的数据传送到 8051 内 RAM 首址为 40H 的数据区。

(7) 已知 8051 P2.7、P2.6 分别与 8155 $\overline{CE}$、IO/$\overline{M}$ 端相连，要求 8155 A 口以查询方式输入外围设备发送的数据，存入 8155 片内 RAM 30H，取反后，在 B 口以中断方式输出该数据，试画出电路并编制程序。

# 第 8 章　显示接口设计

单片机应用系统中使用的显示器主要有发光二极管显示器，简称 LED(Light Emitting Diode)；液晶显示器，简称 LCD(Liquid Crystal Display)；近年也有配置 CRT 显示器(阴极射线管)的。LED 价廉，配置灵活，与单片机接口方便；LCD 可进行图形显示，但接口较复杂，成本也较高。

**本章要点：**

- 单片机控制 LED 显示的硬件电路及软件；
- 动态扫描显示的基本原理；
- 动态显示的控制电路及程序设计；
- 液晶显示器。

## 8.1　LED 显示器及其接口

LED 数码管是由发光二极管作为显示字段的数码型显示器件，发光二极管简称 LED(Light Emitting Diode)。由 LED 组成的显示器是单片机系统中常用的输出设备。将若干 LED 按不同的规则进行排列，可以构成不同的 LED 显示器。从 LED 器件的外观来划分，可分为“8”字形的七段数码管、米字形数码管、点阵块、矩形平面显示器、数字笔画显示器等。按显示颜色分也有多种，主要有红色和绿色；按亮度强弱可分为超亮、高亮和普亮。其中，数码管又可从结构上分为单位、双位、三位、四位字；从尺寸上可分为 0.3 in(1 in = 2.54 cm)、0.36 in、0.4 in、……、5.0 in 等类型。

七段 LED 数码管显示器有 7 只发光二极管，分别对应 a～g 笔段，能够显示十进制或十六进制数字及某些简单字符，另一只发光二极管 dp 作为小数点。所谓七段码，就是不计小数点的字段码。包括小数点的字形编码称为八段码。这种显示器显示的字符较少，形状有些失真，但控制简单，使用方便，在单片机系统中应用较多。其结构如图 8-1 所示。常见数码管实物图如图 8-2 所示。

数码管显示器根据公共端的连接方式，可以分为共阴极数码管和共阳极数码管两种。图 8-1 中的 a～g 七个笔画(段)及小数点 dp 均为发光二极管。如果将所有发光二极管的阳极连在一起，称为共阳极数码管；将阴极连在一起的称为共阴极数码管。对于共阳极数码管而言，所有发光二极管的阳极均接高电平，所以，哪一个发光二极管的阴极接地，则相应笔段的发光二极管发光；对于共阴极数码管而言，则相反。

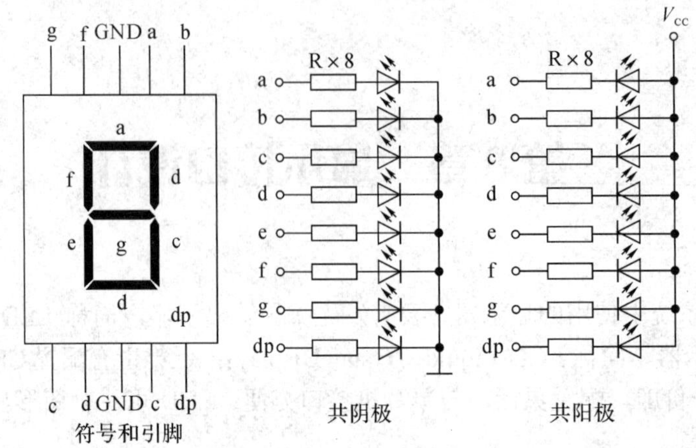


图 8-1　七段 LED 数码显示器

图 8-2　常见数码管实物图

LED 数码管显示器显示字符时，向其公共端及各段施加正确的电压即可实现该字符的显示。对公共端加电压的操作称为位选，对各段加电压的操作称为段选，所有段的段选组合在一起称为段选码，也称为字形码，字形码可以根据显示字符的形状和各段的顺序得出。

例如，显示字符“0”时，a、b、c、d、e、f 点亮，g、dp 熄灭，如果在一个字节的字形码中，从高位到低位的顺序为 dp、g、f、e、d、c、b、a，则可以得到字符“0”的共阴极字形码为 3FH，共阳极字形码为 C0H。其他字符的字形码可以通过相同的方法得出。表 8-1 所示为引脚顺序连接时共阳极数码管和共阴极数码管显示不同字符的字形编码，此表是七段码。由表中可以看出，共阳极数码管和共阴极数码管的字形编码互为反码。

**表 8-1　数码管字形编码表**

| 显示 | 字形 | 共阳极 | | | | | | | | | 共阴极 | | | | | | | | |
|---|---|---|---|---|---|---|---|---|---|---|---|---|---|---|---|---|---|---|---|
| | | dp | g | f | e | d | c | b | a | 字形码 | dp | g | f | e | d | c | b | a | 字形码 |
| 0 | 0 | 1 | 1 | 0 | 0 | 0 | 0 | 0 | 0 | C0H | 0 | 0 | 1 | 1 | 1 | 1 | 1 | 1 | 3FH |
| 1 | 1 | 1 | 1 | 1 | 1 | 1 | 0 | 0 | 1 | F9H | 0 | 0 | 0 | 0 | 0 | 1 | 1 | 0 | 06H |
| 2 | 2 | 1 | 0 | 1 | 0 | 0 | 1 | 0 | 0 | A4H | 0 | 1 | 0 | 1 | 1 | 0 | 1 | 1 | 5BH |

**续表**

| 显示 | 字形 | 共阳极 | | | | | | | | | 共阴极 | | | | | | | | |
|---|---|---|---|---|---|---|---|---|---|---|---|---|---|---|---|---|---|---|---|
| | | dp | g | f | e | d | c | b | a | 字形码 | dp | g | f | e | d | c | b | a | 字形码 |
| 3 | 3 | 1 | 0 | 1 | 1 | 0 | 0 | 0 | 0 | B0H | 0 | 1 | 0 | 0 | 1 | 1 | 1 | 1 | 4FH |
| 4 | 4 | 1 | 0 | 0 | 1 | 1 | 0 | 0 | 1 | 99H | 0 | 1 | 1 | 0 | 0 | 1 | 1 | 0 | 66H |
| 5 | 5 | 1 | 0 | 0 | 1 | 0 | 0 | 1 | 0 | 92H | 0 | 1 | 1 | 0 | 1 | 1 | 0 | 1 | 6DH |
| 6 | 6 | 1 | 0 | 0 | 0 | 0 | 0 | 1 | 0 | 82H | 0 | 1 | 1 | 1 | 1 | 1 | 0 | 1 | 7DH |
| 7 | 7 | 1 | 1 | 1 | 1 | 1 | 0 | 0 | 0 | F8H | 0 | 0 | 0 | 0 | 0 | 1 | 1 | 1 | 07H |
| 8 | 8 | 1 | 0 | 0 | 0 | 0 | 0 | 0 | 0 | 80H | 0 | 1 | 1 | 1 | 1 | 1 | 1 | 1 | 7FH |
| 9 | 9 | 1 | 0 | 0 | 1 | 0 | 0 | 0 | 0 | 90H | 0 | 1 | 1 | 0 | 1 | 1 | 1 | 1 | 6FH |
| A | A | 1 | 0 | 0 | 0 | 1 | 0 | 0 | 0 | 88H | 0 | 1 | 1 | 1 | 0 | 1 | 1 | 1 | 77H |
| B | B | 1 | 0 | 0 | 0 | 0 | 0 | 1 | 1 | 83H | 0 | 1 | 1 | 1 | 1 | 1 | 0 | 0 | 7CH |
| C | C | 1 | 1 | 0 | 0 | 0 | 1 | 1 | 0 | C6H | 0 | 0 | 1 | 1 | 1 | 0 | 0 | 1 | 39H |
| D | D | 1 | 0 | 1 | 0 | 0 | 0 | 0 | 1 | A1H | 0 | 1 | 0 | 1 | 1 | 1 | 1 | 0 | 5EH |
| E | E | 1 | 0 | 0 | 0 | 0 | 1 | 1 | 0 | 86H | 0 | 1 | 1 | 1 | 1 | 0 | 0 | 1 | 79H |
| F | F | 1 | 0 | 0 | 0 | 1 | 1 | 1 | 0 | 8EH | 0 | 1 | 1 | 1 | 0 | 0 | 0 | 1 | 71H |
| H | H | 1 | 0 | 0 | 0 | 1 | 0 | 0 | 1 | 89H | 0 | 1 | 1 | 1 | 0 | 1 | 1 | 0 | 76H |
| L | L | 1 | 1 | 0 | 0 | 0 | 1 | 1 | 1 | C7H | 0 | 0 | 1 | 1 | 1 | 0 | 0 | 0 | 38H |
| P | P | 1 | 0 | 0 | 0 | 1 | 1 | 0 | 0 | 8CH | 0 | 1 | 1 | 1 | 0 | 0 | 1 | 1 | 73H |
| R | R | 1 | 1 | 0 | 0 | 1 | 1 | 1 | 0 | CEH | 0 | 0 | 1 | 1 | 0 | 0 | 0 | 1 | 31H |
| U | U | 1 | 1 | 0 | 0 | 0 | 0 | 0 | 1 | C1H | 0 | 0 | 1 | 1 | 1 | 1 | 1 | 0 | 3EH |
| Y | Y | 1 | 0 | 0 | 1 | 0 | 0 | 0 | 1 | 91H | 0 | 1 | 1 | 0 | 1 | 1 | 1 | 0 | 6EH |
| - | - | 1 | 0 | 1 | 1 | 1 | 1 | 1 | 1 | BFH | 0 | 1 | 0 | 0 | 0 | 0 | 0 | 0 | 40H |
| - | - | 0 | 1 | 1 | 1 | 1 | 1 | 1 | 1 | 7FH | 1 | 0 | 0 | 0 | 0 | 0 | 0 | 0 | 80H |
| 灭 | 灭 | 1 | 1 | 1 | 1 | 1 | 1 | 1 | 1 | FFH | 0 | 0 | 0 | 0 | 0 | 0 | 0 | 0 | 00H |

实际使用的 LED 显示器通常有多位，多位 LED 的控制包括字段控制(显示什么字符)和字位控制(哪一位或哪几位亮)。$N$ 位 LED 显示器包括 $8 \times N$ 根字段控制线和 $N$ 根字位控制线。

由 LED 显示原理可知，要使 $N$ 位 LED 显示器的某一位显示出某个字符，必须要将此字符转换为相应的字段码，同时进行字位的控制，这要通过一定的接口来实现。$N$ 位 LED 显示器的接口形式与字段、字位控制线的译码方式以及 LED 显示方式有关。字段、字位控制线的译码方式有软件译码和硬件译码两种。硬件译码可以简化程序，减少对 CPU 的依赖；而软件译码则能充分发挥 CPU 功能，简化硬件装置。本书介绍的是软件译码方式。

LED 显示方式可分为静态显示和动态显示两种。

### 8.1.1　静态显示方式

所谓静态显示，就是每一位显示器的字段控制线是独立的。当显示某一字符时，该位的各字段线和字位线的电平不变，也就是各字段的亮、灭状态不变。

在静态显示方式下，每一位显示器的字段需要一个 8 位 I/O 口控制，而且该 I/O 口必须有锁存功能，*N* 位显示器就需要 *N* 个 8 位 I/O 口，公共端可直接接 +5 V(共阳)或接地(共阴)。显示时，每一位字段码分别从 I/O 控制口输出，保持不变直至 CPU 刷新显示为止，也就是各字段的亮、灭状态不变。

静态显示方式编程较简单，但占用 I/O 口线多，即软件简单、硬件成本高，一般适用显示位数较少的场合。3 位静态 LED 显示如图 8-3 所示。

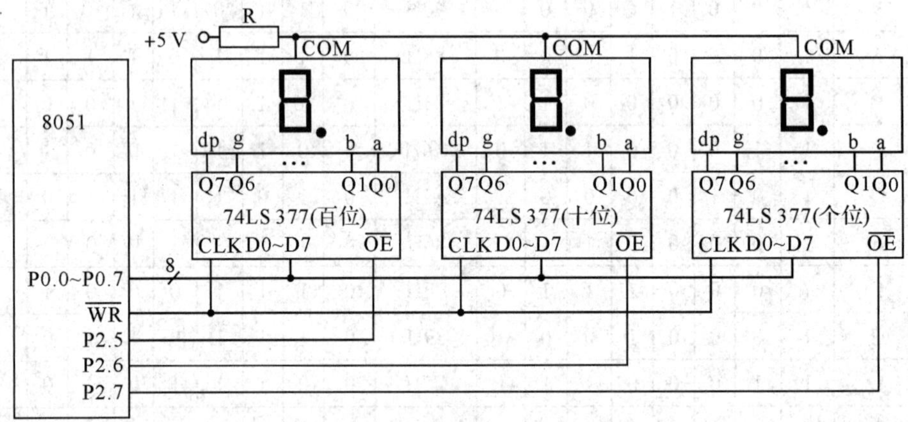


图 8-3　3 位静态 LED 显示

静态显示主要的优点是显示稳定，在发光二极管导通电流一定的情况下，显示器的亮度大，系统运行过程中在需要更新显示内容时，CPU 才去执行显示更新子程序，这样既节约了 CPU 的时间，又提高了 CPU 的工作效率。其不足之处是占用硬件资源较多，每个 LED 数码管需要独占 8 条输出线。随着显示器位数的增加，需要的 I/O 口线也将增加。为了节约 I/O 口线，常采用另一种显示方式——动态显示方式。

### 8.1.2　动态显示方式

动态显示方式是指一位一位地轮流点亮每位显示器(称为扫描)，即每个数码管的位选被轮流选中，多个数码管公用一组段选，段选数据仅对位选选中的数码管有效。对于每一位显示器来说，每隔一段时间点亮一次。显示器的亮度既与导通电流有关，也与点亮时间和间隔时间的比例有关。动态扫描显示电路连接方法如图 8-4 所示，将显示各位的所有相同字段线连在一起，每一位的 a 段连在一起，b 段连在一起，……，g 段连在一起，共 8 段，由一个 8 位 I/O 口控制，而每一位的公共端(共阳或共阴 COM)由另一个 I/O 口控制。

由于这种连接方式将每位相同字段的字段线连在一起，当输出字段码时，每一位将显示相同的内容，因此，要想显示不同的内容，必须采取轮流显示的方式。即在某一瞬时，只让某一位的字位线处于选通状态(共阴极 LED 数码管为低电平，共阳极 LED 数码管为高电平)，其他各位的字位线处于开断状态，同时，字段线上输出该位要显示的相应字符的字段码。在这一瞬时，只有这一位在显示，其他几位暗。同样，在下一瞬时，单独显示下一位，这样依次循环扫描，轮流显示，由于人的视觉滞留效应，人们看到的是多位同时稳定显示的状态。

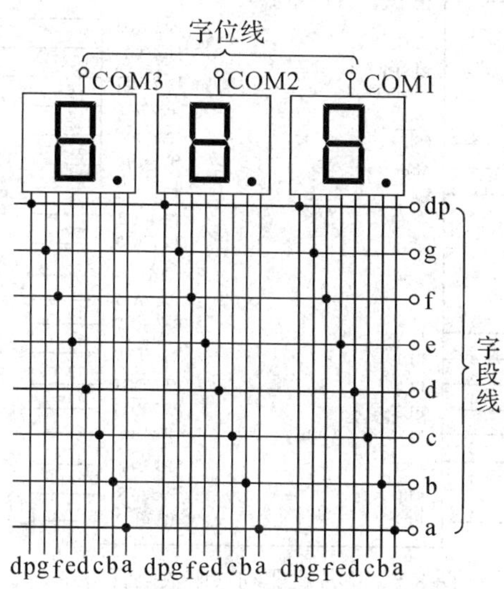


图 8-4　动态显示 LED 数码管连接方式

在动态显示方式下，各 LED 数码管轮流工作，为了防止出现闪烁现象，LED 数码管刷新频率必须大于 25 Hz，即同一 LED 数码管相邻两次点亮时间间隔要小于 40 ms。对于具有 $N$ 个 LED 数码管的动态显示电路来说，如果 LED 显示器刷新频率为 $f$，那么刷新周期为 $1/f$，每一位的显示时间为 $1/(f \times N)$ s。显然，位数越多，每一位的显示时间就越短，在驱动电流一定的情况下，亮度就越低。正因如此，在动态 LED 显示电路中，需适当增大驱动电流，一般取 20 mA～35 mA，以抵消因显示时间短引起的亮度下降。实验表明：为了保证一定的亮度，在驱动电流取 30 mA 的情况下，每位显示时间不能小于 1 ms。

在动态显示方式下，每位显示时间只有静态显示方式下的 $1/N$($N$ 为显示位数)。因此为了达到足够的亮度，需要较大的瞬时电流。一般来讲，瞬时电流约为静态显示方式下的 $N$ 倍。8 位动态扫描显示，每位显示时间只有 1/8，因此需要较大的瞬时电流，必须加接驱动电路，如 7406、7407、MC1413(ULNN2003A)等或用分立元件晶体管作为驱动器。

动态扫描显示电路的特点是：占用 I/O 端线少；电路较简单，硬件成本低；编程较复杂，CPU 要定时扫描刷新显示。当要求显示位数较多时，通常采用动态扫描显示方式。

**【例 8-1】** 利用 P0 口驱动一个数码管，显示 0～9，并循环显示。

**分析过程：**

在单片机的最小系统基础上，P0 口接一只共阳数码管，如图 8-5 所示。带小数点的数码管由 8 只 LED 组成，7 只 LED 组成数字，另一只 LED 用来显示小数点。如果数码管内部的 8 只 LED 的正极接在一起，负极分别引出，引脚依次命名为 a、b、c、d、e、f、g 和 dp，称为带小数点的七段共阳极数码管。

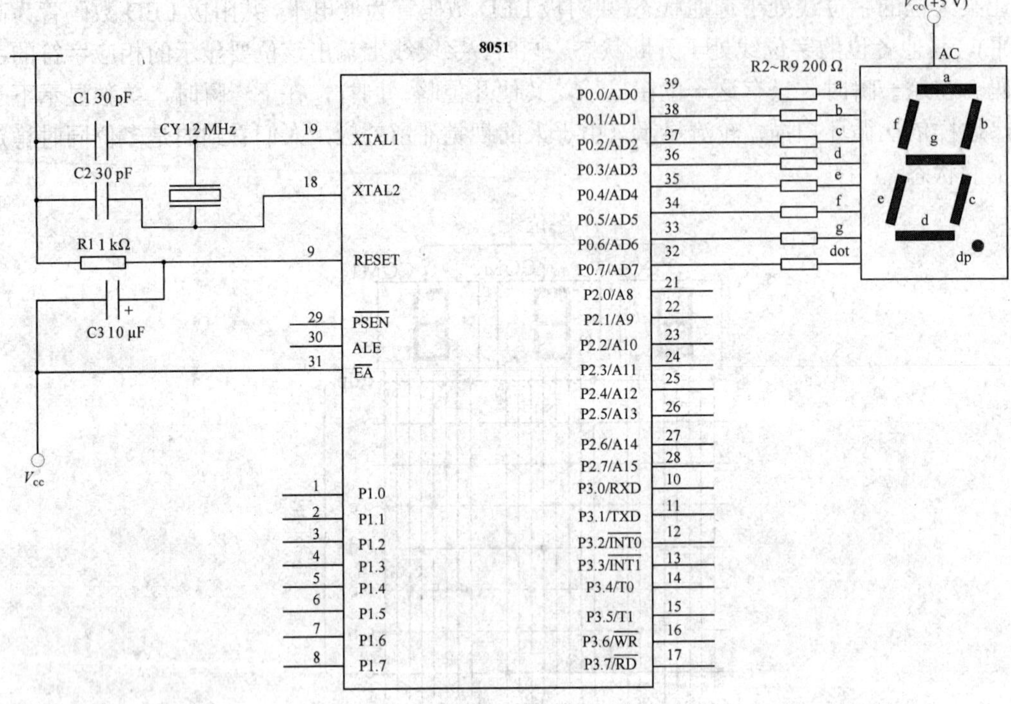


图 8-5　单片机驱动共阳数码管电路

**解答过程：**

单片机的 P0.0～P0.7 口分别接数码管的 a～dp 引脚，如果让数码管显示 1，数码管 b、c 段亮，则程序控制 P0 输出 0xbe 十六进制编码即可。因此，共阳数码管显示 0～9 十进制数字，需要利用 10 个显示码组成的数组。对于共阴数码管，也有相应的编码要求。小数点在不用时一般不让显示，高位端口 P0.7 输出高电平即可。

由于 P0 每个端口的灌电流达 20 mA，数码管每段 LED 正常显示 5 mA 即可。因此，需要用 R2～R9 来限制数码管每一段电流，以防止驱动电流过大而烧毁器件。

C 语言程序如下：

```
#include<reg51.h>
code unsigned char seven_seg[10] = {0xc0, 0xf9, 0xa4, 0xb0, 0x99, 0x92, 0x82, 0xf8, 0x80, 0x90};
void delay (void)                                   /*时间延迟函数*/
{
    unsigned char i,j;
    for   (i = 0; i < 255; i++)
        for   (j = 0; j = 255; j++);
}
void main (void)
{   unsigned char i;                                /*变量 i 用来储存 0～9，无穷循环*/
    while (1)
    {
        for   (i = 0; i<10; i++)
```

```
        {   P0 = seven_seg[i];                    /*输出 0～9 到共阳七段显示器*/
            delay();                              /*调用时间延迟函数 delay*/
        }
    }
}
```

## 8.2　液晶显示器(LCD)概述

LCD(Liquid Crystal Display，液晶显示器)以其功耗低、体积小、重量轻、超薄型等诸多其他显示器件所无法比拟的优点，在袖珍式仪表和低功耗系统中，得到越来越广泛的应用。

### 8.2.1　LCD 显示器的特性

LCD 显示器的特性如下：

(1) 低压微功耗。工作电压只有 3 V～5 V，工作电流只有几个微安。

(2) 平板型结构。LCD 显示器是由两片平行玻璃组成的夹层盒，面积大小可定，适合大批量生产，安装时占用位置小。

(3) 被动显示。LCD 本身不发光，而是靠调制外界光进行显示的。因此适合人的视觉习惯，不会使人眼疲劳。

(4) 显示信息量大。LCD 显示器的像素可以做得很低，相同面积上可容纳更多信息。

(5) 易于彩色化。

(6) 没有电磁辐射。在其显示期间不会产生电磁辐射，对环境无污染，有利于人体健康。

### 8.2.2　LCD 结构原理与种类

平板型 LCD 是将液晶材料封装在上、下导电玻璃之间，液晶分子平行排列，上、下呈 90° 扭曲状态。当外部入射光线通过上偏振片向后形成偏振光，该偏振光通过平行排列的液晶材料后被旋转 90°，再通过与上偏振片垂直的下偏振片，被反射板反射回来，呈透明状态；当上、下电极加上一定的电压，电极部分的液晶分子转成垂直排列，失去旋光性，从上偏振片入射的偏振光不被旋转，光无法通过下偏振片返回，因而呈黑色。LCD 的分类方法很多，按其所用的光效应可分为动态散射型和扭曲向列型两种；按采光方式不同可分为透射式和反射式两种；按字形显示方式可分为字段式和点阵式两种。目前 LCD 显示器常用的有段式、字符型与图形 LCD 三种，其实物图如图 8-6 所示。

(a)段式　　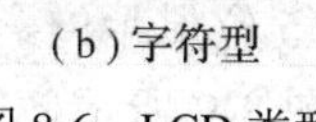(b)字符型　　(c)图型

图 8-6　LCD 类型

### 8.2.3　LCD 显示器的主要参数

LCD 的主要参数是用户正确选用 LCD 显示器的唯一依据，通常有响应时间、余晖、阈值电压和对比度。

(1) 响应时间：从加上交流方波电压到光透过率达到饱和值的 90%为止所需要的时间。

(2) 余晖：从去掉交流方波电压到光透过率递减到透过值的 10%为止所需要的时间。

(3) 阈值电压：令 LCD 可以显示所需要的最小电压，该值和液晶材料的特性有关。

(4) 对比度：零伏电压下的光透过率与工作电压下的光透过率的比值。

## 8.3　段式液晶显示器

段式 LCD 显示原理与段式(笔画式)LED 的显示原理是一致的，只是数据位与控制的笔画有所不同而已，如图 8-7 所示。显示字符与字形码的对应关系如表 8-2 所示。当需要在某位置显示某数字时，只需将该数字对应的字形码串行送到对应的位置即可。

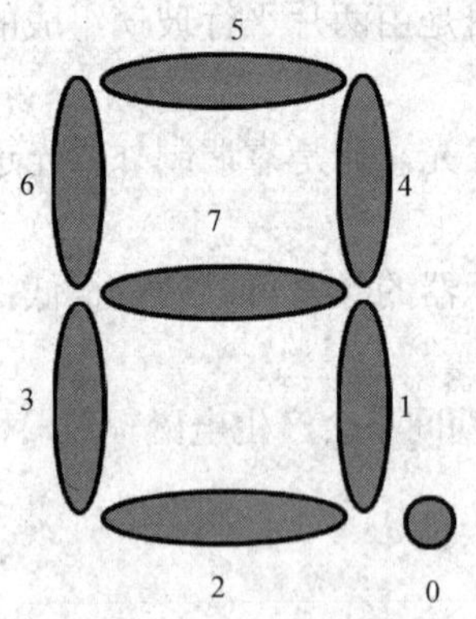


图 8-7　段式显示器的显示原理

表 8-2　显示字符与字形码的对应关系

| 显示字符 | 字形数据 | 显示字符 | 字形数据 | 显示字符 | 字形数据 | 显示字符 | 字形数据 |
|---|---|---|---|---|---|---|---|
| 0 | 81H | 4 | 2DH | 8 | 01H | C | 93H |
| 1 | EDH | 5 | 19H | 9 | 09H | D | 61H |
| 2 | 43H | 6 | 11H | A | 05H | E | 13H |
| 3 | 49H | 7 | CDH | B | 31H | F | 17H |

图 8-8 所示为太阳人公司出品的串行输入显示器 SMS0501 的外形图，它的特点是内有显示控制芯片，接口简单，编程容易。

SMS0501 内的显示控制器实际上就是一个对应 LCD 8 位段(小数点一位)显示的 5 个串联的 8 位移位寄存器。D1 为串行输入数据端，CLK 为串行时钟输入端。通过 D1 与 CLK 输入端可串行输入 5 × 8 位数据，对应 5 位显示位。

SMS0501 与单片机的接口电路如图 8-9 所示。

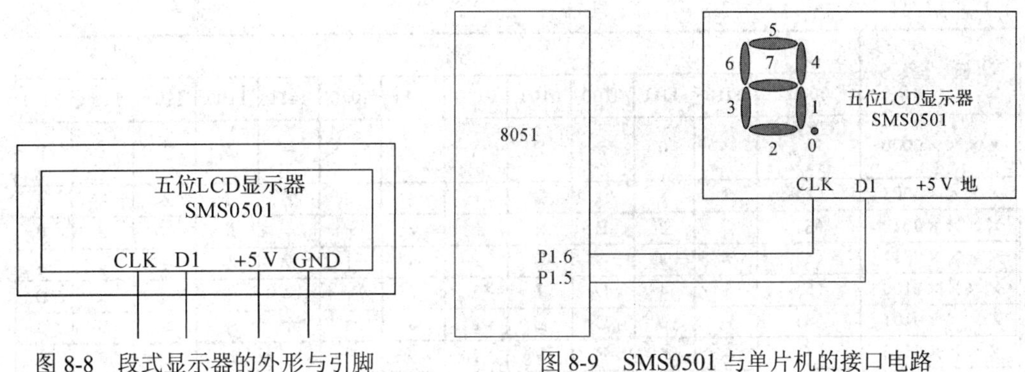


图 8-8 段式显示器的外形与引脚　　图 8-9 SMS0501 与单片机的接口电路

# 8.4 字符型液晶显示器

## 8.4.1 字符型 LCD 的结构和引脚

字符型 LCD 的结构和引脚如图 8-10 所示。

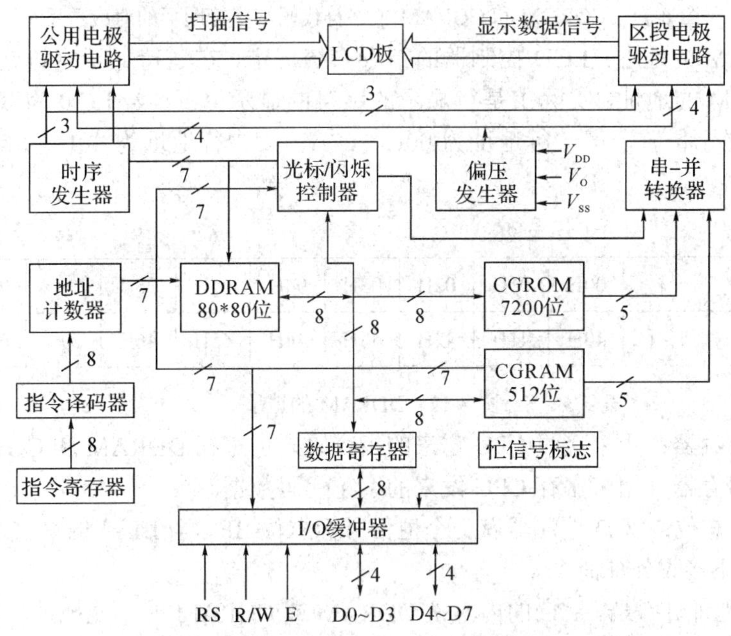


图 8-10 字符型 LCD 的结构和引脚

各个组成部分的含义如下：

- DDRAM：显示数据 RAM。它用来寄存待显示的代码。
- CGROM：字符发生器 ROM。它的内部已经存储了 160 个不同的点阵字符图形，字符图形用于字符的显示。
- CGRAM：字符发生器 RAM。它是 8 个允许用户自定义的字符图形 RAM。CGROM 和 CGRAM 中字符代码与字符图形的对应关系如图 8-11 所示。

| 低　位 | 高　位 | | | | | | | | | | | | |
|---|---|---|---|---|---|---|---|---|---|---|---|---|---|
| | 0000 | 0010 | 0011 | 0100 | 0101 | 0110 | 0111 | 1010 | 1011 | 1100 | 1101 | 1110 | 1111 |
| ××××0000 | CGRAM (1) | | 0 | ə | P | \ | p | | ー | タ | 三 | α | P |
| ××××0001 | (2) | ! | 1 | A | Q | a | q | ロ | ア | チ | ム | ä | q |
| ××××0010 | (3) | " | 2 | B | R | b | r | r | イ | 川 | メ | β | θ |
| ××××0011 | (4) | # | 3 | C | S | c | s | ⌋ | ウ | ラ | モ | ε | ∞ |
| ××××0100 | (5) | $ | 4 | D | T | d | t | \ | エ | ト | セ | μ | Ω |
| ××××0101 | (6) | % | 5 | E | U | e | u | ロ | オ | ナ | ユ | B | 0 |
| ××××0110 | (7) | & | 6 | F | V | f | v | テ | カ | ニ | ヨ | P | Σ |
| ××××0111 | (8) | > | 7 | G | W | g | w | ア | キ | ヌ | ラ | g | π |
| ××××1000 | (1) | ( | 8 | H | X | h | x | イ | ク | ネ | リ | ∫ | X̄ |
| ××××1001 | (2) | ) | 9 | I | Y | i | y | ウ | ケ | ⌋ | ル | −1 | y |
| ××××1010 | (3) | * | : | J | Z | j | z | エ | コ | リ | レ | j | 千 |
| ××××1011 | (4) | + | ; | K | [ | k | { | オ | サ | ヒ | ロ | x | 万 |
| ××××1100 | (5) | フ | < | L | ¥ | 1 | \| | セ | シ | フ | ワ | ¢ | 円 |
| ××××1101 | (6) | − | = | M | ] | m | } | ユ | ス | ヽ | ソ | ÷ | + |
| ××××1110 | (7) | . | > | N | · | n | ▶ | ヨ | セ | ホ | ハ | n̄ | |
| ××××1111 | (8) | / | ? | O | — | o | ← | ツ | ソ | マ | ロ | Ö | |

图 8-11　CGROM 和 CGRAM 中字符代码与字符图形的对应关系

• DDRAM 的地址：LCD 控制器的指令系统规定，在送待显示字符代码的指令前，先要送 DDRAM 的地址，实际上是待显示的字符的显示位置。若 LCD 为双行字符显示，则每行 40 个显示位置，第一行地址为 00H～27H；第二行地址为 40H～67H，如图 8-12 所示。

| 显示位置 | | 1 | 2 | 3 | 4 | 5 | 6 | 7 | … | 39 | 40 |
|---|---|---|---|---|---|---|---|---|---|---|---|
| DDRAM 地址 | 第一行 | 00H | 01H | 02H | 03H | 04H | 05H | 06H | … | 26H | 27H |
| | 第二行 | 40H | 41H | 42H | 43H | 44H | 45H | 46H | … | 66H | 67H |

图 8-12　DDRAM 的地址

• 指令寄存器：用来接收 CPU 送来的指令码，也寄存 DDRAM 和 CGRAM 的地址。

• 数据寄存器：用来寄存 CPU 发来的字符代码数据。

• 状态标志位：LCD 控制器有一个忙信号标志位 BF。当 BF=1 时，LCD 正在进行内部操作，此时不接收外部命令。

• AC：地址计数器。AC 的内容是 DDRAM 或 CGRAM 的单元地址。当对 DDRAM 或 CGRAM 进行读写操作后，AC 自动加 1 或减 1。

• 光标/闪烁控制：此控制可产生光标或使光标在显示位置处闪烁，显示位置为 AC 中的 DDRAM 地址。

字符型 LCD 显示板有 14 条引脚线。这 14 条线的定义是标准的。其定义如下：

• $V_{ss}$(1)：地。

• $V_{DD}$(2)：电源电压。

• $V_O$(3)：对比调整电压。

• RS(4)：寄存器选择。RS = 0 时，读状态寄存器或写命令寄存器；RS = 1 时，读写数据。

• R/W(5)：读写信号线。R/W = 1 时，读操作；R/W = 0 时，写操作。

• E(6)：显示板控制使能端。

• D0～D7(7～14)：8 位双向三态 I/O 线。

## 8.4.2　显示板控制器的指令系统

字符型 LCD 显示板控制器有 11 条指令。它的读写操作，以及屏幕和光标的操作都是通过指令编程来实现的。指令表如表 8-3 所示。

**表 8-3　指　令　表**

| 指　令 | RS | R/W | D7 | D6 | D5 | D4 | D3 | D2 | D1 | D0 |
|---|---|---|---|---|---|---|---|---|---|---|
| 清显示 | 0 | 0 | 0 | 0 | 0 | 0 | 0 | 0 | 0 | 0 |
| 光标返回 | 0 | 0 | 0 | 0 | 0 | 0 | 0 | 0 | 1 | • |
| 置输入模式 | 0 | 0 | 0 | 0 | 0 | 0 | 0 | 0 | I/D | S |
| 显示开/关控制 | 0 | 0 | 0 | 0 | 0 | 0 | 1 | D | C | B |
| 光标与字符移位 | 0 | 0 | 0 | 0 | 0 | 1 | S/C | R/L | • | • |
| 置功能 | 0 | 0 | 0 | 0 | 1 | DL | N | F | • | • |
| 置字符发生存储器地址 | 0 | 0 | 0 | 1 | 字符发生存储器地址 AGG | | | | | |
| 置数据存储器地址 | 0 | 0 | 1 | 显示数据存储器地址 ADD | | | | | | |
| 读忙标志或地址 | 0 | 1 | BF | 计数器地址 AC | | | | | | |
| 写数到 CGRAM 或 DDRAM | 1 | 0 | 要写的数 | | | | | | | |
| 从 CGRAM 或 DDRAM 读数 | 1 | 1 | 读出的数据 | | | | | | | |

指令功能如下：

(1) 指令 1：清显示，光标复位到地址 00H 位置。

(2) 指令 2：光标复位，光标返回到地址 00H。

(3) 指令 3：读/写方式下的光标和显示模式设置命令。I/D 表示地址计数器的变化方向，即光标移动的方向。I/D = 1，AC 自动加 1，光标右移一字符位；I/D = 0，AC 自动减 1，光标左移一字符位。S 表示显示屏上画面向左或向右全部平移一个字符位。S = 0，无效；S = 1，有效。S = 1，I/D = 1，显示画面左移；S = 1，I/D = 0，显示画面右移。

(4) 指令 4：显示开关控制，控制显示、光标和光标闪烁的开关。当 D = 0 时显示关闭，DDRAM 中数据保持不变。当 C = 1 时显示光标。当 B = 1 时光标闪烁。

(5) 指令 5：光标或显示移位。DDRAM 中内容不改变。S/C = 1 时，移动显示；S/C = 0 时，移动光标。R/L = 1 时，右移；R/L = 0 时，左移。

(6) 指令 6：功能设置命令。DL = 01 时，内部总线为 4 位宽度 DB7 = DB4；DL = 0 时，

内部总线为 8 位宽度。N = 0 时，单行显示；N = 1 时，双行显示。F = 0 时，显示字形 5 × 7 点阵；F = 1 时，显示字形 5 × 10 点阵。

(7) 指令 7：CGRAM 地址设置。

(8) 指令 8：DDRAM 地址设置。

(9) 指令 9：读状态标志和 AC 中地址。

(10) 指令 10：写数据。

(11) 指令 11：读数据。

### 8.4.3 LCD 显示板与单片机的接口

LCD 显示板与单片机的接口如图 8-13 所示。

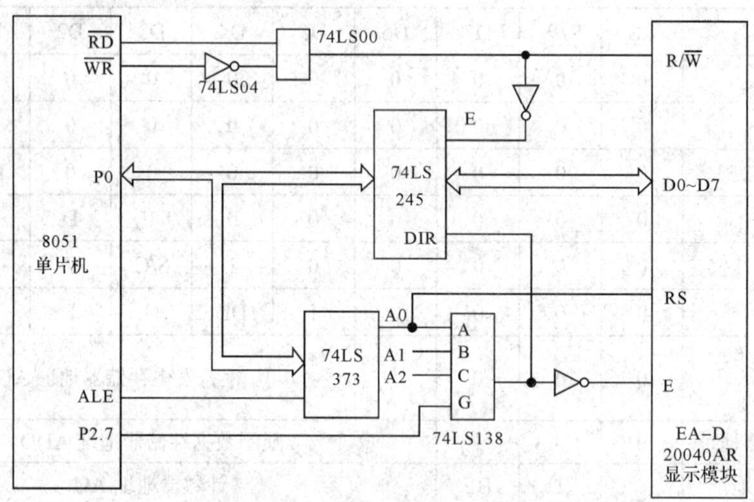


图 8-13　LCD 显示板与单片机的接口

**【例 8-2】** 完成如图 8-14 所示的单片机控制的显示设计。

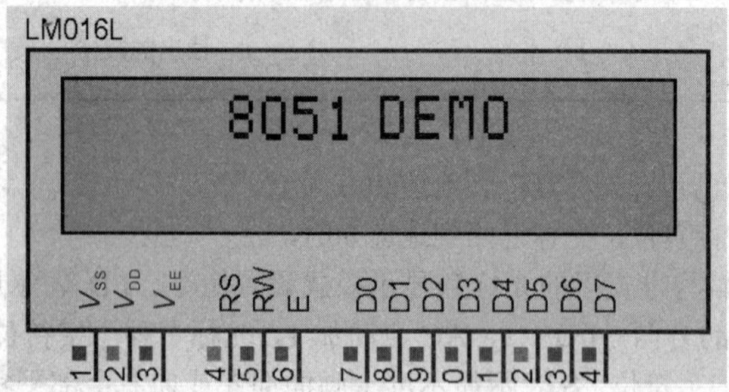


图 8-14　字符型 LCD 显示系统

**解答过程：**

程序设计的框图如图 8-15 所示。硬件电路如图 8-16 所示。1602 使能信号 E 定义为 P2 口线的 P2.2；1602 读/写选择信号 R/W 定义为 P2 口线的 P2.1，0 为写数据信号，1 为读数据信号；1602 数据/命令选择信号 RS 定义为 P2 口线的 P2.0，0 为命令信号；1 为数据信号；1602 的 8 位双向数据线 DB7～DB0 信号 LCDPORT 定义为 P0 口线。

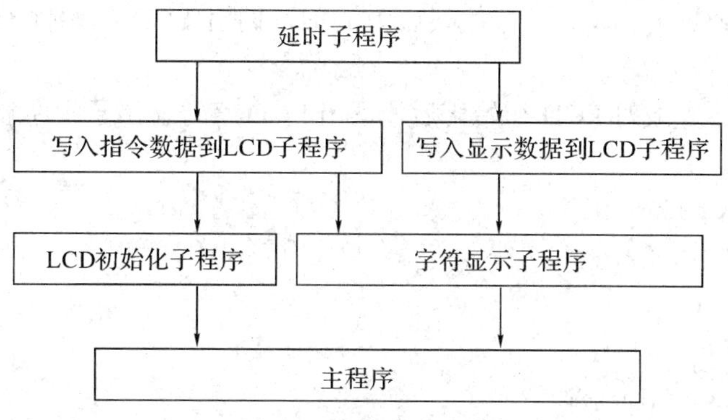


图 8-15　程序设计框图

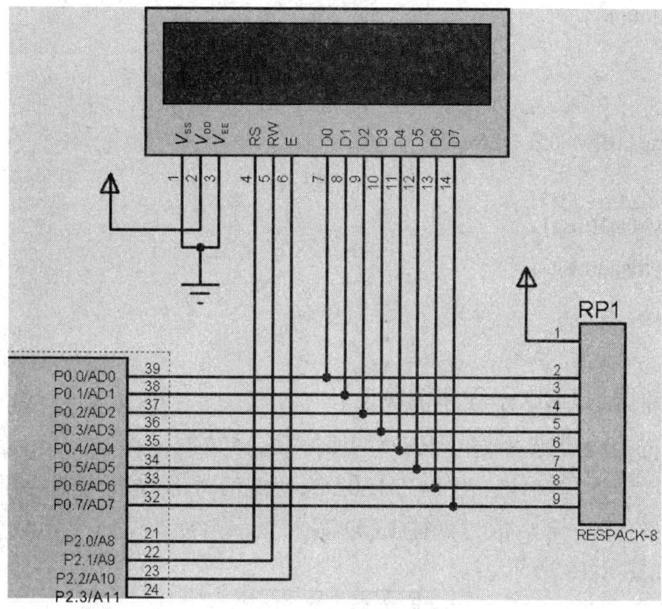


图 8-16　硬件电路

## 1. 主程序设计

主程序主要完成硬件初始化、子程序调用等功能。主程序框图如图 8-17 所示。

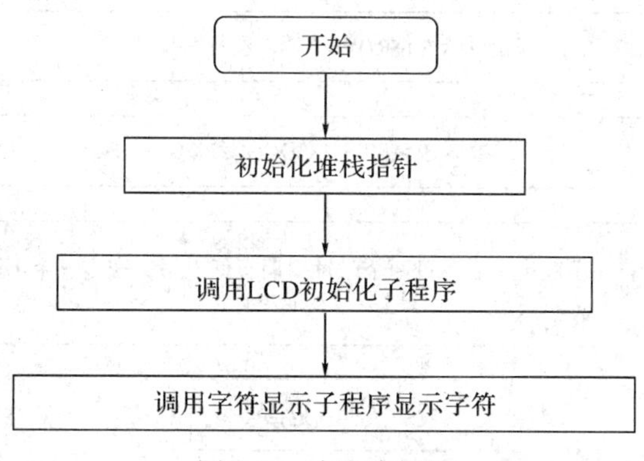


图 8-17　主程序框图

(1) 初始化。通过初始化设置堆栈栈底为 60H，调用 LCD 初始化子程序完成对 LCD 的初始化设置。

(2) 字符显示。完成对 LCD 初始化后，调用 LCD 字符显示子程序显示字符。

C 语言程序如下：

```
#include <reg51.h>
sbit E=P2^2;
sbit RW=P2^1;
sbit RS=P2^0;
typedef unsigned char uchar;
void Delay(unsigned int t)            // 延时 40 微秒
{    for(; t!=0; t--) ;
}
main( )
{   char msg [16]="8051 DEMO ";
    InitLcd(   );                     //初始化程序
    DisplayMsg1(msg1);
    DisplayMsg2(msg2);
    while(1);
}
```

### 2. 写入显示数据到 LCD 子程序模块设计

当 LCD1602 的寄存器选择信号 RS 为 1 时，选择数据寄存器；当 LCD1602 的读写选择线 R/W 为 0 时，进行写操作；当 LCD1602 的使能信号 E 至高电平后再过两个时钟周期至低电平时，产生一个下降沿信号，往 LCD 写入显示数据。写入显示数据到 LCD 子程序模块设计的框图如图 8-18 所示。

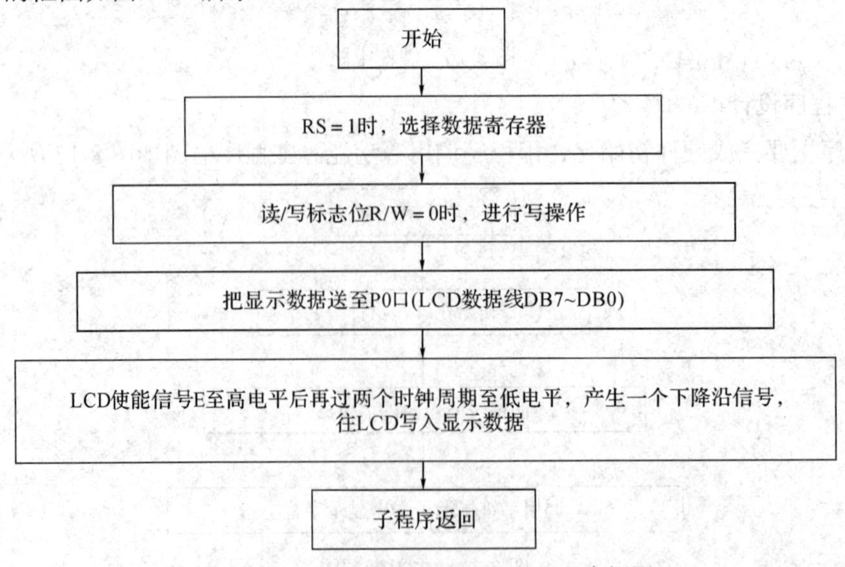


图 8-18　写入显示数据到 LCD 的子程序框图

C 语言程序如下：

```
void SendDataByte(unsigned char ch)
{  RS=1;          //选中数据寄存器
   RW=0;          //写操作
   P0=ch;
   E=1;
   Delay(1);
   E=0;
   Delay(100); //延时 100 微秒
}
```

### 3. 写入指令数据到 LCD 子程序模块设计

当 LCD1602 的寄存器选择信号 RS 为 0 时，选择指令寄存器；当 LCD1602 的读写选择线 R/W 为 0 时，进行写操作；当 LCD1602 的使能信号 E 至高电平后再过两个时钟周期至低电平时，产生一个下降沿信号，往 LCD 写入指令代码。写入指令数据到 LCD 的子程序框图如图 8-19 所示。

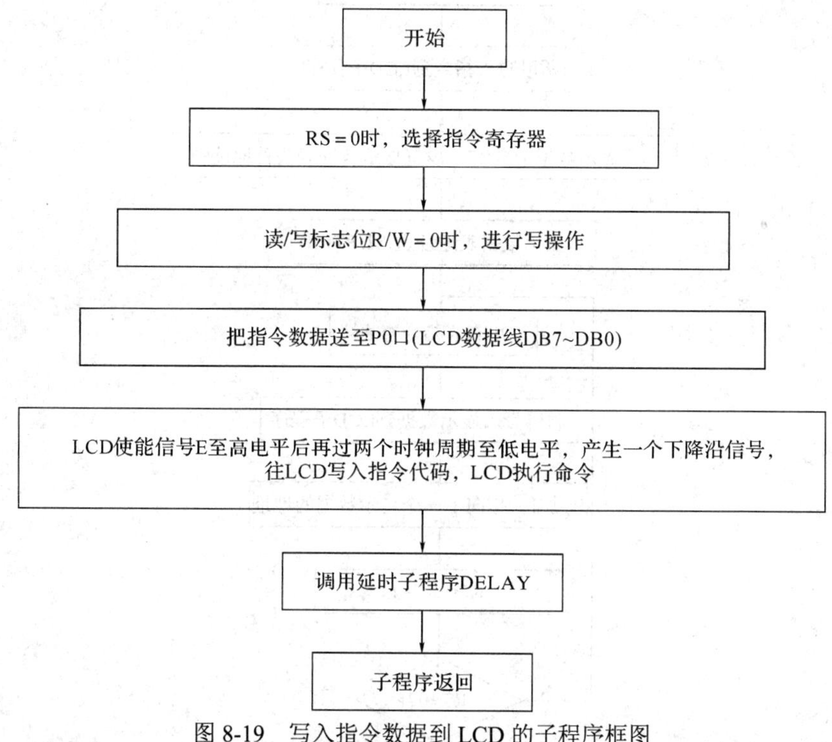


图 8-19　写入指令数据到 LCD 的子程序框图

C 语言程序如下：

```
void SendCommandByte(unsigned char ch)
{
   RS=0;
   RW=0;
```

```
        P0=ch;
        E=1;
        Delay(1);
        E=0;
        Delay(100);          // 延时 100 微秒
    }
```

### 4. 字符显示子程序模块设计

设置 LCD 的 DDRAM 地址，调用写入指令到 LCD 子程序设置 DDRAM 地址指针；然后设置显示数据个数，设置显示数据索引值，调用写入显示数据到 LCD 子程序，使数据显示在 LCD 上；显示数据个数减 1，显示数据索引值加 1，按照上面的步骤显示下一个数据，直到显示数据个数为 0，所有字符均显示在 LCD 上为止。字符显示子程序的框图如图 8-20 所示。

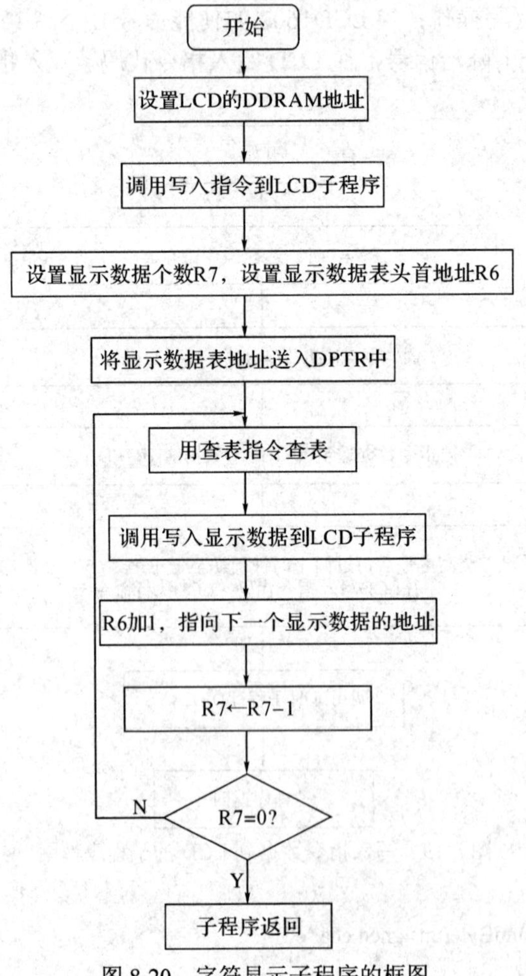


图 8-20　字符显示子程序的框图

C 语言程序如下：

```
    void DisplayMsg (uchar *p)
```

```
{
    unsigned char count;
    SendCommandByte(0x80);       //设置 DDRAM 地址
    for(count=0;count<16;count++)
    {    SendDataByte(*p++); }
}
```

### 5. LCD 初始化子程序模块设计

1602 字符型 LCD 的初始化过程为：延时 15 ms，写指令 38H(不检测忙信号)，以后每次写指令、读/写数据操作均需要检测忙信号。写指令 38H，显示模式设置；写指令 08H，显示关闭；写指令 01H，显示清屏；写指令 06H，显示光标移动设置；写指令 0CH，显示开及光标设置。LCD 初始化子程序的框图如图 8-21 所示。

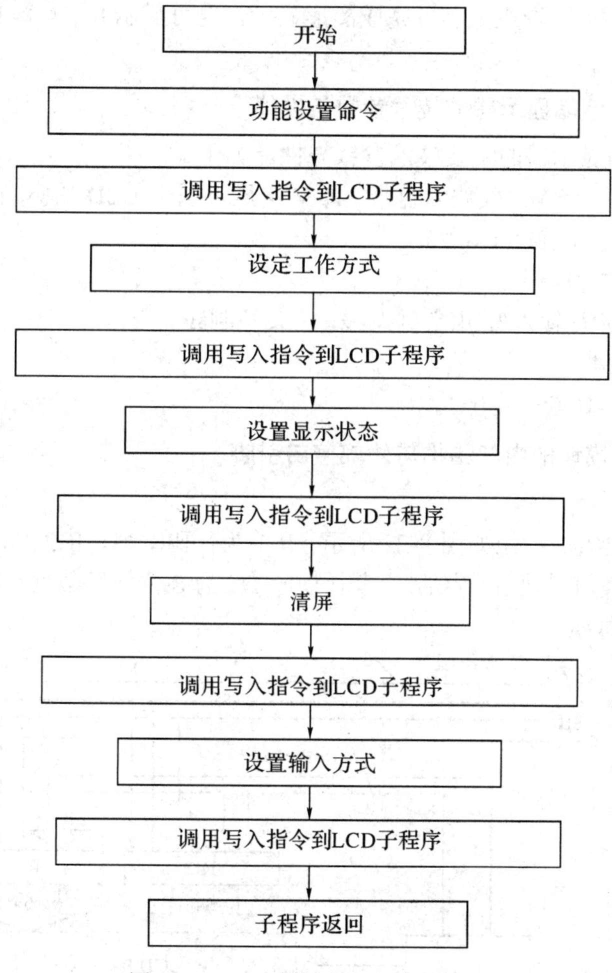


图 8-21　LCD 初始化子程序的框图

C 语言程序如下：

```
void InitLcd( )   //初始化
{   SendCommandByte(0x30);
```

```
        SendCommandByte(0x30);
        SendCommandByte(0x30);
        SendCommandByte(0x38);          //设置工作方式
        SendCommandByte(0x0c);          //显示状态设置
        SendCommandByte(0x01);          //清屏
        SendCommandByte(0x06);          //输入方式设置
    }
```

## 8.5　ZY12864D 图形点阵液晶显示器

ZY12864D 显示器是一种图形点阵型液晶显示器，它主要由行驱动器/列驱动器及 128 × 64 全点阵液晶显示器组成，可完成图形显示，也可显示 8 × 4 个(16 × 16 点阵)汉字，EL 背光源。

### 1. ZY12864D 液晶显示器的技术参数与性能

ZY12864D 液晶显示器的主要技术参数与性能如下：

- 电源：$V_{DD}$ 为 +5 V，模块内自带 −10 V 电压，用于 LCD 的驱动电压。
- 显示点阵：128(列) × 64(行)。
- 控制指令：7 种指令。
- 接口：8 位并行输入/输出数据总线，8 条控制线。
- 占空比：1/64。
- 工作温度：−10℃～+50℃。

### 2. ZY12864D 模块的内部结构与外部接口引脚

1) 内部结构

ZY12864D 模块组成框图如图 8-22 所示。IC1 为行驱动器，IC2、IC3 为列驱动器。外部 CPU 通过 13 根线对模块进行控制。其中 D0～D7 为 8 位并行数据总线，E、R/W、D/I、CSA、CSB 为控制总线。

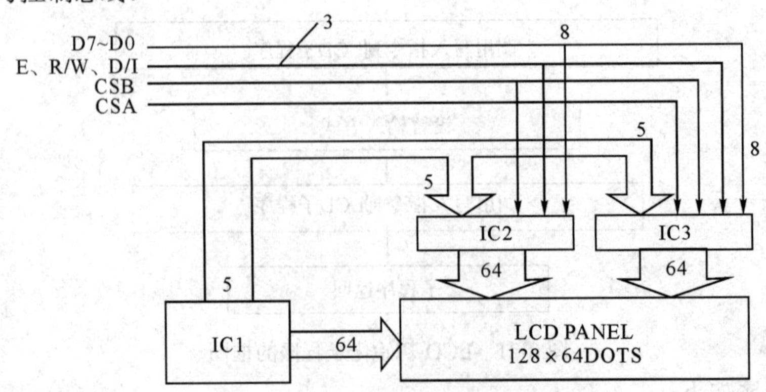


图 8-22　ZY12864D 模块组成框图

ZY12864D 模块电源部分接口如图 8-23 所示。模块及其 LED 背光源均由外部 +5 V 电源提供。调节外接的电位器 VR 的阻值，可以控制 LCD 模块显示图形的清晰度。S 为背光源的控制开关。

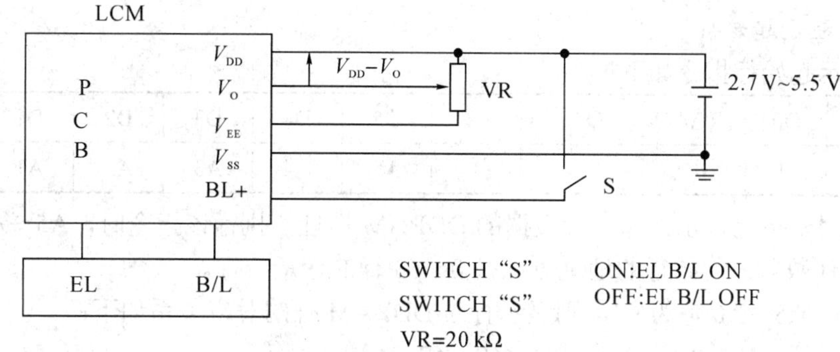


图 8-23　ZY12864D 模块电源部分接口

2) 模块的外部接口

模块的外部接口引脚及其功能如表 8-4 所示。

**表 8-4　外部接口引脚及其功能**

| 编　号 | 引脚名称 | 工作电平 | 功能 X 坐标 |
|---|---|---|---|
| 1 | $V_{SS}$ | 0 V | 电源地 |
| 2 | $V_{DD}$ | +5 V | 电源正极 |
| 3 | $V_O$ | | 液晶显示器驱动电压(ZY12864D 中为空脚) |
| 4 | D/I | H/L | D/I= "L"，表示 D0～D7 为指令数据 |
| 5 | R/W | H/L | R/W= "H"，E= "H" 时，可将 DDRAM 数据读出 |
| 6 | E | H/L | 同 R/W 管脚解释 |
| 7 | D0～D7 | H/L | 8 位并行数据总线 |
| 8 | CSA<br>CSB | H/L | CSA、CSB 为选屏信号，CSA="H"、CSB= "L" 时，选择 IC3 控制显示器的右半屏(后 64 列)；CSA="L"、CSB="H" 时，选择 IC2 控制显示器的左半屏(前 64 列) |
| 9 | RST | H/L | 复位控制端，低电平有效 |
| 10 | $V_{EE}$ | H/L | LED 驱动负电压 |
| 11 | BL+ | AC | EL 背光板电源 |
| 12 | BL− | AC | EL 背光板电源 |

### 3. ZY12864D 模块控制指令

1) 显示开关控制

显示开关控制指令如下：

| 控制位 | D/I | R/W | D7 | D6 | D5 | D4 | D3 | D2 | D1 | D0 |
|---|---|---|---|---|---|---|---|---|---|---|
| 指令码 | 1 | 0 | D7 | D6 | D5 | D4 | D3 | D2 | D1 | D0 |

D = 1，开显示，即可以对显示器进行各种显示操作；D = 0，关显示，即不能对显示

器进行各种显示操作。

2) 设置显示起始行

设置显示起始行指令如下：

| 控制位 | D/I | R/W | D7 | D6 | D5 | D4 | D3 | D2 | D1 | D0 |
|---|---|---|---|---|---|---|---|---|---|---|
| 指令码 | 0 | 0 | 1 | 1 | A5 | A4 | A3 | A2 | A1 | A0 |

本指令用于指定显示器起始行数据的 DDRAM 地址，执行该指令时，A5～A0 值自动送入 Z 地址计数器，起始行的地址可以是 0～63 行的任意一行。

例如，设 A5～A0 值为 62，则显示行与 DDRAM 行的对应关系如下：

屏幕显示行：1　2　3　4　…　62　63

DDRAM 行：62　63　0　1　…　60　61

3) 设置页地址

设置页地址指令如下：

| 控制位 | D/I | R/W | D7 | D6 | D5 | D4 | D3 | D2 | D1 | D0 |
|---|---|---|---|---|---|---|---|---|---|---|
| 指令码 | 0 | 0 | 1 | 0 | 1 | 1 | 1 | A2 | A1 | A0 |

页地址就是 DDRAM 的行地址区域，8 行为一页，模块共 64 行即 8 页，由指令中 A2～A0 来设定。页地址由本指令或 RST 信号改变，复位后页地址为 0。页地址与 DDRAM 行的关系如图 8-24 表所示。

| 列 / 数据 / 页行 | | Y(CSB=1) | | | | | Y(CSA=1) | | | | |
|---|---|---|---|---|---|---|---|---|---|---|---|
| | | 1 | 2 | … | 62 | 63 | 1 | 2 | … | 62 | 63 |
| 0 | 0↓7 | D0↓D7 | D0↓D7 | D0↓D7 | D0↓D7 | D0↓D7 | D0↓D7 | D0↓D7 | D0↓D7 | D0↓D7 | D0↓D7 |
| … | 8↓55 | D0↓D7 | D0↓D7 | D0↓D7 | D0↓D7 | D0↓D7 | D0↓D7 | D0↓D7 | D0↓D7 | D0↓D7 | D0↓D7 |
| 7 | 56↓63 | D0↓D7 | D0↓D7 | D0↓D7 | D0↓D7 | D0↓D7 | D0↓D7 | D0↓D7 | D0↓D7 | D0↓D7 | D0↓D7 |

图 8-24　页地址与 DDRAM 行的关系

4) 设置 Y 地址

设置 Y 地址指令如下：

| 控制位 | D/I | R/W | D7 | D6 | D5 | D4 | D3 | D2 | D1 | D0 |
|---|---|---|---|---|---|---|---|---|---|---|
| 指令码 | 0 | 0 | 0 | 1 | A5 | A4 | A3 | A2 | A1 | A0 |

本指令的作用是将 A5～A0 送入 Y 地址计数器，作为外部 CPU 读/写 DDRAM 的 Y 地址指针。在对 DDRAM 进行读/写操作后，Y 地址指针自动加 1，指向下一个 DDRAM 单元。

5) 读状态

读状态指令如下：

| 控制位 | D/I | R/W | D7 | D6 | D5 | D4 | D3 | D2 | D1 | D0 |
|---|---|---|---|---|---|---|---|---|---|---|
| 指令码 | 0 | 1 | BUSY | 0 | ON/OFF | RST | 0 | 0 | 0 | 0 |

当 R/W = 1、D/I = 0 时，在 E 信号为“1”的作用下，控制 IC 的状态分别输出到数据总线 D7～D0 上。BUSY = 0，准备好；BUSY = 1，内部忙。ON/OFF = 1，显示开；ON/OFF = 0，显示关。RST = 1，表示内部正在初始化，此时，组件不接收任何指令和数据。

6) 写显示数据

写显示数据指令如下：

| 控制位 | D/I | R/W | D7 | D6 | D5 | D4 | D3 | D2 | D1 | D0 |
|---|---|---|---|---|---|---|---|---|---|---|
| 指令码 | 1 | 0 | D7 | D6 | D5 | D4 | D3 | D2 | D1 | D0 |

D7～D0 为显示数据，此指令把 D7～D0 写入 X、Y 地址指定的 DDRAM 单元中，且 Y 地址自动加 1。

7) 读显示数据

读显示数据指令如下：

| 控制位 | D/I | R/W | D7 | D6 | D5 | D4 | D3 | D2 | D1 | D0 |
|---|---|---|---|---|---|---|---|---|---|---|
| 指令码 | 1 | 1 | D7 | D6 | D5 | D4 | D3 | D2 | D1 | D0 |

此指令将 X、Y 地址指定的 DDRAM 单元内容读到数据总线 D7～D0 上。

**4. ZY12864D 液晶应用接口**

液晶显示器与单片机有两种接口方式，即总线接口方式和模拟口线方式，图 8-25 为 ZY12864D 液晶模块与 51 单片机的模拟口线方式的接口电路。

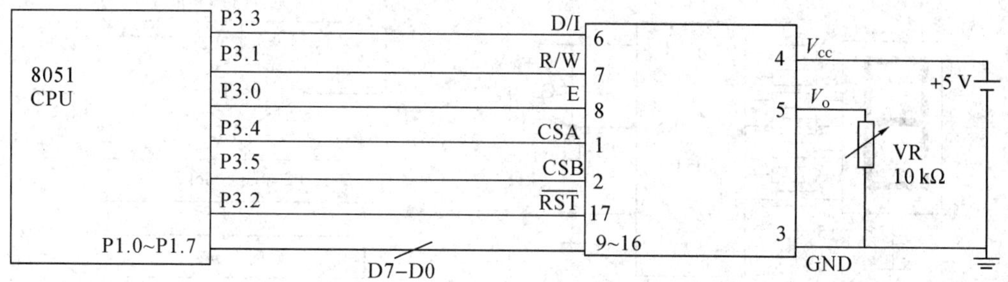


图 8-25　液晶显示器与单片机接口

## 8.6　实践训练——LED 显示器的使用

显示器是单片机应用系统的重要组成设备，其常用的显示设备有 LED、LCD 和 LEC。LED 显示器由若干个发光二极管组成，当发光二极管导通时，相应的一个笔画或点就发光，控制相应的发光二极管导通显示出对应的字符。LED 显示装置广泛使用在各类机电产品中，它也是大型显示装置如十字路口交通灯、篮球场记分牌和立体车库显示器的基础装置，其区别只是在于驱动电路的不同。采用定时器中断的方式进行计数是一种内中断方式，也可以将其改变为外中断方式来进行外部事件的计数。

## 一、应用环境

LED 显示器的应用环境多为家用电器的数字显示、电子钟、流水线工件计数、工业智能仪表数码显示装置等。

## 二、LED 数码管的静态控制显示方式

将单片机与数码管接成如图 8-26 所示静态显示方式，编程实现数码管的数字显示。所谓静态显示，就是当单片机某一端口输出一组显示数据之后，该端口一直保持该数据输出，维持数码管的显示数字，直到端口数据改变，又保持显示下一数据的显示方式。在具体电路连接上，将单片机一个端口的 8 个端子接在一只数码管的 8 个引脚上(h 端为小数点)，控制数码管的七段 LED 的亮或熄，显示器显示出数字，这种显示控制方式就是静态显示。静态显示电路的连接特点是：单片机端口的每位与数码管的一个端子相连，相当于单片机的一个引脚接一只发光二极管。

LED 静态显示的控制电路如图 8-26 所示。8051 的 P2 口 P2.0～P2.7(P2.0～P2.6 接七段码，P2.7 接小数点 h 端)直接与 LED 数码管的“a～h”引脚相连，由于流过 LED 的电流通常较小，一般均需在回路中接上合适的限流电阻，图中接有 150 Ω 的限流电阻。数码管为共阴数码管，端口输出高电平的位，对应 LED 亮，输出低电平的位，对应 LED 不亮。

程序的设计框图如图 8-27 所示。

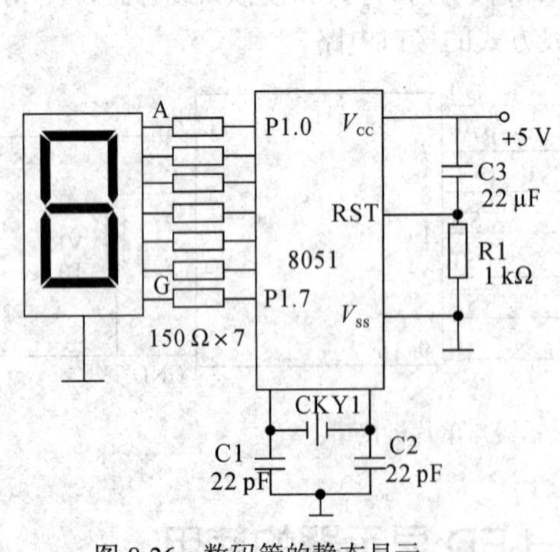

图 8-26　数码管的静态显示

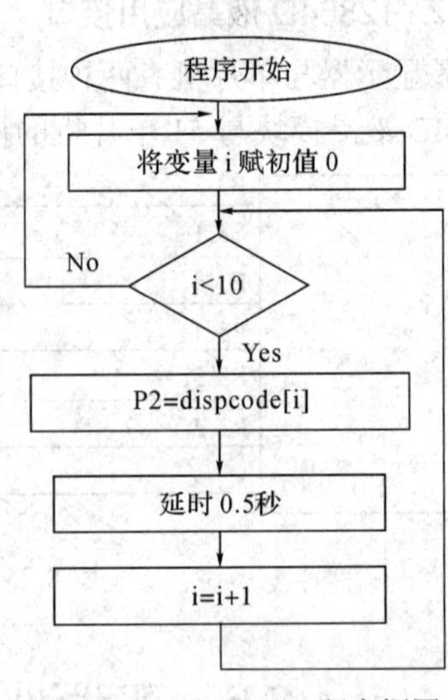

图 8-27　显示 0～9 程序框图

## 三、LED 数码管的动态控制显示方式

### 1. 实现过程

所谓动态显示，就是在显示时，单片机控制电路连续不断更新输出显示数据，使各数

码管轮流点亮。由于人眼的视觉暂留特性，使人眼观察到各数码管显示的是稳定数字。

动态显示的电路有很多，本训练所选用的电路如图 8-28 所示。图中用的是两只四位数码管。每只已将所有数码管的 a～h 分别连接在一起，再将两只四位数码管的 a～h 连接在一起，即将 8 只数码管八段显示的段码控制线连接在一起，作为整个数码管的段码控制。单片机端口驱动能力不足，在段码上使用上拉电阻提高数码管亮度。

对每只数码管的公共端进行控制，使每只数码管可以单独显示。由于数码管的电流较大，采用三极管电流驱动。电路中，将位码控制信号接在晶体三极管的基极，集电极接数码管，驱动数码管工作，实现数码管的位控制。

如图 8-28 所示电路，在电路连接上将所有要显示的数码管的 8 个端并接在单片机同一个端口的 8 位上，而用单片机的另一个端口的各个位分别控制各数码管的公共端，控制数码管是否点亮。在程序的控制下，快速地依次输出要显示的各个数，并同时控制对应数码管工作，这就是数码管的动态显示方式。

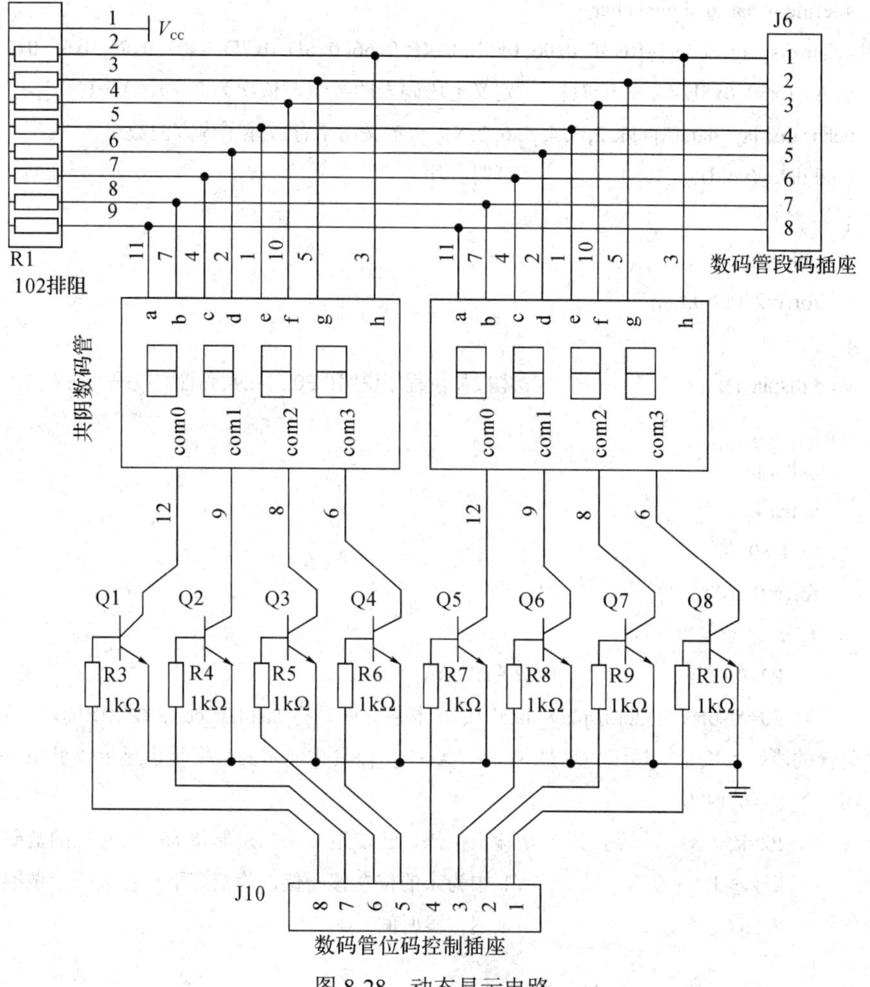


图 8-28　动态显示电路

动态显示达到一定速度时，由于人眼的视觉暂留特性，在观察时，数码管所有内容如同静态显示一样，不会产生闪烁。所以，对动态扫描的频率有一定的要求，频率太低，LED

数码管将出现闪烁现象。如频率太高，由于每个 LED 数码管点亮的时间太短，则 LED 数码管的亮度太低，无法看清。所以，显示时间一般取几个毫秒左右为宜。在编写程序时，常采用调用延时子程序来达到要求的保持时间。程序工作时，使电路选通某一位数码管，该数码管被点亮后将保持一定的时间。

下面以在数码管上从左到右依次显示出 8 个数字(1～8)为例，编写动态显示程序。程序中将要显示的 8 个数字放在一个数组中(该数组取名为 display_data)。如果从段码输出端口来看，动态显示程序的显示段码输出的过程，其实质和静态显示 8 个数字是一样的，依次输出各个段码；从位码端口看，要让哪只数码管显示，就在那只数码管对应位输出 1，显示一个数字后，则下一位输出高电平，这与跑马灯的控制是一样的。将这两个程序结合起来，就是动态显示程序。要求 P0 口接数码管的段码，P2 接数码管的位码。

C 语言程序如下：

```
#include "reg51.h"
#define uchar unsigned char
uchar display_code[]={0x3F, 0x06, 0x5B, 0x4F, 0x66, 0x6D, 0x7D, 0x07, 0x7F, 0x6F, 0x77,
0x7C, 0x39, 0x5E, 0x79, 0x71}    //定义七段码表的数组，依次为 0～9、A～F
uchar display_data[8]={1, 2, 3, 4, 5, 6, 7, 8};  //定义用于存放显示内容的数组
void delay(void)                 //延时程序
{
    uchar i;
    for(i=250;i>0;i--);
}
void display()                   //本段显示程序说明：P0 口接数码管的段码，P2 接数码管的位码
{
    uchar i;
    uchar k;
    k=0x80;
    for(i=0; i<8; i++)
    {
        P2=0;                    //关闭显示
        P0=display_code[display_data[i]]; /*本条命令是将 display_code 数组中的值送到 P0 口作
为数码管的段码，决定了显示内容是 0～9，A～F；而具体显示的数字是由显示数组 display_data[]
中的第 i 个元素的内容*/
        P2=k;                    //输出位码，让变量 k 中二进制位为 1 所对应的数码管显示
        k=k>>1;                  // k 中为 1 的位左移一位，为点亮下一位数码管做准备
        delay();                 //延迟一段时间
    }
    P2=0;                        //关闭显示
}
void main(void)                  //主函数
```

```
{
    while(1)                        //无限循环
    {
        display();                  //调用显示函数
    }
}
```

### 2. 思考与讨论

(1) 本程序采用的是动态显示电路，如何将其改变成静态显示电路？程序的哪些方面要进行相应的修改？

(2) 这个任务可以采用中断方式来实现吗？

## 思考与练习

### 1. 概念题

(1) 共阴极七段 LED 数码管的(　　)为公共端，接(　　)。如果 LED 的阳极为(　　)电平时 LED 导通，该字段发光；反之，如果 LED 的阳极为(　　)电平时 LED 截止，该字段不发光。

(2) 七段共阳极 LED 数码管显示字符“A”的段码为(　　)。

① 88H　　② 77H　　③ 66H　　④ 99H

(3) 七段共阴极 LED 数码管显示字符“0”的段码为(　　)。

① C0H　　② 3FH　　③ 00H　　④ AAH

(4) 在单片机系统中，常用的显示器有哪几种？

(5) 解释下列名词：① 共阴数码管和共阳数码管；② 静态显示和动态显示；③ 字段码和字位码。

(6) LED 静态显示方式与动态显示方式有何区别？各有什么优缺点？

(7) LED 动态显示子程序设计要点是什么？

### 2. 操作题

(1) 实现 0～99999999 的加 1 计数显示功能，应如何进行硬件和软件设计？

(2) 设计程序，控制 4 位数码管显示器中的第一位实现从 0～9 的跳变(跳到 9 后回 0)，跳变时间为 1 秒。

(3) 设计一个 6 位数码管时间显示程序。6 位数码管显示时间，能显示时/分/秒，显示格式是 00.00.00～23.59.59。其中小时和分钟之间的小数点常亮，分钟和秒之间的小数点进行秒闪烁。

# 第 9 章　键盘接口及其设计

在单片机控制系统中，为了实现人对系统的操纵控制及向系统输入参数，都需要为系统设置按键或键盘，实现简单的人机会话。键盘是一组(通常多于 8 个)按键的集合。键盘所使用的按键一般都是具有一对常开触点的按钮开关，平时不按键时，触点处于断开(开路)状态，当按下按键时，触点才处于闭合(短路)状态，而当按键被松开后，触点又处于断开状态。

根据键盘上闭合键的识别方法不同，键盘可分为非编码键盘和编码键盘两种。非编码键盘上，闭合键的识别采用软件实现；编码键盘上，闭合键的识别则由专门的硬件译码器产生按键的编号(即键码)，并产生一个脉冲信号，以通知 CPU 接收键码。编码键盘使用较为方便，易于编程，但硬件电路较复杂，因此在单片机控制系统中应用较少。而非编码键盘几乎不需要附加什么硬件电路，因此在实际单片机控制系统中较多采用。

从键盘的结构来分，键盘可分为独立式和矩阵式两类。当系统操作较简单，所需按键较少时，可采用独立式非编码键盘；而当系统操作较复杂，需要数量较多的按键时，可采用矩阵式非编码键盘。

**本章要点：**

- 单片机键盘的特点和应用；
- 独立式键盘及其接口；
- 矩阵式键盘及其接口；
- 按键扫描驱动程序的设计和应用。

## 9.1　按键的状态输入及去抖动

按键在电路中的连接如图 9-1(a)所示。当操作按键时，对触点闭合或断开，引起 A 点电压的变化。A 点电压就用来向单片机输入按键的通断状态。

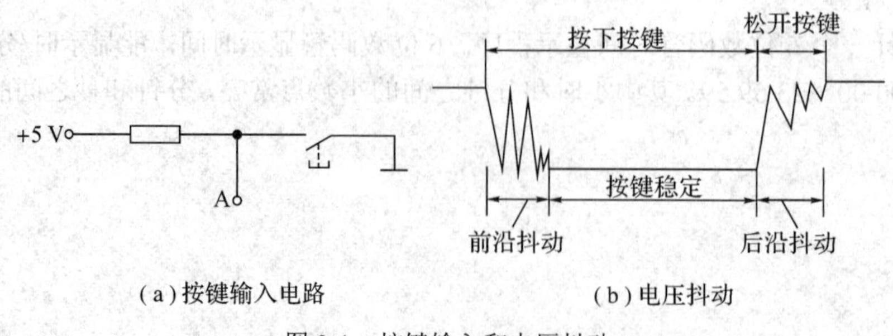


图 9-1　按键输入和电压抖动

由于机械触点的弹性作用，触点在闭合和断开瞬间的电接触情况不稳定，造成了电压信号的抖动现象，如图 9-1(b)所示。按键的抖动时间一般为 5 ms～10 ms。这种现象会引起单片机对一次按键操作进行多次处理，因此，必须设法消除按键通、断时的抖动现象。去抖动的方法有硬件和软件两种。在按键数较少时，可采用硬件去抖，而当按键数较多时，则采用软件去抖。

在硬件上可采用在按键输出端加 RS 触发器(双稳态触发器)或单稳态触发器构成去抖动电路，图 9-2 所示是一种由 RS 触发器构成的去抖动电路，当触发器一旦翻转，触点抖动不会对其产生任何影响。

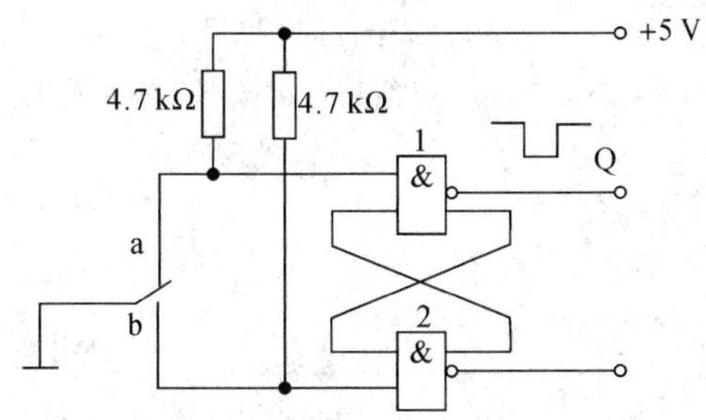


图 9-2　双稳态去抖动电路

电路工作过程如下：按键未按下时，a = 0，b = 1，输出 Q = 1，按键按下时，因按键的机械弹性作用的影响，使按键产生抖动，当开关没有稳定到达 b 端时，因与非门 2 输出为 0 反馈到与非门 1 的输入端，封锁了与非门 1，双稳态电路的状态不会改变，输出保持为 1，输出 Q 不会产生抖动的波形。当开关稳定到达 b 端时，因 a = 1，b = 0，使 Q = 0，双稳态电路状态发生翻转。当释放按键时，在开关未稳定到达 a 端时，因 Q = 0，封锁了与非门 2，双稳态电路的状态不变，输出 Q 保持不变，消除了后沿的抖动波形。当开关稳定到达 b 端时，因 a = 0，b = 0，使 Q = 1，双稳态电路状态发生翻转，输出 Q 重新返回原状态。由此可见，经双稳态电路之后，输出已变为规范的矩形方波。

软件上采取的措施是：在检测到有按键按下时，执行一个 10 ms 左右(具体时间应视所使用的按键进行调整)的延时程序后，再确认该键电平是否仍保持闭合状态电平，若仍保持闭合状态电平，则确认该键处于闭合状态；同理，在检测到该键释放后，也应采用相同的步骤进行确认，从而可消除抖动的影响。

**【例 9-1】** 利用外部中断 $\overline{\text{INT0}}$ 作为键盘输入端，当按键按下时，让单片机执行外部中断服务程序，在中断服务中完成键盘控制。电路如图 9-3 所示。单片机的 P0.0 口接一只 LED，键盘接在 P3.2 端口，按键不按时，由于 P3.2 接有上拉电阻 R3，所以 P3.2 此时为高电平 +5 V，如果按键按下，P3.2 电源地短路，P3.2 为低电平。为了消除键盘抖动现象，键盘两端并联滤波电容器 C4。

C51 程序如下：

```
#include<reg51.h>
sbit LED = P0^0;
void int0_isr(void) interrupt 0          //INT0 中断服务函数，INT0 的中断号为 0
{   unsigned char i = 0;
    i = ~i;                              //INT0 中断 1 次，i 值改变 1 次
```

```
        LED = i;                    //INT0 中断 1 次，LED 工作状态变化 1 次
        delay();                    //调用延时函数
    }
    void main(void)
    {   LED = 0;                    //芯片初始化时，LED 灭
        EA = 0;
        EX0 = 1;                    //开启 INT0 中断
        PX0 = 1;                    //INT0 中断优先，可以省去
        EA = 1;                     //开启总中断开关
        while(1);                   //等待按键按下，中断发生
    }
```

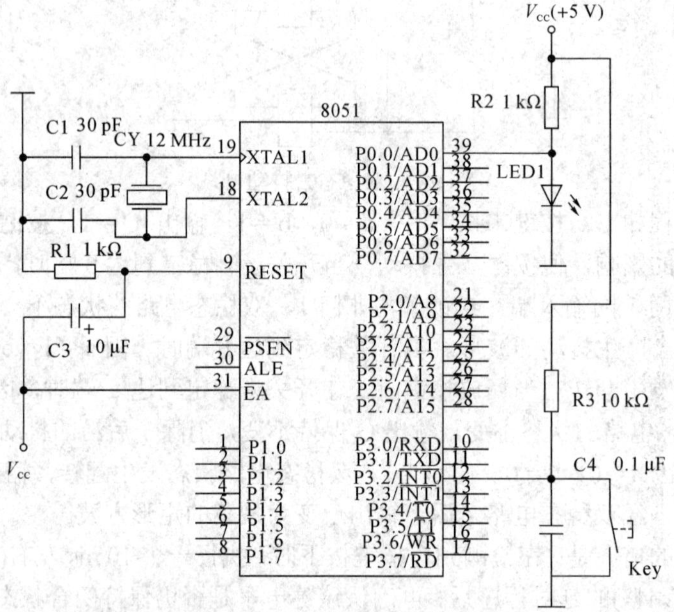

图 9-3　利用外部中断 $\overline{\text{INT0}}$ 实现键盘输入电路

这里没有设置 $\overline{\text{INT0}}$ 是下降沿触发中断或是低电平触发中断，原因是按键按下，不管产生不产生键抖现象，总能使 $\overline{\text{INT0}}$ 引脚产生一个下降沿和低电平。如果设置只有下降沿才触发 $\overline{\text{INT0}}$ 中断，则需要利用设置计时器控制寄存器 TCON 的 IT0 = 1 位，按键按下是否产生中断，可以利用程序检测 TCON 的 IE0 位。利用外部中断触发作为按键输入很好地解决了键盘抖动问题。如果需要多个键盘，则把 $\overline{\text{INT0}}$ 口与 I/O 口之间用键盘连接，I/O 输出低电平扫面信号即可。在数码管动态显示电路中，为了节省硬件资源，可以在 $\overline{\text{INT0}}$ 口和 P2 口之间接入键盘，实现 8 只按键输入。

## 9.2　键盘与 CPU 的连接方式

键盘与 CPU 的连接方式有两大类，一类是独立式，另一类是矩阵式。

独立式按键的每个按键都有一根信号线与单片机电路相连，所有按键有一个公共地或公共正端，每个按键相互独立互不影响。如图 9-4 所示，当按下按键 1 时，无论其他按键是否按下，按键 1 的信号线就由 1 变 0；当松开按键 1 时，无论其他按键是否按下，按键 1 的信号线就由 0 变 1。独立式按键电路配置灵活，软件结构简单，但每个按键必须占用一根 I/O 端线，在按键数量较多时，I/O 端线耗费较多，且电路结构繁杂。故这种形式适用于按键数量较少的场合。

矩阵式键盘的按键触点接于由行、列母线构成的矩阵电路的交叉处，每当一个键按下时，通过该键将相应的行、列母线连通。若在行、列母线中把行母线逐行置 0(一种扫描方式)，那么列母线就用来做信号输入线。矩阵式键盘原理图如图 9-5 所示。

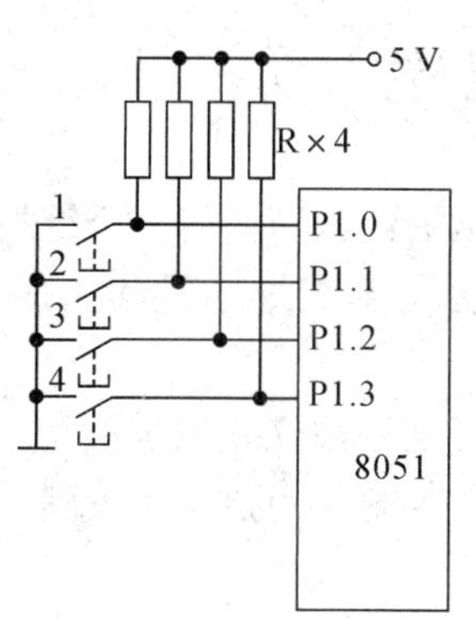

图 9-4　独立式按键原理

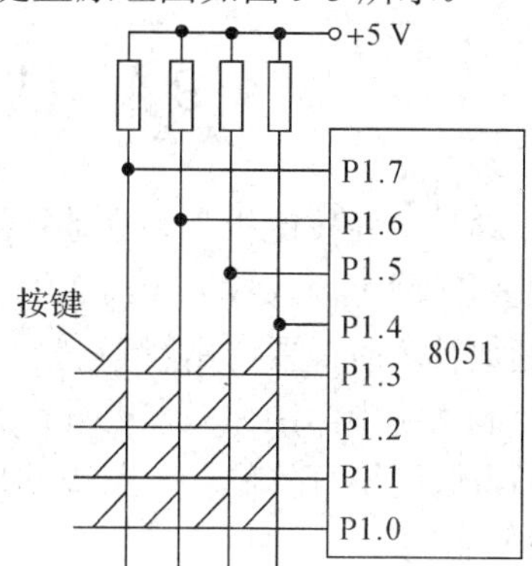

图 9-5　矩阵式键盘原理图

无论独立式按键还是矩阵式键盘，与 8051 I/O 口的连接方式可分为与 I/O 口直接连接和与扩展 I/O 口连接，与扩展 I/O 口连接又可分为与并行扩展 I/O 口连接和与串行扩展 I/O 口连接。

## 9.3　键盘扫描控制方式

在单片机应用系统中，对键盘的处理工作仅是 CPU 工作内容的一部分，CPU 还要进行数据处理、显示和其他输入/输出操作。因此，键盘处理工作既不能占用 CPU 太多时间，又需要对键盘操作能及时作出响应。CPU 对键盘处理控制的工作方式有以下几种。

### 1. 程序控制扫描方式

程序控制扫描方式是在 CPU 工作空余调用键盘扫描子程序，响应按键输入信号要求。程序控制扫描方式的按键处理程序固定在主程序的某个程序段。当主程序运行到该程序段时，依次扫描键盘，判断有无按键输入。若有，则计算按键编号，执行相应按键功能子程序。这种工作方式对 CPU 工作影响小，但应考虑键盘处理程序的运行间隔周期不能太长，否则，会影响对按键输入响应的及时性。

### 2. 定时控制扫描方式

定时控制扫描方式是利用定时器/计数器每隔一段时间产生定时中断，CPU 响应中断后对键盘进行扫描，并在有按键闭合时转入该按键的功能子程序。定时控制扫描方式与程序控制扫描方式的区别是：在扫描间隔时间内，前者用 CPU 工作程序填充，后者用定时器/计数器定时控制。定时控制扫描方式也应考虑定时时间不能太长，否则，会影响对按键输入响应的及时性。

**3. 中断控制方式**

中断控制方式是利用外部中断源响应按键输入信号。当无按键按下时，CPU 执行正常工作程序。当有按键按下时，CPU 立即产生中断。在中断服务子程序中扫描键盘，判断是哪一个按键被按下，然后执行该按键的功能子程序。这种控制方式克服了前两种控制方式可能产生的空扫描和不能及时响应按键输入的缺点，既能及时处理按键输入，又能提高 CPU 运行效率，但要占用一个宝贵的中断资源。

## 9.4 独立式按键

独立式按键是指各按键相互独立地接通一条输入数据线。当任何一个键按下时，与之相连的输入数据线即可读入数据 0，而没有按下时则读入 1。独立式按键的优点是电路简单；缺点是键数较多时，要占用较多的 I/O 线。

单片机控制系统中，往往只需要几个按键，因此可采用独立式按键结构，如图 9-6 所示。图 9-6(a)为低电平有效输入，图 9-6(b)为高电平有效输入。独立式按键一般是每个按键占用一根 I/O 线。

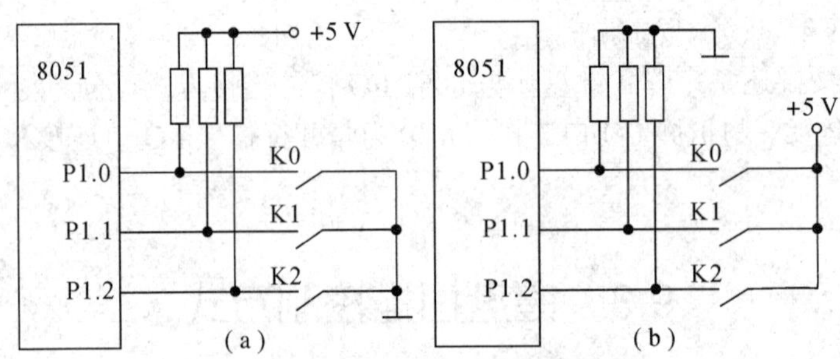


图 9-6　独立式按键

独立式按键的软件编程常采用查询式结构。逐位查询每根 I/O 口线的输入状态，确定按键是否按下，如果按下，则转向该按键的功能处理程序。图 9-6(a)所示的独立按键扫描 C 语言程序如下：

```
#include<reg51.h>
void key()
{
    unsigned char k;
    P1=0xff;                //输入时 P1 口置全 1
    k=P1;            //读取按键状态
    if(k==0xff)      //无键按下，返回
    return;
    delay20ms();            //有键按下，延时去抖
```

```
    k=P1;
    if(k==0xff)             //确认键按下
        return;             //抖动引起，返回
    while(P1!=0xff);        //等待键释放
    switch(k)
    {
        case:0xfe
        …                   // K0 号键按下时执行程序段
        break;
        case:0xfd
        …                   // K1 号键按下时执行程序段
        break;
        case:0xfb
        …                   // K2 号键按下时执行程序段
        break;
    }
}
```

## 9.5 矩阵式键盘

为了减少键盘与单片机接口时所占用 I/O 线的数目，在键数较多时，通常都将键盘排列成行列矩阵形式。每一水平线(行线)与垂直线(列线)的交叉处通过一个按键来连通。

利用这种结构只需 $N$ 条行线和 $M$ 条列线，即可组成具有 $N\times M$ 个按键的键盘。

矩阵式键盘是由多个按键组成的开关矩阵，其按键识别方法有行反转法和扫描法等。

### 1. 行反转法

行反转法需要两个双向 I/O 口分别接行、列线。步骤如下：

(1) 输出。将矩阵键盘中与行、列相连的两组 I/O 口线中的一组(行或列均可)设置为输入线(接收线)，输入线的初值应为全 1，另一组设置为输出线(扫描线)。设置输出线的初值为全 0，读取接收线口，若其中某一位为 0，则说明有按键被按下，并保存。否则，无按键被按下。

(2) 行反转。将原有输入线和输出线的功能互换，即原扫描线设定为输入，初值为全 1。原接收线设定为输出，并将第一步保存的原接收线的值输出，读取目前的接收线口(原扫描线口)，并保存。

(3) 判定。第一步保存值中为 0 的位是被按下按键所在的接收线，即被按键所在的行号(或列号)，第二步保存值中为 0 的位是被按下按键所在的扫描线，即被按键所在的列号(或行号)。由此可以判定：行线中为 0 位与列线中为 0 位的交叉点处的按键被按下。这样，根据扫描线和接收线读取的值就可以得出被按键的具体位置。

**【例 9-2】** 按图 9-7 及图 9-8 所示，试编制矩阵式键盘扫描程序。

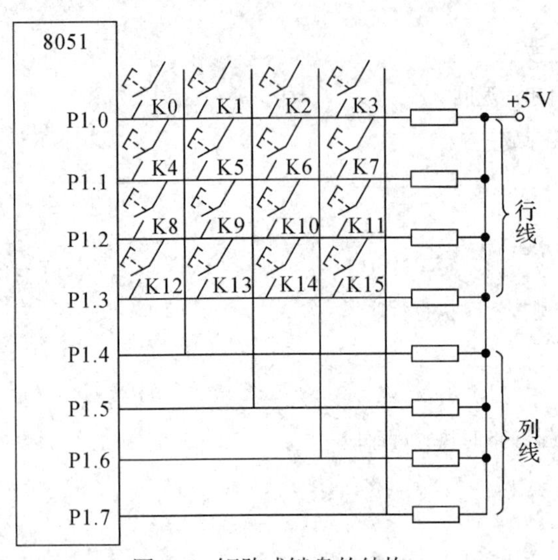


图 9-7　矩阵式键盘的结构

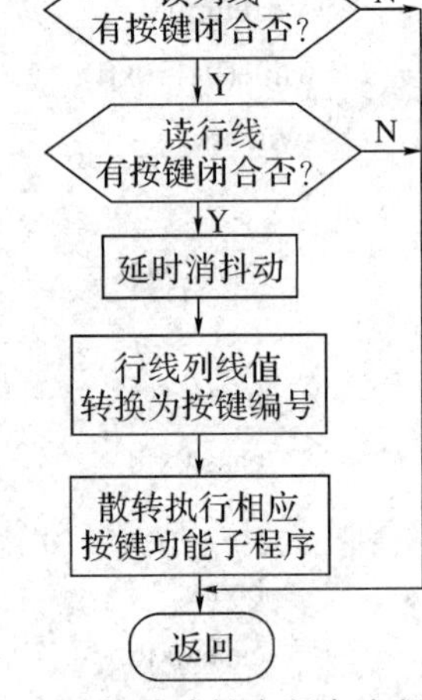


图 9-8　矩阵式键盘程序流程图

**解答过程：**

图 9-7 所示为 4 × 4 矩阵式键盘。当无按键闭合时，P1.0～P1.3 与相应的 P1.4～P1.7 之间开路。当有按键闭合时，与闭合按键相连接的两条 I/O 端线之间短路。判断有无按键按下的方法是：第一步，置列线 P1.4～P1.7 为输入态，行线 P1.0～P1.3 输出低电平，读入列线数据，若某一列线为低电平，则该列线上有按键闭合，第二步，置行线 P1.0～P1.3 为输入态，列线 P1.4～P1.7 输出低电平，读入行线数据，若某一行线为低电平，则该行线上有按键闭合。综合一、二两步的结果，可确定按键编号。但是按键闭合一次只能进行一次按键功能操作，因此需等待按键释放后，再进行按键功能操作，否则，按一次按键，有可能会连续多次进行同样的按键操作。

C51 程序如下：

```
#include<reg51.h>
char key()
{
    char code keycode[]= {
                          0xee, 0xde, 0xbe, 0x7e,
                          0xed, 0xdd, 0xbd, 0x7d,
                          0xeb, 0xdb, 0xbb, 0x7b,
                          0xe7, 0xd7, 0xb7, 0x77
    }       //键盘表，定义 16 个按键的行列组合值
    char row, col, k=-1, i;
    //定义行、列、返回值、循环控制变量
    P1=0xf0;
    if((P1&0xf0)==0xf0)
    return   k;                              //无键按下，返回 -1
    delay20ms();                             //延时去抖
```

```
        if((P1&0xf0)==0xf0)
            return  k;                  //抖动引起，返回 -1
            P1=0xf0;
            col=P1&0xf0;                //行输出全 0，读取列值
            P1=col | 0x0f;
            row=P1&0x0f;                //列值输出，读取行值
            //查找行列组合值在键盘表中位置
        for(i=0; i<16; i++)
        if((row | col)==keycode[i])     //找到，i 即为键值
        {     //否则，返回-1
            key=i;                      //处理重复键
            break;                      //处理为无键按下
        }
        P1=0xf0;
        while((P1&0xf0)!=0xf0);         //等待键释放
        return  k;                      //返回键值
    }
```

### 2. 扫描法

行反转法是一种有效的键盘接口方法，不仅节省 I/O 口线，编程实现也较容易。在只需要扩展键阵的情况下是一种很好的方案，但是在多数单片机应用系统中，不仅需要扩展键阵，同时还要扩展显示器，此时行反转法将不能满足要求。下面介绍另一种常用的键盘接口方法——动态扫描法，动态扫描法不仅可以扫描键阵，也可以实现显示，是目前应用十分广泛的一种方法。

对键盘的扫描过程可分两步：第一步是 CPU 首先检测键盘上是否有按键按下，第二步是再识别是哪一个按键按下。对键盘的识别方法通常采用逐行(或列)扫描法。

首先判断键盘中有无按键按下，由单片机通过 I/O 接口向键盘送(输出)全扫描字，然后读入(输入)行线状态来判别。其方法是：向列线输出全扫描字 00H，即所有列线置成低电平，读入行线状态来判断。如果有按键按下，总会有一根行线电平被拉至低电平，从而使输入状态不全为 1。

键盘中按键的按下是通过列线逐列置低电平后，检查行输入状态来实现的，这称为逐行(或逐列)扫描。其方法是：依次给列线送低电平，然后查所有行线状态，如果全为 1，则所按下的按键不在此行；如果不全为 1，则按下的按键必在此行，而且是与 0 电平列线相交的交点上的那个按键。

这种逐行逐列地检查键盘状态的过程称为对键盘的一次扫描。单片机对键盘的扫描可以采取程序控制的随机方式，CPU 空闲时扫描键盘，也可以采取定时控制方式，每隔一定的时间，CPU 对键盘扫描一次，还可以采取中断方式，每当键盘上有按键闭合时，CPU 请求中断，对键盘扫描，以识别哪一个按键处于闭合状态，并对此信息做出相应处理。CPU 可以根据行线和列线的状态来确定键盘上闭合按键的键号，也可以根据行线和列线状态查

表求得。

C 语言程序如下：

```
#include<reg51.h>
char key()
{
    char row, col, k =-1;        //定义行、列、返回值
    P1=0xf0;
    if((P1&0xf0)==0xf0)
        return k;                //无键按下，返回
        delay20ms();                 //延时去抖
    if((P1&0xf0)==0xf0)
        return k;            //抖动引起，返回
    for(row=0; row<4; row++)             //行扫描
    {   P1=~(1<<row);                //扫描值送 P1
        k=P1&0xf0;
        if(k!=0xf0)              //列线不全为 1,
        {   while(k&(1<<(col+4)))            //所按键在该列
            col++;               //查找为 0 列号
            k=row*4+col;                 //计算键值
            P1=0xf0;
            while((P1&0xf0)!=0xf0);          //等待键释放
            break;
        }   }
    return   k;          //返回键值
}
```

## 9.6　实践训练——电子密码锁设计

根据设定好的密码，采用两个按键实现密码的输入功能，当密码输入正确之后，锁就打开，如果输入的 3 次密码都不正确，就锁定按键 3 秒，同时发出报警声，直到没有按键按下 3 秒后，才打开按键锁定功能；否则，在 3 秒内仍有按键按下，就重新锁定按键 3 秒并报警。

### 一、应用环境

防盗门以及保险柜的密码设计系统。

### 二、电路图

电子密码锁的电路原理图如图 9-9 所示。

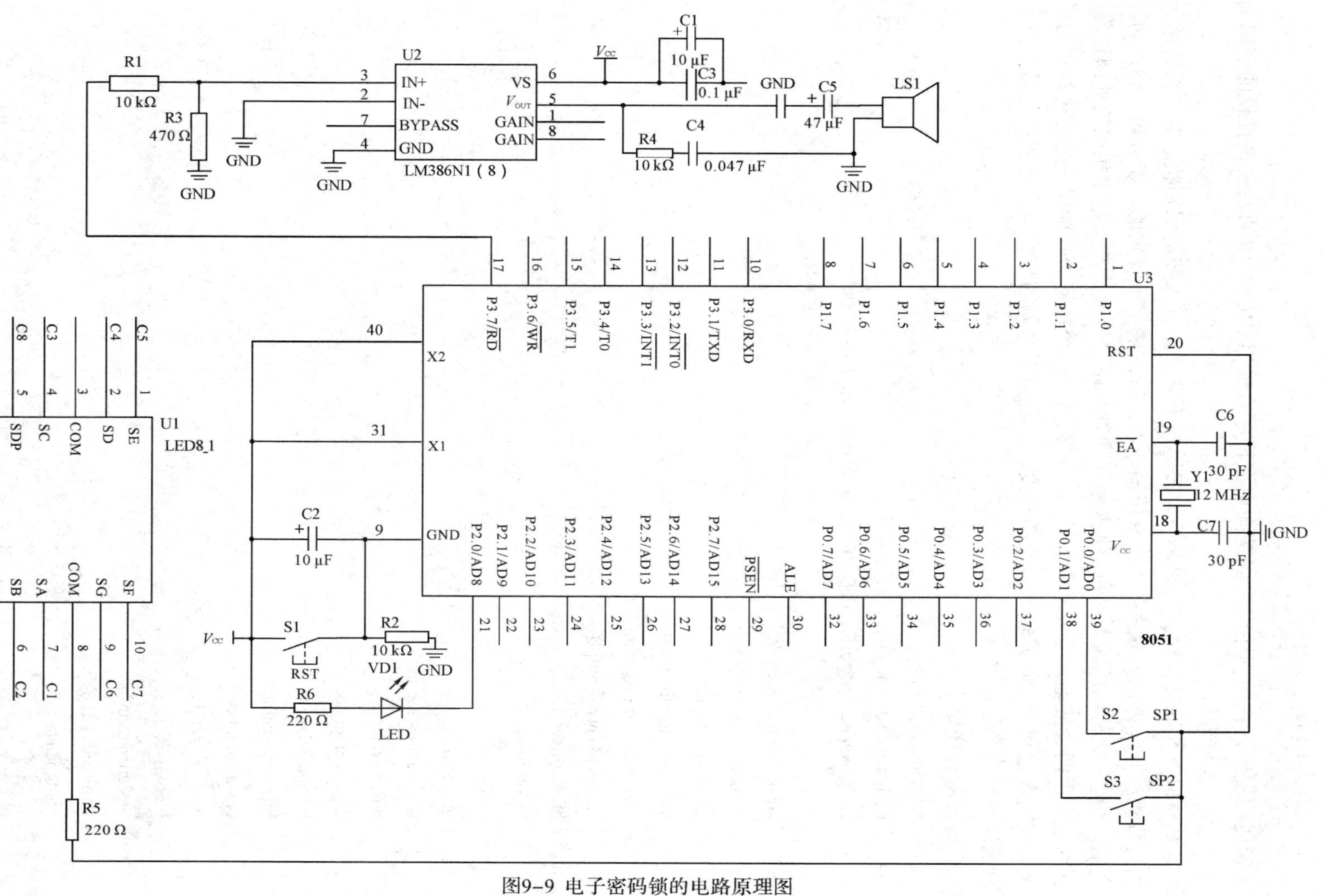


图9-9 电子密码锁的电路原理图

## 三、训练内容

密码的设定，在此程序中密码是固定在程序存储器 ROM 中的，假设预设的密码为“12345”共 5 位密码。

初始化时，允许按键输入密码，当有按键按下并开始进入按键识别状态时，按键禁止功能被激活，但启动的状态是在 3 次密码输入不正确的情况下发生的，或者输入确认功能键之后，才能完成密码的输入过程。进入密码的判断比较处理状态并给出相应的处理过程。

由于采用两个按键来完成密码的输入，那么其中一个按键为功能键，另一个按键为数字键。在输入过程中，首先输入密码的长度，接着根据密码的长度输入密码的位数，直到所有长度的密码都已经输入完毕。

C 语言源程序如下：

```
#include <reg51.h>
unsigned char code ps[]={1, 2, 3, 4, 5};
unsigned char code dispcode[]={0x3f, 0x06, 0x5b, 0x4f, 0x66, 0x6d,
                               0x7d, 0x07, 0x7f, 0x6f, 0x00, 0x40};
unsigned char pslen=9;
unsigned char templen;
unsigned char digit;
unsigned char funcount;
unsigned char digitcount;
unsigned char psbuf[9];
bit cmpflag;
bit hibitflag;
bit errorflag;
bit rightflag;
unsigned int second3;
unsigned int aa;
unsigned int bb;
bit alarmflag;
bit exchangeflag;
unsigned int cc;
unsigned int dd;
bit okflag;
unsigned char oka;
unsigned char okb;
void main(void)
{
    unsigned char i, j;
    P2=dispcode[digitcount];
```

```
TMOD=0x01;
TH0=(65536-500)/256;
TL0=(65536-500)%6;
TR0=1;
ET0=1;
EA=1;
while(1)
{
    if(cmpflag==0)
    {
        if(P3_6==0) //function key
        {
            for(i=10; i>0; i--)
            for(j=248; j>0; j--);
            if(P3_6==0)
            {
                if(hibitflag==0)
                {
                    funcount++;
                    if(funcount==pslen+2)
                    {
                        funcount=0;
                        cmpflag=1;
                    }
                    P1=dispcode[funcount];
                }
                else
                {
                    second3=0;
                }
                while(P3_6==0);
            }
        }
        if(P3_7==0)              // digit key
        {
            for(i=10; i>0; i--)
            for(j=248; j>0; j--);
            if(P3_7==0)
            {
```

```
                if(hibitflag==0)
                {
                    digitcount++;
                    if(digitcount==10)
                    {
                        digitcount=0;
                    }
                    P2=dispcode[digitcount];
                    if(funcount==1)
                    {
                        pslen=digitcount;
                        templen=pslen;
                    }
                    else if(funcount>1)
                    {
                        psbuf[funcount-2]=digitcount;
                    }
                }
                else
                {
                    second3=0;
                }
                while(P3_7==0);
            }
        }
    }
    else
    {
        cmpflag=0;
        for(i=0;i
        {
            if(ps[i]!=psbuf[i])
            {
                hibitflag=1;
                i=pslen;
                errorflag=1;
                rightflag=0;
                cmpflag=0;
                second3=0;
```

```
                    goto a;
                }
            }
            cc=0;
            errorflag=0;
            rightflag=1;
            hibitflag=0;
            cmpflag=0;
        }
    }
}
void t0(void) interrupt 1 using 0
{
    TH0=(65536-500)/256;
    TL0=(65536-500)%6;
    if((errorflag==1) && (rightflag==0))
    {
        bb++;
        if(bb==800)
        {
            bb=0;
            alarmflag=~alarmflag;
        }
        if(alarmflag==1)
        {
            P0_0=~P0_0;
        }
        aa++;
        if(aa==800)
        {
            aa=0;
            P0_1=~P0_1;
        }
        second3++;
        if(second3==6400)
        {
            second3=0;
            hibitflag=0;
            errorflag=0;
```

```
            rightflag=0;
            cmpflag=0;
            P0_1=1;
            alarmflag=0;
            bb=0;
            aa=0;
        }
    }
    if((errorflag==0) && (rightflag==1))
    {   P0_1=0;
        cc++;
        if(cc<1000)
        {
            okflag=1;
        }
        else if(cc<2000)
        {
            okflag=0;
        }
        else
        {   errorflag=0;
            rightflag=0;
            hibitflag=0;
            cmpflag=0;
            P0_1=1;
            cc=0;
            oka=0;
            okb=0;
            okflag=0;
            P0_0=1;
        }
        if(okflag==1)
        {
            oka++;
            if(oka==2)
            {   oka=0;
                P0_0=~P0_0;
            }
        }
```

```
        else
        {
            okb++;
            if(okb==3)
            {   okb=0;
                P0_0=~P0_0;
            }
        }
    }
}
```

# 思考与练习

## 1. 概念题

(1) 常用的键盘有(　　　　)和(　　　　)两种。

(2) 独立式按键键盘就是采用单独的按键直接连接到一个单片机的输入引脚上，每个按键占用(　　　　)。

(3) (　　　　)是将各个按键排列成行和列的阵列结构，其中，单片机的 I/O 接口一部分作为行，一部分作为列，按键布置在行线和列线的(　　　　)位置。

(4) 以下不能实现按键去抖的是(　　　　)。

① 软件延时　　② 电容式硬件结构

③ 电阻式硬件结构　　④ 双稳态电路消抖

(5) 以下可以获取阵列式键盘的键值的是(　　　　)。

① 动态扫描法　　② 行反转法　　③ 中断法　　④ 以上都可以

(6) 键盘程序设计需要注意的问题是(　　　　)。

① 按键消抖　　② 多按键处理　　③ 避免重复响应　　④ 以上都是

(7) 按键开关为什么有去抖动问题？如何消除？

(8) 键盘与 CPU 的连接方式如何分类？各有什么特点？

(9) 键盘扫描控制方式有哪几种？各有什么优缺点？

(10) 试述矩阵式键盘判别按键闭合的方法。

## 2. 操作题

(1) 设计一个 8051 外扩键盘和显示器电路，要求扩展 8 个键，4 位 LED 显示器。

(2) 使用 8155 的 PC 口设计一个 3 行 6 列键盘矩阵的接口电路，并编写出与之对应的键盘识别程序。

(3) 设计一个含 8 位动态显示和 2 × 8 键阵的硬件电路，并编写程序，实现将按键内容显示在 LED 数码管上的功能。

# 第 10 章　串行口通信

随着网络通信技术的应用，人们越来越多的采用计算机与单台或多台单片机构成小型集散控制系统，它既利用了单片机系统成本低、面向控制和抗干扰等优点，又结合了计算机极为丰富的软件资源，为用户提供了一个非常友好的人机界面。通过单片机与计算机的串行通信，能够实现智能化控制、汉字、图形显示等诸多功能。

**本章要点：**

- 串行通信的基本概念；
- 8051 单片机串行口的结构和工作原理；
- 串行口的 4 种工作方式；
- RS-232 串行接口的含义及应用；
- 单片机双机通信的应用程序的设计。

## 10.1　串行通信概述

计算机与外界进行信息交换称为通信。它既包括计算机与外部设备之间的信息交换，也包括计算机和计算机之间的信息交换。随着计算机系统的应用和微机网络的发展，通信功能显得越来越重要。

计算机的通信可分为并行通信和串行通信两种方式。

同时传送多位数据的方式称为并行通信，如图 10-1(a)所示。并行通信的特点是数据传输速度快，但需要的传输线多，因此成本高，适合近距离的数据通信。计算机内部的数据传送都采用并行方式。

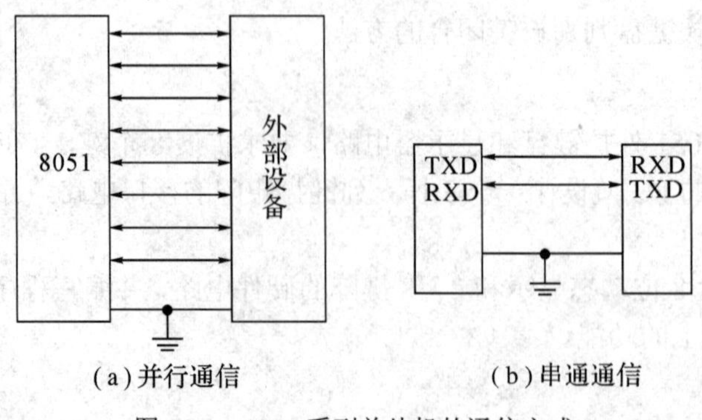


(a) 并行通信　　　　(b) 串通通信

图 10-1　8051 系列单片机的通信方式

逐位依次传输数据的方式称为串行通信，如图 10-1(b)所示。串行通信的特点是数据传输速度慢，但最少只需要一条传输线，故成本低，适合远距离的数据通信。计算机与外界的数据传送大多是串行方式，其传送的距离可以从几米到几千米。

串行通信又可分为异步通信和同步通信两种。

### 10.1.1　异步通信

异步通信的数据或字符是分为一帧一帧传送的，在异步通信中，用一个起始位表示字符的开始，用停止位表示字符的结束。其每帧的格式如图 10-2 所示。

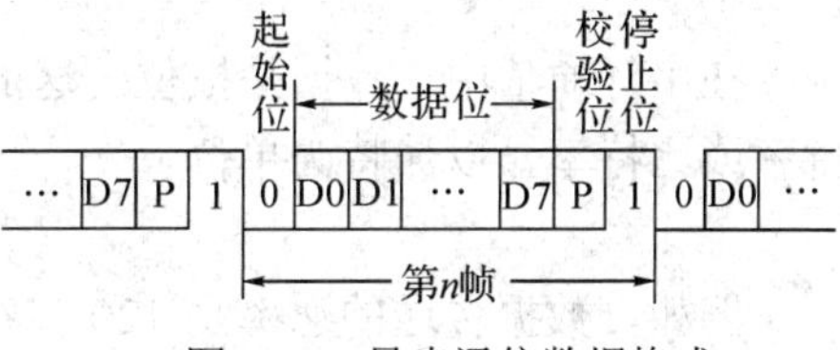

图 10-2　异步通信数据格式

在一帧格式中，先是一个起始位 0，然后是 5～8 个数据位，规定低位在前，高位在后，接下来是奇偶校验位(可以省略)，最后是停止位 1。一帧数据传送结束后，可以接着传送下一帧数据，也可以等待，等待期间数据线为高电平(空闲位)。如果要传送下一帧，只要让数据线由高电平变为低电平，即下一帧的起始位，以便接收器接收下一帧数据。

异步通信中每个字符都要额外附加起始位和停止位，所以工作速度较低，但对硬件的要求也较低，实现起来比较简单、灵活，适用于数据的随机发送和接收，在单片机中主要采用异步通信方式。

### 10.1.2　同步通信

在计算机与一些高速设备进行数据通信时，为了提高数据块传递速度，可以去掉起始位和停止位标志，采用同步传送。同步通信的传送格式如图 10-3 所示。

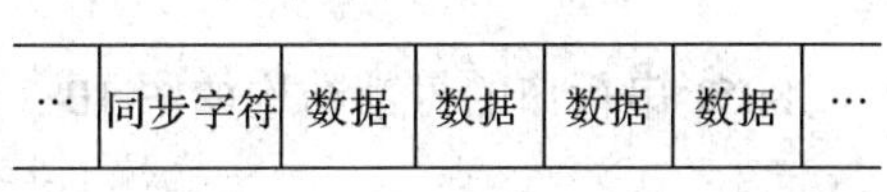

图 10-3　同步通信数据格式

同步通信由 1～2 个同步字符和多字节数据位组成，由同步字符作为起始位以触发同步时钟开始发送或接收数据，由于数据块传递开始要用同步字符来指示，同时要求由时钟来实现发送端与接收端之间的同步，故硬件较复杂，适用于成批数据传送。

### 10.1.3　串行通信的制式

串行通信按照数据传送的方向可分为三种制式，单工制式、半双工制式和全双工制式，如图 10-4 所示。

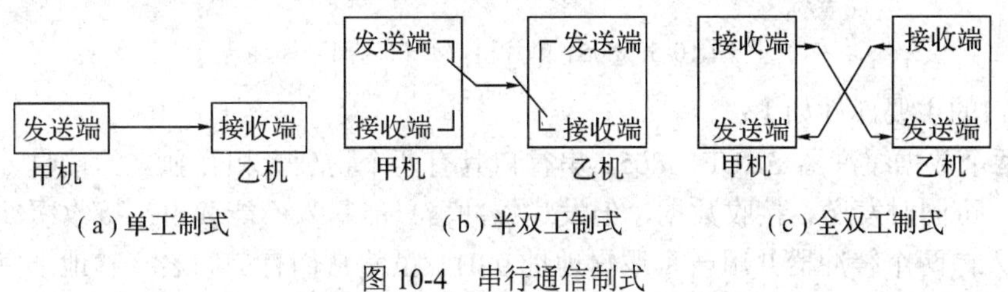

图 10-4　串行通信制式

(1) 单工制式。单工制式是指甲乙双方通信时只能单向传输数据，如图 10-4(a)所示。

(2) 半双工制式。半双工制式是指通信双方都有发送器和接收器，既可以发送也可以接收，但不能同时发送和接收，如图 10-4(b)所示。

(3) 全双工制式。全双工制式是指通信双方都有发送器和接收器，且信道划分为发送信道和接收信道，可以实现甲方(乙方)同时发送和接收数据，如图 10-4(c)所示。

### 10.1.4 串行通信的传送速率

在串行通信中，数据是按位传送的，传送速率用每秒传送数据的位数来表示，称为波特率或比特率，以波特为单位。

1 波特 = 1 位/秒(1 bit/s)

例如，数据传送的速率是 120 字符/秒，而每个字符如上述规定包含 10 数位，则传送波特率为 1200 波特。

## 10.2 8051 串行口

8051 内部有一个功能强大的全双工异步通信口，具有 4 种工作方式；波特率可通过软件设置；接收和发送数据均能触发中断；除了可以实现串行通信外，还可以方便地进行并行口的扩展。

### 10.2.1 8051 串行口结构

8051 串行口的内部结构如图 10-5 所示。

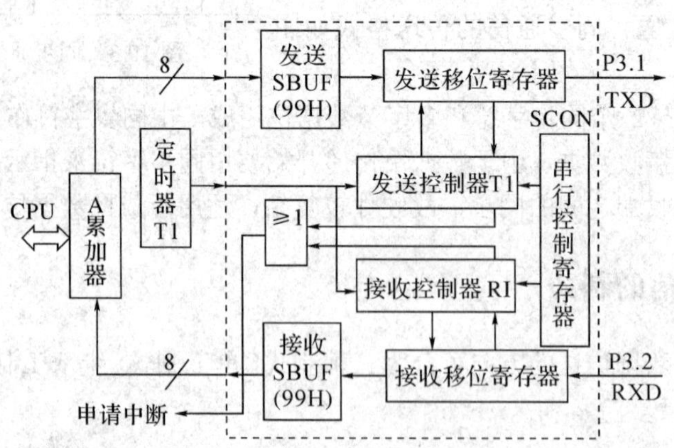


图 10-5　8051 单片机串行口内部结构

串行口的主要部件如下：

(1) 两个数据缓冲器 SBUF。8051 串行口具有两个物理上相互独立的接收、发送缓冲器 SBUF，可同时发送、接收数据，但发送缓冲器只能写入不能读出；接收缓冲器只能读出不能写入。两个缓冲器共用一个逻辑地址 99H。虽然它们有相同名字和地址空间，但不会出现冲突，因为它们两个中的其中一个只能被CPU读出数据，另一个只能被CPU写入数据。

(2) 两个移位寄存器。由于CPU与接口之间按并行方式传输，接口与外设之间按串行方式传输，因此在串行接口中，必须要有“接收移位寄存器”(串→并)和“发送移位寄存器”(并→串)。

(3) 串行控制寄存器 SCON。SCON 的功能是控制串行口的工作方式，并反映串行口的工作状态。

(4) 定时器 T1。T1 用作波特率发生器，用来产生接收和发送数据所需的移位脉冲，T1的溢出频率越高，接收和发送数据的频率就越高，即波特率越高。

### 10.2.2　串行口工作原理

串行口有发送数据和接收数据的工作过程。

#### 1. 串行口发送数据

串行口发送数据时，从片内总线向发送SBUF写入数据(MOV　SBUF, A)，启动发送过程，由硬件电路自动在字符的始、末加上起始位(低电平)、停止位(高电平)，A中的数据送入SBUF，在发送控制器控制下，按设定的波特率，每来一个移位脉冲，数据移出一位，先发送一位起始位(低电平)，再由低位到高位一位一位通过 TXD(P3.1)把数据发送到外部电缆上，数据发送完毕，最后发一位停止位(高电平)，一帧数据发送结束。发送控制寄存器通过或门向CPU发出中断请求(TI = 1)，CPU可以通过查询TI或者响应中断的方式，将下一帧数据送入SBUF，开始发送下一帧数据。

#### 2. 串行口接收数据

在接收数据时，若 RXD(P3.2)接收到一帧数据的起始信号(低电平)，串行控制寄存器SCON向接收控制器发出允许接收信号，按设定的波特率，每来一个移位脉冲，将数据从RXD端移入一位，放在输入移位寄存器中，数据全部移入后，寄存器再将全部数据送入接收SBUF中，同时，接收控制器通过或门向CPU发出中断请求(RI=1)，CPU可以通过查询RI或者响应中断的方式，将接收SBUF中的数据取走(MOV A，SBUF)，从而完成了一帧数据的接收。其后各帧数据的接收过程与上述相同。

由以上叙述可得，串行通信双方的移位速度必须一致，否则，会造成数据位的丢失。因此，在设计串行程序时，通信双方必须采用相同的波特率。

### 10.2.3　串行口的控制寄存器

控制8051系列单片机串行口的控制寄存器有两个：特殊功能寄存器SCON和PCON。下面对这两个寄存器的各位功能予以介绍。

#### 1. 串行控制寄存器 SCON

SCON是一个逐位定义的8位寄存器，用于控制串行通信的方式选择、接收和发送，指示串口的状态，SCON即可以字节寻址，也可以位寻址，其字节地址为98H，地址位为

98H～9FH。它的各个位定义如表 10-1 所示。

表 10-1　SCON 寄存器

| D7 | D6 | D5 | D4 | D3 | D2 | D1 | D0 |
|---|---|---|---|---|---|---|---|
| SM0 | SM1 | SM2 | REN | TB8 | RB8 | TI | RI |

下面对各个位进行一一介绍：

(1) SM0 和 SM1——串口的工作方式选择位。

两个选择位对应 4 种工作方式，如表 10-2 所示。其中 $f_{osc}$ 是振荡器的频率，UART 是通用异步接收/发送器。

表 10-2　串行口的工作方式

| SM0 SM1 | 工 作 方 式 | 功　能 | 波 特 率 |
|---|---|---|---|
| 0　0 | 0 | 8 位同步移位寄存器 | $f_{osc}/12$ |
| 0　1 | 1 | 10 位 UART | 可变 |
| 1　0 | 2 | 11 位 UART | $f_{osc}/64$ 或 $f_{osc}/32$ |
| 1　1 | 3 | 11 位 UART | 可变 |

(2) SM2——多机通信控制位。

在工作方式 2 和 3 中，SM2 是多机通信的使能位，若 SM2 = 1 且接收到的第 9 位数据(RB8)为 0，则将接收到的前 8 位数据丢弃，中断标志 RB8 不会被激活；若接收到的第 9 位数据(RB8)为 1，则将接收到的前 8 位数据送入 SBUF，且 RI 置位。若 SM2 = 0，则无论第 9 位数据是 1 还是 0，都将前 8 位数据送入 SBUF，且 RI 置位。此功能可用于多处理机通信。

在工作方式 0 中，SM2 必须为 0。在工作方式 1 中，若 SM2 = 1 且没有接收到有效的停止位，则接收中断标志位 RI 不会被激活。

(3) REN——允许串行接收位。

REN 由软件置位或清除，置位时允许串行接收，清除时禁止串行接收。

(4) TB8——工作方式 2 和工作方式 3 要发送的第 9 位数据。

在许多通信协议中该位是奇偶位，可以按需要由软件置位或清除。在多处理机通信中，该位用于表示地址或数据。TB = 0，为数据；TB = 1，为地址。

(5) RB8——工作方式 2 和工作方式 3 中接收到的第 9 位数据。

RB8 可以是奇偶位或地址/数据标识位等，在工作方式 1 中，若 SM2 = 0，则 RB8 是已接收的停止位。在工作方式 0 中，RB8 不使用。

(6) TI——发送中断标志位

TI 由硬件置位，软件清除。工作方式 0 中，在发送第 8 位末尾时由硬件置位，其他工作方式中，在发送停止位开始时由硬件置位。TI = 1 时，申请中断。CPU 响应中断后，发送下一帧数据。在任何工作方式中都必须由软件清除 TI。

(7) RI——接收中断标志位。

RI 由硬件置位，软件清除。工作方式 0 中，在接收第 8 位末尾时由硬件置位，其他工作方式中，在接收到停止位时由硬件置位。RI = 1 时，申请中断，要求 CPU 取走数据。但在工作方式 1 中，SM2 = 1 且未接收到有效的停止位时，不会对 RI 置位。在任何工作方式中都必须由软件清除 RI。

系统复位时，SCON 的所有位都被清 0。

#### 2. 电源控制寄存器 PCON

PCON 也是一个逐位定义的 8 位寄存器，字节地址为 87H，只能按字节寻址，目前仅仅有几位有定义，如表 10-3 所示。

表 10-3 PCON 寄存器

| D7 | D6 | D5 | D4 | D3 | D2 | D1 | D0 |
|---|---|---|---|---|---|---|---|
| SMOD | — | — | — | GF1 | GF0 | PD | IDL |

PCON 中仅最高位 SMOD 与串行口的控制有关。SMOD 是串行通信波特率系数控制位，当串行口工作在工作方式 1 或工作方式 2 时，若使用 T1 作为波特率发生器，SMOD=1，则波特率加倍。因此，SMOD 也称为串行口的波特率倍增位。

系统复位时，SMOD 被清 0。

### 10.2.4 串行口的工作方式

按照串行通信的数据格式和波特率的不同，8051 系列单片机的串行口有 4 种工作方式，可以通过 SM0 SM1 进行选择。

#### 1. 方式 0

方式 0 为同步移位寄存器方式。波特率固定为振荡频率 $f_{osc}$ 的 1/12。发送和接收串行数据都通过 RXD(P3.0)进行，TXD(P3.1)输出移位脉冲，控制外部的移位寄存器移位。一帧信息为 8 位，没有起始位、停止位，传输时低位在前。

1) 方式 0 发送

串行数据从 RXD 引脚输出，TXD 引脚输出移位脉冲。CPU 将数据写入发送寄存器 SBUF 时，立即启动发送，将 8 位数据以 $f_{osc}/12$ 的固定波特率从 RXD 输出，低位在前，高位在后。发送完一帧数据后，发送中断标志 TI 由硬件置位。方式 0 下，单片机可外接移位寄存器以扩展 I/O 口，也可以外接同步输入/输出设备。

2) 方式 0 接收

当串行口以方式 0 接收时，先置位允许接收控制位 REN。此时，RXD 为串行数据输入端，TXD 仍为同步脉冲移位输出端。当 RI = 0 和 REN = 1 同时满足时，开始接收。当接收到第 8 位数据后，将数据移入接收寄存器 SBUF，并由硬件置位 RI。

#### 2. 方式 1

方式 1 为波特率可变的 10 位异步通信接口方式。发送或接收一帧信息，包括 1 个起始位“0”，8 个数据位和 1 个停止位“1”。波特率可变，根据定时器 1 的溢出率计算。

1) 方式 1 发送

当 CPU 执行一条指令将数据写入发送缓冲 SBUF 时，就启动发送。串行数据从 TXD 引脚输出，发送完一帧数据后，就由硬件置位 TI，向 CPU 申请中断。

2) 方式 1 接收

在 REN = 1 时，串行口采样 RXD 引脚，当采样到 1～0 的跳变时，确认是开始位“0”，就开始接收一帧数据。只有当 RI = 0 且停止位为 1 或 SM2 = 0 时，停止位才进入 RB8，8 位数据才能进入接收寄存器，并由硬件置位中断标志 RI，否则信息丢失。所以在方式 1 接收时，应先用软件清零 RI 和 SM2 标志。

### 3. 方式 2

方式 2 为固定波特率的 11 位 UART 方式，其中 1 位起始位“0”、8 位数据位(先低位后高位)，1 位控制位(第 9 位)和 1 个停止位“1”。它比方式 1 增加了第 9 位数据 TB8 或 RB8。波特率可变，为振荡频率的 1/64 或 1/32。在方式 2 下，还是 8 个数据位，只不过增加了第 9 位，其功能由用户确定，是一个可编程位。

1) 方式 2 发送

当 CPU 执行一条指令将数据写入发送缓冲 SBUF 时，就启动发送。附加的第 9 位来自 SCON 寄存器的 TB8 位，用软件置位或复位。它可作为多机通信中地址/数据信息的标志位，也可以作为数据的奇偶校验位。发送一帧信息后，置位中断标志 TI。

2) 方式 2 接收

在 REN = 1 时，串行口采样 RXD 引脚，当采样到 1～0 的跳变时，确认是开始位“0”，就开始接收一帧数据。在接收到附加的第 9 位数据后，只有当 RI = 0 且停止位为 1 或 SM2 = 0 时，第 9 位数据才进入 RB8，8 位数据才能进入接收寄存器 SBUF，并由硬件置位中断标志 RI，否则信息丢失。

### 4. 方式 3

方式 3 为波特率可变的 11 位 UART 方式。波特率可变，根据定时器 1 的溢出率计算。除波特率外，其余与方式 2 相同。

## 10.2.5　波特率的设定

方式 0 的波特率由单片机的晶振频率 $f_{osc}$ 决定，波特率 $= f_{osc}/12$。

方式 2 的波特率由单片机的晶振频率 $f_{osc}$ 和 SMOD 位决定，波特率 $= f_{osc} \times 2^{SMOD}/64$。当 SMOD = 1 时，波特率为 $f_{osc}/32$；当 SMOD = 0 时，波特率为 $f_{osc}/64$。

方式 1 和方式 3 的波特率由 T1 的溢出率和 SMOD 位决定，波特率 = T1 的溢出率 × $2^{SMOD}/32$。此时，定时器 T1 作为波特率发生器，常选用定时方式 2，为 8 位自动重置初值方式，用 TL1 计数，TH1 装初值。

$$\text{T1 的溢出率} = \frac{f_{osc}/12}{256 - \text{TH1}}$$

注意 T1 作为波特率发生器时应禁止 T1 中断。实际应用时，通常是先确定波特率，后根据波特率求 T1 定时初值，因此，上式又可写为

$$\text{TH1} = 256 - \frac{f_{osc}}{\text{波特率} \times 12 \times 32 / 2^{SMOD}}$$

当时钟频率选用 11.0592 MHz 时，易获得标准的波特率。表 10-4 列出了常用的波特率

及产生条件。

表 10-4　常用的波特率及产生条件

| 串口工作方式 | 波特率(b/s) | $f_{osc}$(MHz) | SMOD | T1 方式 2 的初值 |
|---|---|---|---|---|
| 方式 0 | 1M | 12 | × | × |
| 方式 2 | 375k | 12 | 1 | × |
| 方式 1 或方式 3 | 62 500 | 12 | 1 | FFH |
| 方式 1 或方式 3 | 137 500 | 11.968 | 0 | 1DH |
| 方式 1 或方式 3 | 19 200 | 11.0592 | 1 | FDH |
| 方式 1 或方式 3 | 9600 | 11.0592 | 0 | FDH |
| 方式 1 或方式 3 | 4800 | 11.0592 | 0 | FAH |
| 方式 1 或方式 3 | 2400 | 11.0592 | 0 | F4H |
| 方式 1 或方式 3 | 1200 | 11.0592 | 0 | E8H |

## 10.3　8051 串行口的应用

在进行串行口的应用时，要解决的问题主要是硬件的连接和编制应用程序。硬件的连接主要是串行口的 RXD、TXD 端与外部芯片引脚的连接，根据串行口工作方式和外部芯片的不同而有所不同。应用程序的编写内容主要分为串行口初始化和应用程序主体。

### 1. 串行口初始化程序主要内容

(1) 选择串行口的工作方式，即设定 SCON 中的 SM0、SM1。

(2) 设定串行口的波特率。方式 0 可以省略这一点。设定 SMOD 的状态，若设定 SMOD=1，则波特率加倍。若选择方式 1 和方式 3，则需对定时器 T1 进行初始化并设定其初值。

(3) 若选择串行口接收数据或是双工通信方式，需设定 REN = 1。

(4) 若采用中断方式编写串行程序，则需开串行中断，即设定 ES = 1，EA = 1。

**【例 10-1】** 以波特率为 9600 b/s，串口工作方式 3，完成允许发送/接收数据的初始化步骤程序。

C51 程序如下：

```
TMOD = 0x20;                //第一步，编程 TMOD
TL1 = 0xfd;                 //第二步，装载定时器 1 的初值
TH1 = 0xfd;
TR1 = 1;                    //第三步，启动定时器 1，TR1 = 1
SCON = 0xd8;                //第四步编程 SCON，确定串行口工作方式 3
//SM2、TB8 = 1，TI、RI = 0
PCON = 0x00;                //第四步，编程 PCON，SMOD = 0
SBUF = date1;               //发送 1 字节数据并保存在 date1，进入串行中断
```

```
    while(TI == 0);              //等待发送，发送完毕后 TI 自动置位
    TI = 0;                      //TI 软件清零
    date2 = SBUF;                //接收 1 字节数据并保存在 date2，进入串行中断
    while(RI == 0);              //等待接收，接收完毕后 RI 自动置位
    RI = 0;                      //RI 软件清零
```

#### 2. 串行口应用程序主体

串行通信可采用两种编程方式，即查询方式和中断方式。TI 和 RI 是串行通信一帧数据发送完和接收完的标志。无论是查询方式还是中断方式编程，都需要用到 TI 或 RI。两种方式编程方法如下：

(1) 查询方式发送数据块程序：发送一个数据→查询 TI，直至 TI=1→发送下一个数据。

(2) 查询方式接收数据块程序：查询 RI，直至 RI=1→读入一个数据→查询 RI，直至 RI=1→读入下一个数据。

(3) 中断方式发送数据块程序：发送一个数据→等待中断→在中断程序中再发送下一个数据。

(4) 中断方式接收数据块程序：等待中断→在中断程序中再接收一个数据。

### 10.3.1　利用串行口扩展并行口

单片机并行 I/O 口数量有限，当并行口不够使用时，可以利用串行口来扩展并行口。8051 系列单片机串行口方式 0 为移位寄存器方式，外接一个并入串出的移位寄存器，可以扩展一个并行输入口，如图 10-6 所示。外接一个串入并出的移位寄存器，可以扩展一个并行输出口，如图 10-7 所示。

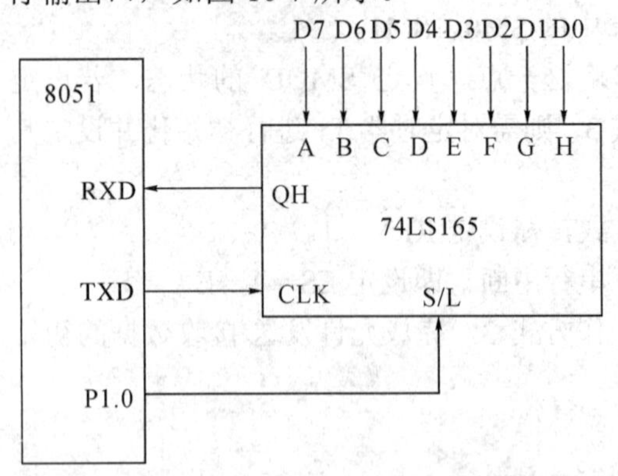


图 10-6　串行口扩展并行输入口

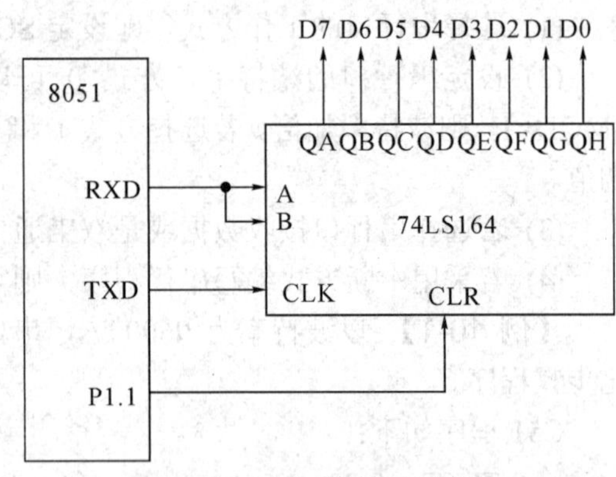


图 10-7　串行口扩展并行输出口

74LS165 为并入串出移位寄存器，A、B、……、H 为并行输入端(A 为高位)，QH 为串行数据输出端，CLK 为同步时钟输入端，S/L 为预置控制端。S/L = 0 时，锁存并行输入数据；S/L = 1 时，可进行串行移位操作。

74LS164 为串入并出移位寄存器，其中 A、B 为串行数据输入端，QA、QB、……、QH 为并行数据输出端(QA 为高位)，CLK 为同步时钟输入端，CLR 为输出清零端。若不需将输出数据清 0，则 CLR 端接 $V_{CC}$。

**【例 10-2】** 用 8051 串行口外接 74LS165 扩展 8 位并行输入口，如图 10-8 所示，试

编制程序输入 S1～S8 状态数据。

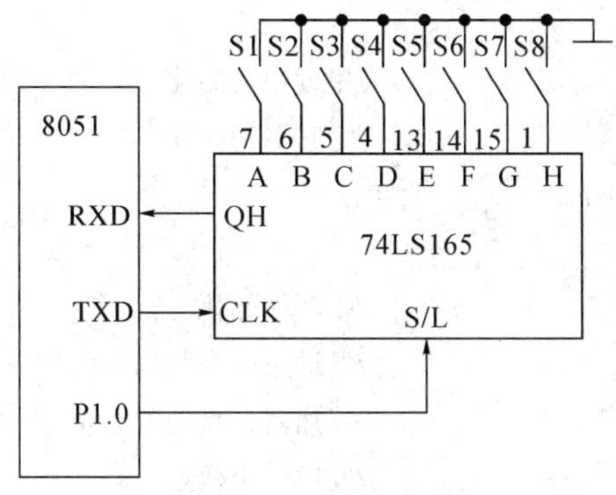


图 10-8 例 10-2 的图

**分析过程：**

串行口方式 0 的数据传送可采用中断方式，也可采用查询方式。串行口工作方式 0 接收时，在接收第 8 位后由硬件将 RI 置位。程序中只要 RI 为 0 就继续查询，RI 为 1 就结束查询，说明 8 位数据已接收完毕。

C51 程序如下：

```
#include<reg51.h>
sbit P1_0=P1^0;
unsigned char data;
void main()
{
    SCON=0x10;                    //串行口方式 0
    ES=0;                         //禁止串行中断
    P1_0=0;                       //锁存并行输入数据
    P1_0=0;                       //允许串行移位操作
    REN=1;                        //允许并启动接收，同时 TXD 发送移位脉冲
    if(RI=0)   data=SBUF;         //将 S1～S8 状态数据存入数据区
}
```

## 10.3.2 8051 串行口的通信

【例 10-3】 将片内 RAM 50H～5FH 中的数据串行发送，用第 9 个数据位作奇偶校验位，设晶振为 11.0592 MHz，波特率为 2400 b/s，编制串行口方式 3 的发送程序。

**分析过程：**

用 TB8 作奇偶校验位，在数据写入发送缓冲器之前先将数据的奇偶位 P 写入 TB8，这时，第 9 位数据作奇偶校验用，发送采用中断方式。

C51 程序如下：

```
#include <reg51.h>
unsigned char i=0;
```

```
unsigned char array[16] _at_ 0x50;        //发送缓冲区
void main()
{   SCON=0xc0;                            //串行口初始化
    TMOD=0x20;                            //定时器初始化
    TH1=0xf4; TL1=0xf4;
    TR1=1;
    ES=1; EA=1;                           //中断初始化
    ACC=array[i];                         //发送第一个数据送
    TB8=P;                                //累加器，目的取 P 位
    SBUF=ACC;                             //发送一个数据
    while(1);                             //等待中断
}
void server() interrupt 4                 //串行口中断服务程序
{
    TI=0;                                 //清发送中断标志
    ACC=array[++i];                       //取下一个数据
    TB8=P;
    SBUF=ACC;
    if(i==16)                             //发送完毕
        ES=0;                             //禁止串口中断
}
```

**【例 10-4】** 编写一个接收程序，将接收的 16 字节数据送入片内 RAM 50H～5FH 单元中。设第 9 个数据位作奇偶校验位，晶振为 11.0592 MHz，波特率为 2400 b/s。

**分析过程：**

RB8 作奇偶校验位，接收时，取出该位进行核对，接收采用查询方式。

C51 程序如下：

```
#include <reg51.h>
unsigned char i;
unsigned char array[16] _at_ 0x50;        //接收缓冲区
void main()
{
    SCON=0xd0;                            //串行口初始化，允许接收
    TMOD=0x20;
    TH1=0xf4;
    TL1=0xf4;
    TR1=1;
    for(i=0; i<16; i++)                   //循环接收 16 个数据
    {   while(!RI);                       //等待一次接收完成
        RI=0;
```

```
        ACC=SBUF;
        if(RB8==P)                      //校验正确
            array[i]=ACC;
        else                            //校验不正确
        {   F0=1;
            break;
        }
    }
    while(1);
}
```

**【例 10-5】** 用第 9 个数据位作奇偶校验位，编制串行口方式 3 的全双工通信程序，设双机将各自键盘的按键键值发送给对方，接收正确后放入缓冲区(可用于显示或其他处理)，晶振为 11.0592 MHz，波特率为 9600 b/s。

**分析过程：**

因为是全双工方式，通信双方的程序一样，发送和接收都采用中断方式。

C51 程序如下：

```
#include<reg51.h>
char k;
unsigned char buffer;
void main()
{
    SCON=0xd0;                  //串行口初始化，允许接收
    TMOD=0x20;                  //定时器初始化
    TH1=0xfd;
    TL1=0xfd;
    TR1=1;
    ES=1;                       //开串行口中断
    EA=1;                       //开总中断
    while(1)
    {
        k=key();                //读取按键按下键值
        if(k!=-1)               //无键按下返回 -1
        {
            ACC=k;              //将键值送累加器，取 P 位
            TB8=P;              //送 TB8
            SBUF=ACC;           //发送
        }
        display();              //显示程序
    }
```

```
    }
    void serial_server() interrupt 4
    {
        if(TI)                  //发送引起，清 TI
            TI=0;
        else                    //否则，接收引起
        {   RI=0;
            ACC=SBUF;           //读取接收数据
            if(RB8==P)          //校验正确
            buffer=ACC;         //存入缓冲区
        }
    }
```

# 10.4　串行通信总线标准及其接口

串行通信是将数据一位一位地传送，它只需要一根数据线，硬件成本低，而且可使用现有通信信道(如电话)，故常用于集散型控制系统(特别在远距离传输数据时)。例如，智能化控制仪表与上位机(IBM-PC 机等)之间通常采用串行通信来完成数据的传送。

## 10.4.1　RS-232C 串行接口标准

常见的串行接口标准有 RS-232C(Recommended Standard)、RS-422/485 和 20 mA 电流环等。PC 上配置有 COM1 和 COM2 两个串行接口，它们都采用了 RS-232C 标准。

RS-232C 是美国电子工业协会(Electronics Industring Association，EIA)制定的一种国际通用的串行接口标准。它最初是为远程通信连接数据终端设备(Data Terminal Equipment, DTE)和数据通信设备(Data Communication Equipment, DCE)制定的标准，目前已广泛用作计算机与终端或外部设备的串行通信接口标准。该标准规定了通信设备之间信号传送的机械特性、信号功能、电气特性、连接方式等。

### 1. 机械特性及信号功能

RS-232C 的机械特性及引脚信号决定了微机与外部设备的连接方式，在 PC 中使用两种连接器(插头、插座)。

一种是 DB25 连接器，如图 10-9(a)所示。它有 25 条信号线，分两排排列，1～13 信号线为一排，14～25 信号线为一排。RS-232C 规定了两个信道(即通信通道)：主信道和辅助信道，另外有 4 个引脚未定义。辅助信道的传输速率比主信道慢，一般不使用。用于主信道的有 15 个引脚，如表 10-5 所示。

另外一种是 DB9 连接器，如图 10-9(b)所示。它有 9 条信号线，也是分两排排列，1～5 信号线为一排，6～9 信号线为一排，其功能如表 10-5 所示。RS-232C 所能直接连接的最长通信距离不大于 15 m，最高通信速率为 20 000 b/s。

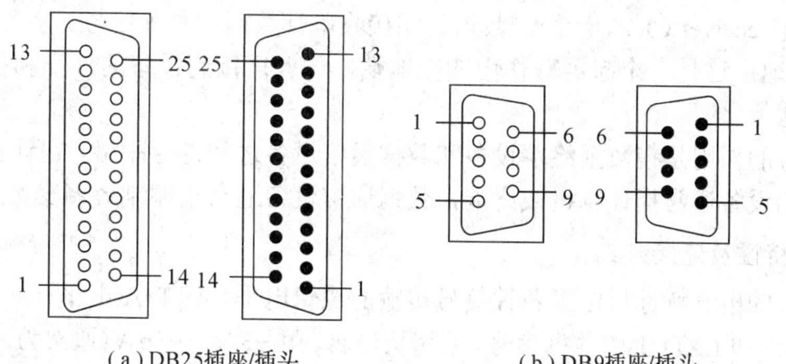


(a) DB25插座/插头　　(b) DB9插座/插头

图 10-9　DB25 和 DB9 插座/插头

**表 10-5　常用的波特率及产生条件**

| 引脚 | | 信号名称 | 方向 | 功能 | 传送方向 DTE-DCE | 说明 |
|---|---|---|---|---|---|---|
| 25 脚 | 9 脚 | | | | | |
| 1 | | | | 保护地 | | 设备屏蔽地，为了安全，一般和地相连 |
| 2 | 3 | TXD | 输出 | 发送数据 | → | 输出数据至 MODEM |
| 3 | 2 | RXD | 输入 | 接收数据 | ← | 由 MODEM 输入数据 |
| 4 | 7 | RTS | 输出 | 请求发送 | → | 低有效，请求发送数据 |
| 5 | 8 | CTS | 输入 | 允许发送 | ← | 低有效，表明 MODEM 同意发送 |
| 6 | 6 | DSR | 输入 | 数据设备就绪 | ← | 低有效，表明 MODEM 已经准备就绪 |
| 7 | 5 | GND | | 信号地 | | 通信双方的信号地，应连接在一起 |
| 8 | 1 | DCD | 输入 | 载波检测 | ← | 有效时表明已接收到来自远程 MODEM 的正确载波信号 |
| 20 | 4 | DTR | 输出 | 数据终端就绪 | → | 有效时通知 MODEM DTE 已经准备就绪，MODEM 可以接通电话线 |
| 22 | 9 | RI | 输入 | 振铃指示 | ← | 有效时表明 MODEM 已经收到电话交换机的拨号呼叫(使用公用电话线时要使用此信号) |

在 RS-232C 定义的引脚信号中，用于异步串行通信的信号除了发送数据 TXD 和接收数据 RXD 外，还有以下几个联络信号。

- 数据终端就绪 DTR(Data Terminal Ready)：数据终端设备已准备好。
- 数据设备就绪 DSR(Data Set Ready)：数据通信设备已准备好。
- 请求发送 RTS(Request To Send)：数据终端设备请求发送数据。
- 允许发送 CTS(Clear To Send)：数据通信设备允许发送数据。
- 载波检测 CD(Carried Detect)：数据通信设备已检测到数据线路上传送的数据串。
- 振铃指示 RI(Ringing Indicator)：数据通信设备已经接收到电话交换机的拨号呼叫。
- TXC(Transmitter Clock)：控制数据终端发送串行数据的时钟信号。

- RXC(Receiver Clock)：控制数据终端接收串行数据的时钟信号。
- 保护地：这是一个起屏蔽作用的接地端，一般连接到设备的外壳和机架上，必要时连接到大地。

上述信号的作用是在数据终端设备和数据通信设备之间进行联络。在计算机通信系统中，数据终端设备通常指计算机或终端，数据通信设备通常指调制解调器。

### 2. 电气特性及连接方式

RS-232C 的电气特性规定了各种信号传输的逻辑电平，即 EIA 电平。

对于 TXD 和 RXD 上的数据信号，采用负逻辑。用 −3 V～−25 V(通常为 −3 V～−15 V)表示逻辑“1”，用 +3 V～+25 V(通常为 +3 V～+15 V)表示逻辑“0”。

对于 DTR、DSR、RTS、CTS、CD 等控制信号，规定：−3 V～−25 V 表示信号无效，即断开(OFF)，+3 V～+25 V 表示信号有效，即接通(ON)。

显然，采用 RS-232C 标准电平与计算机连接时，它与计算机采用的 TTL 电平不兼容。TTL 是标准正逻辑，用 +5 V 表示逻辑“1”，用 0 V 表示逻辑“0”。因此，RS-232C 的 EIA 电平与 CPU 的 TTL 电平连接时，必须进行电平转换。

常见的电平转换芯片有 MC1488/MC1489 和 SN75150/SN75154。MC1488 和 SN75150 芯片的功能是将 TTL 电平转换为 EIA 电平，MC1489 和 SN75154 芯片的功能是将 EIA 电平转换为 TTL 电平。MC1488 和 MC1489 的内部结构及引脚信号如图 10-10 和图 10-11 所示。

MC1488 芯片的 2、4、5、9、10、12、13 引脚用来输入 TTL 电平，3、6、8、11 引脚用来输出 EIA 电平，引脚 1 接 −12 V，引脚 14 接 +12 V，7 引脚接地。MC1489 芯片 1、4、10、13 引脚用来输入 EIA 电平，3、6、8、11 引脚用来输出 TTL 电平，2、5、9、12 引脚接 +5 V，7 引脚接地，14 引脚接 +5 V。

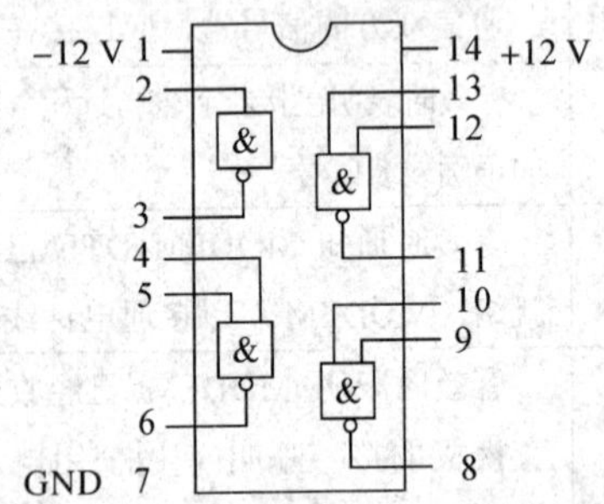

图 10-10　MC1488 内部结构及引脚信号

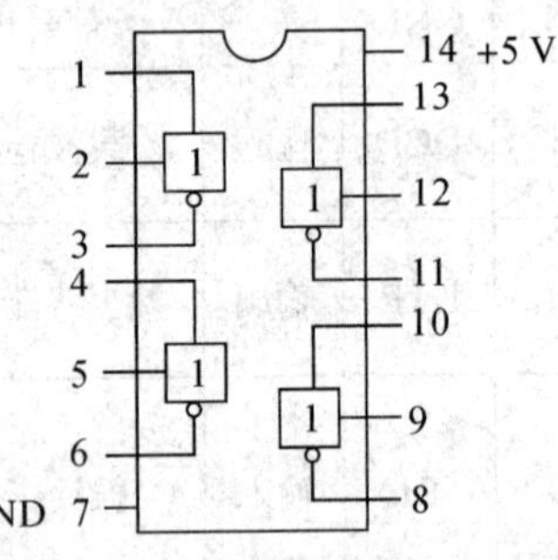


图 10-11 MC1489 内部结构及引脚信号

用 MC1488 和 MC1489 进行 EIA 电平与 TTL 电平转换的接口电路如图 10-12 所示。

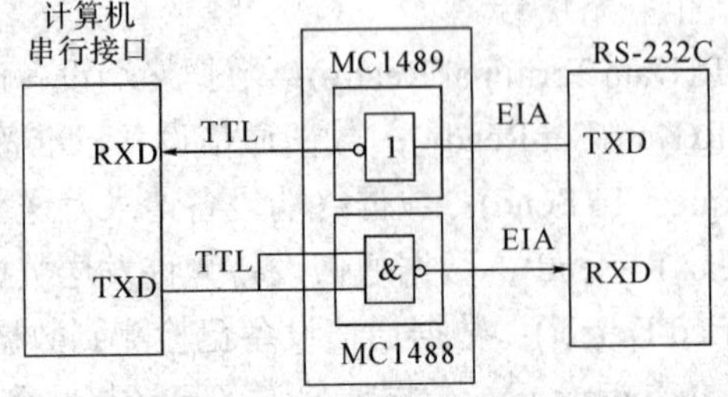


图 10-12　电平转换的接口电路

电平转换电路的一侧是 RS-232C 连接器，另一侧是计算机的串行接口(8250 或 16550)。

计算机发送数据时，由串行接口发送端 TXD 送出 TTL 电平，经 MC1488 转换为 RS-232C 的 EIA 电平进行发送。同样的道理，计算机接收数据时，由 MC1489 将 RS-232C 送来的 EIA 电平转换为 TTL 电平，经串行接口接收端 RXD 送入计算机。

随着大规模数字集成电路的发展，目前有许多厂家已经将 MC1488 和 MC1489 集成到一块芯片上，如美国美信(Maxim)公司的产品 MAX220、MAX232 和 MAX232A。MAX232 的内部结构及引脚信号如图 10-13 所示。

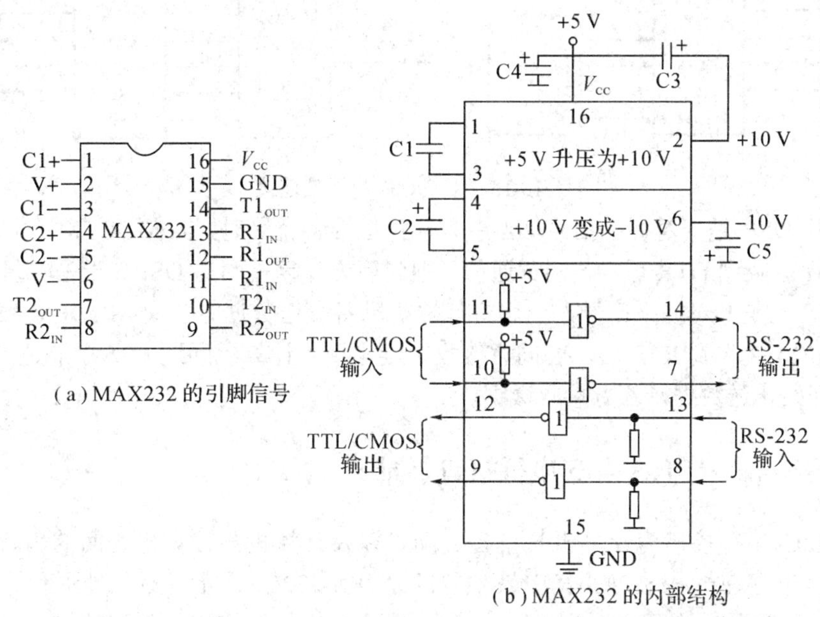


图 10-13 MAX232 的内部结构及引脚信号

该芯片内集成了两个发送驱动器和两个接收缓冲器，同时还集成了两个电源变换电路，其中一个升压泵，将 +5 V 提高到 +10 V，另一个则将 +10 V 转换成 −10 V。芯片为单一 +5 V 电源供电。

RS-232C 通信接口的信号线有近距离和远距离两种连接方法。近距离(传输距离小于 15 m)线路连接比较简单，只需要三条信号线(TXD、RXD 和 GND)，将通信双方的 TXD 与 RXD 对接，地线连接即可。双机近距离通信连接如图 10-14 所示。

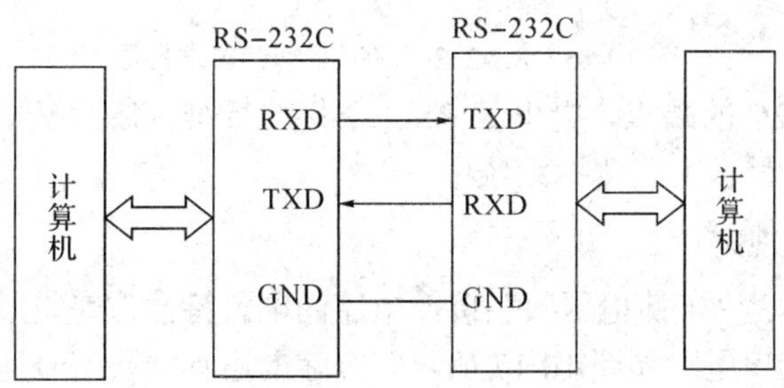


图 10-14 双机近距离通信连接

在进行远距离通信时，通信线路使用公用电话网，因为电话线上只能传输音频模拟信号，而计算机传送的是数字信号，故需要在通信双方加 MODEM 进行数字信号与模拟信号之间的转换。双机远距离通信连接如图 10-15 所示。发送方将计算机发送的数字信号用调制器(modulator)转换为模拟信号，送到电话线路上；接收方将接收到的模拟信号由解调器(demodulator)转换为数字信号，送计算机处理。

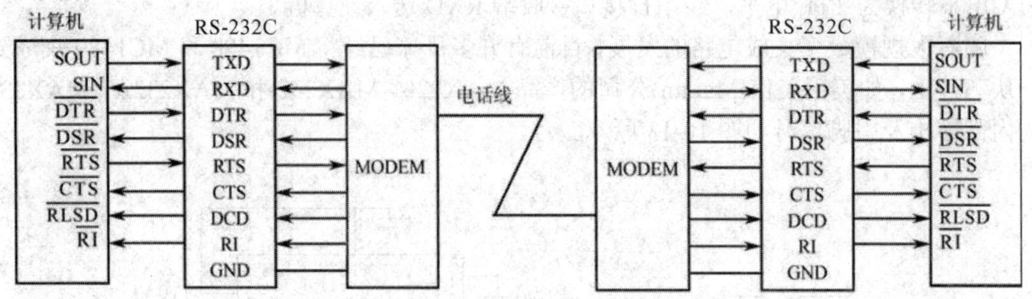


图 10-15　双机远距离通信连接

DTR 和 DSR 是一对握手信号，当甲方计算机准备就绪时，向 MODEM 发送 DTR。乙方 MODEM 接收到 DTR 后，若同意通信，则向甲方计算机回送 DSR，于是“握手”成功。RTS 和 CTS 也是一对握手信号，当甲方计算机准备发送数据时，向 MODEM 发送 RTS。乙方 MODEM 接收到 RTS 后，若同意接收，则向甲方计算机回送 CTS，于是“握手”成功，甲方开始传送数据，乙方接收数据。

## 10.4.2　RS-422 与 RS-485 串行接口标准

RS-232C 串行接口为计算机与设备之间，以及计算机与计算机之间的串行通信提供了方便，但也存在一些缺点。其中最主要的是 RS-232C 只能一对一地通信，不借助于 MODEM 时，数据传输距离仅为 15 m。究其原因是因为 RS-232C 采用的接口电路是单端驱动、单端接收，如图 10-16 所示。当距离增大时，两端的信号地将存在电位差，从而引起共模干扰。而单端输入的接收电路没有任何抗共模干扰的能力，所以，只有通过抬高信号电平幅度来保证传输的可靠性。

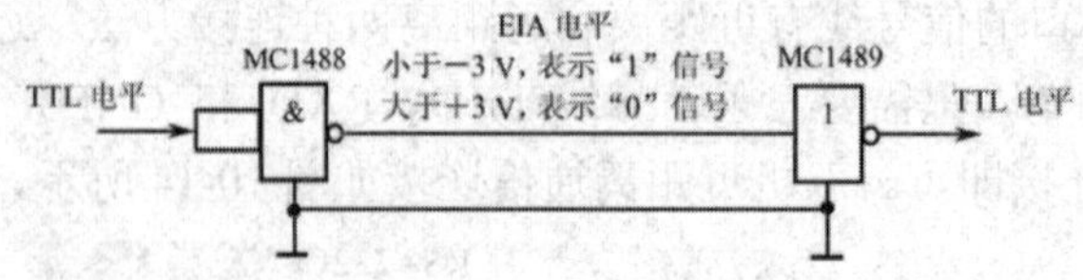


图 10-16　RS-232C 单端驱动、单端接收

为了克服 RS-232C 的缺点，提出了 RS-422 接口标准，后来又出现了 RS-485 接口标准。这两种总线一般用于工业测控系统中。

### 1. RS-422 电气规定

RS-422 标准全称是“平衡电压数字接口电路的电气特性”，它定义了接口电路的特性。RS-422 典型的四线接口电路如图 10-17 所示。实际上还有一条信号地线，共 5 条线。由于接收器采用高输入阻抗和发送驱动器，比 RS-232C 具有更强的驱动能力，所以允许在相同传输线上连接多个接收节点，最多可接 10 个节点。即一个主设备(master)，其余为从设备(slave)，从设备之间不能通信，所以 RS-422 支持一点对多点的双向通信。接收器输入阻抗为 4 kΩ，故发送端最大负载能力是 10 × 4 kΩ + 100 kΩ(终端电阻)。RS-422 的最大传输距离约为 1219 m(1 m = 3.28 ft)，最大传输速率为 10 Mb/s。其平衡双绞线的长度与传输速率成反比，在 100 kb/s 速率以下，才可能达到最大传输距离。只有在很短的距离下才能获得最高速率传输。一般在 100 m 长的双绞线上所能获得的最大传输速率仅为 1 Mb/s。

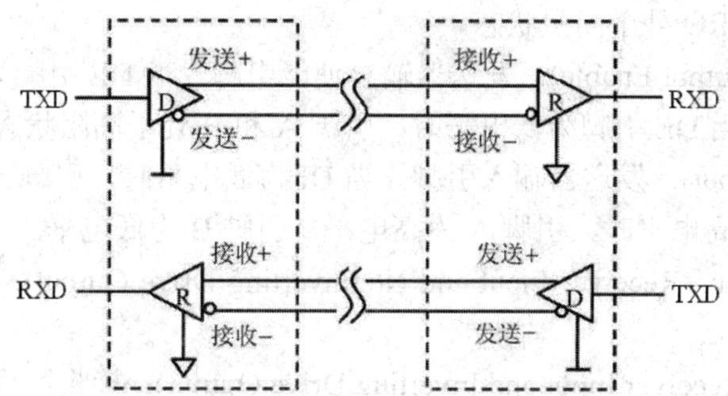


图 10-17 RS-422 典型的四线接口电路

## 2. RS-485 电气规定

由于 RS-422 接口标准采用四线制，为了在距离较远的情况下进一步节省电缆的费用，推出了 RS-485 接口标准。RS-485 接口标准采用两线制。由于 RS-485 是从 RS-422 基础上发展而来的，所以 RS-485 许多电气规定与 RS-422 相似，如都采用平衡传输方式，都需要在传输线上接终端电阻等。RS-485 与 RS-422 的不同在于其共模输出电压是不同的，RS-485 是 −7 V～+12 V，而 RS-422 是 −7 V～+7 V 之间；RS-485 接收器最小输入阻抗为 12 kΩ，而 RS-422 是 4 kΩ。它们的接口基本没有区别，仅仅是 RS-485 在发送端增加了使能控制。因为 RS-485 满足所有 RS-422 的规范，所以 RS-485 驱动器可以在 RS-422 网络中应用。

RS-485 可以采用半双工和全双工通信方式，半双工通信的芯片有 SN75176、SN75276、MAX485 等，全双工通信的芯片有 SN75179、SN75180、MAX488 等。下面以 MAX485 和 MAX488 为例，介绍 RS-485 接口芯片的功能和接口电路。

MAX485 是 8 引脚双列直插式芯片，单一 +5 V 供电，支持半双工通信方式，接收和发送的速率为 2.5 Mb/s，最多可连接的标准节点数为 32 个。所谓节点数，即每个 RS-485 接口芯片的驱动器能驱动多少个标准 RS-485 负载。MAX485 芯片的引脚信号及接口电路如图 10-18 所示。

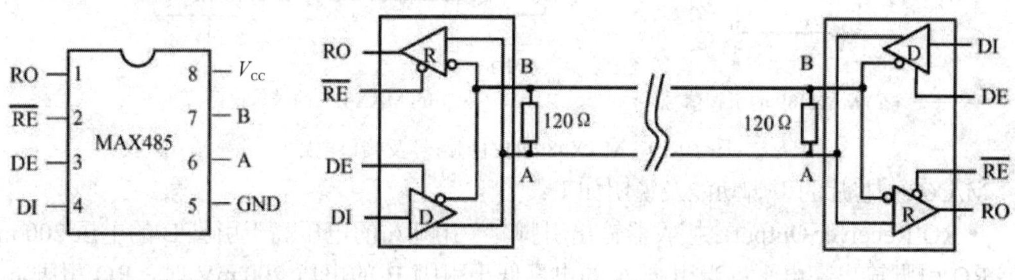


(a) MAX485 的引脚信号　　(b) MAX485 的接口电路

图 10-18 MAX485 的引脚信号及接口电路

MAX485 芯片的引脚功能及说明如下：

• RO(Receiver Output)：接收器输出引脚。当引脚 A 的电压高于引脚 B 的电压 200 mV

时，RO 引脚输出高电平；当引脚 A 的电压低于引脚 B 的电压 200 mV 时，RO 引脚输出低电平。

• RE(Receiver Output Enable)：接收器输出使能引脚。当 RE 为低电平时，RO 输出；当 RE 为高电平时，RO 处于高阻状态。

• DE(Driver Output Enable)：发送器输出使能引脚。当 DE 引脚为高电平时，发送器引脚 A 和 B 输出；当 DE 引脚为低电平时，引脚 A 和 B 处于高阻状态。

• DI(Driver Input)：发送器输入引脚。当 DI 为低电平时，引脚 A 为低电平，引脚 B 为高电平；当 DI 为高电平时，引脚 A 为高电平，引脚 B 为低电平。

• A(Noninverting Receiver Input and Noninverting Drive Output)：接收器输入/发送器输出“+”引脚。

• B(Inverting Receiver Input and Inverting Drive Output)：接收器输入/发送器输出“-”引脚。

• $V_{CC}$：芯片供电电源。

• GND：芯片供电电源地。

MAX485 芯片采用半双工方式进行多个 RS-485 接口通信时，电路连接简单，只需要将各个接口的“+”端与“+”端相连、“-”端与“-”端相连，电路如图 10-18(b)所示。连接的两条线就是 RS-485 的“物理总线”。这些相互连接的 RS-485 接口物理地位完全平等，在逻辑上取一个为主机，其他的为从机。在通信时，同样采用主机呼叫，从机应答的方式。

MAX489 是 14 引脚双列直插式芯片，单一 +5 V 供电，支持全双工通信方式，接收和发送速率为 0.25 Mb/s，最多可连接的标准节点数为 32 个。MAX489 的引脚信号及接口电路如图 10-19 所示。

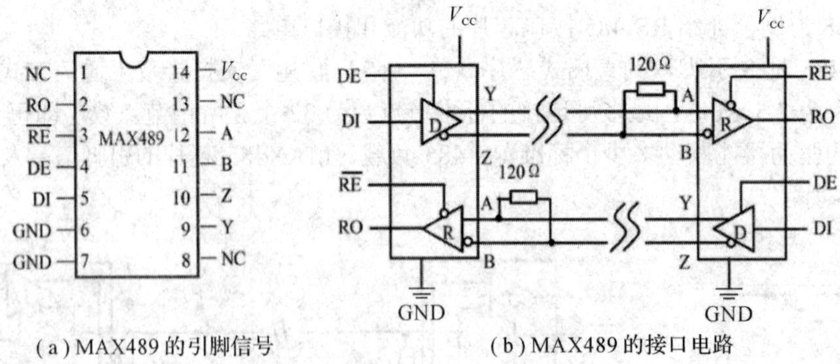


(a) MAX489 的引脚信号　　(b) MAX489 的接口电路

图 10-19　MAX489 的引脚信号及接口电路

MAX489 芯片的引脚功能及说明如下：

• RO(Receiver Output)：接收器输出引脚。当引脚 A 的电压高于引脚 B 的电压 200 mV 时，RO 引脚输出高电平；当引脚 A 的电压低于引脚 B 的电压 200 mV 时，RO 引脚输出低电平。

• RE(Receiver Output Enable)：接收器输出使能引脚。当 RE 为低电平时，RO 输出；当 RE 为高电平时，RO 处于高阻状态。

• DE(Driver Output Enable)：发送器输出使能引脚。当 DE 引脚为高电平时，发送器引脚 Y 和 Z 输出；当 DE 引脚为低电平时，引脚 Y 和 Z 处于高阻状态。

- DI(Driver Input)：发送器输入引脚。当 DI 为低电平时，引脚 Y 为低电平，引脚 Z 为高电平；当 DI 为高电平时，引脚 Y 为高电平，引脚 Z 为低电平。
- Y(Noninverting Drive Output)：发送器输出“+”引脚。
- Z(Inverting Drive Output)：发送器输出“-”引脚。
- A(Noninverting Receiver Input)：接收器输入“+”引脚。
- B(Inverting Receiver Input)：接收器输入“-”引脚。
- $V_{CC}$：芯片供电电源。
- GND：芯片供电电源地。
- NC(No Connect)：空脚，内部没有连接。

## 10.5　单片机与 PC 机通信的接口电路

利用 PC 机配置的异步通信适配器，可以很方便地完成 PC 机与单片机的数据通信。PC 机与 8051 单片机最简单的连接是零调制三线经济型，这是进行全双工通信所必需的最少数目的线路。要完成 PC 机与单片机的数据通信，必须进行电平转换，MAX232 单芯片就可以实现 8051 单片机与 PC 机的 RS-232C 之间的电平转换。

RS-232 接口是 1970 年由美国电子工业协会(EIA)联合贝尔系统、调制解调器厂家及计算机终端生产厂家共同制定的用于串行通讯的标准。它的全名是“数据终端设备(DTE)和数据通讯设备(DCE)之间串行二进制数据交换接口技术标准”。该标准规定采用一个 25 个脚的 DB25 连接器，对连接器的每个引脚的信号内容加以规定，还对各种信号的电平加以规定。DB25 的串口一般用到的管脚只有 2(RXD)、3(TXD)、7(GND)这 3 个。随着设备的不断改进，现在很少能看到 DB25 针了，代替它的是 DB9 的接口，DB9 所用到的管脚相比 DB25 有所变化，是 2(RXD)、3(TXD)、5(GND)这 3 个，被广泛用于计算机的串行接口(COM1、COM2 等)与单片机或其他终端之间的近地连接。因此现在都把 RS-232 接口叫做 DB9。该标准在数据传输速率为 20 kb/s 时，最长的通信距离为 15 米。由于 RS-232 接口标准出现较早，难免有不足之处，主要不足有以下 4 点：

(1) 接口的信号电平值较高，易损坏接口电路的芯片，又因为与 TTL 电平不兼容，故需使用电平转换电路方能与 TTL 电路连接。

(2) 传输速率较低，在异步传输时，波特率为 20 kb/s。因此，在“南方的老树 51CPLD 开发板”中，综合程序波特率只能采用 19 200 b/s，也是这个原因。

(3) 接口使用一根信号线和一根信号返回线构成共地的传输形式，这种共地传输容易产生共模干扰，所以抗噪声干扰性弱。

(4) 传输距离有限，最大传输距离标准值为 75 米，实际上也只能用在 50 米左右。

8051 系列单片机上有 UART(Universal Asynchronous Receiver/Transmitter，通用异步接收/发送)用于串行通信，发送数据时由 TXD(P3.1)端送出，接收数据时由 RXD(P3.0)端输入。单片机内部有两个数据传输缓冲器 SBUF，一个作为发送，一个作为接收。UART 是可编程的全双工串行口，短距离单片机之间通行可以直接互联，使用接口芯片 MAX232 可以接成 RS-232 接口与计算机 COM 口进行通信。图 10-20 是单片机常用的 RS-232 接口电路图。

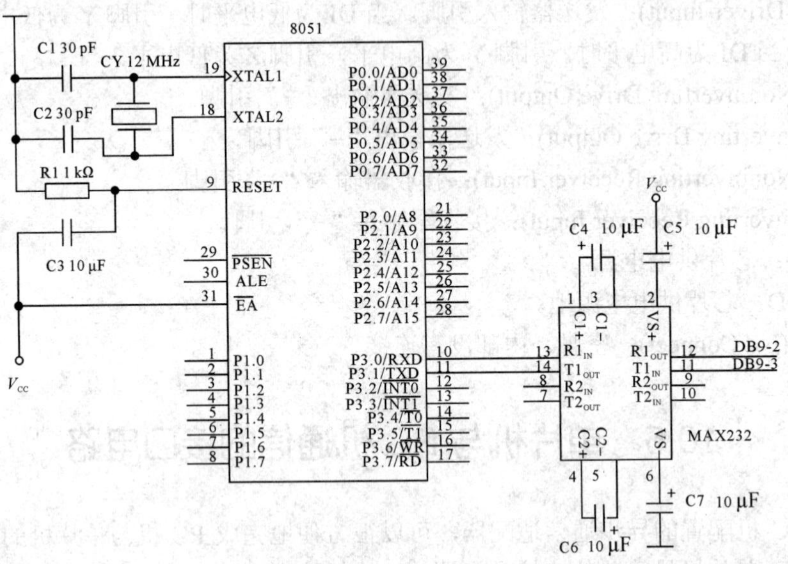


图 10-20　单片机 RS-232 接口电路图

**【例 10-6】** 利用 C51 指针完成以下任务，要求首先将内部 RAM 0x30 开始的单元内容初始化为大写字母 A～Z，然后利用单片机串行口与计算机通信，将数据发送到计算机。

C51 程序如下：

```
#include <reg51.h>
#define uchar unsigned char
sbit key1=P3^2;
uchar idata *p=0x30;
void initial(void);
void main()
{   initial();
    while(1)
    {
        if(!key1) SBUF=*p;
    }
}
void initial(void)
{   uchar idata i;
    SCON=0x50;
    PCON=0x00;
    TMOD=0x20;
    TH1=TL1=0xfd;
    TR1=1; ES=1; EA=1;
    for(i='A'; i<='Z'; i++)
```

```
            *p++=i;
        *p=0;
         p=0x30; P3 |= 0x3c;
    }
    void serial(void) interrupt 4               //串行口中断函数
    {
        if(TI) TI=0;
        ++p;
        SBUF=*p;
        if(*p=='\0') ES=0;
    }
```

**【例 10-7】** 利用串行口通信调试软件给单片机发送一个十六进制数据，单片机接收后在数码管上显示出来。

C51 程序如下：

```
#include <reg51.h>
#define uchar unsigned char
sbit disp2=P1^7;
sbit disp1=P3^6;
uchar code disp_tab[]={0xfc, 0x60, 0xda, 0xf2, 0x66, 0xb6,
                       0xbe, 0xe0, 0xfe, 0xf6, 0xee, 0x3e, 0x9c, 0x7a, 0x9e, 0x8e};
uchar dat=0;                                //定义全局变量
void initial(void);
void display(uchar m);                      //函数声明
void main()
{
    initial();
    while(1)
    {   display(dat);
        if(RI) {RI=0; dat=SBUF;}            //接收数据
    }
}
void initial(void)                          //串行口初始化函数
{   SCON=0x50;
    PCON=0x00;
    TMOD=0x20;
    TH1=TL1=0xfd;
    TR1=1;
}
void delay()                                //数码管显示延时函数
```

```
{   uchar i;
    for(i=0; i<250; i++);
}
void display(uchar m)          //数码管显示数据函数
{
    uchar d1, d2;
    d1=m%16; disp1=0; P2=disp_tab[d1]; delay(); disp1=1;
    d2=m/16; disp2=0; P2=disp_tab[d2]; delay(); disp2=1;
}
```

## 10.6　常用的串行总线接口简介

### 1. I²C(Inter-Integrated Circuit)

I²C 总线是 Philips 公司推出的芯片间串行传输总线。它用两根线实现数据传送，可以极为方便地构成多机系统和外围器件扩展系统。

I²C 总线是二线制，采用器件地址的硬件设置方法，通过软件寻址完全避免了器件的片选线寻址方法，从而使硬件系统具有简单灵活的扩展方法。I²C 总线简单，结构紧凑，易于实现模块化和标准化。

I²C 总线传送速率主要有两种：一种是标准 S 模式(100 kb/s)，另一种是快速 F 模式(400 kb/s)。

### 2. SPI

SPI 总线是 Motorola 公司提出的一种同步串行外设接口。允许 MCU 与各种外围设备以同步串行方式进行通信。其外围设备种类繁多：从最简单的 TTL 移位寄存器到复杂的 LCD 显示驱动器、网络控制器等。

SPI 总线是三线制，可直接与多种标准外围器件直接接口，在 SPI 从设备较少而又没有总线扩展能力的单片机系统中使用特别方便。即使在有总线扩展能力的系统中采用 SPI 设备也可以简化电路设计，省掉很多常规电路中的接口器件，从而提高了设计的可靠性。

### 3. Microware

Microware 总线是 NS 公司提出的串行同步双工通信接口，用于 8 位 COP800 系列单片机和 16 位 HPC 系列单片机。

Microware 总线是三线制，由一根数据输出(SO)线、一根数据输入(SI)线和一根时钟(SK)线组成。所有从器件的时钟线连接到同一根 SK 线上，主器件向 SK 线发送时钟脉冲信号，从器件在时钟信号的同步沿输出/输入数据。主器件的数据输出线 SO 和所有从器件的数据输入线相接，从器件的数据输出线都接到主器件的数据输入线 SI 上。

### 4. 单总线(1-wire)

1-wire 总线是 Dallas 公司研制开发的一种协议，用于便携式仪表和现场监控系统。

1-wire 总线是利用一根线实现双向通信，由一个总线主节点、一个或多个从节点组成系统，通过一根信号线对从芯片进行数据的读取。每一个符合 1-wire 协议的从芯片都有一个唯一的地址，包括 8 位分类码、48 位的序列号和 8 位 CRC 代码。主芯片对各个从芯片的寻找是依据这 64 位的不同来进行的。单总线节省 I/O 引脚资源，结构简单、成本低廉，便于总线扩展和维护。

5. USB(Universal Serial Bus)

USB 总线是 Compaq、Intel、Microsoft、NEC 等公司联合制定的一种计算机串行通信协议。

USB 相比于其他传统接口的一个优势是即插即用的实现，即插即用(Plug-and-Play)也称为热插拔(Hot Plugging)。USB 数据传输速度快，USB1.1 接口的最高传输率可达 12 Mb/s；USB2.0 接口的最高传输率可达 480 Mb/s。扩展方便，使用 USB Hub 扩展，可以连接 127 个 USB 设备，连接的方式十分灵活。

6. CAN(Controller Area Network)

CAN 总线是德国 Bosch 公司最先提出的多主机局域网，是国际上应用最广泛的现场总线之一。最初，CAN 被设计作为汽车环境中的微控制器通信，在车载各电子控制装置 ECU 之间交换信息，形成汽车电子控制网络，如发动机管理系统、变速箱控制器、仪表装备等。

在由 CAN 总线构成的单一网络中，理论上可以挂接无数个节点。实际应用中，节点数目受网络硬件的电气特性所限制。CAN 可提供高达 1 Mb/s 的数据传输速率，这使实时控制变得非常容易。另外，硬件的错误检定特性也增强了 CAN 的抗电磁干扰能力。当信号传输距离达到 10 km 时，CAN 仍可提供高达 50 kb/s 的数据传输速率。

## 10.7　实践训练——单片机与单片机之间的串行通信

一个单片机的功能是有限的，将数个乃至更多的单片机按照特定的组织规律连接在一起可以实现功能更强大的系统。本项目从两个单片机之间的串行通信入手，实现将指定的一组数据从一个单片机内存传送到另一单片机的内存中。原来我们只是将数据在本单片机中的内存中传送，而现在可以将数据在不同的单片机中传送，这是一个重要的进步。两个单片机之间进行通信涉及通信方式设置、发送/接收联络信号的确认、数据传送等实现方法。另外，请注意两个单片机之间的正确连接。

### 一、应用环境

工业上的分散型控制系统、机电一体化设备、车辆等中的信号检测和控制系统等。

### 二、串行口数据接收

如图 10-21 所示，PC 机的串口其实是由 USB 口模拟的，经 CH341T 转换后得到的串口信号其实是 TTL 电平，所以，单片机的 TXD、RXD 无需经 RS-232 进行电平转换。将串行初始化为方式 1，9600 波特率， 用中断方式接收来自 PC 机的数据，并在数码管上显示出来。

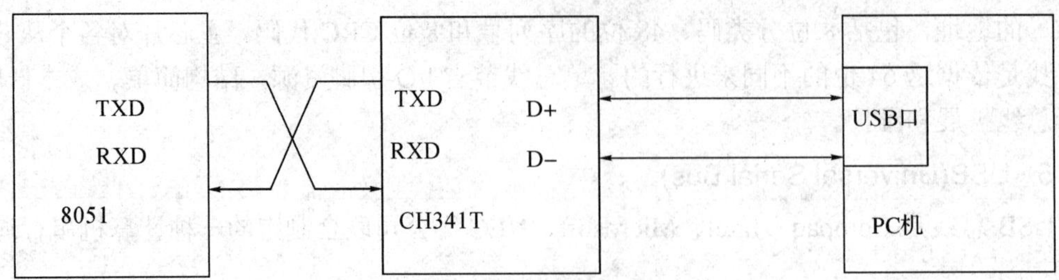


图 10-21　串行口数据接收电路

在进行串口操作时，不能在 Keil 下仿真调试，可先在 Keil 下用 Start/Stop Debug 命令将目标代码装入，并用 RUN 命令全速运行目标代码，之后退出 Debug(此时，目标代码仍在运行，但串口已释放)，运行串口调试助手，设定好波特率、串口号后，发送数据，此时，数码管将显示来自 PC 的数据。

C 语言程序如下：

```
#include <reg51.h>
#include <absacc.h>
#include "DISP_KEY16.H"
#define uchar unsigned char
#define uint   unsigned int
extern uchar dbuf[4];
void init_RS232(void)
{   ES=0;                     //禁止串行口中断
    SCON=0x50;                // 0101，0000 8 位数据位，无奇偶校验
    TCON=0x34;                // 0011，0100  由 T2 作为波特率发生器
    RCAP2H=0xff;              //时钟为 11.0592 MHz，9600 波特率
    RCAP2L=0xdb;
    ES=1;                     //允许串行口中断
}
void   serial_int(void) interrupt 4
{   uchar   dat;
    RI=0;                     //清除接收中断标志
    dat=SBUF;                 //从接收缓冲区取出数据
    if(dat>=0x41) dat=dat-7; //将 ASCII 码转换为十进制数
    dat=dat-0x30;
    dbuf[3]=dbuf[2];          //将显示缓存的数据左移一位
    dbuf[2]=dbuf[1];
    dbuf[1]=dbuf[0];
    dbuf[0]=dat&0x0f;         //最后填入所按键值
}
void main(void)
{   init_RS232();             //初始化串行口
```

```
        EA=1;              // CPU 开中断
        while(1)
        {
            disp();
        }
    }
```

## 三、串行口数据发送

电路和分析同串行口数据接收一样。C 语言程序如下：

```
#include <reg51.h>
#include <absacc.h>
#include "DISP_KEY16.H"
#define uchar unsigned char
#define uint   unsigned int
extern uchar dbuf[4];
void init_RS232(void)
{   ES=0;                          //禁止串行口中断
    SCON=0x50;                     // 0101，0000 8 位数据位，无奇偶校验
    TCON=0x34;                     // 0011，0100  由 T2 作为波特率发生器
    RCAP2H=0xff;                   //时钟为 11.0592 MHz，9600 波特率
    RCAP2L=0xdb;
    ES=1;                          //允许串行口中断
}
void send_byte(uchar dat)
{   TI=0;                          //清除发送中断标志
    SBUF=dat;                      //数据送发送缓冲区
    while(TI==0);                  //等待发送完成
    TI=0;                          //清除中断标志
}
void main(void)
{   uchar key;
    init_RS232();                  //初始化串行口
    while(1)
    {   disp();                    //显示键盘输入的数据
        key=getkey();              //扫描键盘
        if(key!=0xff)              //如果有键压下
        {   dbuf[3]=dbuf[2];       //将显示缓存的数据左移一位
            dbuf[2]=dbuf[1];
```

```
            dbuf[1]=dbuf[0];
            dbuf[0]=key;            //最后填入所按键值
            if(key>9) key=key+7;  //将键值转换为 ASCII 码送出
            send_byte(0x30+key);
        }
    }
}
```

# 思考与练习

**1. 概念题**

(1) MCS-51 串行接口有四种工作方式，这可在初始化程序中用软件设置特殊功能寄存器(　　　)加以选择。

(2) 串行通信可以分为三种制式：(　　　)、(　　　)和(　　　)。

(3) 在异步通信中，通信的双方需要约定相同的(　　　)和(　　　)。

(4) 串行接口内部包含有两个相互独立的(　　　)和(　　　)。

(5) 用串口扩并口时，串行接口工作方式应选为方式(　　　)。

(6) 波特率=$f_{osc}(2^{SMOD}/64)$是如下(　　　)串口工作方式的波特率公式。

① 方式 0　　② 方式 1　　③ 方式 2　　④ 方式 3

(7) 串行通信和并行通信各有什么特点？

(8) 什么是全双工、半双工、单工通信？

(9) 什么是波特率？为什么串行通信双方的波特率必须相同？

(10) 简述串行控制寄存器 SCON 各位的名称和含义。

(11) 8051 系列单片机串行口有哪几种工作方式？如何选择？各有什么特点？

(12) 设某异步通信接口，其一帧共 10 位，包括 1 个起始位、7 个数据位、1 个奇偶校验位和 1 个停止位，当该口以每分钟 1800 个字符传送时，其波特率为多少？

(13) 对于串行口方式 1，当波特率为 9600 b/s 时，每分钟可以传送多少字节？

(14) 为什么定时器 T1 作波特率发生器时往往选择工作方式 2？

(15) 设时钟频率为 6 MHz，SMOD=0，现需要数据传送的波特率为 1200 b/s，此时定时器 T1 方式 2 的初值为多少？实际得到的波特率误差是多少？

(16) RS-232C 为何不能和 TTL 电平直接相连？

**2. 操作题**

(1) 设以串行口方式 1 进行数据传送，晶振频率为 6 MHz，波特率为 2400 b/s，SMOD=1。待发送的 8 个数据存放于外 RAM 首地址为 2000H 的单元中，先发送数据长度 8，再发送 8 个数据，试编写发送程序。

(2) 利用单片机串行口和一片 74LS164 扩展 3 × 8 键盘矩阵，P1.0～P1.2 作为键盘输入口，试画出该部分接口逻辑电路图，并编写与之对应的按键识别程序。

# 第 11 章　$I^2C$ 总线

$I^2C$(Inter-Integrated Circuit)总线是 Philips 公司 80 年代推出的芯片间串行传输总线，只利用两根线(串行数据线 SDA 和串行时钟线 SCL)即可实现完善的全双工同步数据传输。$I^2C$ 总线能够方便地构成多机系统和外围器件扩展系统，如图 11-1 所示。$I^2C$ 器件无需片选信号，是否选中是由主器件发出的 $I^2C$ 从器件地址编号决定的，而 $I^2C$ 器件的从地址是由 $I^2C$ 总线委员会实行统一发配的。在器件之间进行数据传送时，数据传送速率最高可达 100 kb/s，所以，$I^2C$ 总线系统通常用于控制而无需高速传送数据的应用场合。$I^2C$ 总线最主要的优点是其简单性和有效性。由于接口直接在组件之上，因此，$I^2C$ 总线占用的空间非常小，减少了电路板的空间和芯片管脚的数量，降低了互联成本。

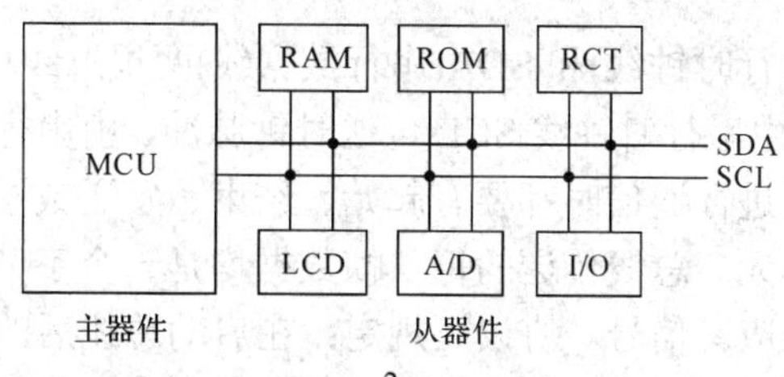


图 11-1　$I^2C$ 总线系统

**本章要点：**

- $I^2C$ 总线的特性和工作原理；
- 24C02 读写操作；
- $I^2C$ 总线的信号模拟；
- $I^2C$ 总线的驱动程序设计。

## 11.1　$I^2C$ 总线概述

$I^2C$ 总线是近年来微电子通信控制领域广泛采用的一种新型总线标准，它是同步通信的一种特殊形式，具有接口线少、控制简单、器件封装形式小、通信速率较高等优点。在主从通信中，可以有多个 $I^2C$ 总线器件同时接到 $I^2C$ 总线上，所有与 $I^2C$ 兼容的器件都具有标准的接口，通过地址来识别通信对象，使它们可以经由 $I^2C$ 总线互相直接通信。

### 11.1.1　$I^2C$ 总线的特性

$I^2C$ 总线由串行数据线 SDA 和串行时钟线 SCL 两条线构成通信线路，既可发送数据，也可接收数据。在 CPU 与被控 IC 之间、IC 与 IC 之间都可进行双向传送，最高传送速率为 400 kb/s，各种被控器件均并联在总线上，但每个器件都有唯一的地址。在信息传输过程中，I²C 总线上并联的每一个器件既是被控器件(或主控器)又是发送器(或接收器)，这取决于它所要完成的功能。CPU 发出的控制信号分为地址码和数据码两部分：地址码用来选址，即接通需要控制的电路；数据码是通信的内容，这样各 IC 控制电路虽然挂在同一条总线上，却彼此独立。

与总线相连的每个器件都对应一个特定的地址，采用软件寻址方式，每个器件在整个通信过程中都是单一的主控器/从控器身份，主控器可用作主控发送器或主控接收器。I²C 是一种真正的多主总线，含有错误检测和总线仲裁功能，以防止两个或更多主控器同时启动数据传输而产生数据混乱。I²C 总线可双向传输 8 位串行数据，数据传送速率有标准 I²C 模式下的 100 kb/s、快速模式下的 400 kb/s 以及高速模式下的 3.4 Mb/s，并可滤除 50 ns 数据线上的尖峰脉冲，以保持数据的完整性。连接到同一总线上的 IC 数目有限，整个 I²C 系统的总线电容不可超过 400 pF。

## 11.1.2　I²C 总线工作原理

I²C 总线是由 SCL(串行时钟线)和 SDA(串行数据线)两根总线构成的，该总线有严格的时序要求：总线工作时，由串行时钟线 SCL 传送时钟脉冲，由串行数据线 SDA 传送数据。总线协议规定：各主节点进行通信时都要有起始、结束、发送数据和应答信号。这些信号都是通信过程中的基本单元。总线传送的每一帧数据均是一个字节，每当发送完一个字节后，接收节点就相应给一应答信号。协议还规定：在启动总线后的第一个字节的高 7 位是对从节点的寻址地址，第 8 位为方向位 $R/\overline{W}$ ($R/\overline{W} = 0$，表示主节点对从节点的写操作；$R/\overline{W} = 1$，表示主节点对从节点的读操作)，其余的字节为操作数据。

图 11-2 为 I²C 总线基本信号的时序。图中包括起始信号、停止信号、应答信号、非应答信号以及传输数据“0”和数据“1”的时序。

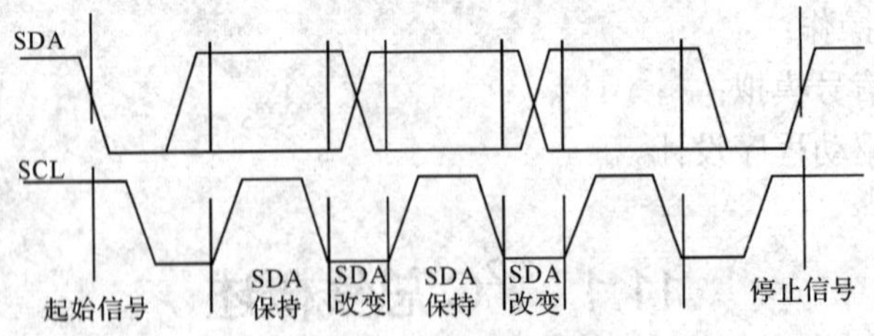


图 11-2　I²C 总线上基本信号的时序

起始信号是在 SCL 为高电平时，SDA 从高变化到低；停止信号是在 SCL 为高电平时，SDA 从低变化到高；应答信号是在 SCL 为高时 SDA 为低；非应答信号相反，是在 SCL 为高时 SDA 为高。传输数据“0”和数据“1”与发送应答位和非应答位时序图是相同的。

### 1. 开始条件和结束条件

仅当总线空闲(SCL 和 SDA 均为高电平)时，数据传送才能开始。此时总线上的任何器件均可以控制总线。当 SCL 为高电平时，SDA 由高变到低为开始条件，当 SCL 为高电平时，SDA 由低变到高为结束条件。

### 2. 器件寻址

$I^2C$ 总线上可以挂载多个器件，主器件通过发送一个起始信号启动发送过程，数据发送时序如图 11-3 所示。从器件启动后发送它所要寻址的从器件的编号 8 位地址，从器件地址格式为：

| D7 | D6 | D5 | D4 | D3 | D2 | D1 | D0 |
|---|---|---|---|---|---|---|---|
| DA3 | DA2 | DA1 | DA1 | A2 | A1 | A0 | R/$\overline{W}$ |

器件编号地址的高 4 位固定为 1010，低 4 位由 A2、A1、A0 和 R/$\overline{W}$ 位组成，A2、A1、A0 用来定义器件编号；位 R/$\overline{W}$ 为 1，表示要对器件进行读操作；位 R/$\overline{W}$ 为 0，表示写操作。

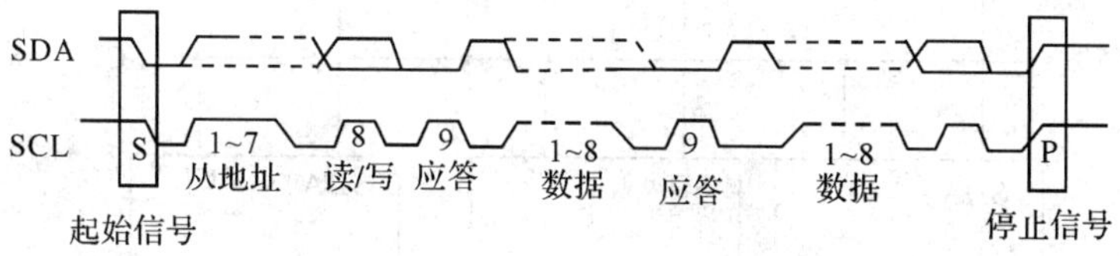


图 11-3 数据传送过程

### 3. 数据传输

在数据传送过程中，SCL 为高电平时，SDA 必须是一稳定的高或低电平，此时数据有效。SDA 线的改变只能发生在 SCL 为低电平时。

### 4. 传输应答

所有数据都是按字节发送的，每次发送的字节数不限，但每发完每一个字节要释放 SDA 线(呈高电平)，然后由接收器下拉 SDA 线(呈低电平)产生应答位，表示传输成功，此时，主控器必须产生一个与此位相应的额外时钟脉冲。$I^2C$ 总线数据传送时，每成功地传送一个字节数据后接收器都必须产生一个应答信号，应答的器件在第 9 个时钟周期时将 SDA 线拉低，表示其已收到一个 8 位数。24C04 在接收到起始信号和从器件地址之后响应一个应答信号，如果器件已选择了写操作，则在每接收一个 8 位字节之后响应一个应答信号。当 24C04 工作于读模式时，在发送一个 8 位数据后释放 SDA 线，并监视一个应答信号，一旦接收到应答信号 24C04 继续发送数据，如果单片机没有发送应答信号，则器件停止传送数据且等待一个停止信号。应答时序如图 11-4 所示。

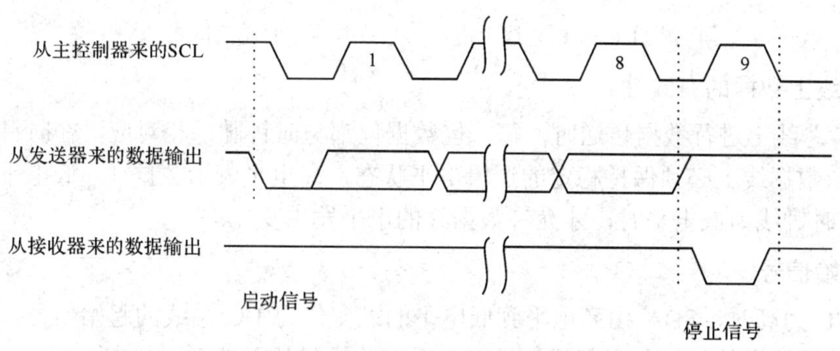


图 11-4 应答时序

### 11.1.3　I²C 总线硬件结构图

图 11-5 为 I²C 总线系统的硬件结构图，其中，SCL 是时钟线，SDA 是数据线。总线上各器件都采用漏极开路结构与总线相连，因此 SCL 和 SDA 均需接上拉电阻。总线在空闲状态下均保持高电平，连到总线上一器件输出的低电平，都将使总线的信号变低，即各器件的 SDA 及 SCL 都是线“与”关系。

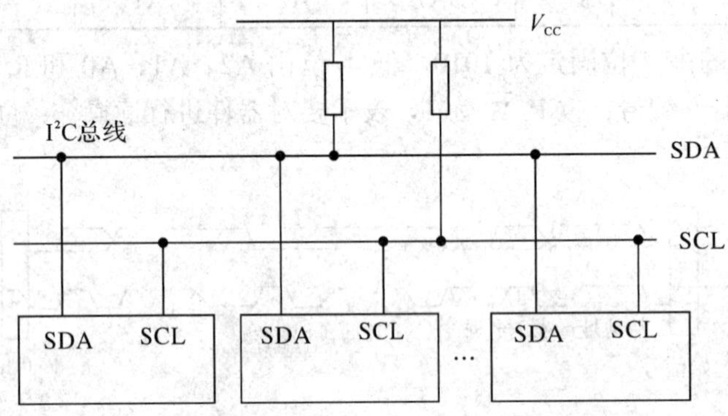


图 11-5　I²C 总线系统的硬件结构图

I²C 总线支持多主和主从两种工作方式，通常为主从工作方式。在主从工作方式中，系统中只有一个主器件(单片机)，其他器件都是具有 I²C 总线的外围从器件，主器件启动数据的发送(发出启动信号)，产生时钟信号，发出停止信号。

## 11.2　I²C 总线协议

图 11-6 为 I²C 总线上进行一次数据传输的通信格式。

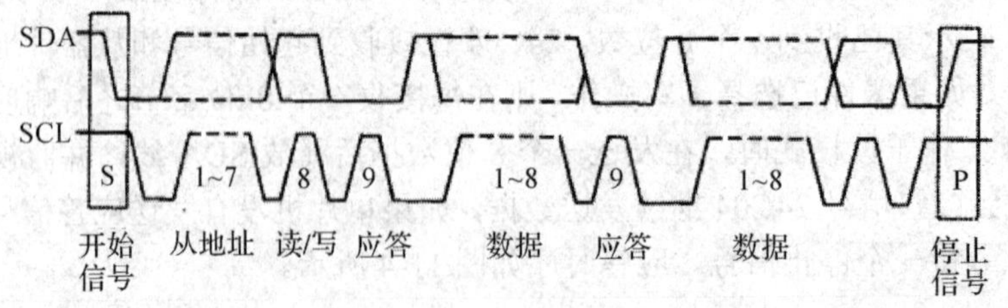


图 11-6　I²C 总线上进行一次数据传输的通信格式

#### 1. 总线上数据的有效性

在 I²C 总线上进行数据传送时，每一位数据位都与时钟脉冲相对应，在时钟信号为高电平期间，数据线上必须保持稳定的逻辑电平状态，高电平表示数据 1，低电平表示数据 0。只有在时钟线为低电平时，才允许数据线的电平发生变化。

#### 2. 起始信号

当 SCL 为高时，SDA 由高电平到低电平的跳变作为 I²C 总线的起始信号。起始信号表明一次数据传送的开始。在起始信号产生后，总线就处于被占用状态。

### 3. 停止信号

当 SCL 为高时，SDA 从低电平到高电平的跳变作为 I²C 总线的停止信号。在终止信号产后一定时间后，总线就处于空闲状态。

### 4. 应答信号

I²C 总线数据传送时，每次传送一个字节数据后，接收器都必须产生一个应答信号，应答的器件在第 9 个时钟周期时将 SDA 线拉低，表示其已收到一个 8 位数据。

利用 I²C 总线进行数据传送时，传送的字节数是没有限制的，但是每一个字节必须保证是 8 位长度，并且首先发送数据的最高位，每传送一个字节数据后都必须跟随一位应答信号，与应答信号相应的时钟由主机产生，主机必须在这一时钟位上释放数据线，使其处于高电平状态，以便从机在这一位上送出应答信号。应答信号在第 9 个时钟位上出现，从机输出低电平为应答信号(A)，表示继续接收，若从机输出高电平，则为非应答信号(/A)，表示结束接收。

如果主机接收数据时，它收到最后一个数据字节后，必须向从机发送一个非应答信号(/A)，使从机释放 SDA 线，以便主机产生终止信号，从而停止数据传送。

### 5. 器件地址

I²C 总线上的每一个从机均有一个唯一的地址，每次主机发出起始信号后，必须接着发出一个字节的地址信息，以选取挂在总线上的某一从机。地址信息的格式如下：

| D7 D6 D5 D4 | D3 D2 D1 | D0 |
|---|---|---|
| 器件标识地址 | 引脚地址 | R/W |

其中 D7～D0 位表示从机的地址，D0 位是数据传送方向，为 0 时，表示主机向从机发送数据(写)，为 1 时，表示主机由从机处读取数据。

主机发送地址时，总线上的每一个从机都将这 7 位地址码与自己的器件地址进行比较，如果相同，则认为自己正被主机寻址，根据读写位将自己确定为发送器或接收器。

从机的地址由一个固定部分和一个可编程部分组成。固定部分为器件的编号地址，表明了器件的类型，出厂时固定的。可编程部分为器件的引脚地址，视硬件接线而定。

例如，24C02 的地址格式如下：

| 1 | 0 | 1 | 0 | A2 | A1 | A0 | R/W |
|---|---|---|---|---|---|---|---|

其中高 4 位 1010 为器件标识类型。

A2～A0：引脚地址，对应于该芯片引脚 A2～A0 的取值，当 A2～A0 引脚均接低电平时，该器件的地址为 A0H 或 A1H，如果为 A0H，则表示写数据到该器件，如果为 A1H，则表示从该器件读数据。

说明：从机地址只表明选择挂在总线的哪一个器件及传送方向，而器件内部的地址是由编程者在传送的第一数据中指定的，即第一个数据为器件内的子地址。

### 6. I²C 总线数据传送的时序要求

为了保证数据传送的可靠性，标准的 I²C 总线数据传送有着严格的时序要求，用普通 I/O 线模拟 I²C 总线数据传送时，必须遵从定时规范。图 11-7 给出了启动、停止、应答信号和非应答信号的时序规范。

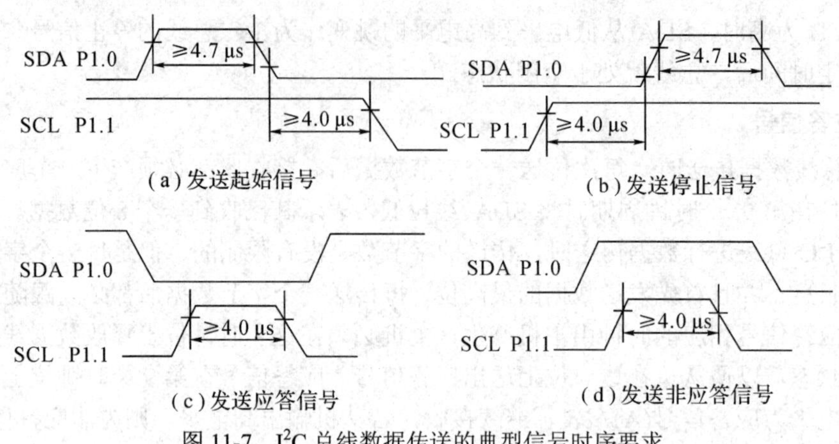


图 11-7　I²C 总线数据传送的典型信号时序要求

## 11.3　I²C 总线信号的模拟

实际应用中，多数单片机系统使用的是单主结构形式，即挂在总线上的设备只有一个主机，其他设备均是从机。在这种方式下，I²C 总线数据的传输比较简单，没有总线的竞争，只存在单片机对 I²C 总线器件的读(单片机接收)、写(单片机发送)操作。此时，我们可以使用不带 I²C 总线接口的单片机，如 8051 作为主机，利用这些单片机的普通 I/O 口完全可以实现主机对 I²C 总线器件的读写操作。采用的方法就是利用软件实现 I²C 总线的数据传送，即软件与硬件结合的信号模拟。

```
sbit SCL=P1^1;                    /*模拟 I²C 时钟控制位*/
it ack_mk;                        /*应答标志位*/
```

在总线的一次数据传送过程中，可以有以下几种组合方式：

(1) 主机向从机发送数据，数据传送方向在整个传送过程中不变。

(2) 主机在第一个字节后立即从从机读数据。

(3) 在传送过程中，当需要改变传送方向时，需将起始信号和从机地址各重复产生一次，而两次读/写方向位正好相反。

为了保证数据传送的可靠性，标准 I²C 总线的数据传送有严格的时序要求。I²C 总线的起始信号、终止信号、应答或发送“0”和非应答或发送“1”的模拟时序如图 11-8 所示。

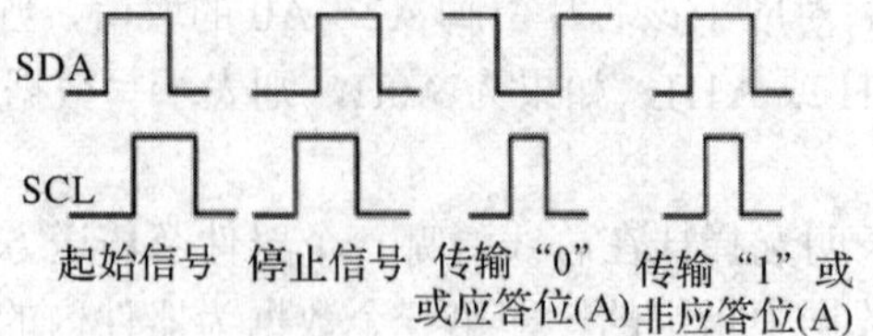


图 11-8　模拟时序

单片机在模拟 I²C 总线通信时，需写出如下几个关键部分的程序：总线初始化、启动信号、应答信号、停止信号、写一个字节、读一个字节等。

### 1. 总线初始化

总线初始化程序如下：

```
void init()
{
    SCL = 1;
    delay();
    SDA = 1;
    delay();
}
```

总线初始化的功能是将总线都拉高以释放总线。

### 2. 启动总线函数

函数原型：void　start();

功能：启动 $I^2C$ 总线，即发送起始信号。

程序如下：

```
void   start()            //启动 I²C 总线，即发送 I2C 起始条件
{
    SDA=1;                /*先将 SDA、SCL 置为 1*/
    SCL=1;
    NOP;                  /*因起始条件建立时间大于 4.7 μs，故延时 5 μs */
    SDA=0;                /*在 SCL 为高电平时，SDA 由高变低，产生起始信号*/
    NOP;                  /*延时 5 μs */
    SCL=0;                /*SCL 变低电平，准备发送或接收数据*/
}
```

### 3. 结束总线函数

函数原型：void　stop();

功能：结束 $I^2C$ 总线，即发送 $I^2C$ 结束信号。

程序如下：

```
void   stop()
{
    SDA=0;       /*将 SDA 清 0，SCL 置 1*/
    SCL=1;
    NOP;         /*结束条件建立时间大于 4 μs，所以延时 5 μs*/
    SDA=1;       /*当 SCL 为高电平时，SDA 由低变高，产生 I²C 总线结束信号*/
    NOP;         /*延时 5 μs*/
    SCL=0;
}
```

### 4. 发送应答位函数

函数原型：void　ack_I2C(void);

功能：向从器件发送应答信号。

程序如下：

```
void ack(void)
{
    SDA=0;          /* SDA 先清 0，发应答信号*/
    SCL=1;          /* SCL 由低变高，产生一个时钟*/
    NOP;            /*延时 5 μs*/
    SCL=0;          /*时钟线 SCL 清 0 恢复到低电平，以便继续接收*/
}
```

### 5. 发送非应答位函数

函数原型：void  nack_I2C(void);

功能：向从器件发送非应答信号。

程序如下：

```
void  nack(void)
{
    SDA=1;          /* SDA 先置 1，发非应答信号*/
    SCL=1;          /* SCL 由低变高，产生一个时钟*/
    NOP;            /*延时 5 μs*/
    SCL=0;          /*时钟线 SCL 清 0 恢复到低电平，以便继续接收*/
}
```

$I^2C$ 总线数据模拟传送除了上述基本的启动、停止、发送应答位和发送非应答位之外，还需要发送一个字节数据、接收一个字节数据、发送 n 个字节数据和接收 n 个字节数据的函数。

### 6. 向 $I^2C$ 总线发送一个字节数据函数

函数原型：void  sendbyte(uchar c);

功能：将数据 c 发送出去，c 可以是从器件地址或器件的子地址，也可以是数据，发完后等待应答，如果没有应答，则 ack_mk = 0，表示发送失败，否则，ack_mk = 1，表示发送成功。

```
void  sendbyte(uchar c)
{
    uchar  n ;
    for(n=0; n<8; n++)              /*一字节为 8 位，循环 8 次，先送高位，后送低位*/
    {
        if(c&0x80) SDA=1;           /*根据发送位将数据线 SDA 置为 1 或清 0*/
        else  SDA=0;
        SCL=1;                      /*置时钟线 SCL 为高，通知被控从机开始接收数据位*/
        NOP;                        /*延时 5 μs，保证时钟高电平周期大于 4 μs*/
        SCL=0;                      /* SCL 变低电平，准备发送下一位数据*/
```

```
        c=c<<1;                   /*将下一位要发送的数据移到最高位*/
    }
    NOP;                          /*延时 5 μs*/
    SDA=1;                        /* 8 位发送完后释放数据线，准备接收应答位*/
    NOP;
    SCL=1;                        /* SCL 由低变高，产生一个时钟，读取 SDA 的状态*/
    NOP;                          /*延时 5 μs*/
    if (SDA==1)ack_mk=0;          /*如果 SDA=1，则发送失败，将 ack_mk 清 0*/
        else ack_mk=1;            /*否则发送成功，将 ack_mk 置 1*/
    SCL=0;
}
```

### 7. 从 $I^2C$ 总线接收一个字节数据函数

函数原型：uchar　rcvbyte();

功能：从 $I^2C$ 总线接收一个字节数据。

```
uchar  rcvbyte()
{
    uchar c;
    uchar  n;
    for(n=0; n<8; n++)                /*循环 8 次，先读高位，后读低 8 位*/
    {  SDA=1;                         /*置数据线为输入方式*/
       SCL=1;                         /* SCL 由低变高，产生一个时钟*/
       if (SDA==0)  c=c&0x7f;         /*根据数据线 SDA 的状态，将变量 C 清 0 或置 1*/
       else c=c | 0x80;
       c= _crol_(c,1);                /*将 C 循环左移一位，准备接收下一位*/
       SCL=0;                         /*时钟线 SCL 清 0*/
    }
    return(c);
}
```

### 8. 向无子地址器件发送字节数据函数

函数原型：bit　I2C_sendbyte(uchar sla,ucahr c);

功能：该函数与 sendbyte()不同，它包含了从启动总线、发送从器件地址、数据到结束总线的全过程，如果返回 1，则表示操作成功，否则，操作有误。

SDA 上数据的格式如下所示：

| start | sla | ack | c | ack | stop |
|---|---|---|---|---|---|

其中：

start：起始信号。

sla：器件地址(写)。

c：要写入器件的数据。

ack：器件应答信号。

stop：停止信号。

注意：start、sla、c 和 stop 表示数据由主机向从器件传送，ack 表示数据由从器件向主机传送。

程序如下：

```
bit   I2C_sendbte(uchar sla ,uchar c)
{
    start();                    /*向总线发起始信号，启动总线*/
    sendbyte(sla);              /*发送器件地址*/
    if(ack_mk==0)return(0);
    sendbyte(c);                /*发送数据*/
    if(ack_mk==0)return(0);
    stop();                     /*结束总线*/
    return(1);
}
```

### 9. 向无子地址器件读字节数据函数

函数原型：bit　I2C_rcvbyte(uchar sla,uchar *c);

功能：该函数与 rcvbyte()不同，它包含了从启动总线、发送从器件地址、读数据到结束总线的全过程。如果返回 1，则表示操作成功，否则，操作有误。

SDA 上相应的数据格式如下所示：

| start | sla+1 | ack | *c | nack | stop |
|---|---|---|---|---|---|

其中：

sla：从器件地址。

c ：指向读到的数据。

sla+1：从器件地址(读)。

*c：读到的数据。

nack：非应答信号。

程序如下：

```
Bit   I2C_rcvbyte(uchar sla,uchar *c)
{
    start();                    /*发起始信号，启动总线*/
    sendbyte(sla+1);            /*发送器件地址*/
    if(ack_mk==0)return(0);
    *c=rcvbyte();               /*读取数据*/
    nack();                     /*发送非就答位*/
    stop();                     /*发结束信号，结束本次数据传送*/
    return(1);
}
```

### 10. 向有子地址器件发送多字节数据函数

函数原型：bit　I2C_sendstr(uchar sla,uchar suba,ucahr *s,uchar n);

功能：该函数包含了从启动总线、发送器件地址、器件子地址、数据到结束总线的全过程。如果返回 1，则表示操作成功，否则，操作有误。

SDA 上相应的数据格式如下所示：

| start | sla | ack | suba | ack | data1 | ack | data2 | ack | … | datan | ack | stop |
|---|---|---|---|---|---|---|---|---|---|---|---|---|

其中：

sla：从器件地址(写)。

suba：子地址。

s：指向要发送数据。

n：要发送数据的字节数。

程序如下：

```
bit  I2C_sendstr(uchar sla,uchar suba,uchar *s,uchar no)
{
    uchar i;
    start();                              /*发起始信号，启动总线*/
    sendbyte(sla);                        /*发送器件地址*/
    if(ack_mk==0)return(0);
    sendbyte(suba);                       /*发送器件子地址*/
    if(ack_mk==0)return(0);
    for(i=0; i<n; i++)
    {
        sendbyte(*s);                     /*发送数据*/
        if(ack_mk==0)return(0);
        s++;
    }
    stop();                               /*发结束信号，结束本次数据传送*/
    return(1);
}
```

### 11. 向有子地址器件读取多字节数据函数

函数原型：bit　I2C_rcvstr(uchar sla,uchar suba,uchar *s,uchar no);

功能：该函数包含了从启动总线、发送地址、子地址，读数据到结束总线的全过程。如果返回 1，则表示操作成功，否则，操作有误。

SDA 上相应的数据格式如下所示：

| start | sla | ack | suba | ack | start | sla+1 | ack | data1 | ack | … | datan | nack | stop |
|---|---|---|---|---|---|---|---|---|---|---|---|---|---|

其中：

sla：从器件地址。

suba：器件子地址。

s：读出的内容放在 s 指向的存储区。

n：读取的字节数。

说明：主机首先通过发送起始信号、从器件地址 sla 和它想读取的字节数据所在地址 suba(器件子地址)，执行一个伪写操作，在从器件应答之后，主器件重新发送起始信号和从器件地址 sla+1，此时 R/W 位置 1，从器件响应并发送应答信号后，输出所要求的一个字节数据 data1，主器件随后发送应答信号 ack，以后从器件每输出一个字节数据，主机均回送 ack 应合，当从器件输出最后字节数据 datan 后，主机回送非应答信号，接着发送停止信号结束总线传送。

程序如下：

```
bit   I2C_rcvstr(uchar sla,uchar suba,uchar *s,uchar n)
{
    uchar i;
    start();                         /*发起始信号，启动总线*/
    sendbyte(sla);                   /*发送器件地址*/
    if(ack_mk==0)return(0);
    sendbyte(suba);                  /*发送器件子地址*/
    if(ack_mk==0)return(0);
    start();                         /*再次发起始信号*/
    sendbyte(sla+1);                 /* sla+1 表示对该器件进行读操作*/
    if(ack_mk==0)return(0);
    for(i=0; i<n-1; i++)             /*对前 n-1 个字节发应答信号*/
    {
      *s=rcvbyte();                  /*接收数据*/
        ack();                       /*发送就答信号*/
        s++;
    }
    *s=rcvbyte();                    /*接收最后一个字节*/
    nack();                          /*发送非应信号*/
    stop();                          /*发结束信号，结束本次数据传送*/
    return(1);
}
```

## 11.4　24C02 器件

串行 $E^2$PROM 是在各种串行器件应用中使用较频繁的器件，和并行 $E^2$PROM 相比，串行 $E^2$PROM 的数据传送速度较低，但是其体积较小、容量小，所含的引脚也较少。所以，它特别适合于需要存放非挥发数据、要求速度不高、引脚少的单片机的应用。

24CXX 系列的 $E^2PROM$ 有 10 种型号，其中典型的型号有 24C01/02/04/08/16 等 5 种，它们的存储容量分别是 128/256/512/1024/2048 字节。24CXX 系列的 $E^2PROM$ 支持 $I^2C$ 总线数据传送协议，通过器件地址输入端 A0、A1、A2，可以将最多 8 个 24C01/24/C02 器件、4 个 24C04 器件、2 个 24C08 器件和 1 个 24C16 器件连接到总线上。这里我们对 24C02 进行分析，其他型号与此类似。

24C01/24C02 是一个 1K/2K/4K/8K/16K 位串行 CMOS $E^2PROM$，内部含有 128/256/512/1024/2048 个 8 位字节，Catalyst 公司的先进 CMOS 技术实质上减少了器件的功耗。CAT24WC01 有一个 8 字节页写缓冲器，24C01/24C02 有一个 16 字节页写缓冲器，该器件通过 $I^2C$ 总线接口进行操作时有一个专门的写保护功能。

### 1. 引脚的功能

24C02 器件的引脚图及封装外形如图 11-9 所示。

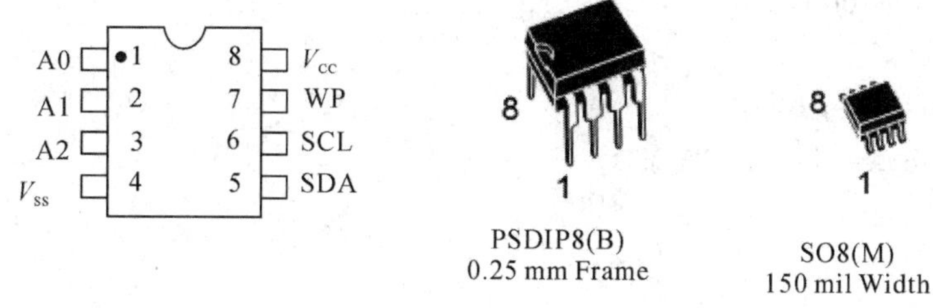


图 11-9　引脚图及封装外形

每个引脚的功能和说明如下：

- $V_{CC}$：电源 +5 V。
- $V_{SS}$：地线。
- SCL：串行时钟输入端，用于产生器件所有数据发送或接收的时钟。
- SDA：串行数据 I/O 端，用于输入和输出串行数据。这个引脚是漏极开路的端口，可与其他开漏输出或集电极开路输出组成“线或”结构。通常需要用外部上拉电阻将其电平拉高。
- A0、A1、A2：器件地址输入端，用于多个器件级联时设置器件地址，当这些脚悬空时默认值为 0。对于 24C02 的 A0、A1、A2 输入端作为硬件地址，总线上可同时级联 8 个 24C02 器件，如果只有一个 24C02 被总线寻址，则这 3 个地址输入脚 A0、A1 和 A2 可悬空或连接到 GND。
- WP：写保护端。这个端提供了硬件数据保护。当把 WP 接地时，允许芯片执行一般读写操作；当把 WP 接 $V_{CC}$ 时，则对芯片实施写保护。

### 2. 8051 单片机与 24C02 的连接

8051 单片机与 24C02 的连接，其中 P1.0 作为 24C02 的数据线 SDA，P1.1 作为 24C02 的时钟线 SCL，两条线均接 10 kΩ 的上接电阻，24C02 的器件标识地址为 1010，由于系统中只有一片 24C02，所以，直接将器件地址输入端 A2、A1 和 A0 接地处理。这样，24C02 在系统中的器件地址 SLAW = 0xA0，SLAR = 0xA1。

由于 8051 需对 24C02 进行写操作，所以应把 WP 脚接地电平，即允许写操作。

### 3. 8051 对 24C02 的读写程序

读写程序是以前面所介绍的函数为基础设计的，24C02 的内部有连续的子地址空间，对这些空间进行 n 个字节的连续读/写时，都具有地址自动加 1 功能。只要设定好要读/写的器件内起始子地址及字节数，就能完成整个操作。

注意：对于 24C02 连续写的字节数不应超过页容量 16，一次连续写所形成的总线传送结束后(主机发出停止信号后)，24C02 执行内部擦写过程，大约需要 10 ms 左右，24C02 不再应答主器件的任何请求。

24C02 内有一个 8 位的地址计数器，连续读操作时，24C02 每次输出一个数据字节后，地址计数器自动加 1，当地址计数器加到 255，并输出一个字节数据后，地址计数器将翻转到 0，并继续输出数据字节。这样，整个存储区域可以在一个读操作内全部读完。

```
#define SLAW   0xA0                          /*24C02 的器件地址为 0xA0*/
uchar   delay(uchar   j)
{   uchar   k, l;
    for(l=0; l<=j; l++)
        for(k=0; k<=250; k++);
    return 0;
}
void   main()
{
    uchar sbuf[5]={0x00, 0x12, 0x55, 0x30, 0x12}; /*定义发送缓冲区*/
    uchar rbuf[5];                                /*定义接收缓冲区*/
    I2C_sendstr(SLAW, 0x10, tbuf, 0x5);
    /*将发送缓冲区中 5 个字节的数据写入 24C02 从 0x10 开始的 10 个单元*/
    delay(100);                                   /*延时，等待 24C02 内部写操作的完成*/
    I2C_rcvstr(SLAW, 0x10, rbuf, 0x5); /*从 24C02 0x10 单元开始读取 5 个字节存入接收缓冲区*/
        while(1);
}
```

### 4. 24C02 器件的选用

无论是智能仪器仪表还是单片机工业控制系统，都要求其数据能够安全可靠而不受干扰，特别是一些重要的设定参数(如温度控制设定值)受到干扰后变成一个很大的数字，那么就有可能发生烧箱毁物的破坏性后果，给生产和经济带来损失。因此，必须选用可靠的 24C02 器件作为数据储存单元。

对于只用一片 24C02 器件的系统，因为不需要分辨不同的地址，只要 WP 保护功能正常就可以了，这只要断开 WP 与 CPU 连线且保持高电平，再试一下系统数据读写功能是否正常就可以了。而这一点对软件抗干扰技术也是至关重要的。一般来说，同种牌号的 24C02 器件性能是一样的，可以采用抽样试验决定取舍。对于有两片 24C02 以上的系统，必须严格检查其器件寻址功能，这时可以轮流拨下其中一片 24C02 器件，检查相应的数据存取功能，若没有交叉出错现象则可以选用。

### 5. 提高 24C02 数据安全的软件措施

提高 24C02 数据安全的软件措施如下：

(1) 建议数据以十进制 BCD 码方式存入 24C02，这样可以提高有效数据的冗余度，即 24C02 中的存储单元其有效数据为 0～9，大于 9 则为无效数据。这样，在数据写入 24C02 之前就可以插入校验子程序，对预备写入的数据进行检查，若该 RAM 数据已经受到干扰，则其值大多数应落在大于 9 的范围内(可能性百分比系数为 246/256)。因此，当数据大于 9 时就禁止执行写入 24C02 的子程序，以免错误数据写入 24C02，而对正常需要修改的参数无影响。

(2) 24C02 中数据保持冗余度后，还可以对读出数据进行检查。若为大于 9 的非正常数据，说明 24C02 中数据已经受到干扰，此干扰值是绝对不能用的。对于特定的系统可以采取不同的方法，比如温度控制系统，如其温控范围为 0～50℃，则数据出错后，读入值可能变成 200℃或更高值，这是非常危险的。针对这种情况，可以将设定值硬性规定为某一个安全值，比如 25℃。

(3) 对写入 24C02 子程序设置软件口令，若口令符合，则可以执行写入，否则，拒绝写入。具体做法是：设置写口令寄存器 EPSW，按正常 CPU 执行程序的脉络，找出所有的数据写入 24C02 前的必经之路，比如，一般在功能键按下后经过一些数据处理，最终将要保存的参数写入 24C02。当有键输入时，对写口令寄存器 EPSW 置数 5AH，然后在写 24C02 子程序中插入检查口令语句，判断 EPSW 值若为 5AH，则允许继续执行，否则立即返回，不许执行写入数据。当正确执行完写入 24C02 子程序后需对 EPSW 清 0，并且在主程序适当的地方加上 EPSW 清 0 指令，反复冗余执行。这样程序受到干扰，EPSW 多数为 0，即使 EPSW 数受到干扰，也很少有机会刚好等于 5AH，从而使错误数据非正常写入 24C02 的机会大大减少。

### 6. 保护 24C02 数据的硬件措施

抗干扰硬件连接典型电路如图 11-10 所示。

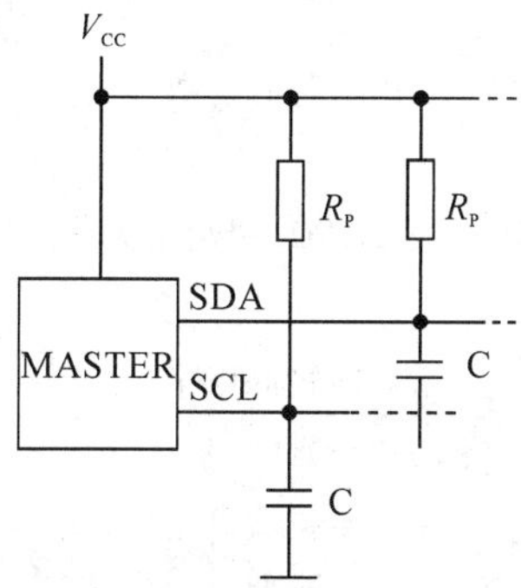


图 11-10　抗干扰硬件连接典型电路

在某些干扰特别严重的场合，24C02 数据还是有可能被冲掉，最彻底的方法是利用硬件来干预写入数据过程。一般情况下，是将 WP 引脚与 CPU 引脚断开，而与功能键连接起来，功能键没按下时，WP 保持高电平，只有功能键按下时，WP 才是低电平，允许写操作。当然，这样一来对于某些过程量需要程控存入 24C02 时就办不到了，这也是利用功能键同步保护 24C02 数据的一种不方便之处。

如果写入 24C02 的数据跟两个按键有关，则可以用二极管隔离，采用如图 11-11 的形式。这样两键本身互不影响，而任一键按下都能使 WP 变低，使数据写入操作有效，对于多键关联，依此类推多放几个二极管隔离就可以了。

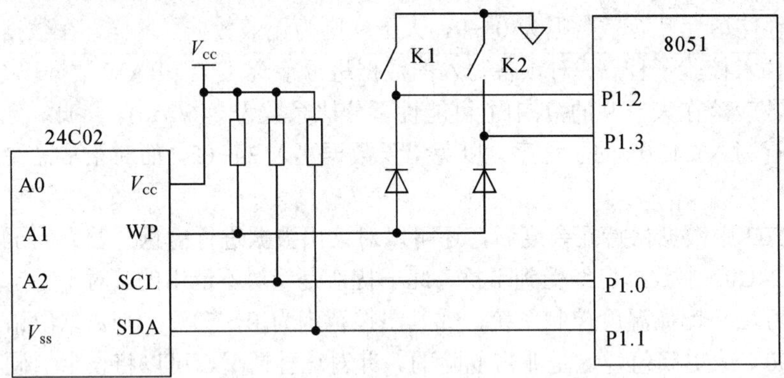


图 11-11　WP 引脚与按键连锁的 24C02 接口

**【例 11-1】** 以 24C02 为从器件，单片机为主器件，完成 $I^2C$ 总线程序设计，其中 P2.6 连接 24C02 的 SCL 端，P2.7 连接 SDA 端。

C51 程序如下：

```
#include <reg51.h>
#include <absacc.h>
sbit scl=P2^6;                  // P2.6 接 24C02 的 SCL 端
sbit sda=P2^7;                  // P2.7 接 24C02 的 SDA 端
void delay1(unsigned char x)    //延时函数
{
    unsigned int i;
    for(i=0; i<x; i++);
}
void flash()                    //短时延时函数
{ ; ; }
void x24c02_init()              // 24C02 初始化函数
{
    scl=1;                      //让时钟高电平
    flash();                    //短时延时
    sda=1;                      //让数据端高电平
    flash();
}
void start()                    //启动 I2C 总线函数
{
    sda=1;                      //数据端高电平
    flash();
    scl=1;                      //让时钟高电平
```

```
    flash();
    sda=0;                      //让数据端从高电平到低电平跳变，作为 I²C 总线的启动信号
    flash();
    scl=0;                      //让时钟低电平
    flash();
}
void stop()                     //停止 I²C 总线
{
    sda = 0;                    //让数据端高电平
    flash();
    scl=1;                      //让时钟高电平
    flash();
    sda=1;                      //让数据端从低电平到高电平跳变，作为 I²C 总线的停止信号
    //
    flash();
}
void writex(unsigned char j)    //写一个字节函数，SDA 输入
{
    unsigned char i,temp;
    temp = j;                   //要写的单字节数据送给 temp
    for (i= 0;i< 8;i++)
    {   temp=temp<<1;           //数据在累加器 A 中向左移 1 位
        scl=0;                  //让时钟低电平
        flash();
        sda=CY;                 //把累加器 A 的进位标志送到 SDA 端
        flash();
        scl=1;                  //让时钟高电平
        flash();
    }
    scl=0;                      //让时钟低电平
    flash();
    sda=1;                      //让数据端高电平，24C02 空闲
    flash();
}
unsigned char readx()           //读一个字节函数
{
    unsigned char i,j,k=0;
    scl=0;                      //让时钟低电平
    flash();
```

```
    sda=1;                          //让数据端高电平，24C02 空闲
    for (i=0;i<8;i++)               //同样操作 8 次，得到 1 个字节的数据
    {   flash();
        scl=1;                      //在时钟高电平期间，等待 SDA 输出
        flash();
        if (sda==1) j=1;            // SDA 输出 1 个位，低位先出，如果是 1，j 为 1
        else j=0;                   //如果是 1，j 为 1
        k=(k<<1) | j;               // k 先左移 1 位，再把刚才输出的 1 位送给 k
        scl=0;                      //让时钟低电平
        }
    flash();
    return(k);                      //返回值是 1 个字节的数据
}
void ack_clock()                    // I2C 总线时钟
{
    unsigned char i=0;
    scl=1;
    flash();
    while ((sda==1)&&(i<255)) i++;      //写操作后，等待应答。如果 SDA 端输出 0，说明
                                        //24C02 写操作结束，否则忙，继续等待
    scl=0;
    flash();
}
/*******从 24C02 的地址 address 中读取一个字节数据*******/
unsigned char x24c02_read(unsigned char address)
{
    unsigned char i;
    start();
     writex(0xa0);                  // 10100000 写器件编号，并使 R/W =1
    ack_clock();                    //获得 1 个应答
    writex(address);                //写数据存放的地址
    ack_clock();                    //等待 1 个应答
    start();
    writex(0xa1);                   //开始读数据
    ack_clock();                    //等待 1 个应答
    i=readx();
    stop();                         //不需要等待应答，但要停止
    delay1(10);
    return(i);
```

```
}
/******向 24C02 的 address 地址中写入一字节数据 info*******/
void x24c02_write(unsigned char address, unsigned char info)
{
    EA=0;                       //屏蔽单片机的所有中断
    start();
    writex(0xa0);               //写操作，同时确定器件的编号为 1010000
    ack_clock();
    writex(address);            //写操作，向 24C02 发送数据要保存的地址
    ack_clock();
    writex(info);               //向 24C02 发送保存的数据
    ack_clock();                //查询应答
    stop();
    EA=1;                       //开单片机的所有中断
    delay1(50);
}
```

## 11.5　实践训练——$I^2C$ 总线的使用

目前有很多半导体集成电路上都集成了 $I^2C$ 接口。带有 $I^2C$ 接口的单片机有：Cygnal 的 C8051F0XX 系列、Philips 的 87LPC7XX 系列、Microchip 的 PIC16C6XX 系列等。很多外围器件如存储器、监控芯片等也提供 $I^2C$ 接口。

### 一、$I^2C$ 总线应用概述

$I^2C$(Inter-Integrated Circuit)总线是一种由 Philips 公司开发的两线式串行总线，用于连接微控制器及其外围设备。$I^2C$ 总线产生于在 80 年代，最初为音频和视频设备开发，如今主要在服务器管理中使用，其中包括单个组件状态的通信。例如，管理员可对各个组件进行查询，以管理系统的配置或掌握组件的功能状态，如电源和系统风扇。可随时监控内存、硬盘、网络、系统温度等多个参数，增加了系统的安全性，方便了管理。

$I^2C$ 总线是由数据线 SDA 和时钟 SCL 构成的串行总线，可发送和接收数据。在 CPU 与被控 IC 之间、IC 与 IC 之间进行双向传送，最高传送速率 100 kb/s。各种被控制电路均并联在这条总线上，但就像电话机一样只有拨通各自的号码才能工作，所以每个电路和模块都有唯一的地址，在信息的传输过程中，$I^2C$ 总线上并接的每一模块电路既是主控器(或被控器)，又是发送器(或接收器)，这取决于它所要完成的功能。CPU 发出的控制信号分为地址码和控制量两部分，地址码用来选址，即接通需要控制的电路，确定控制的种类；控制量决定该调整的类别(如对比度、亮度等)及需要调整的量。这样，各控制电路虽然挂在同一条总线上，却彼此独立，互不相关。

$I^2C$ 总线在传送数据过程中共有 3 种类型信号，它们分别是：开始信号、结束信号和

应答信号。

开始信号：SCL 为高电平时，SDA 由高电平向低电平跳变，开始传送数据。

结束信号：SCL 为低电平时，SDA 由低电平向高电平跳变，结束传送数据。

应答信号：接收数据的 IC 在接收到 8 位数据后，向发送数据的 IC 发出特定的低电平脉冲，表示已收到数据。CPU 向受控单元发出一个信号后，等待受控单元发出一个应答信号，CPU 接收到应答信号后，根据实际情况作出是否继续传递信号的判断。若未收到应答信号，则判断为受控单元出现故障。

## 二、24C02 的读写

电路如图 11-12 所示，编程将数据写入 24C02 的指定地址单元，然后从该地址读出数据，如果读出的数据与写入数据一致，则蜂鸣器发一声“嘟”，否则长鸣。

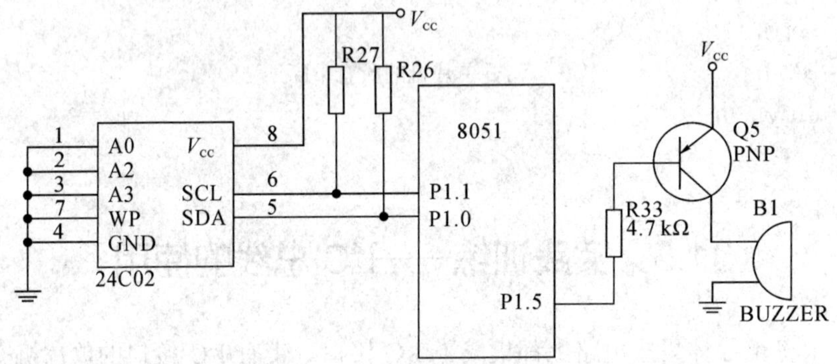


图 11-12　24C02 的读写电路

C 语言程序如下：

```
#include <reg51.h>                    /*头文件的包含*/
#include <intrins.h>
#define   uchar unsigned char         /*宏定义*/
#define   uint    unsigned int
extern bit ISendStr(uchar sla, uchar suba, uchar *s, uchar no);
extern bit IRcvStr(uchar sla, uchar suba, uchar *s, uchar no);
sbit BEEP=P1^5;
void delay(void)
{   uchar i;
    for(i=0; i<120; i++) ;
}
void beep(void)
{   uint i;
    for(i=0; i<1000; i++)
    {   delay();
        BEEP=~BEEP;
```

```
    }
}
void main(void)
{   uchar   wd[8]={1, 2, 3, 4, 5, 6, 7, 8};
    uchar   rd[8];
    uchar i;
    ISendStr(0xa0, 0x00, wd, 8);          //将数组 wd 中的 8 个数据写入 24C02 地址为 00 开始的单元
    for(i=0; i<100; i++) delay();         //等待写操作完成
    IRcvStr(0xa0, 0x00, rd, 8);           //从 24C02 地址为 00 的单元中读取 8 个字节到数组 rd 中
    for(i=0; i<8; i++)                    //比较读出与写入的数据是否一致
    if(wd[i]!=rd[i]) break;
    if(i==8)                              //正确，蜂鸣器发一声“嘟”
    {   beep();
        while(1);
    }
    while(1)beep();                       //出错，蜂鸣器长鸣
}
```

## 思考与练习

**1. 概念题**

(1) $I^2C$ 总线有哪些特性？

(2) 简述在 $I^2C$ 总线上进行一次数据传输的通信格式。

(3) 如何实现 $I^2C$ 总线信号的模拟。

**2. 操作题**

(1) 利用 24C02 存储时间达到系统掉电后数据能够保存，在再次加电后，时间能从掉电时刻继续。程序如何实现？

(2) 编写利用 8051 模拟 $I^2C$ 的程序。

(3) 用 24C02 和 24256 实现 8051 单片机掉电保护的程序和硬件电路。

# 第 12 章　A/D 和 D/A 转换接口

在实际应用中，单片机控制系统经常要对各种现场信号，如温度、流量、压力、浓度、位置、速度、角度、力矩等进行检测与控制。这些非电量信号通常要先经过各种相应的传感器检测后变成电压或电流等电信号。这些电信号都是大小随时间连续变化的模拟信号。而单片机是一种纯数字部件，它只能接收和处理“0”和“1”这样的数字信号。因此，必须要先把这些模拟信号转换成单片机能直接接收和处理的数字信号，然后才能将其送入单片机进行处理。在计算机控制技术中，这种用来将模拟信号转换成数字信号的电路称为模/数转换电路，即 A/D 转换电路或 ADC(Analog to Digital Converter)。

同样，单片机对输入信号进行处理后，发出的控制信号如阀门开度、电机的转速等，都是“0”和“1”这样的二进制数字信号，不能直接用来驱动执行机构。因此，在输出回路中必须先把控制量的数字信号转换成模拟信号，再经驱动电路放大后才能送给执行机构。这种将数字信号转换成模拟信号的电路称为数/模转换电路，即 D/A 转换电路或 DAC(Digital to Analog Converter)。

采用 A/D、D/A 转换电路的单片机控制系统的一般结构如图 12-1 所示。

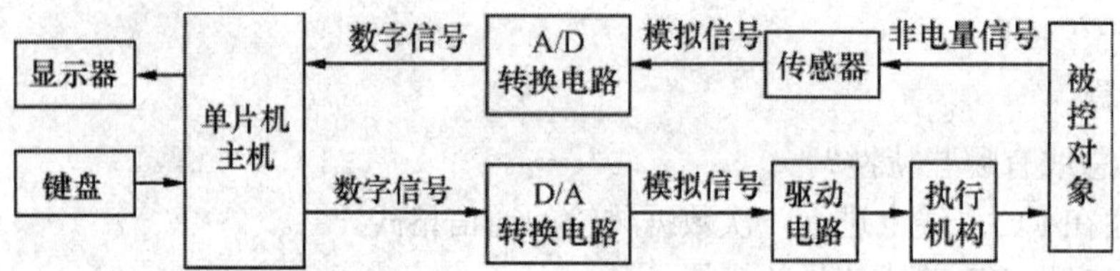


图 12-1　采用 A/D、D/A 转换电路的单片机控制系统的一般结构

**本章要点：**

- A/D 转换器的工作原理；
- ADC0809 转换器与 8051 单片机的接口电路；
- A/D 转换器的选择；
- D/A 转换器的工作原理；
- DAC832 转换器与 8051 单片机的接口电路；
- D/A 转换器的选择；
- 开关量驱动输出接口电路。

## 12.1　A/D 转换电路接口技术

A/D 转换器是一种能把输入模拟电压或电流变成与其成正比的数字量，即能把被控对象的各种模拟信息变成计算机可以识别的数字信息的器件。A/D 转换器种类很多，但从原理上通常可以分为以下 4 种：计数器式 A/D 转换器、双积分式 A/D 转换器、逐次逼近式 A/D 转换器和并行 A/D 转换器。

计数器式 A/D 转换器结构很简单，但转换速度也很慢，所以很少采用。双积分式 A/D 转换器抗干扰能力强，转换精度也很高，但速度不够理想，常用于数字式测量仪表中。计算机中广泛采用逐次逼近式 A/D 转换器作为接口电路，它的结构不太复杂，转换速度也高。并行 A/D 转换器的转换速度最快，但因结构复杂而造价较高，故只用于那些要求转换速度极高的场合。

### 12.1.1　A/D 转换器的主要性能指标

#### 1. 转换精度

转换精度通常用分辨率和量化误差来描述。

(1) 分辨率。分辨率($U_{REF}/2^N$)表示输出数字量变化一个相邻数码所需输入模拟电压的变化量，其中 $N$ 为 A/D 转换的位数，$N$ 越大，分辨率越高，习惯上分辨率常以 A/D 转换位数表示。例如，一个 8 位 A/D 转换器的分辨率为满刻度电压的 $1/2^8$，即满刻度电压的 1/256，若满刻度电压(基准电压)为 5 V，则该 A/D 转换器能分辨 5 V / 256 ≈ 20 mV 的电压变化。

(2) 量化误差。量化误差是指零点和满度校准后，在整个转换范围内的最大误差。通常以相对误差形式出现，并以 LSB(Least Significant Bit，数字量最小有效位所表示的模拟量)为单位，如上述 8 位 A/D 转换器基准电压为 5 V 时，1 LSB ≈ 20 mV，其量化误差为 ±1/2 LSB ≈ ±10 mV。

#### 2. 转换时间

转换时间是指 A/D 转换器完成一次 A/D 转换所需时间。转换时间越短，适应输入信号快速变化能力就越强。当 A/D 转换的模拟量变化较快时，就需选择转换时间短的 A/D 转换器，否则会引起较大误差。

### 12.1.2　A/D 转换原理

A/D 转换电路是将大小随时间连续变化的模拟信号转换为数字信号的电路，其核心通常是一个 A/D 转换器芯片。A/D 转换器芯片的种类有很多，按性能分有普通、高精度、低功耗、高分辨率、高速以及与母线兼容等多种；按输出代码的有效位数可分为 4 位、6 位、8 位、10 位、12 位、14 位、16 位和 BCD 码输出的 $3\frac{1}{2}$ 位、$4\frac{1}{2}$ 位、$5\frac{1}{2}$ 位等多种。根据其转换原理，常用的 A/D 器件有逐次逼近式 A/D、双积分式 A/D 等。

逐次逼近式 A/D 转换器速度较快，使用方便，但价格相对较高，抗干扰性差。常用的逐次逼近式 A/D 转换器有：8 位单通道 ADC0801～ADC0805 型、8 位 8 通道 ADC0808/0809 型、8 位 16 通道 ADC0816/0817 型，它们的转换时间均为 100 μs。混合集成的高速转换芯片有 12 位的 AD574A，转换时间为 25 μs；12 位的 ADC803，转换时间为 1.5 μs；16 位的 ADC71、ADC76，转换时间为 17 μs 等。有效位数和转换速度越高的 A/D 转换器，其价格也越昂贵。

双积分式 A/D 转换器精度高，抗干扰性好，价格低，但速度慢，转换结果大多以 BCD

码形式输出。转换时间一般大于 40 ms～50 ms。主要有：$3\frac{1}{2}$位精度的 ICL7106/7107/7126 系列，单参考电压，静态七段码输出，可以直接驱动 LED 显示器，国内相同产品有 CH7106、DG7126；$3\frac{1}{2}$位精度的 MCl4433，动态扫描 BCD 码输出，有自动量程控制信号输出，国内相同产品为 5G14433；$4\frac{1}{2}$位精度的 ICL7135，国内相同产品有 5G7135；$5\frac{1}{2}$位的 A/D 器件有 AD7550、AD7555 等。

下面介绍两种常用的 A/D 转换器的工作原理。

### 1. 逐次逼近式 A/D 转换器

图 12-2 所示为逐次逼近式 A/D 转换器的原理框图。这种转换器的工作原理和用天平称量重物一样。在 A/D 转换中，输入模拟电压 $V_I$ 相当于重物，比较器相当于天平，D/A 转换器给出的反馈电压 $V_F$ 相当于试探码的总重量，而逐次逼近寄存器 SAR 相当于称量过程中人的作用。和在称量中从重到轻逐级加砝码进行试探一样，A/D 转换中是从高位到低位依次进行试探比较。这里，逐次逼近寄存器 SAR 起着关键性的控制作用，它应保证试探从高位开始依次进行，并根据比较的结果执行试探位数码的留或舍。

开始转换前，逐次逼近寄存器 SAR 内的数字被清为全 0。转换开始时，先把 SAR 的最高位置 1(其余位仍为 0)，SAR 中的数字经 D/A 转换后给出试探(反馈)电压 $V_F$，该电压被送入比较器中与输入电压 $V_I$ 进行比较。如果 $V_F < V_I$，则所置的 1 被保留，否则被舍掉(复原为 0)。再置次高位为 1，构成的新数字再经 D/A 转换得到新的 $V_F$，该 $V_F$ 再与 $V_I$ 进行比较，又根据比较的结果决定次高位的留或舍。如此试探比较下去，直至定出所有位的留或舍。最后得到转换结果数字输出。

图 12-3 所示为 4 位 A/D 转换过程示意图。每一次的试探(反馈)电压 $V_F$ 如图中粗线段

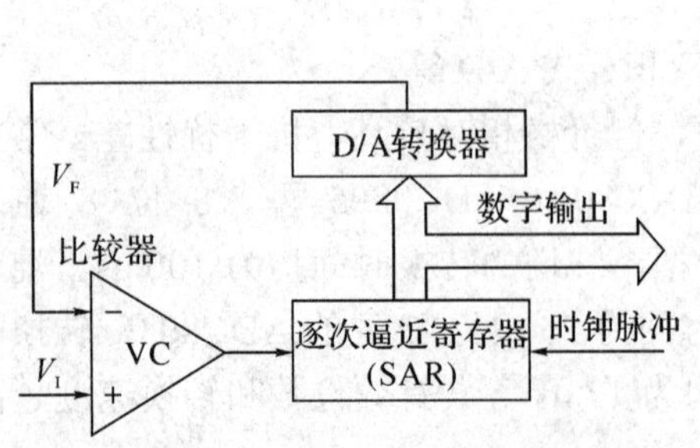


图 12-2　逐次逼近式 A/D 转换器原理框图

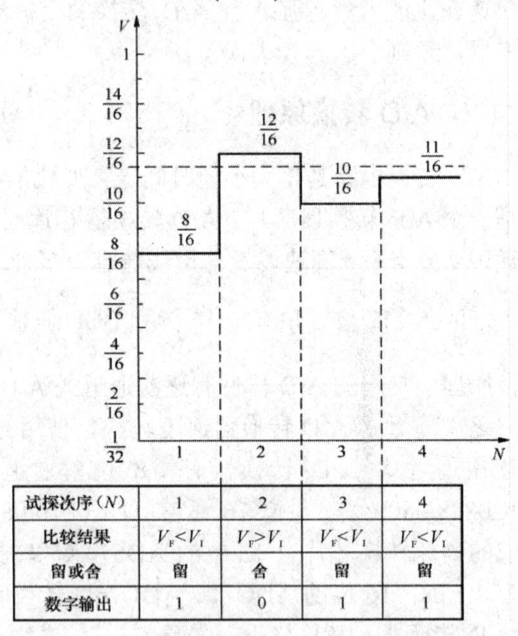


| 试探次序(N) | 1 | 2 | 3 | 4 |
|---|---|---|---|---|
| 比较结果 | $V_F<V_I$ | $V_F>V_I$ | $V_F<V_I$ | $V_F<V_I$ |
| 留或舍 | 留 | 舍 | 留 | 留 |
| 数字输出 | 1 | 0 | 1 | 1 |

图 12-3　逐次逼近式 A/D 转换过程示意图

所示，每次试探结果和数字输出如图中的表所示。为了保证量化误差为 $\pm q/2$，比较器预先调整为当 $V_I = 1/2q$(这里为 1/32)时，数字输出为 0001。

逐次逼近式 A/D 转换器的转换时间是固定的，它取决于位数和时钟周期，适用于变化过程较快的控制系统(每位转换时间为 200 ns～500 ns，12 位需 2.4 μs～6 μs)。其转换精度主要取决于 D/A 转换器和比较器的精度，可达 0.01%。转换结果可以串行输出。

逐次逼近式 A/D 转换器的性能适应大部分的应用场合，是应用最广泛的一种 A/D 转换器(占 90%左右)。

### 2. 双积分式 A/D 转换器

双积分式 A/D 转换器属于间接电压/数字转换器，它把输入电压转换为与其平均值成正比的时间间隔，同时把此时间间隔转变为数字。原理框图如图 12-4 所示，积分器输出波形如图 12-5 所示。其转换过程分采样和比较两个阶段。

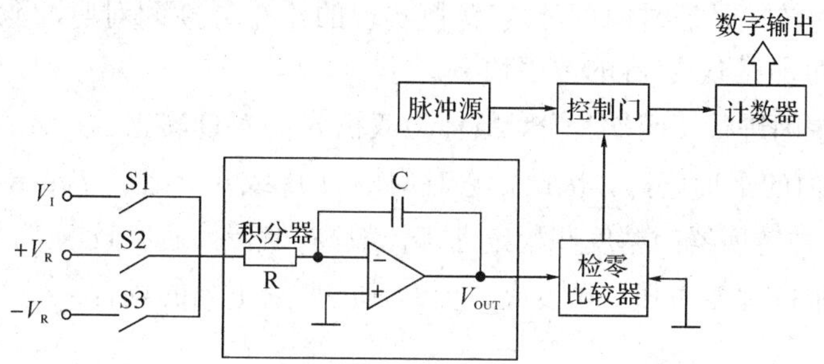


图 12-4　双积分式 A/D 转换器原理框图

在采样阶段中，S1 闭合，积分器从原始状态($V_{OUT} = 0$)对 $V_I$ 进行固定时间($T_1$)的积分。当积分到 $T_1$ 结束时，S1 打开，这时

$$V_{OUT} = -\frac{1}{RC}\int_0^{T_1} V_I \mathrm{d}t = V_A = -\frac{1}{RC}\frac{T_1}{T_1}\int_0^{T_1} V_I \mathrm{d}t$$

这里，$\frac{1}{T_1}\int_0^{T_1} V_I \mathrm{d}t$ 是 $V_I$ 在 $T_1$ 时间间隔内的平均值 $\overline{V_I}$，所以

$$V_{OUT} = -\frac{T_1}{RC}\overline{V_I} = V_A$$

采样阶段结束立即就进入比较阶段。这时 S2(或 S3)闭合，把与 $V_I$ 极性相反的基准电压 $V_R$ 接向积分器，积分器的输出为

$$V_{OUT} = V_A + \left(-\frac{1}{RC}\int_0^t V_R \mathrm{d}t\right) = V_A - \frac{1}{RC}\int_0^t V_R \mathrm{d}t$$

这里，后一项为 $V_R$ 的积分输出，因 $V_R$ 为固定值，所以

$$V_{OUT} = V_A - \frac{1}{RC} V_R \int_0^t \mathrm{d}t$$

当 $t = t_x$ 时，$V_{OUT}$ 恢复到初始状态($V_{OUT} = 0$)，即

$$V_{OUT} = V_A - \frac{V_R}{RC} t_x = 0$$

于是

$$V_A = \frac{V_R}{RC} t_x$$

将 $V_A$ 代入上式 $V_{OUT} = -\frac{T_1}{RC}\overline{V_I} = V_A$ 得

$$t_x = -\frac{T_1}{V_R}\overline{V_I}$$

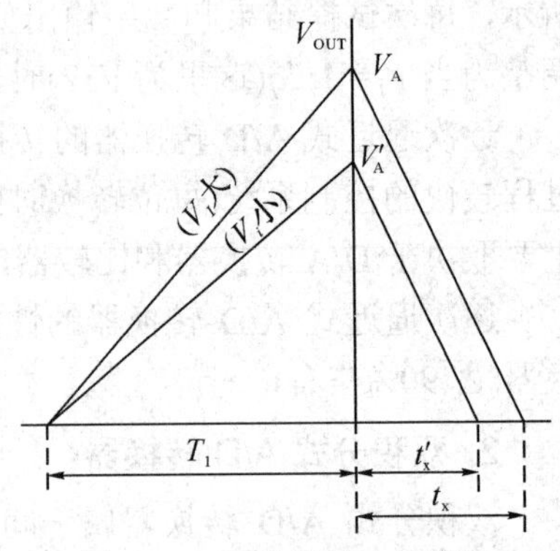

图 12-5　积分器输出波形图

因 $T_1$ 和 $V_R$ 都是固定值，所以 $t_x$ 与 $\overline{V_I}$ 成正比。

输出电压 $V_{OUT}$ 的变化如图 12-5 所示。可见，$V_I$ 大 $V_A$ 也大，从而 $t_x$ 也长。(比较阶段的斜率由 $V_R$ 决定，$V_R$ 不变，斜率也不变)

$t_x$ 到数字量的转换是通过时间/数字转换实现的。在 $t_x$ 期间对脉冲源来的脉冲进行计数，计得的数字量即是代表 $V_I$ 的数字值。

在转换过程中因进行了两次积分，故称为双积分式 A/D 转换器。这种转换器测量的是 $V_I$ 在固定时间 $T_1$ 内的平均值 $\overline{V_I}$，因此，它对周期为 $T_1$ 或几分之一 $T_1$ 的对称干扰具有非常大的抑制能力。这种转换器的精度和稳定性都比较高，但转换速度较慢(为 20 ms 的整倍数)。因此，多用于要求抗扰能力强、精度高，但对速度要求不高的场合。

### 12.1.3　A/D 转换器 ADC0809 的接口

8 位逐次逼近式 A/D 转换器 ADC0809 由结果寄存器、比较器、控制逻辑等部件组成。采用对分搜索逐位比较的方法逐步逼近，利用数字量试探地进行 D/A 转换，再比较判断，从而实现 A/D 转换。$N$ 位逐次逼近式 A/D 转换器最多只需 $N$ 次 D/A 转换、比较判断，就可以完成 A/D 转换。因此，逐次逼近式 A/D 转换速度很快。ADC0809 内部逻辑结构如图 12-6 所示。

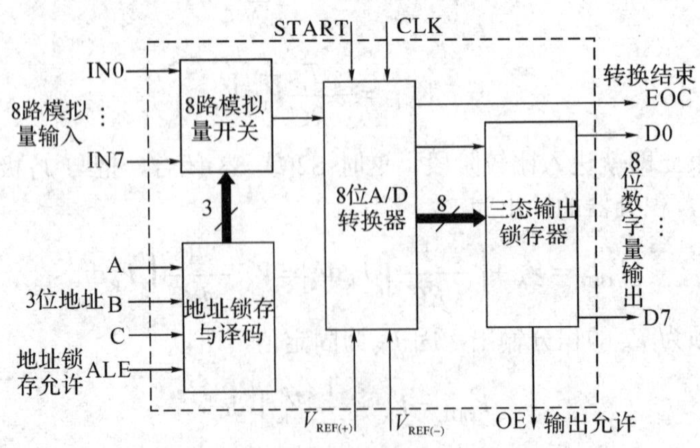

图 12-6　ADC0809 内部逻辑结构图

#### 1. ADC0809 的特点

ADC0809 是 NS(National Semiconductor，美国国家半导体)公司生产的逐次逼近式 A/D

转换器。ADC0809 具有以下特点：

(1) 分辨率为 8 位。

(2) 误差 ±1 LSB，无漏码。

(3) 转换时间为 100 μs(当外部时钟输入频率 $f_{osc}$= 640 kHz 时)。

(4) 很容易与微处理器连接。

(5) 单一电源 +5 V，采用单一电源 +5 V 供电时，量程为 0～5 V。

(6) 无需零位或满量程调整。

(7) 带有锁存控制逻辑的 8 通道多路转换开关，便于选择 8 路中的任一路进行转换。

(8) DIP28 封装。

(9) 使用 5 V 或采用经调整模拟间距的电压基准工作。

(10) 带锁存器的三态数据输出。

### 2. ADC0809 引脚功能

ADC0809 为 DIP28 封装，芯片引脚排列如图 12-7 所示。

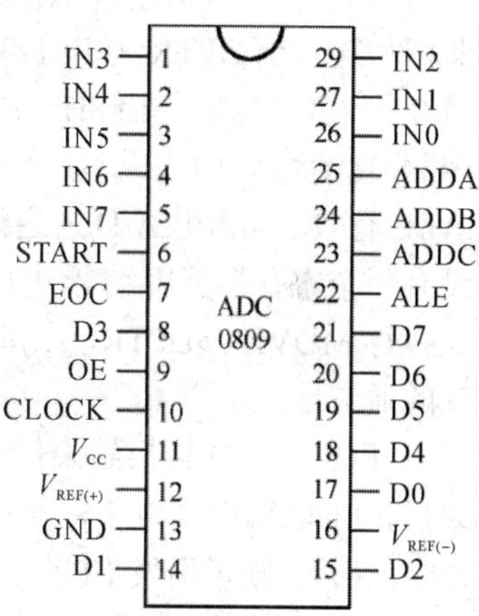

图 12-7　ADC0809 引脚图

引脚的功能及含义如下：

- IN0～IN7：8 路模拟信号输入。
- ADDA、ADDB、ADDC：3 位地址码输入。8 路模拟信号转换选择由 A、B、C 决定。A 为低位，C 为高位，与低 8 位地址中 A0～A2 连接。由 A0～A2 地址 000～111 选择 IN0～IN7 8 路 A/D 通道。如表 12-1 所示。

**表 12-1　ADC0809 通道选择**

| C　B　A | 被选通的通道 |
|---|---|
| 0　0　0 | IN0 |
| 0　0　1 | IN1 |
| 0　1　0 | IN2 |
| 0　1　1 | IN3 |
| 1　0　0 | IN4 |
| 1　0　1 | IN5 |
| 1　1　0 | IN6 |
| 1　1　1 | IN7 |

- CLK：外部时钟输入。时钟频率高，A/D 转换速度快。允许范围为 10 kHz～1280 kHz，典型值为 640 kHz，此时 A/D 转换时间为 100 μs。通常由 8051 ALE 直接或分频后与 0809 CLK 相连接。当 8051 无读写外 RAM 操作时，ALE 信号固定为 CPU 时钟频率的 1/6，若晶振为 6 MHz，则 1/6 为 1 MHz 时，A/D 转换时间为 64 μs。
- D0～D7：数字量输出。

• OE：A/D 转换结果输出允许控制。当 OE 为高电平时，允许将 A/D 转换结果从 D0～D7 输出。通常由 8051 的 $\overline{RD}$ 与 0809 片选端(例如 P2.0)通过或非门与 0809 OE 相连接。当 DPTR 为 FEFFH，且执行 MOVX　A，@DPTR 指令后，$\overline{RD}$ 和 P2.0 均有效，或非后产生高电平，使 0809 OE 有效，0809 将 A/D 转换结果送入数据总线 P0 口，CPU 再读入 A 中。

• ALE：地址锁存允许信号输入。0809 可依次转换 8 路模拟信号，8 路模拟信号的通道地址由 0809 的 ADDA、B、C 端输入，0809 ALE 信号有效时将当前转换的通道地址锁存。(注意 0809 ALE 与 8051 ALE 的区别)

• START：启动 A/D 转换信号输入。当 START 输入一个正脉冲时，立即启动 0809 进行 A/D 转换。START 与 ALE 连在一起，由 8051 的 $\overline{WR}$ 与 0809 片选端(例如 P2.0)通过或非门相连，当 DPTR 为 FEF8H 时，执行 MOVX @DPTR，A 指令后，将启动 0809 模拟通道 0 的 A/D 转换。FEF8H～FEFFH 分别为 8 路模拟输入通道的地址。执行 MOVX 写指令，并非真的将 A 中内容写进 0809，而是产生 $\overline{WR}$ 信号和 P2.0 有效，从而使 0809 的 START 和 ALE 有效，且输出 A/D 通道地址 A0～A2。事实上，也无法将 A 中内容写进 0809，0809 中没有一个寄存器能容纳 A 中内容，0809 的输入通道是 IN0～IN7，输出通道是 D0～D7。因此执行 MOVX @DPTR，A 指令与 A 中内容无关，但 DPTR 地址应指向片选地址和当前 A/D 的通道地址。

• EOC：A/D 转换结束信号输出。当启动 0809 A/D 转换后，EOC 输出低电平；转换结束后，EOC 输出高电平，表示可以读取 A/D 转换结果。该信号取反后，若与 8051 $\overline{INT0}$ 或 $\overline{INT1}$ 连接，则可引发 CPU 中断，在中断服务程序中读取 A/D 转换的数字信号。若 8051 两个中断源已用完，则 EOC 也可与 P1 口或 P3 口的任一条端线相连，采用查询方式，查得 EOC 为高电平后，再读 A/D 转换值。

• $V_{REF}(+)$、$V_{REF}(-)$：正、负基准电压输入端。基准电压的典型值为 +5 V，可与电源电压(+5 V)相连，但电源电压往往有一定波动，将影响 A/D 精度。因此，精度要求较高时，可用高稳定度基准电源输入。当模拟信号电压较低时，基准电压也可取低于 5 V 的数值。

• $V_{CC}$：正电源电压(+5 V)。

• GND：接地端。

### 3. 接口电路

ADC0809 典型应用如图 12-8 所示。由于 ADC0809 输出含三态锁存，所以，其数据输出可以直接连接 8051 的数据总线 P0 口(无三态锁存的芯片是不允许直接连数据总线的)。可通过外部中断或查询方式读取 A/D 转换结果。

写 P2.7 口有两个作用：其一，写 P2.7 口脉冲的上升沿使 ALE 信号有效，将送入 C、B、A 的低 3 位地址 A2、A1、A0 锁存，并由此选通 IN0～IN7 中的一路进行转换；其二，写 P2.7 口脉冲的下降沿，清除逐次逼近寄存器，启动 A/D 转换。

读 P2.7 口时(C、B、A 低 3 位地址已无任何意义)，OE 信号有效，保存 A/D 转换结果的输出三态锁存器的“门”打开，将数据送到数据总线。注意：只有在 EOC 信号有效后，读 P2.7 口才有意义。

CLK 时钟输入信号频率的典型值为 640 kHz。鉴于 640 kHz 频率的获取比较复杂，在工程实际中多采用在 8051 的 ALE 信号的基础上分频的方法。例如，当单片机的 $f_{osc}$=6

MHz 时，ALE 上的频率大约为 1 MHz，经 2 分频之后为 500 kHz，使用该频率信号作为 ADC0809 的时钟，基本上可以满足要求。该处理方法与使用精确的 640 kHz 时钟输入相比，仅仅是转换时间比典型的 100 μs 略长一些(ADC0809 转换需要 64 个 CLK 时钟周期)。

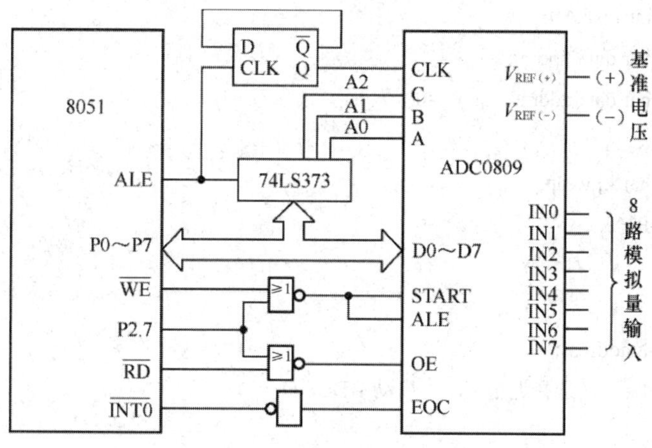


图 12-8　ADC0809 典型应用

## 12.1.4　ADC0809 与单片机的接口电路编程

ADC0809 与单片机 8051 的接口电路如图 12-9 所示。

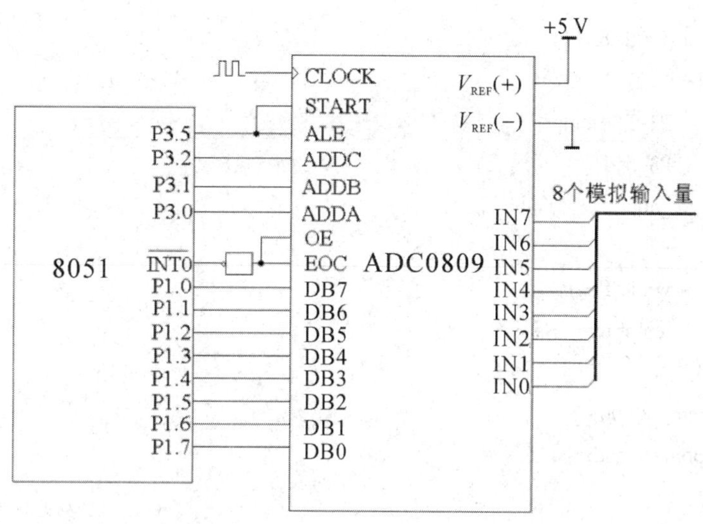


图 12-9　ADC0809 与单片机的接口电路

【例 12-1】 利用图 12-9 电路图，编写 A/D 转换程序，要求对 8 路模拟输入量不断循环采样，并把采样的结果存放在 RAM 内的 40H～47H 区域中，新数据替换原数据。

**解答过程：**

8 路模拟量选择(A、B、C)由 P3.0、P3.1、P3.2 控制；A/D 转换器启动(ALE、START)由 P3.5 控制；采用中断方式读入数据，数据允许输入 OE 与 ADC0809 转换结束标志 EOC 连在一起，并通过反相器接 8051 的 $\overline{\text{INT0}}$。

C51 程序如下：

```
#include <reg51.h>
#include <absacc.h>
#include <intrins.h>
unsigned char data *point;
unsigned char data address_at_0x40;
bit   falg=1;
unsigned char i,j,temp;
sbit P3_5=P3^5;
main()
{
    point =&address;
    P3=0xd8;    //选择通道 0，不启动 ADC809
    EA=1;
    EX0=1;
    IT0=1;
    temp=0x00;
    while(1)
    {
        for (i=0;i<8;i++)
        {
            P3=P3+temp;
            P3_5=1;
            _nop_;
            P3_5=0;
            while(flag);
            temp=temp+1;
        }
        temp=0x00;
        point=&address;
    }
}
void int0 (void ) interrupt   0   using   1
{
    flag=0;
    for (j=0;j<10;j++);
    *point =P1;
    *point ++;
}
```

# 12.2　D/A 转换接口电路

D/A 转换是单片机应用系统后向通道的典型接口技术。根据被控装置的特点，一般要求应用系统输出模拟量，如电动执行机构、直流电动机等。但是在单片机内部，对检测数据进行处理后输出的还是数字量，这就需要将数字量通过 D/A 转换成相应的模拟量。

## 12.2.1　D/A 转换器工作原理

D/A 转换器把计算机处理好的数字量转换为模拟量，用以实现对生产过程等控制对象的控制。因数字计算机的输出通常为二进制代码，下面主要讨论由二进制码到模拟量的转换。

D/A 转换器的种类繁多，分类方法也各不相同。按转换方法分，可分为直接转换和间接转换；按转换方式分，可分为并行转换和串行转换；按转换成的模拟量分，可分为数字/电压和数字/轴角等。

D/A 转换器实质上是一种解码器。它的输入量是数字量 $D$ 和模拟基准电压 $V_R$，它的输出是模拟量 $V_A$，输入、输出间的关系可表示为

$$V_A=DV_R$$

这里，$D$ 是小于 1 的二进制数，可表示为

$$D=a_1 2^{-1}+a_2 2^{-2}+\cdots+a_n 2^{-n}=\sum_{i=1}^{n}\frac{a_i}{2^i}$$

其中，$n$ 为数字量的位数，$a_i$ 为第 $i$ 位代码，它为 1 或为 0。D/A 转换器的输出为

$$V_A=DV_R=\frac{a_1}{2^1}V_R+\frac{a_2}{2^2}V_R+\cdots+\frac{a_n}{2^n}V_R=\sum_{i=1}^{n}\frac{a_i}{2^i}V_R$$

从上式可见，D/A 转换器输出电压 $V_A$ 等于代码为 1 的各位所对应的各分模拟电压之和。各种转换器就是根据这一基本原理设计的。

D/A 转换器一般由基准电源、电阻解码网络、运算放大器、缓冲寄存器等部件构成。根据采用的解码网络的不同，可分为多种形式。下面主要介绍几种典型的 D/A 转换器的工作原理。

### 1. 权电阻解码网络 D/A 转换器

这种转换器的电路结构如图 12-10 所示。从结构上讲，这是一种最简明的转换器，它由权电阻解码网络和运算放大器组成。权电阻解码网络是实现 D/A 转换的关键部件。从图 12-10 中可见，解码网络的每一位由一个权电阻和一个双向模拟开关组成，数字量位数增加，开关和电阻的数量也相应地增加。图 12-10 中每个开关的左方标出该位的权，开关右方标出该位的权电阻阻值。每位的阻值和该位的权值是一一对应的，也是按二进制规律排列的，因此称为权电阻。权电阻的排列顺序和权值的排列顺序相反，即随着权值按二进制规律递减，权电阻值按二进制规律递增，以保证流经各位权电阻的电流符合

二进制规律的要求。

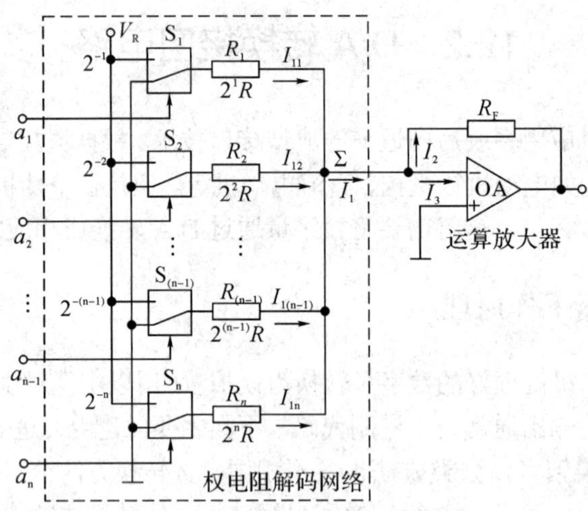


图 12-10　权电阻解码网络 D/A 转换器电路原理图

各位的开关由该位的二进制代码控制，代码 $a_i$ 为 1 时，开关 $S_i$ 上合，相应的权电阻接向基准电压 $V_R$；代码 $a_i$ 为 0 时，开关 $S_i$ 下合，相应的权电阻接地。

运算放大器和电阻解码网络接成比例求和运算电路。从运算放大器工作原理可知，求和点Σ具有接近于地的电位，称为虚地点。因此，当某一位(例如第 $K$ 位)的输入代码为 1，相应开关 $S_K$ 合向 $V_R$ 时，通过该位权电阻 $R_K$ 流向求和点的电流为 $I_{1K}=\frac{V_R}{R_K}$；当某位代码为 0 时，相应开关合向地，没有电流通过相应权电阻流向求和点。推广到一般情况，如以 $a_i$ 代表第 $i$ 位代码，它可为 1 或 0，则 $I_{1i}$ 可表示为

$$I_{1i}=a_i\frac{V_R}{R_i}$$

权电阻网络流向求和点的电流 $I_1$ 为各位所对应的分电流之和，即

$$I_1=I_{11}+I_{12}+\cdots+I_{1n}=\sum_{i=1}^{n}I_{1i}$$

流过反馈电阻 $R_F$ 的电流为

$$I_2=-\frac{V_{OUT}}{R_F}$$

因运算放大器的开环输入阻抗极高，可以认为 $I_3=0$，因此 $I_1=I_2$，将 $I_1$、$I_2$ 值代入得

$$V_{OUT}=-\sum_{i=1}^{n}\frac{a_i}{2^i}\frac{R_F}{R}V_R=-D\frac{R_F}{R}V_R$$

由此可知，流入求和点的电流是由代码为 1 的那些位提供的，转换器的输出电压 $V_{OUT}$ 正比于数字量 $D$，负号表示输出电压的极性与基准电压 $V_R$ 的极性相反，$R_F$ 为反馈电阻，调整它可以改变输出电压的范围。

### 2. T 型电阻解码网络 D/A 转换器

T 型电阻解码网络 D/A 转换器有电压相加型和电流相加型两种，图 12-11 所示是集成

D/A 中广泛采用的电流相加型 D/A 的电路结构。从图 12-11 中可见，网络只有 $R$ 和 $2R$ 两种电阻，各结点电阻都接成 T 形，故称为 T 型电阻解码网络。各位的双向开关也是由各位代码控制。当输入数字量某位代码 $a_i$ 为 1 时，开关 $S_i$ 上合，接运算放大器求和点(虚地点)；当输入代码 $a_i$ 为 0 时，开关下合接地。因此，不论开关是上合还是下合，网络中各支路的电流是不变的。从电阻网络各结点向右看的电阻和向下看的等效电阻都是 $2R$，经结点向右和向下流的电流一样，向下每经过一个结点就进行一次对等分流。因此，网络实际上是一个按二进制规律分流的分流器(从电压角度看，各结点电压依次递减 1/2)。整个网络的等效输入电阻为 $R$，$V_R$ 供出的总电流为

$$I = \frac{V_R}{R}$$

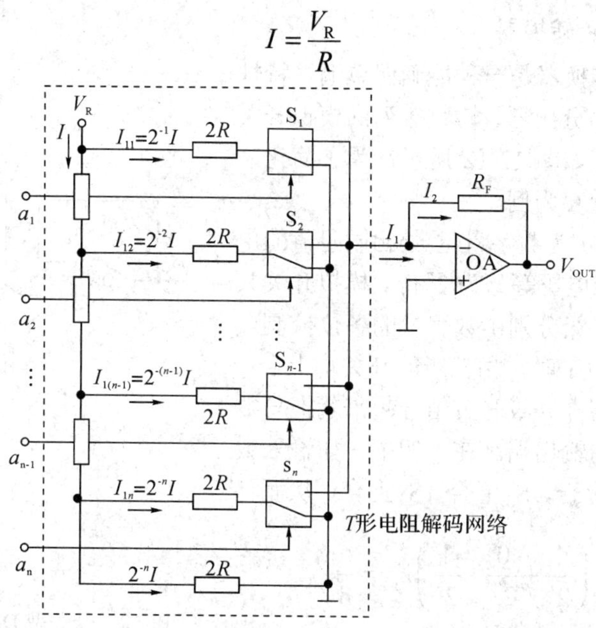


图 12-11　T 型电阻解码网络 D/A 转换器电路原理图

经 $2R$ 电阻流向开关的各分电流为

$$I_{11} = \frac{I}{2^1} = \frac{V_R}{2^1 R}$$

$$I_{12} = \frac{I}{2^2} = \frac{V_R}{2^2 R}$$

$$\vdots$$

$$I_{1n} = \frac{I}{2^n} = \frac{V_R}{2^n R}$$

这些电流是流向求和点还是流向地，由开关是上合还是下合决定，也就是由数字量各位的代码 $a_i$ 是 1 还是 0 决定。因此，流向求和点的电流 $I_1$ 由下式确定

$$I_1 = a_1 I_{11} + a_2 I_{12} + \cdots + a_n I_{1n} = \sum_{i=1}^{n} \frac{a_i}{2^i R} V_R$$

和分析权电阻网络 D/A 转换器时一样，因 $I_2 = -\frac{V_{OUT}}{R_F} = I_1$，所以

$$V_{OUT}=-I_1R_F=-\sum_{i=1}^{n}\frac{a_i}{2^i}\frac{R_F}{R}V_R=-D\frac{R_F}{R}V_R$$

结果和权电阻解码网络 D/A 转换器一样。

权电阻解码网络中，各位电阻阻值是按二进制规律递变的，最高位和最低位阻值相差极悬殊。例如，12 位时，相差近 $2^{11}=2048$ 倍。由于阻值分散和悬殊，给制造工艺带来很大困难，很难保证精度，特别是在集成 D/A 中尤为突出。因此在集成 D/A 中，一般都采用 T 型电阻解码网络。

### 3. 开关树型 D/A 转换器

开关树型D/A转换器是一种能确保单调性特性的 D/A 转换器。它由分压器、树状排列的模拟开关和运算放大器组成。如图 12-12 所示，为了简化，图 12-12 中以 3 位 D/A 为例。

分压器由 $2^n$ 个($n$ 为数字量位数)相同阻值的电阻串联构成，把基准电压等分为 $2^n$ 份。模拟开关共有 $n$ 级形成树状，$n$ 级分别由数字量的各位控制。数字量某位代码 $a_i$ 为 1 时，相应级的开关均上合；为 0 时，均下合。这样 $n$ 级开关结合起来就把与数字量相应的电压引向输出端。在本例中，如输入数字为 101 时，则 $S_1$ 上合，$S_2$ 下合，$S_3$ 上合，从而将

$$V=\sum_{i=1}^{n}\frac{a_i}{2^i}V_R=\left(\frac{1}{2^1}+\frac{0}{2^2}+\frac{1}{2^3}\right)V_R=\frac{5}{8}V_R$$

引向开关树输出端。开关树接运算放大器，运算放大器接成跟随器形式，这样既能保持树状开关输出电压的大小的极性，又可减小负载对转换特性的影响。

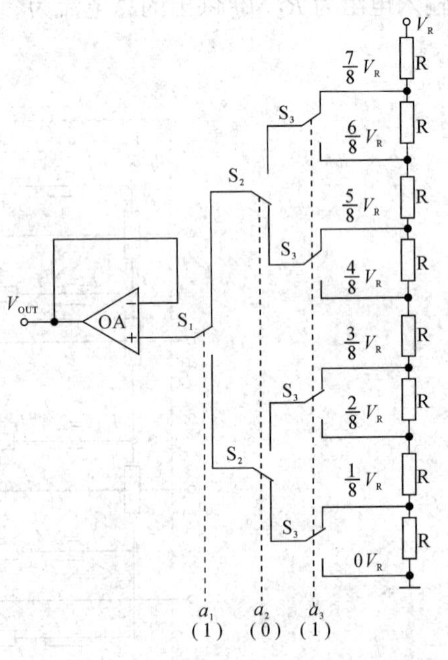


图 12-12　开关型 D/A 转换器电路原理图

## 12.2.2　D/A 转换器的技术性能指标

D/A 转换器的技术性指标如下：

(1) 分辨率。分辨率是 D/A 转换器对输入量变化敏感程度的描述，与输入数字量的位数有关。如果数字量的位数为 $n$，则 D/A 转换器的分辨率为 $1/2^n$。例如，8 位数的分辨率为 1/256，10 位数的分辨率为 1/1024。因此，数字量位数越多，分辨率也就越高，即转换器对输入量变化的敏感程度也就越高。

(2) 输入编码形式。输入编码形式有二进制码、BCD 码等。

(3) 转换线性。转换线性通常给出在一定温度下的最大非线性度，一般为 0.01%～0.03%。

(4) 输出形式。常用的输出有电压输出和电流输出两种形式。电压型输出，一般为 5 V～10 V，也有高压型输出，为 24 V～30 V；电流型输出，一般为 20 mA 左右，高者可达 3 A。

(5) 转换时间。转换时间是描述 D/A 转换速度快慢的一个参数，指从输入数字量变化到输出达到终值误差 ±1/2LSB(最低有效位)时所需的时间。输出形式为电流时，转换时间较短；输出形式为电压时，由于转换时间还要加上运算放大器的延迟时间，因此转换时间要长一些，转换时间通常为几十纳秒至几微秒。

(6) 接口形式。通常根据 D/A 转换器是否内置数据锁存器可将接口形式分为两类。带锁存器的 D/A 转换器，对来自单片机的转换数据可以保存，因此，可直接挂接在数据总线上接收转换数据。对于不带锁存器的 D/A 转换器，除可直接挂接在并行 I/O 口上外，也可外加锁存器后挂接到数据总线上。

(7) 温度系数。以上各项性能指标一般是在环境温度为 25℃下测定的。环境温度的变化会对 D/A 转换精度产生影响，这一影响分别用失调温度系数、增益温度系数和微分非线性温度系数来表示。这些系数的含义是环境温度变化 1℃时该项误差的相对变化率。

### 12.2.3　典型 D/A 转换器芯片 DAC0832

DAC0832 是一个 8 位 D/A 转换器，单电源供电，工作电源范围为 5 V～15 V。基准电压范围为±10 V；转换时间为 1 μs；CMOS 工艺，功耗为 20 mW。

#### 1. DAC0832 引脚功能

DAC0832 转换器芯片为 20 引脚，双列直插式封装，DAC0832 内部结构框图如图 12-13 所示，其引脚排列图如图 12-14 所示。

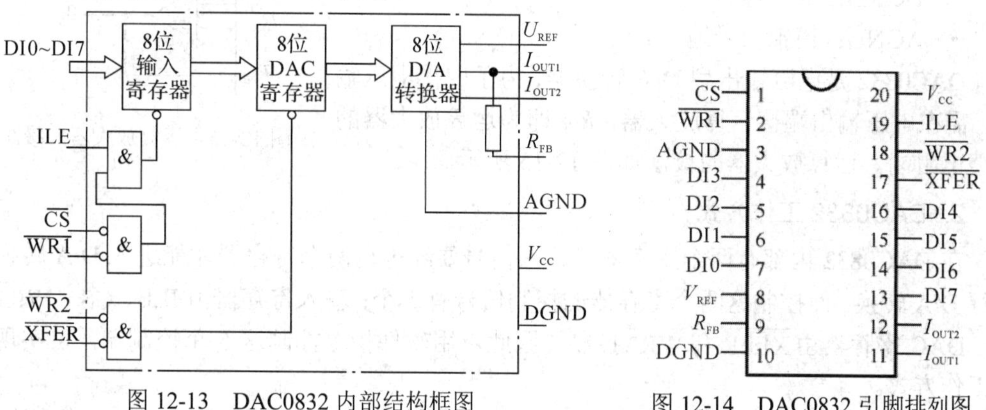


图 12-13　DAC0832 内部结构框图　　图 12-14　DAC0832 引脚排列图

该转换器由输入寄存器和 DAC 寄存器构成两级数据输入锁存。使用时，数据输入可以采用两级锁存(双锁存)形式，或单级锁存(一级锁存，一级直通)形式，或直接输入(两级直通)形式。

此外，由 3 个与门电路组成寄存器输出控制逻辑电路，该逻辑电路的功能是进行数据锁存控制，当 LE = 0 时，输入数据被锁存；当 LE = 1 时，锁存器的输出跟随输入的数据，形成直接输入。

DAC0832 转换器能实现 8 位数据的转换，其各引脚信号的功能说明如下：

- $\overline{CS}$：片选信号，低电平有效。与 ILE 相配合，可对写信号 $\overline{WR1}$ 是否有效起到控制作用。
- ILE：允许输入锁存信号，高电平有效。输入寄存器的锁存信号由 ILE、$\overline{CS}$、$\overline{WR1}$

的逻辑组合产生。当 ILE 为高电平、$\overline{CS}$为低电平、$\overline{WR1}$输入负脉冲时，为输入寄存器直通方式；当 ILE 为高电平、$\overline{CS}$为低电平、$\overline{WR1}$为高电平时，为输入寄存器锁存方式。

· $\overline{WR1}$：输入寄存器写信号，低电平有效。当$\overline{WR1}$、$\overline{CS}$、ILE 均有效时，可将数据写入 8 位输入寄存器。

· $\overline{WR2}$：写信号 2，低电平有效。当$\overline{WR2}$有效时，在$\overline{XFER}$传送控制信号作用下，可将锁存在输入寄存器的 8 位数据送到 DAC 寄存器。

· $\overline{XFER}$：数据传送信号，低电平有效。$\overline{XFER}$和$\overline{WR2}$两个信号控制 DAC 寄存器是数据直通方式还是数据锁存方式，当$\overline{XFER}=0$和$\overline{WR2}=0$时，为 DAC 寄存器为直通方式；当$\overline{WR2}=1$或$\overline{XFER}=1$时，DAC 寄存器为锁存方式。

· $V_{REF}$：基准电源输入，极限电压为±25 V。

· DI0～DI7：8 位数字量输入，DI7 为最高位，DI0 为最低位。

· $I_{OUT1}$：DAC 的电流输出 1，当 DAC 寄存器各位为 1 时，输出电流为最大。当 DAC 寄存器各位为 0 时，输出电流为 0。

· $I_{OUT2}$：DAC 的电流输出 2，它使 $I_{OUT1}+I_{OUT2}$ 恒为一常数。一般在单极性输出时 $I_{OUT2}$ 接地，在双极性输出时接运算放大器。

· $R_{FB}$：反馈电阻。在 DAC0832 芯片内有一个反馈电阻，可用作外部运算放大器的分路反馈电阻。

· $V_{CC}$：电源输入线。

· DGND：数字地。

· AGND：模拟信号地。

DAC0832 是电流输出型 D/A 转换器，为了取得电压输出，需在电压输出端接运算放大器，$R_{FB}$ 即为运算放大器的反馈电阻端。运算放大器的接法如图 12-15 所示。

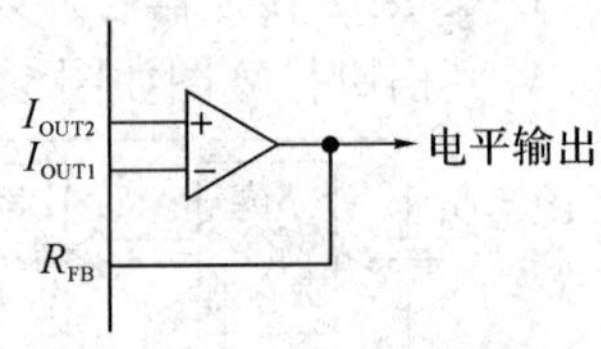


图 12-15 运算放大器的接法

2. DAC0832 工作方式

在 DAC0832 内部有两个寄存器，输入信号要经过这两个寄存器才能进入 D/A 转换器进行 D/A 转换。而控制这两个寄存器的控制信号有 5 个：输入寄存器由 ILE、$\overline{CS}$、$\overline{WR1}$控制；DAC 寄存器由$\overline{XFER}$和$\overline{WR2}$控制。因此，用软件指令控制这 5 个控制端，可实现三种工作方式。

1) 直通工作方式

直通工作方式是将两个寄存器的 5 个控制信号均预先置为有效，两个寄存器都开通，处于数据接收状态，只要数字信号送到 DI0～DI7，就立即进入 D/A 转换器进行转换，这种方式主要用于不带微机的电路中。

2) 单缓冲工作方式

所谓单缓冲方式就是使 DAC0832 的两个输入寄存器中有一个处于直通方式，而另一个处于受控的锁存方式，或者说两个输入寄存器同时受控的方式。在实际应用中，如果只有一路模拟量输出，或虽有几路模拟量但并不要求同步输出的情况，就可采用单缓冲方式。

图 12-16 所示是 DAC0832 单缓冲工作方式与 8051 的连接示意图。图中两个输入寄存器同时受控的连接方法，$\overline{WR1}$和$\overline{WR2}$一起接 8031 的$\overline{WR}$，$\overline{CS}$和$\overline{XFER}$共同连接在 P2.7。

因此两个寄存器的地址相同。

按此电路，8051 对 DAC0832 执行一次写操作，就能使 DAC0832 对输入的数字量进行一次 D/A 转换并输出。

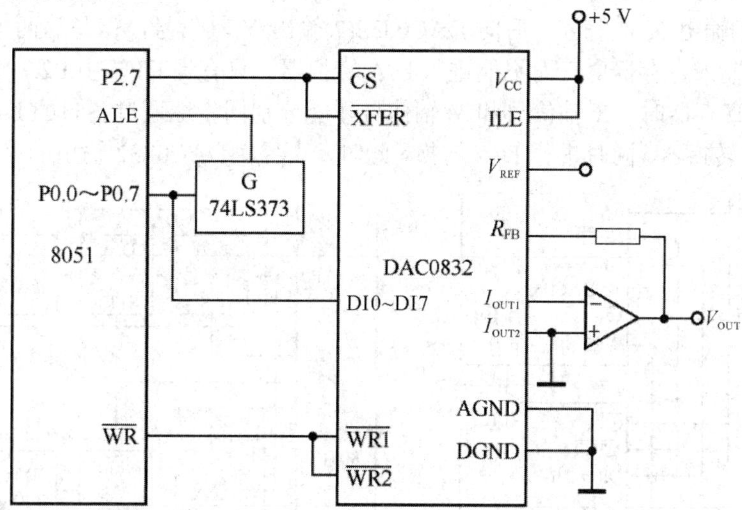


图 12-16　DAC0832 单缓冲工作方式与 8051 的连接

图 12-17 所示是 DAC0832 单缓冲工作方式与 8051 的另一种连接方式。图中 $\overline{\text{WR2}}=0$ 和 $\overline{\text{XFER}}=0$，因此 DAC 寄存器处于直通方式，而输入寄存器处于受控锁存方式，$\overline{\text{WR1}}$ 接 8051 的 $\overline{\text{WR}}$，ILE 接高电平。此外，还应把 $\overline{\text{CS}}$ 接高位地址或译码输出，以便为输入寄存器确定地址。

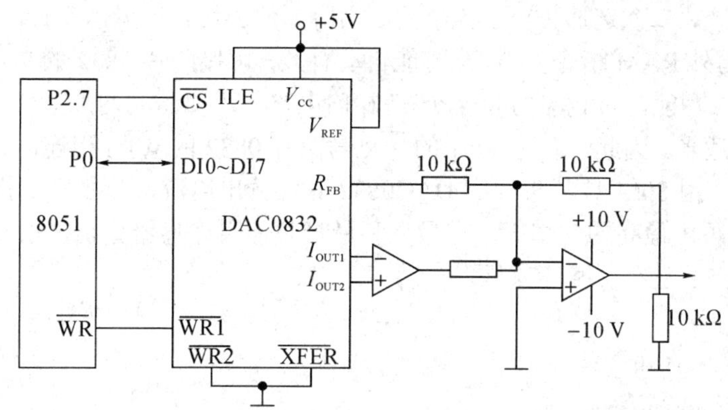


图 12-17　DAC0832 单缓冲工作方式与 8051 另一种连接方式

在许多控制应用中，要求有一个线性增长的电压(锯齿波)来控制检测过程，移动记录笔或移动电子束等。对此可通过在 DAC0832 的输出端接运算放大器，由运算放大器产生锯齿波来实现。图 12-17 中所示的 DAC8032 工作于单缓冲方式，其中输入寄存器受控，而 DAC 寄存器直通。图 12-17 中将 $\overline{\text{CS}}$ 与 8051 的 P2.7 引脚连接，故输入寄存器地址为 7FFFH。

3) 双缓冲工作方式

在多路 D/A 转换情况下，若要求同步输出，必须采用双缓冲工作方式。例如智能示波器，要求同步输出 X 轴信号和 Y 轴信号，若采用单缓冲方式，X 轴信号和 Y 轴信号只能先后输出，不能同步，会形成光点偏移。图 12-18(a)所示为双缓冲工作方式时接口电路，图 12-18(b)所示为该电路的逻辑框图。P2.5 选通 DAC0832(1)的输入寄存器，P2.6 选通 DAC0832(2)的输入寄存器，P2.7 同时选通两片 DAC0832 的 DAC 寄存器。工作时 CPU 先向 DAC0832(1)输出 X 轴信号，后向 DAC0832(2)输出 Y 轴信号，但是这两个信号均只能锁存在各自的输入寄存器内，而不能进入 D/A 转换器。只有当 CPU 由 P2.7 同时选通两片 0832 的 DAC 寄存器时，X 轴信号和 Y 轴信号才能分别同步地通过各自的 DAC 寄存器进入各自的 D/A 转换器，同时进行 D/A 转换，此时，从两片 DAC0832 输出的信号是同步的。

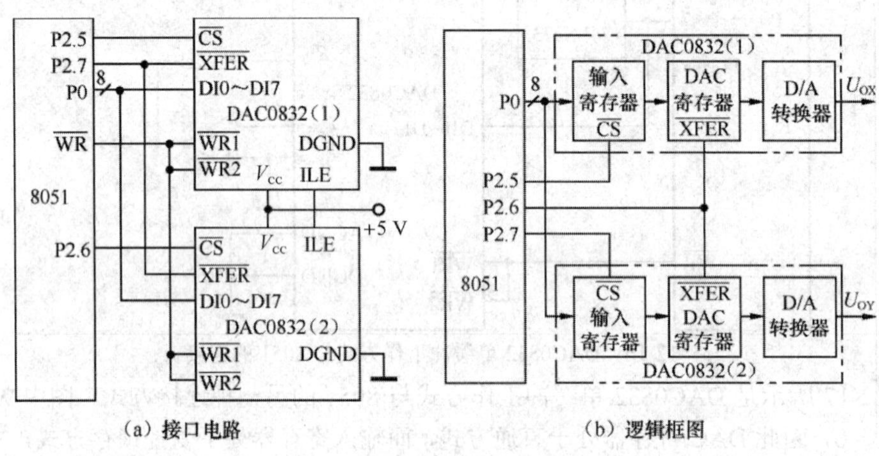


图 12-18　DAC0832 双缓冲工作方式时接口电路

综上所述，3 种工作方式的区别是：直通方式不选通，直接 D/A；单缓冲方式，一次选通；双缓冲方式，二次选通。至于 5 个控制引脚如何应用，可灵活掌握。8051 的 $\overline{WR}$ 信号在 CPU 执行写外 RAM 指令 MOVX 时能自动有效，可接两片 0832 的 $\overline{WR1}$ 和 $\overline{WR2}$，但 $\overline{WR}$ 属 P3 口第二功能，负载能力为 4 个 TTL 门电路，现要驱动两片 0832 共 4 个 $\overline{WR}$ 片选端门，显然不适当。因此，宜用 8051 的 $\overline{WR}$ 与两片 0832 的 $\overline{WR1}$ 相连，$\overline{WR2}$ 分别接地。

**【例 12-2】** 用 8051 单片机控制 DAC0832 芯片输出电流，让发光二极管 VD12 由灭均匀变到最亮，再由最亮均匀熄灭。在最亮和最暗时使用蜂鸣器分别警报一声，完成整个周期时间控制在 5 s 左右，循环变化。

C51 程序如下：

```
#include <reg51.h>
#define uchar unsigned char
#define uint unsigned int
sbit dula = P2^6;            //申明 U1 锁存器的锁存端
sbit wela = P2^7;            //申明 U2 锁存器的锁存端
sbit dawr = P3^6;            //定义 DA 的 WR 端口
sbit dacs = P3^2;            //定义 DA 的 CS 端口
sbit beep = P2^3;            //定义蜂鸣器端口
void delayms(uint xms)
{
    uint i,j;
```

```
    for(i = x; i > 0; i--)          //i = xms，即延时约 x ms
        for(j = 110; j > 0; j--);
}
void main()
{
    uchar val, flag;
    dula = 0;
    wela = 0;
    dacs = 0;
    dawr = 0;
    P0 = 0;
    while(1)
    {
        if(flag == 0)
        {
            val+=5;
            P0 = val;
            if(val == 255)
            {
                flag = 1;
                beep = 0;
                delayms(100);
                beep = 1;
            }
            delayms(50);
        }
        else
        {
            val-=5;
            P0 = val;
            if(val == 0)
            {
                flag = 0;
                beep = 0;
                delayms(100);
                beep = 1;
            }
            delayms(50);
        }
```

```
    }
}
```

分析如下：

(1) 程序一开始，使能 D/A 的片选，接着使能写入端，这时 D/A 就成了直通模式，只需变化数据输入端，D/A 的模拟输出端便紧跟着变化，不过还是要注意变化数据的频率不要太高，不要超过 D/A 转换最高频率，芯片手册上都会有说明，要等 D/A 的一次转换完成后再变化下帧数据方可得到正确的模拟输出。

(2) 标志位的使用在程序中有非常大的用处，尤其在以后编写较大的程序时，灵活运用标志位可使程序编写更加流畅易懂。例 12-2 通过一个标志位 flag 来判断单片机执行灯变亮程序还是变暗程序。

(3) “val+=5”的意义与“val = val +5”相同，“val –=5”的意义与“val= val –5”相同，另外还有如“val*=5”、“val/=5”等。

(4) 关于延时计算，255 共有 51 个 5，每次延时 50 ms，共计 50 × 51 = 2551 ms，忽略蜂鸣器响占用的 100 ms，约为 2.5 s。另外，半周期同样约为 2.5 s，共计约 5 s。

# 12.3 单片机开关量驱动输出接口电路

在单片机控制系统中，常需要用开关量去控制和驱动一些执行元件，如发光二极管、继电器、电磁阀、晶闸管等。但 8051 单片机驱动能力有限，且高电平(拉电流)比低电平(灌电流)驱动电流小。一般情况下，需要加驱动接口电路，且用低电平驱动。

## 12.3.1 发光二极管

发光二极管 LED 具有体积小、抗冲击和抗震性能好、可靠性高、寿命长、工作电压低、功耗小、响应速度快等优点，常用于显示系统的状态、系统中某一功能电路、甚至某一输出引脚的电平状态，如电源指示、停机指示、错误指示等。

将多个 LED 组合在一起，可构成特定字符(文字或数码)的显示器件，如七段 LED 数码管和点阵式 LED 显示器。将发光二极管和光敏晶体管组合在一起，可构成光电耦合器件以及由此衍生出来的固态继电器。因此，了解 LED 发光二极管的性能和使用方法，对单片机控制系统的设计非常必要。

LED 工作电流较大，而 8051 CPU 的 P1～P3 口 I/O 引脚负载能力仅为 4 个 TTL 门电路，一般不能直接驱动 LED 发光二极管。LED 通常用晶体管或驱动 IC 芯片驱动，如图 12-19 所示。

图 12-19(a)所示电路采用 PNP 晶体管驱动，当 P1.x 引脚输出低电平时，晶体管饱和导通，限流电阻 R 与 LED 内阻(几欧姆到几十欧姆)构成了集电极等效电阻 $R_c$。限流电阻 R 的大小由 LED 二极管工作电流 $I_F$ 决定，即 $I_C = I_F = (V_{CC}-V_F-V_{CES})/R$。其中，IC 为集电极电流，$I_F$ 为 LED 工作电流，$V_{CC}$ 为电源电压，$V_{CES}$ 为晶体管饱和压降(一般为 0.1～0.2 V)，$V_F$ 为 LED 导通电压(一般为 1.2 V～2.5 V)。当 $V_{CC}$ = 5 V，$V_F$ 取 2.0 V，$V_{CES}$ 取 0.2 V，$I_F$ 取 15 mA 时，限流电阻 R 大致为 200 Ω。

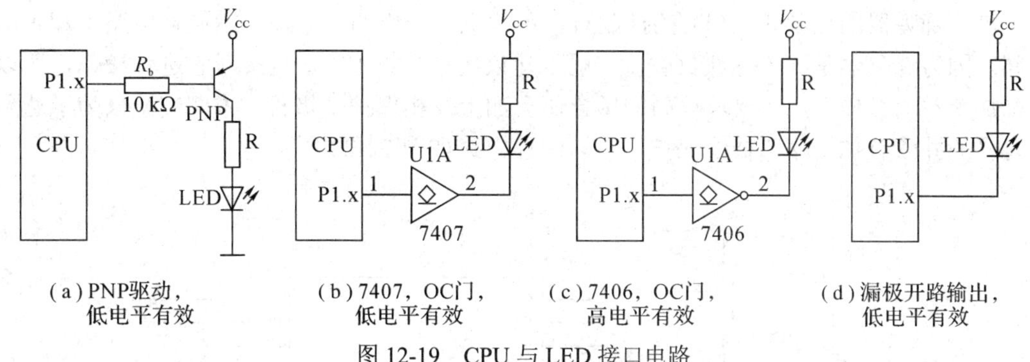


(a) PNP驱动，低电平有效　(b) 7407，OC门，低电平有效　(c) 7406，OC门，高电平有效　(d) 漏极开路输出，低电平有效

图 12-19　CPU 与 LED 接口电路

当 P1.x 引脚输出高电平时，晶体管截止，LED 不亮。值得注意的是，为使 LED 发光时驱动管处于饱和状态，发光二极管 LED 不宜串在发射极。

图 12-19(b)、(c)所示电路是采用集电极开路输出(OC 门)的集成驱动器，如 7407(同相驱动)、7406(反相驱动)，限流电阻 R 与 LED 导通时内阻构成了输出级集电极等效电阻 $R_C$，限流电阻 R 的计算方法与图 12-19(a)相同。在图 12-19(b)中，当 P1.x 引脚输出低电平时，7407 驱动器输出低电平，LED 亮。而在图 12-19(c)中，当 P1.x 引脚输出高电平时，7406 反相器输出低电平，LED 亮，该电路的不足之处是 CPU 复位期间 LED 亮。

对于漏极开路输出的 I/O 口，如增强型 MCS-51 的 P0 口，可直接驱动 1～3 只工作电流不大的小功率 LED 发光二极管，如图 12-19(d)所示。(但必须注意 I/O 引脚电流总和不能大于器件允许值)

## 12.3.2　蜂鸣器

在很多的单片机系统中除了显示器件外经常还有发声器件，最常见的发声器件是蜂鸣器。蜂鸣器一般用于一些要求不高的声音报警及按键操作提示音等场合。蜂鸣器的形状如图 12-20 所示。虽然它有自己的固有频率，但是它也可以被加以不同频率的方波，从而编制一些简单的音乐。蜂鸣器的应用电路如图 12-21 所示。

图 12-20　蜂鸣器实物图

图 12-21　蜂鸣器的应用电路

蜂鸣器和普通扬声器相比，最重要一个特点是只要按照极性要求加上合适的直流电压，就可以发出固有频率的声音，因此使用起来比扬声器简单。由此可知，蜂鸣器的控制和 LED 的控制对单片机而言是没有区别的。

虽然蜂鸣器的控制和 LED 的控制对于单片机是一样的，但在外围硬件电路上却有所不同，因为蜂鸣器是一个感性负载，一般不建议用单片机 I/O 口直接对它进行操作，所以最好加个驱动三极管，在要求较高的场合还会加上反相保护二极管。本例实验只为了达到学习目的并没有加反相二极管保护，具体硬件电路如图 12-22 所示。

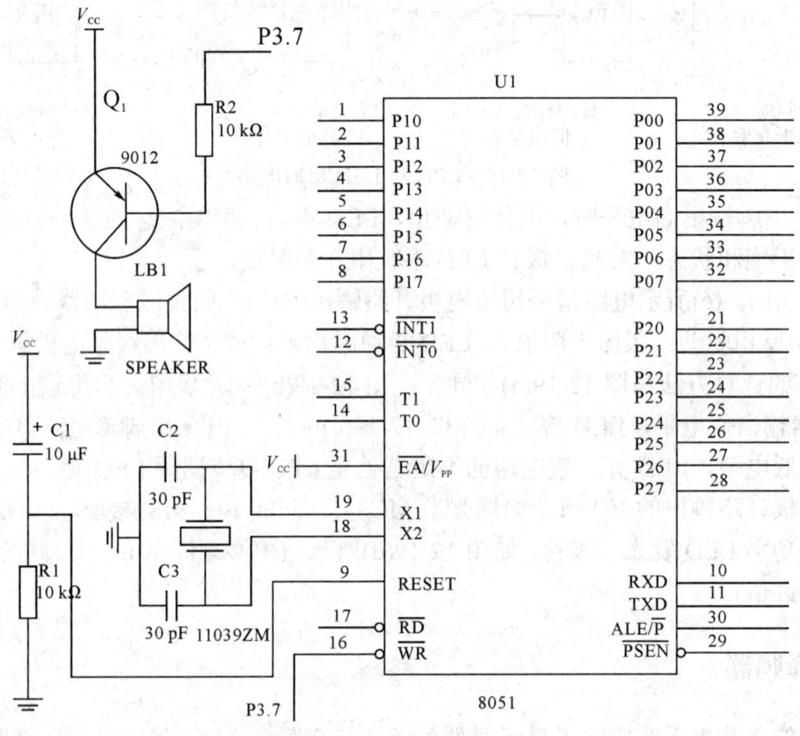

图 12-22　硬件电路图

通过硬件电路图可知，图中三极管用了 PNP 型，所以，要使蜂鸣器发声只要给单片机 P3.7 置低电平就可。

C 语言程序如下：

```
#include <reg51.h>
sbit   BUZZER=P3^7;
void main(void)
{
    BUZZER = 0;
    while(1);
}
```

## 12.3.3　单片机与继电器接口电路

继电器也是单片机控制系统中常用的开关元件，用于控制电路的接通和断开，包括电磁继电器、接触器和干簧管。继电器由线圈及动片、定片组成。线圈未通电(即继电器未吸合)时，与动片接触的触点称为常闭触点，当线圈通电时，与动片接触的触点称为常开触点。

继电器实物如图 12-23 所示。

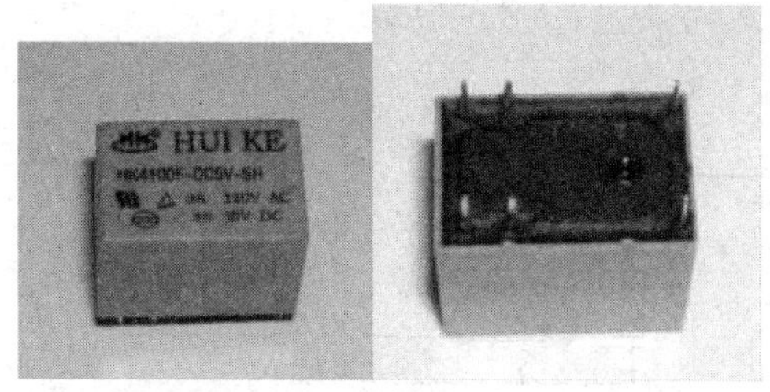


图 12-23　继电器实物图

继电器的工作原理是利用通电线圈产生磁场，吸引继电器内部的衔铁片，使动片离开常闭触点，并与常开触点接触，实现电路的通、断。由于采用触点接触方式，接触电阻小，允许流过触点的电流大(电流大小与触点材料及接触面积有关)。另外，控制线圈与触点完全绝缘，因此，控制回路与输出回路具有很高的绝缘电阻。

根据线圈所加电压类型可将继电器分为两大类，即直流继电器和交流继电器。其中直流继电器的使用最为普及，只要在线圈上施加额定的直流电压，即可使继电器吸合。直流继电器与单片机接口的连接十分方便。

直流继电器的线圈吸合电压以及触点额定电流是直流继电器两个非常重要的参数。例如，对于 6 V 继电器来说，驱动电压必须在 6 V 左右，当驱动电压小于额定吸合电压时，继电器吸合动作缓慢，甚至不能吸合或颤抖，这会影响继电器的寿命或造成被控设备损坏；当驱动电压大于额定吸合电压时，会因线圈过流而损坏。

小型继电器与单片机连接的接口电路如图 12-24 所示，其中二极管 VD 是为了防止继电器断开瞬间引起的高压击穿驱动管。当 P1.0 输出低电平时，7407 输出低电平，驱动管 V1 导通，结果继电器吸合；当 P1.0 输出高电平时，7407 输出高电平，V1 截止，继电器不吸合。在继电器由吸合到断开的瞬间，由于线圈中的电流不能突变，将在线圈产生上负下正的感应电压，使驱动管集电极承受高电压(电源电压 $V_{CC}$+感应电压)，有可能损坏驱动管。因此，必须在继电器线圈两端并接一只续流二极管 VD，使线圈两端的感应电压被钳位在 0.7 V 左右。正常工作时，线圈上的电压上正下负，续流二极管 VD 对电路没有影响。

由于继电器由吸合到断开的瞬间会产生一定的干扰，因此，图 12-24(a)仅适用于吸合电流较小的微型继电器。当继电器吸合电流较大时，在单片机与继电器驱动线圈之间需要增加光耦隔离器件等，如图 12-24(b)所示，其中 R1 是光耦内部 LED 的限流电阻，R2 是驱动管 V1 的基极泄放电阻(防止电路过热造成驱动管误导通，提高电路工作可靠性)，R2 一般取 4.7 kΩ～10 kΩ，太大会失去泄放作用，太小会降低继电器吸合的灵敏度。

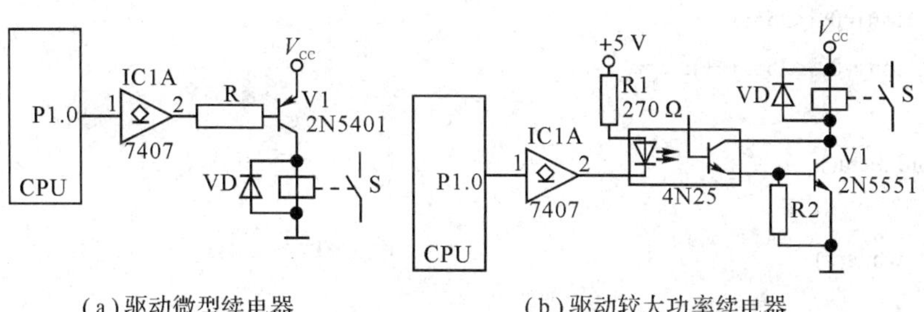


(a) 驱动微型续电器　　　(b) 驱动较大功率续电器

图 12-24　单片机与继电器连接的接口电路

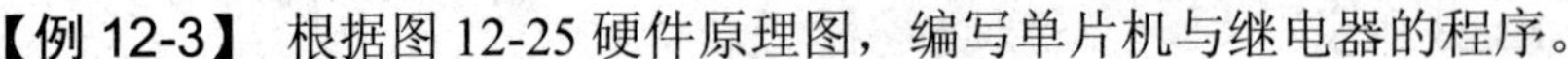

【例 12-3】 根据图 12-25 硬件原理图，编写单片机与继电器的程序。

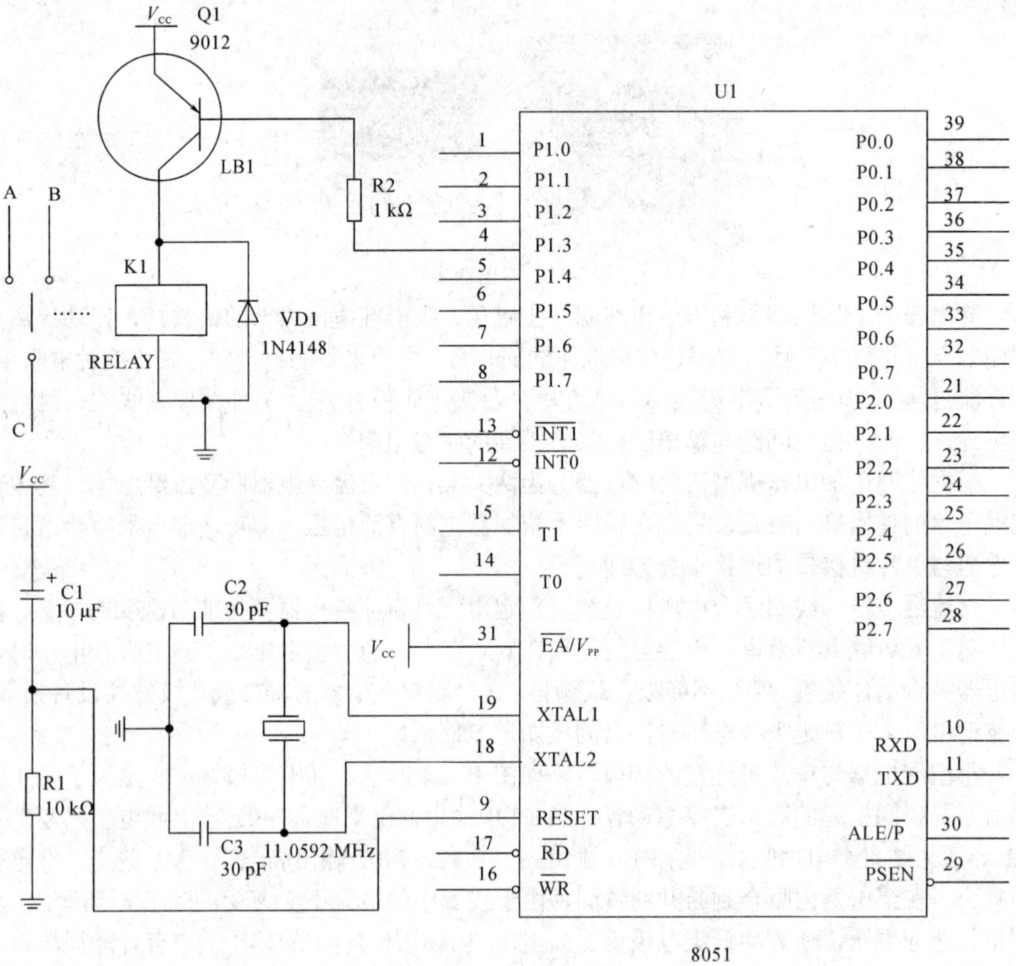

图 12-25　硬件原理图

C51 程序如下：

```
#include <reg51.h>
sbit   RELAY = P1^3;          //位定义继电器为 I/O 口 P1.3
void delay()                  //一个延时函数，具体延长的时间和使用的晶体相关
{
    unsigned char i, j;
    for(i=0; i<255; i++)
    for(j=0; j<255; j++);
}
void main()
{
    while(1)
    {
        RELAY = 0;            //继电器吸合
```

```
            Delay();                    //调用延时程序
            RELAY = 1;                  //继电器释放
            Delay();
        }
    }
```

## 12.3.4　光电隔离接口

单片机控制系统要控制或检测高电压、大电流的信号时，必须采取电气上的隔离，以防止现场强电磁干扰或工频电压干扰通过输出通道反窜到控制系统。信号的隔离，最常用的是光电耦合器，它是一种能有效地隔离噪声和抑制干扰的新型半导体器件，具有体积小、寿命长、无触点、抗干扰能力强、输入/输出之间电绝缘、单向传输信号、逻辑电路易连接等优点。光电耦合器按光接收器件可分为有硅光敏器件(光敏二极管、雪崩型光敏二极管、PIN 光敏二极管、光敏晶体管等)、光敏晶闸管和光敏集成电路。把不同的发光器件和各种光接收器组合起来，就可构成几百个品种系列的光电耦合器。因此，该器件已成为一类独特的半导体器件。其中光敏二极管加放大器类的光电耦合器随着近年来信息处理的数字化、高速化以及仪器的系统化和网络化的发展，其需求量不断增加。图 12-26 所示是常用的晶体管型光电耦合器原理图。

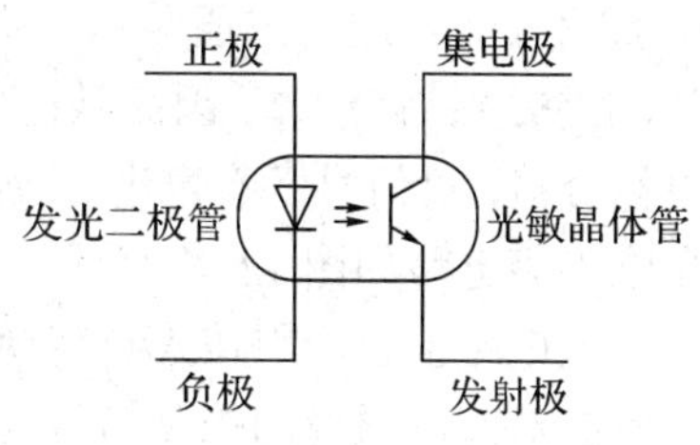


图 12-26　常用的晶体管型光电耦合器原理图

### 1. 光电耦合器基本原理

光电耦合器是以“电—光—电”转换的过程进行工作的。当电信号送入光电耦合器的输入端时，发光二极管通过电流而发光，光敏元件受到光照后产生电流；反之当输入端无信号时，发光二极管不发光，光敏晶体管截止。对于数字量，当输入为高电平 1 时，光敏晶体管饱和导通，输出为低电平 0；当输入为低电平 0 时，光敏晶体管截止，输出为高电平 1；若基极有引出线，则可满足温度补偿、检测调制要求。这种光耦合器性能较好、价格便宜，因而应用广泛。

光电耦合器之所以在传输信号的同时能有效地抑制尖脉冲和各种噪声干扰，使通道上的信号噪声比大为提高，主要有以下几方面的原因：

(1) 光电耦合器的输入阻抗很小，只有几百欧姆，而干扰源的阻抗较大，通常为 $10^5\ \Omega$～$10^6\ \Omega$。据分压原理可知，即使干扰电压的幅度较大，但馈送到光电耦合器输入端的噪声电压会很小，只能形成很微弱的电流，由于没有足够的能量而不能使二极管发光，从而被抑制掉了。

(2) 光电耦合器的输入回路与输出回路之间没有电气联系，也没有共地，它们之间的分布电容极小，而绝缘电阻又很大。因此，回路一边的各种干扰噪声都很难通过光电耦合器馈送到另一边去，避免了共阻抗耦合的干扰信号的产生。

(3) 光电耦合器可起到很好的安全保障作用，即使当外部设备出现故障，甚至输入信号线短接时，也不会损坏仪表。因为光电耦合器件的输入回路和输出回路之间可以承受几千伏的高压。

(4) 光电耦合器的响应速度极快，其响应延迟时间只有 10 μs 左右，适用于对响应速度要求很高的场合。

### 2. 常用光电耦合器件

光电耦合器具有体积小、使用寿命长、工作温度范围宽、抗干扰性能强、无触点且输入与输出在电气上完全隔离等特点，因而在各种电子设备上得到广泛的应用。光电耦合器可用于隔离电路、负载接口、各种家用电器等电路中。常见的光电耦合器件有二极管—晶体管耦合的 4N25、TLP541G；二极管—达林顿管耦合的 4N38、TPL570；二极管—TTL 耦合的 6N137。

### 3. 单片机接口电路中的光电隔离技术的应用

由于现场环境的恶劣，会产生较大的噪声干扰，若这些干扰随输入信号或输出通道串入微机系统将会使控制的准确性降低，产生错误动作。因而常在单片机的输入和输出端使用光电耦合器，对信号及噪声进行隔离。单片机接口电路中典型的光电隔离电路如图 12-27 所示。

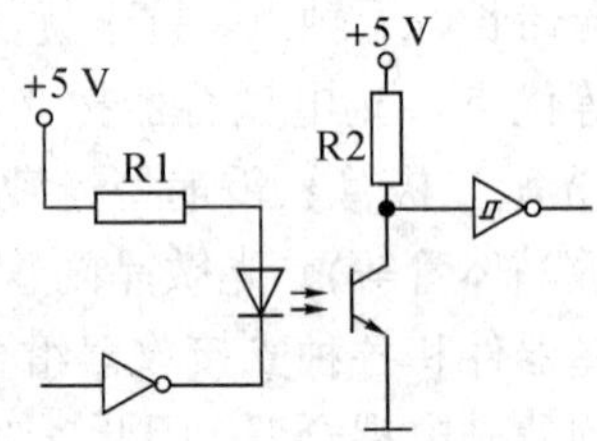

图 12-27　单片机接口中的光电隔离电路

该电路主要应用在 A/D 转换器的数字信号输出，及由 CPU 发出的对前向通道的控制信号与模拟电路的接口处，从而实现在不同系统间信号通路相连的同时，在电气通路上相互隔离，并在此基础上实现将模拟电路和数字电路相互隔离，起到抑制交叉干扰的作用。

对于线性模拟电路通道，要求光电耦合器必须具有能够进行线性变换和传输的特性，或选择对管，采用互补电路以提高线性度，或用 V/P 变换后再用数字隔离光耦进行隔离。

## 12.4　实践训练——简易波形发生器

利用单片机和 D/A 转换器件组成系统，通过程序的控制，实现简易波形发生器，能输出三角波和正弦波。

### 一、设计过程分析

要实现正弦波和三角波输出，就是随着时间变化不断输出模拟信号的指定电压值。

作为单片机来说，其输入和输出的都是数字信号(数字量)。如果需要输出方波信号，可以通过对 I/O 引脚置 1 和清 0 的方式直接从单片机引脚上输出对应的脉冲。

单片机系统要输出模拟量，需要一种特殊的电路将数字信号变换为对应的模拟量。在单片机外围接口电路中，常采用 D/A 转换电路来完成将数字量转换为模拟量。本实践训练选择 8 位 D/A 转换集成电路 DAC0832 作为系统的模数转换设备，输出任务所需要的波形。

在本实践训练中，由于没有较多的任务和外围设备，因而 DAC0832 与单片机连接方式采用直通方式，并用运放将 DAC0832 输出的模拟电流变换为对应的模拟电压。在直通方式中，要求将 DAC0832 对应的控制端 ILE 接高电平，CS、WR1、XFER、WR2 都接地，同时将 DAC0832 的数据端口接在单片机 8051 的 P 口上，就能用 AT89S51 通过程序控制 DAC0832 输出模拟信号。在本训练中，选择 P2 端口作为数据输出端口与 DAC0832 相连，所以，在程序中输出的数据只需要写在 P2 口就行了。

DAC0832 需要使用运放将其电流输出转换为电压输出，本训练没有规定输出信号的幅度和频率，为了方便，将输出确定为正电压输出，幅度为 $V_{CC}$(+5 V)，即将 DAC0832 的 $V_{REF}$ 接至 $V_{CC}$。

为了实现系统的输出波形改变，在电路中增加两个按键，并规定按下 S1 时系统输出三角波，按下 S2 时系统输出正弦波，波形发生电路原理图如图 12-28 所示。

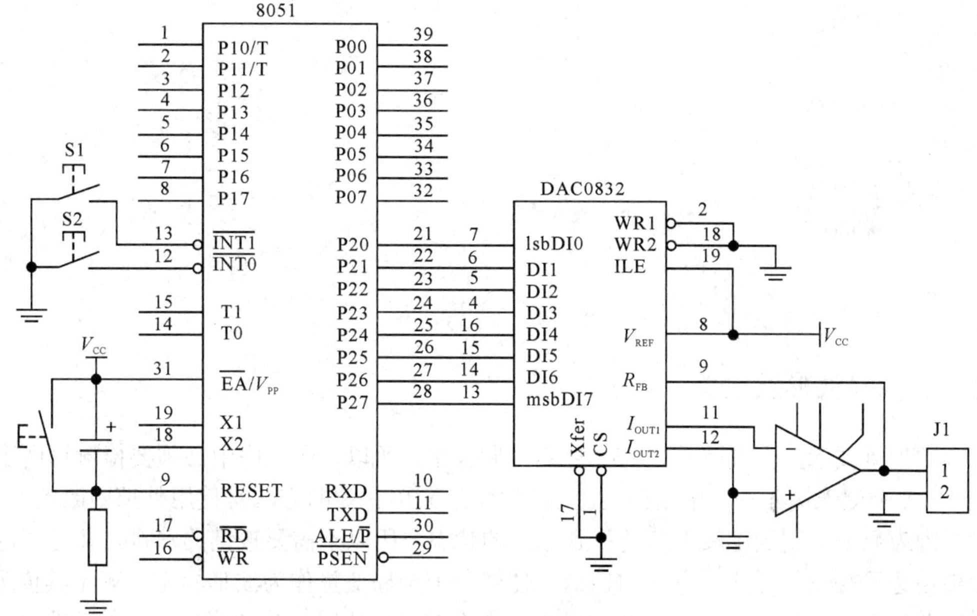


图 12-28　波形发生电路原理图

## 二、输出指定电压

采用 DAC0832 数模转换电路，输出 2.5 V 的模拟电压。

由于 DAC0832 采用了直通方式，所以只需要往其数据端口直接加上数值，就能从 DAC0832 后面的运放输出端得到所需要的模拟电压。由于其输出电压可根据以公式计算得出

$$V_{OUT}=V_{REF}\times\frac{D_{in}}{2^n}=5\text{ V}\times\frac{D_{in}}{256}=D_{in}\times0.0195(\text{V})$$

因而在需要输出某个电压值时按该式求出对应的数字值，通过 P2 端口输出，就可以得到所需的模拟电压。输出 2.5 V 的模拟电压，则需要输出 128 的数值，具体的命令如下：

```
P2=128;
```

为了便于程序的修改和功能的拓展，采用模块化设计，将 DAC0832 的输出封装为一个函数，用形参表示待输出的数值，如下所示：

```
void DAC0832(unsigned char x)
```

```
{
    P2=x;
}
```

输出 2.5 V 的模拟电压，则可以使用命令“DAC0832(128);”实现。

源程序如下：

```
#include <reg51.h>
void DAC0832(unsigned char x)
{
    P2=x;
}
void main()
{
    DAC0832(128);
    while(1)
    {;}
}
```

## 三、简易波形发生器

根据训练要求，由按键 S1 和 S2 分别控制输出，所以，在程序中必须要检测这两个按键。而这两个键连接在外部中断的两个引脚上，最简单有效的方法是使用外部中断的方式。同时，因为只要检测到键按下就转换到相应的状态，所以不需要按键的消抖，并且外部中断应使用边沿触发的方式。方式的切换，使用一个全局变量作为波形标志，规定其值为 1 时为三角波状态，值为 2 时为正弦波状态。在系统初始化时，将波形标志初始化为 0，不输出信号，此时规定输出为零。

对于输出信号的频率，这里只是一个演示程序，设置其输出为 100 Hz，每个周期需要 10 ms，为了方便，将每个周期的输出确定为 250 个点，则每两个不同的输出值之间就相差 40 μs。对于这个固定的时间间隔，程序中采用定时中断完成。为了保证定时的准确，在定时中断服务程序仅置一个标志。在主程序中，当时间标志出现的时候，根据波形标志的不同，输出不同的数值，以完成输出规定的波形。

要使用 DAC0832 输出三角波和正弦波，下面给出 DAC0832 的具体控制程序。

### 1. 三角波的输出

从单片机传输到 DAC 数字量的最小变化量为 1，当输入数字量变化 1 时，模数转换器对应输出的模拟量的大小就是其分辨率，随着数字的增大或减小，模数转换器输出模拟量也随之增大或减小，因而从模数转换器输出的三角波，不是理想的线性变化三角波，只有当电压的变化量很小时，可以看做是线性增长(降低)的。

通过 DAC0832 输出一个周期的三角波程序如下：

```
unsigned char I;
for (i=0; i<250; i++){
```

```
        DAC0832(i);
    }
    for (i=250; i>0; i--){
        DAC0832(i);
    }
```

**2. 正弦波的输出**

与三角波相似，也只能输出近似的正弦波。不同的是，正弦波不能通过计算的方式来获得需要输出的数字量，因为单片机中计算正弦值需要较多的程序代码和计算时间，一般采用查表的方式来获得正弦值。要获得正弦值，只需要将 90～270 度的数字写入表中，通过简单的方法就可得到整个周期的值。下面的例子里，为了方便使用字符型变量，正弦表中的数据是峰值为 254、间隔角度为 1 度的正弦值。

通过 DAC0832 输出正弦波的程序如下：

```
    void out_sin(unsigned int x){ //输出指定角度的正弦值的函数
        unsigned char code sin[]={ 254, 254, 254, 254, 254, 254, 253, 253, 253, 252, 252, 252, 251,
                                   251, 250, 250, 249, 248, 248, 247, 246, 246, 245, 244, 243, 242,
                                   241, 240, 239, 238, 237, 236, 235, 234, 232, 231, 230, 228, 227,
                                   226, 224, 223, 221, 220, 218, 217, 215, 214, 212, 210, 209, 207,
                                   205, 203, 202, 200, 198, 196, 194, 192, 191, 189, 187, 185, 183,
                                   181, 179, 177, 175, 173, 170, 168, 166, 164, 162, 160, 158, 156,
                                   153, 151, 149, 147, 145, 142, 140, 138, 136, 134, 131, 129, 127,
                                   125, 123, 120, 118, 116, 114, 112, 109, 107, 105, 103, 101, 98, 96,
                                   94, 92, 90, 88, 86, 84, 81, 79, 77, 75, 73, 71, 69, 67, 65, 64, 62, 60,
                                   58, 56, 54, 52, 51, 49, 47, 45, 44, 42, 40, 39, 37, 36, 34, 33, 31, 30,
                                   28, 27, 26, 24, 23, 22, 20, 19, 18, 17, 16, 15, 14, 13, 12, 11, 10, 9, 8,
                                   8, 7, 6, 6, 5, 4, 4, 3, 3, 2, 2, 2, 1, 1, 1, 0, 0, 0, 0, 0, 0};
        unsigned char y;
        x=x%360;
        if (x<90) x=90-x;
        else if(x>270) x=450-x;
        else x=x-90;
        y=sin[x];
        DAC0832(y);
    }
```

以下是调用正弦函数的程序：

```
    int k;
    for(k=0; k<360; k++){   // 0～359
        out_sin(k);            //调用函数
    }
```

### 3. 简易波形发生器的程序

```
#include <reg51.h>
unsigned char flag;
bit time;
unsigned char sin(unsigned char x){
    unsigned char code sin_tab[]={125, 128, 131, 134, 138, 141, 144, 147, 150,   153, 156, 159, 162,
                                  165, 168, 171, 174, 177, 180, 182, 185, 188, 191, 193, 196, 198,
                                  201, 203, 206, 208, 211, 213, 215, 217, 219, 221, 223, 225, 227,
                                  229, 231, 232, 234, 235, 237, 238, 239, 241, 242, 243, 244, 245,
                                  246, 246, 247, 248, 248, 249, 249, 250, 250, 250, 250, 250, 250,
                                  250, 250, 249, 249, 248, 248, 247, 246, 246, 245, 244, 243, 242,
                                  241, 239, 238, 237, 235, 234, 232, 231, 229, 227, 225, 223, 221,
                                  219, 217, 215, 213, 211, 208, 206, 203, 201, 198, 196, 193, 191,
                                  188, 185, 182, 180, 177, 174, 171, 168, 165, 162, 159, 156, 153,
                                  150, 147, 144, 141, 138, 134, 131, 128, 125, 122, 119, 116, 112,
                                  109, 106, 103, 100, 97, 94, 91, 88, 85, 82, 79, 76, 73, 70, 68, 65,
                                  62, 59, 57, 54, 52, 49, 47, 44, 42, 39, 37, 35, 33, 31, 29, 27, 25,
                                  23, 21, 19, 18, 16, 15, 13, 12, 11, 9, 8, 7, 6, 5, 4, 4, 3, 2, 2, 1, 1, \
                                  0, 0, 0, 0, 0, 0, 0, 0, 1, 1, 2, 2, 3, 4, 4, 5, 6, 7, 8, 9, 11, 12, 13, 15,
                                  16, 18, 19, 21, 23, 25, 27, 29, 31, 33, 35, 37, 39, 42, 44, 47, 49,
                                  52, 54, 57, 59, 62, 65, 68, 70, 73, 76, 79, 82, 85, 88, 91, 94,
                                  97, 100, 103, 106, 109, 112, 116, 119,
                                  122}; //正弦波一个周期，按 250 个点取值
    return sin_tab[x];  //直接查表，并返回对应的正弦值
}
void DAC0832(unsigned char x)
{   P2=x;
}
void main()
{   unsigned char i;
    TMOD=0X02;
    TH0=256-40;         //晶振为 12 MHz 时，定时为 40 μs
    ET0=1;
    IT0=1;
    IT1=1;
    ET0=1;
    ET1=1;
    EA=1;
    TR0=1;
```

```
        flag=0;
        i=0;
        while(1)
        {   if(time==1)              //时间到了
            {
                time=0;
                if (i>249) i=0;   else i++;     //指向下一个点
                switch(flag)                     //判断标志
                {
                    case 0: DAC0832(0); break;
                    case 1:                      //状态 1：输出三角波
                        if(i>125) DAC0832(250-i);
                        else DAC0832(250-i);
                        break;
                    case 2:                      //状态 2：输出正弦波
                        DAC0832(sin(i));
                        break;
                    default: ;
                }
            }
        }
    }
    void time0() interrupt 1
    {
        time=1;                          //置时间标志
    }
    void int0() interrupt 0
    {
        flag=1;                          //按下 S1，使波形标志为 1，让主程序执行三角波输出
    }
    void int1() interrupt 2
    {
        flag=2;                          //按下 S2，波形标志为 2，输出正弦波
    }
```

### 4. 思考与讨论

(1) 为什么在数模转换之前要执行零位调整？

(2) 是否可以改变为梯形波的波形？

(3) 是否可以进一步做成一个任意功能信号发生器？

# 12.5　实践训练——简易数字电压表

利用单片机和 A/D 转换器组成的系统，测量 0～5 V 的模拟电压，并在数码管上显示出来。

## 一、设计过程分析

本训练是实现模拟电压表，要测量输入的模拟电压，并实现数字显示。

对单片机来说，其输入量和输出量都是数字信号(数字量)，因而需要一种特殊的电路，将输入的模拟量变换为单片机能够识别的数字信号。在单片机外围接口电路中，常采用 A/D 转换电路来完成将模拟量转换为数字量。

在本训练中，采用典型的 8 位并型传输的 A/D 转换芯片作为模数转换器件。因 ADC0809 内部带有输出锁存器，可以与 8051 单片机直接相连。为了更直观地理解 ADC0809 的工作时序，采用普通 I/O 端口控制的方式进行连接，没有采用总线的方式。

作为 ADC0809 的时钟，要求最大不超过 1280 kHz，在单片机系统时钟不高的情况下，可以采用 ALE 作为其时钟来源(ALE 输出脉冲频率为单片机系统频率的 1/6)，由于本系统中采用 12 MHz，超过了 ADC0809 的极限，可以使用硬件分频后作为 ADC0809 的时钟。为了节省硬件，采用软件分频的方式提供合适的频率，也就是使用定时器来完成 ADC0809 的时钟脉冲，电路中使用 P2.7 作为脉冲的输出端。在电路连接时，需要将 P2.7 与 ADC0809 的时钟脉冲引脚相连。

简易电压表电路原理图如图 12-29 所示。其中，数码管段码接 P3 口，位码接 P1 口，用 RP2 分压输出作为测试电压。为了便于计算，基准电压使用 5.12 V，由 TL431 稳压提供。

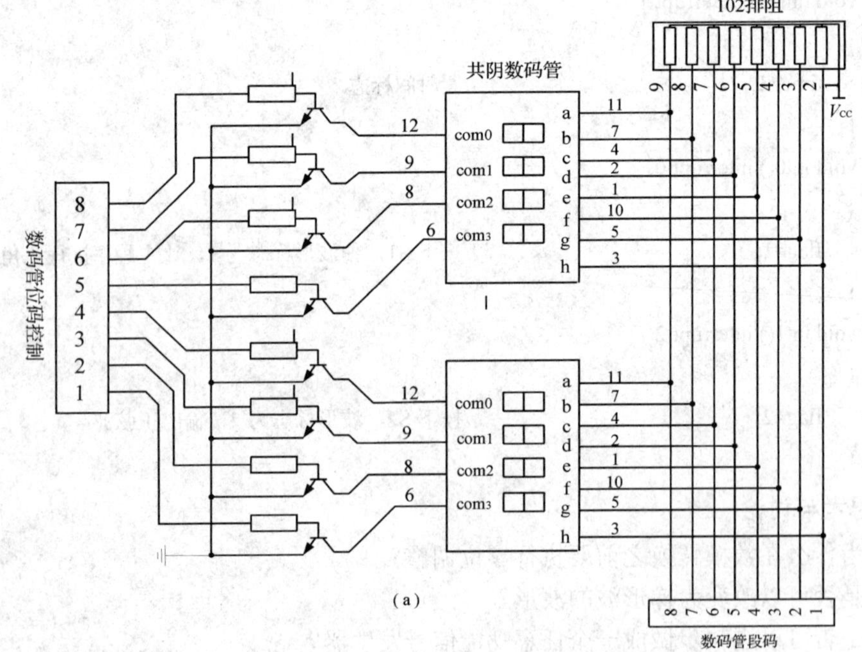


(a)

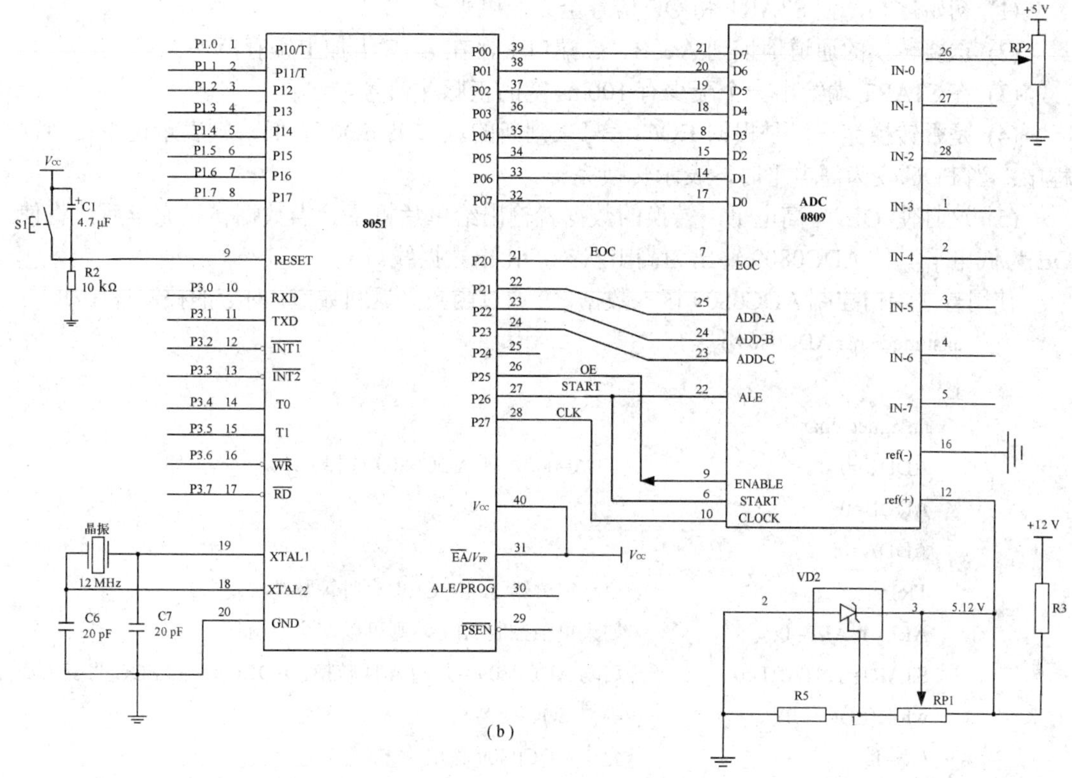


图 12-29　简易电压表电路原理图

## 二、程序设计分析

作为一个电压表，其任务就是将输入的模拟电压值大小对应的数据进行显示，硬件电路已能够将模拟电压转换为单片机可以读取的数字，也就是说，作为软件要完成数据的读入和显示两个部分。

对于显示，采用动态显示程序。为了便于人眼观察，显示的数据不能变化得过于频繁，本任务中的程序将在每秒变化一次数据，因而要求每隔 1 秒读入一次数据，也就是要求控制 ADC0809 每秒转换 1 次。在程序中，1 秒定时采用定时器+软件计数的方法完成，ADC0809 的控制程序也放在定时中断服务程序中，主程序仅完成程序的初始化和动态显示。

### 1. ADC0809 时钟脉冲的产生

作为 ADC0809 的时钟，要求最大不超过 640 kHz，可以采用定时器来完成。在本任务中，采用 T1 来实现，如果采用 AT89S52 等有 T2 的单片机，则可以使用 T2 产生的并从 P1.0 输出的脉冲，效果更好。

由于本训练中采用 12 MHz 的晶振，因而其机器周期为 1 μs，定时器 T1 采用定时为 2 μs，可使用方式 2 完成，在中断程序中将脉冲输出端取反完成脉冲的输出。

### 2. ADC0809 数据的读取

根据 ADC0809 的时序，可以确定 ADC0809 的操作步骤如下：

(1) 初始化时，使 START 和 OE 信号全为低电平。

(2) 送要转换的通道地址到 A、B、C 端口上，在 ALE 上加上锁存脉冲。

(3) 在 START 端给出一个至少有 100 ns 宽的正脉冲信号。

(4) 是否转换完毕，是根据 EOC 信号来判断的。如果 EOC 为低，则表示还在转换过程中；当 EOC 变为高电平时，表示转换完毕。

(5) 这时使 OE 为高电平，转换的数据就输出给单片机了。当数据传送完毕后，将使 OE 为低电平，使 ADC0809 输出为高阻状态，让出数据线。

使用普通端口控制 ADC0809 读入数据，并通过函数名返回数值，对应的控制程序如下：

```
unsigned char ADC0809()
{
    unsigned char d;
    ADDC=0;                    // CBA=000，使 ADC0809 选择 IN0。
    ADDB=0;
    ADDA=0;
    TR1=1;                     //启动定时器 1，使 CLK 有时钟脉冲
    ALE=1; ALE=0;              //如果单独控制 ALE，则可以在这里锁存
    START=1;START=0;           //启动 ADC0809，开始 A/D 转换，ADC0809 的 EOC 将变为低
    while(EOC==0);             //等待 EOC 变为高
    OE=1;                      //允许 ADC0809 输出
    d=data_point;              //读入数据
    OE=0;                      //关闭 ADC0809 输出
    TR1=1;                     //关闭定时器 1，使 CLK 时钟脉冲停止
    return d;                  //返回数据
}
```

### 3. 数据转换程序

ADC0809 使用的基准电压为 5.12 V，根据 A/D 转换的公式，每一个数值代表了 0.02 V，也就是电路的分辨率为 0.02 V。当输入端输入的电压是 0～5 V 时，ADC0809 输出的数据范围将是 0～250。那么在程序中，每次读出 ADC0809 的数据后，需要将读入的数据乘以 0.02 V，变成对应的模拟信号的电压值，然后转换为对应的数字，通过动态显示程序在数码管上显示出来。本数据转换程序的作用是将形参 x 中的数据乘以 0.02 V，将对应的数值的七段码保存到数组 disp 的前三位中，由于数据中只有一位整数和两位小数，所以，在第一位数值的七段码中增加了小数点。

具体的数据转换程序如下：

```
void covert(unsigned char x)
{
    char code dispcode[]={0x3F, 0x06, 0x5B, 0x4F, 0x66, 0x6D, 0x7D, 0x07, 0x7F, 0x6F};
    disp[0]=dispcode[x/50];        //真实电压值为 x 乘以 0.02 V，整数部分就相当于 x 除以 50
    disp[0]=disp[0]+0x80;          //在显示的七段码的基础上，加上小数点
```

```
        x=(x%50)*2;                     //获得小数部分(小数部分乘以 100 的值)
        disp[1]=dispcode[x/10];         //第一位小数
        disp[2]=dispcode[x%10];         //第二位小数
    }
```

### 4. 简易数字电压表的程序

简易数字电压表的程序如下：

```
#include <reg51.h>
#define data_point P0//定义数据读入端口
/*下面定义 ADC0809 的控制引脚*/
sbit EOC=P2^0;
sbit ADDA =P2^1;
sbit ADDB =P2^2;
sbit ADDC =P2^3;
sbit O=P2^5;
sbit START=P2^6;
sbit CLK=P2^7;
/*下面声明全局变量*/
unsigned char disp[3]={0, 0, 0};          //显示数据，保存段码，三位
unsigned char t0count=0;                  //定时用的软件计数变量
/*下面是显示程序*/
void display()
{
    unsigned char i, j, k=0x80;           // k 的初值，指向最前面一位数码管
    for(i=0; i<3; i++)                    //循环三次，显示三位数码
    {
        P1=0;                             //关闭显示
        P3=disp[i];                       //输出一位数据
        P1=k;                             //显示数据
        k>>=1;                            //指向下一个数码管
        for(j=200; j>0; j--);             //延迟一段时间
    }
    P1=0;                                 //关闭显示
}
/*下面是通过 ADC0809 读入数据，并通过函数返回*/
unsigned char ADC0809()
{
    unsigned char d;
    ADDC=0;                               // CBA=000，使 ADC0809 选择 IN0
```

```
    ADDB=0;
    ADDA=0;
    TR1=1;                  //启动定时器 1，使 CLK 有时钟脉冲
    ALE=1; ALE=0;           //如果单独控制 ALE，则可以在这里锁存
    START=1;START=0;        //启动 ADC0809，开始 A/D 转换，ADC0809 的 EOC 将变为低
    while(EOC==0);          //等待 EOC 变为高
    OE=1;                   //允许 ADC0809 输出
    d=data_point;           //读入数据
    OE=0;                   //关闭 ADC0809 输出
    TR1=1;                  //关闭定时器 1，使 CLK 时钟脉冲停止
    return d;               //返回数据
}
void covert(unsigned char x)
{
    char code dispcode[]={0x3F, 0x06, 0x5B, 0x4F, 0x66, 0x6D, 0x7D, 0x07, 0x7F, 0x6F};
    disp[0]=dispcode[x/50];         //真实电压值为 x 乘以 0.02 V，整数部分就相当于 x 除以 50
    disp[0]=disp[0]+0x80;                  // 在显示的七段码的基础上，加上小数点
    x=(x%50)*2;                            //获得小数部分(小数部分乘以 100 的值)
    disp[1]=dispcode[x/10];                //第一位小数
    disp[2]=dispcode[x%10];                //第二位小数
}
void main()
{
    TMOD=0X21;                             //设置定时器 0 为方式 1，定时器 1 为方式 2
    TH0=(65536-10000)/256;                 // T0 设置为 10 ms
    TL0=(65536-10000)%256;
    TH1=256-2;                             // T1 设置为 2 μs
    ET0=1;
    ET1=1;
    EA=1;
    TR0=1;
    OE=0;                                  //这三条是 ADC0809 的初始化命令
    START=0;
    EOC=1;
    while(1)
    {
        display();                         //显示数据
    }
}void time0() interrupt 1
```

```
{
    TH0=(65536-10000)/256;
    TL0=(65536-10000)%256;
    t0count++;
    if (t0count==100)               //是否到 1 秒
    {
        t0count=0;
        covert(ADC0809());          //从 ADC0809 读入数据并转换为显示数据
    }
}
void time1()interrupt 3
{
    CLK=~CLK;                       //构造 ADC0809 的时钟脉冲
}
```

**5. 思考与讨论**

(1) ADC0809 转换器中的 $V_{REF}$ 是起什么作用的？

(2) 用查询方式如何实现简易数字电压表的设计？

# 思考与练习

**1. 概念题**

(1) A/D 转换器的作用是将(　　　)量转为(　　　)量；D/A 转换器的作用是将(　　　)量转为(　　　)量。

(2) 对于电流输出的 D/A 转换器，为了得到电压的转换结果，应使用(　　　)。

(3) D/A 转换器使用(　　　)可以实现多路模拟信号的同时输出。

(4) 若 10 位 D/A 转换器的输出满刻度电压为+5 V，则 D/A 转换器的分辨率为(　　　)V。

(5) 当单片机启动 ADC0809 进行 A/D 转换时，应采用(　　　)指令。

① MOV　A，20　　② MOVX　@DPTR，A

③ MOVC　A，@A+DPTR　　④ MOVX　A，@DPTR

(6) 读取 A/D 转换的结果，使用(　　　)指令。

① MOV　A，@Ri　　② MOVX　@DPTR，A

③ MOVX A，@DPTR　　④ MOVC A，@A+DPTR

(7) 当 DAC0832 的 CS 接 8051 的 P2.0 时，程序中 0832 的地址指针 DPTR 寄存器应置为(　　　)。

① 0832H　　② FE00H　　③ FEF8H　　④ 以上三种都可以

(8) 什么叫 A/D 转换？为什么要进行 A/D 转换？

(9) A/D 转换器有哪些主要参数，其含义是什么？

(10) 目前应用较广的 A/D 转换器如何分类？各有什么特点？

(11) ADC0809 与 8051 单片机接口时有哪些控制信号？作用分别是什么？

(12) DAC0832 利用哪些控制信号可以构成 3 种不同的工作方式？

**2. 操作题**

(1) 画出 ADC0809 典型应用电路，其中，CLK 引脚和 EOC 引脚在连接时应如何处理？

(2) DAC0832 与 8051 单片机连接时产生三角波形，其幅值和周期可调，试画出其电路图并编写程序。

# 第 13 章　单片机综合实例分析

单片机应用系统的技术要求各不相同，针对具体的任务，设计方法和步骤也不完全相同。为完成某一任务的单片机应用系统需要包含硬件系统和软件系统。硬件和软件必须紧密结合，协调一致才能正常工作。在系统研制过程中，硬件设计和软件设计不能截然分开，硬件设计时应考虑到软件设计方法，而软件也一定是基于硬件基础进行设计的，这就是所谓的“软硬结合”。单片机应用系统的研制过程包括确定任务、总体设计、硬件设计、软件设计、系统调试、产品化等几个阶段。它们不是绝对分开的，有时是交叉进行的。

**本章要点：**

- 单片机系统设计的方法和步骤；
- 单片机应用系统的开发工具；
- 单片机应用系统调试方法；
- 典型实例的设计过程。

## 13.1　单片机应用系统开发设计

单片机应用系统开发设计流程图如图 13-1 所示。

### 1. 方案论证

(1) 了解用户的需求，确定设计规模和总体框架。

(2) 摸清软硬件技术难度，明确技术主攻问题。

(3) 针对主攻问题开展调研工作，查找中外有关资料，确定初步方案。

(4) 单片机应用开发技术是软硬件结合的技术，方案设计要权衡任务的软硬件分工。有时硬件设计会影响到软件程序结构。如果系统中增加某个硬件接口芯片，因此给系统程序的模块化带来了可能和方便，那么这个硬件开销是值得的。在无碍大局的情况下，以软件代替硬件正是计算机技术的长处。

(5) 尽量采纳可借鉴的成熟技术，减少重复性劳动。

### 2. 硬件系统的设计

单片机应用系统的设计可划分为两部分：一部分是与单片机直接接口的数字电路范围的电路芯片的设计，如存储器和并行接口的扩展，定时系统、中断系统扩展，一般的外部设备的接口，甚至于 A/D、D/A 芯片的接口。另一部分是与模拟电路相关的电路设计，包括信号整形、变换、隔离和选用传感器，输出通道中的隔离和驱动以及执行元件的选用。

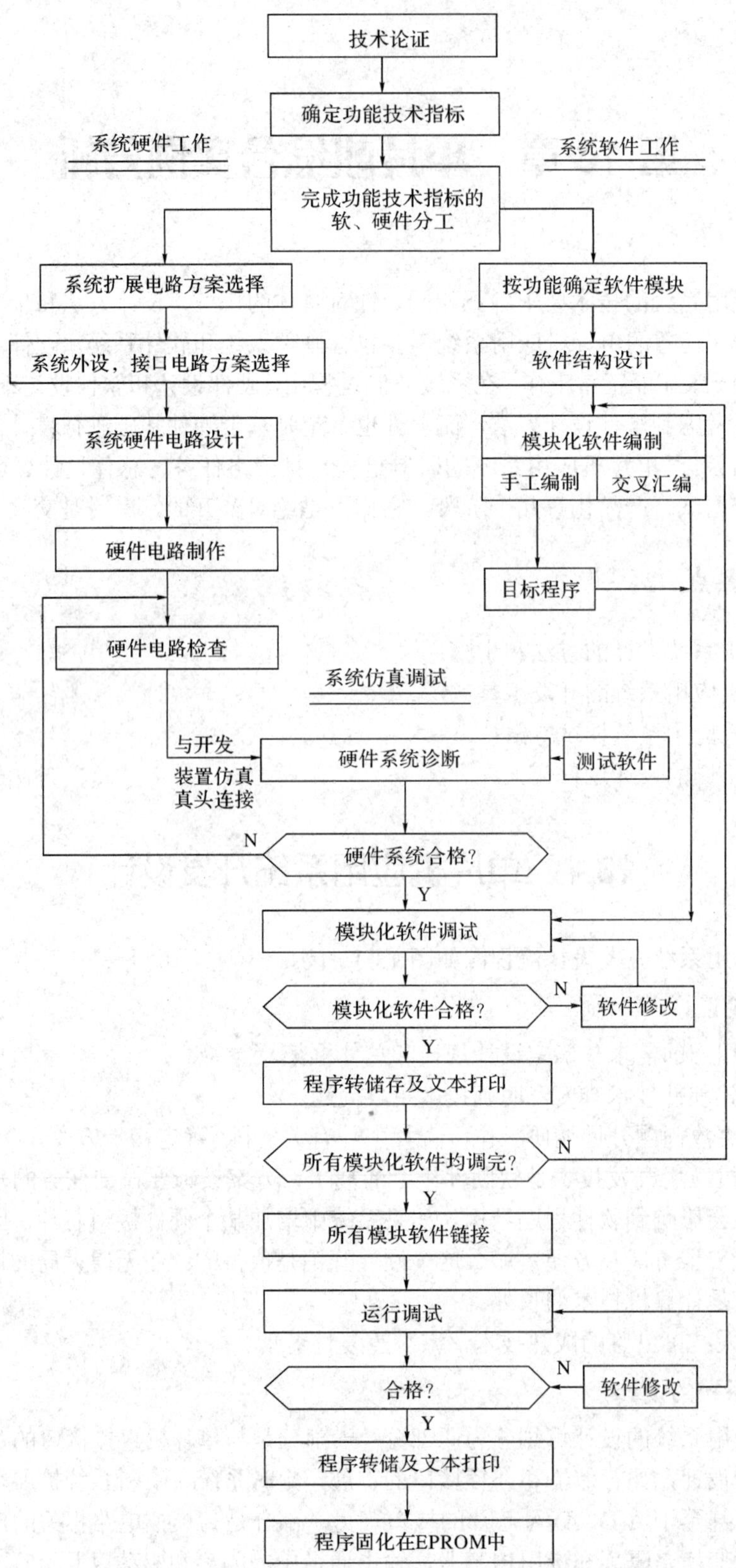


图 13-1　单片机应用系统开发设计流程图

(1) 从应用系统的总线观念出发，各局部系统和通道接口设计与单片机要做到全局一盘棋。例如，芯片间的时间是否匹配，电平是否兼容，能否实现总线隔离缓冲等，避免“拼盘”战术。

(2) 尽可能选用符合单片机用法的典型电路。

(3) 尽可能采用新技术，选用新的元件及芯片。

(4) 抗干扰设计是硬件设计的重要内容，如看门狗电路、去耦滤波、通道隔离、合理的印制板布线等。

(5) 当系统扩展的各类接口芯片较多时，要充分考虑到总线驱动能力。当负载超过允许范围时，为了保证系统可靠工作，必须加总线驱动器。

(6) 可用印制板辅助设计软件，如用 PROTEL 进行印制板的设计。

### 3. 应用软件设计

(1) 采用模块程序设计。

(2) 采用自顶向下的程序设计。

(3) 外部设备和外部事件尽量采用中断方式与 CPU 联络，这样既便于系统模块化，也可提高程序效率。

(4) 近几年推出的单片机开发系统，有些是支持高级语言的，如 C51 与 PL/M96 的编程和在线跟踪调试。

(5) 目前已有一些实用子程序发表，程序设计时可适当使用，其中包括运行子程序和控制算法程序等。

(6) 系统的软件设计应充分考虑到软件抗干扰措施。

### 4. 软硬件调试

单片机系统主要的功能如下：

(1) 程序的录入、编辑和交叉汇编功能。

(2) 提供仿真 RAM、仿真单片机。

(3) 支持用户汇编语言(有的同时支持高级语言)源文件跟踪调试。

(4) 目前一般的开发装置都有与通用微机的联机接口，可以利用微机环境进行调试。

(5) EPROM 的写入功能。

### 5. EPROM 固化

所有开发装置调试通过的程序，最终要脱机运行，即将仿真 ROM 中运行的程序固化到 EPROM 脱机运行。但在开发装置上运行正常的程序，固化后脱机运行并不一定同样正常。若脱机运行有问题，则需分析原因，如是否总线驱动功能不够，或是对接口芯片操作的时间不匹配等。经修改的程序需再次写入。

## 13.2　单片机应用系统的开发工具

单片机应用系统开发必须经过调试阶段，只有经过调试才能发现问题、改正错误，最终完成开发任务。实际上，对于较复杂的程序，大多数情况下都不可能一次性就调试成功，即使是资深程序员也是如此。

单片机只是一块芯片而已，本身并无开发能力，要借助开发工具才能实现系统设计。开发工具主要包括电脑、编程器(又称写入器)和仿真机。如果使用 EPROM 作为存储器，则还要配备紫外线擦除器。其中必不可少的工具是电脑和编程器。(当然，对于在线可编程(ISP)的单片机，如 89S51，也可以不用编程器，而通过电缆下载)

### 1. 仿真机及其使用

#### 1) 开发环境

单片机程序的编写、编译、调试等都是在一定的集成开发环境下进行的。

集成开发环境仿真软件(IDE)将文件的编辑，汇编语言的汇编、连接，高级语言的编译、连接高度集成于一体，能对汇编程序和高级程序进行仿真调试。

单片机程序如果是用汇编编写的，文件名后必须加后缀名“.ASM”。如果是用 C51 编写的，必须加后缀名“.C”。

#### 2) 仿真机的使用

为了实现目标系统的一次性完全开发，必须用到仿真机(也称在线仿真机)。在线仿真机的主要作用是能完全“逼真”地扮演用户单片机的角色，且能在集成开发环境中对运行程序进行各种调试操作，及时发现问题，及时修改程序，从而提高工作效率，缩短开发周期。

使用时，在线仿真机通过 RS-232 插件与电脑的 COM1 或 COM2 端口相连。在断电情况下，拔下用户系统的单片机和 EPROM，以仿真头代之，如图 13-2 所示。

图 13-2　仿真机的使用

运行仿真调试程序，通过跟踪执行，能及时发现软硬件方面的问题并进行修正。当设计达到满足系统要求后，将调试好的程序在编译时形成的二进制文件用编程器烧写到芯片中，一个应用系统就调试成功了。

### 2. 编程器

当把编写好的程序在集成开发环境编译通过后，会形成一个二进制文件(文件名与源程序文件名相同，后缀名为“.BIN”)或十六进制文件(后缀名为“.HEX”)，即形成所谓的目标程序。这个目标程序必须利用编程器才能将目标文件烧写到单片机的程序存储器中，从而让单片机系统的硬件和软件真正结合起来，组成一个完整的单片机系统。

编程器的主要功能是将目标程序烧写到芯片中，其与电脑的连接如图 13-3 所示。

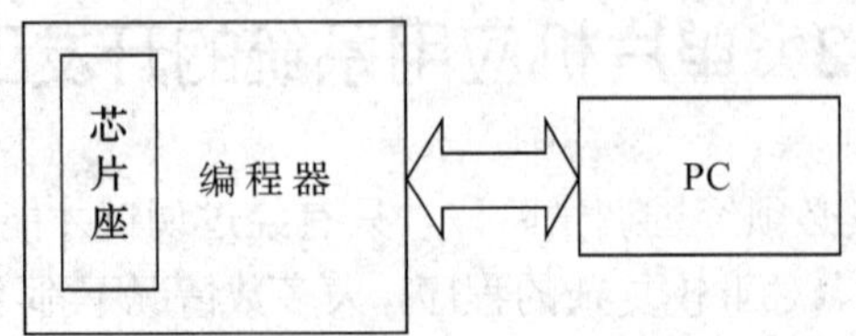


图 13-3　编程器与计算机的连接

# 13.3　单片机应用系统的设计方法

系统功能主要有数据采集、数据处理、输出控制等。每一个功能又可细分为若干个子功能，比如数据采集可分为模拟信号采样与数字信号采样。模拟信号采样与数字信号采样在硬件支持与软件控制上是有明显差异的。数据处理可分为预处理、功能性处理、抗干扰等子功能，而功能性处理还可以继续划分为各种信号处理等。输出控制按控制对象不同可分为各种控制功能，如继电器控制、D/A 转换控制、数码管显示控制等。

系统性能主要由精度、速度、功耗、体积、重量、价格和可靠性的技术指标来衡量。系统研制前，要根据需求调查结果给出上述各指标的定额。一旦这些指标被确定下来，整个系统将在这些指标限定下进行设计。系统的速度、体积、重量、价格、可靠性等指标会左右系统软、硬件功能的划分。系统功能尽可能用硬件完成，这样可提高系统的工作速度，但系统的体积、重量、功耗和硬件成本都相应地增加，而且还增加了硬件所带来的不可靠因素。用软件功能尽可能地代替硬件功能，可使系统体积、重量、功耗和硬件成本降低，并可提高硬件系统的可靠性，但是可能会降低系统的工作速度。因此，在进行系统功能的软、硬件划分时，一定要依据系统性能指标综合考虑。

## 13.3.1　系统基本结构组成

### 1. 单片机选型

单片机选型时，主要考虑因素有二：一是单片机性价比，二是开发周期。

在选择单片机芯片时，一般选择内部不含 ROM 的芯片比较合适，如 8031，通过外部扩展 EPROM 和 RAM 即可构成系统，这样不需专门的设备即可固化应用程序。但是当设计的应用系统批量比较大时，则可选择带 ROM、EPROM、OTPROM 或 EEPROM 等的单片机，这样可使系统更加简单。通常的做法是在软件开发过程中采用 EPROM 型芯片，而最终产品采用 OTPROM 型芯片(一次性可编程 EPROM 芯片)，这样可以提高产品的性能价格比。

### 2. 存储空间分配

存储空间分配既影响单片机应用系统硬件结构，也影响软件的设计及系统调试。

不同的单片机具有不同的存储空间分布。MCS-51 单片机的程序存储器与数据存储器空间相互独立，工作寄存器、特殊功能寄存器与内部数据存储器共享一个存储空间，I/O 端口则与外部数据存储器共享一个空间。8098 单片机的片内 RAM 程序存储区、数据存储区和 I/O 端口全部使用同一个存储空间。总的来说，大多数单片机都存在不同类型的器件共享同一个存储空间的问题。因此，在系统设计时就要合理地为系统中的各种部件分配有效的地址空间，以便简化译码电路，并使 CPU 能准确地访问到指定部件。

### 3. I/O 通道划分

单片机应用系统中通道的数目及类型直接决定系统结构。设计中应根据被控对象所要求的输入/输出信号的数目及类型，确定整个应用系统的通道数目及类型。

4. I/O 方式的确定

采用不同的输入/输出方式，对单片机应用系统的硬、软件要求是不同的。在单片机应用系统中，常用的 I/O 方式主要有无条件传送方式(程序同步方式)、查询方式和中断方式。这三种方式对硬件的要求和其软件结构各不相同，而且存在着明显的优缺点差异。在一个实际应用系统中，选择哪一种 I/O 方式，要根据具体的外设工作情况和应用系统的性能技术指标综合考虑。一般来说，无条件传送方式只适用于数据变化非常缓慢的外设，这种外设的数据可视为常态数据；中断方式处理器效率较高，但硬件结构稍复杂一些；而查询方式硬件价格较低，但其处理器效率比较低，速度比较慢。在一般小型的应用系统中，由于速度要求不高，控制的对象也较少，大多采用查询方式。

5. 软、硬件功能划分

同一般的计算机系统一样，单片机应用系统的软件和硬件在逻辑上是等效的。具有相同功能的单片机应用系统，其软、硬件功能可以在很宽的范围内变化。一些硬件电路的功能可以由软件来实现，反之亦然。在应用系统设计中，系统的软、硬件功能划分要根据系统的要求而定，多用硬件来实现一些功能，可以提高速度，减少存储容量和软件研制的工作量，但会增加硬件成本，降低硬件的利用率和系统的灵活性与适应性。相反，若用软件来实现某些硬件功能则可以节省硬件开支，提高灵活性和适应性，但相应速度要下降，软件设计费用和所需存储容量要增加。因此，在总体设计时，必须权衡利弊，仔细划分应用系统中的硬件和软件的功能。

## 13.3.2　单片机应用系统硬、软件的设计原则

1. 硬件系统设计原则

一个单片机应用系统的硬件电路设计包括两部分内容：一是单片机系统扩展，即单片机内部的功能单元(如程序存储器、数据存储器、I/O、定时器/计数器、中断系统等)的容量不能满足应用系统的要求时，必须在片外进行扩展，选择适当的芯片，设计相应的扩展连接电路；二是系统配置，即按照系统功能要求配置外围设备，如键盘、显示器、打印机、A/D 转换器、D/A 转换器等，要设计合适的接口电路。

(1) 尽可能选择典型通用的电路，并符合单片机的常规用法。为硬件系统的标准化、模块化奠定良好的基础。

(2) 系统的扩展与外围设备配置的水平应充分满足应用系统当前的功能要求，并留有适当余地，便于以后进行功能的扩充。

(3) 硬件结构应结合应用软件方案一并考虑。硬件结构与软件方案会产生相互影响，考虑的原则是：软件能实现的功能尽可能由软件实现，即尽可能地用软件代硬件，以简化硬件结构、降低成本、提高可靠性。但必须注意，由软件实现的硬件功能，其响应时间要比直接用硬件长。因此，某些功能选择以软件代硬件实现时，应综合考虑系统响应速度、实时要求等相关的技术指标。

(4) 整个系统中相关的器件要尽可能做到性能匹配。例如，选用晶振频率较高时，存储器的存取时间就短，应选择允许存取速度较快的芯片；选择 CMOS 芯片单片机构成低功耗系统时，则系统中的所有芯片都应该选择低功耗产品。如果系统中相关的器件性能差异

很大，则系统综合性能将降低，甚至不能正常工作。

(5) 可靠性及抗干扰设计是硬件设计中不可忽视的一部分，它包括芯片、器件选择、去耦滤波、印刷电路板布线、通道隔离等。如果设计中只注重功能实现，而忽视可靠性及抗干扰设计，到头来只能是事倍功半，甚至会造成系统崩溃，前功尽弃。

(6) 单片机外接电路较多时，必须考虑其驱动能力。当驱动能力不足时，系统工作不可靠。解决的办法是增加驱动能力，增加总线驱动器或者减少芯片功耗，降低总线负载。

#### 2. 应用软件设计的特点

应用系统中的应用软件是根据系统功能设计的，应可靠地实现系统的各种功能。应用系统种类繁多，应用软件各不相同，但是一个优秀的应用系统的软件应具有以下特点：

(1) 软件结构清晰、简洁、流程合理。

(2) 各功能程序实现模块化、系统化。这样既便于调试、连接，又便于移植、修改和维护。

(3) 程序存储区、数据存储区规划合理，既能节约存储容量，又能给程序设计与操作带来方便。

(4) 运行状态实现标志化管理。各个功能程序运行状态、运行结果以及运行需求都设置状态标志以便查询，程序的转移、运行、控制都可通过状态标志条件来控制。

(5) 经过调试修改后的程序应进行规范化，除去修改“痕迹”。规范化的程序便于交流、借鉴，也为今后的软件模块化、标准化打下基础。

(6) 实现全面软件抗干扰设计。软件抗干扰是计算机应用系统提高可靠性的有力措施。

(7) 为了提高运行的可靠性，在应用软件中设置自诊断程序，在系统运行前先运行自诊断程序，用以检查系统各特征参数是否正常。

### 13.3.3　硬件设计

#### 1. 程序存储器

若单片机内无片内程序存储器或存储容量不够，则需外部扩展程序存储器。外部扩展的存储器通常选用 EPROM 或 EEPROM。EPROM 集成度高、价格便宜，EEPROM 则编程容易。当程序量较小时，使用 EEPROM 较方便；当程序量较大时，采用 EPROM 更经济。

#### 2. 数据存储器

数据存储器利用 RAM 构成。大多数单片机都提供了小容量的片内数据存储区，只有当片内数据存储区不够用时才扩展外部数据存储器。

存储器的设计原则是：在存储容量满足要求的前提下，尽可能减少存储芯片的数量。建议使用大容量的存储芯片以减少存储器芯片数目，但应避免盲目地扩大存储器容量。

#### 3. I/O 接口

由于外设多种多样，使得单片机与外设之间的接口电路也各不相同。因此，I/O 接口常常是单片机应用系统中设计最复杂也是最困难的部分之一。

I/O 接口大致可归类为并行接口、串行接口、模拟采集通道(接口)、模拟输出通道(接口)等。目前有些单片机已将上述各接口集成在单片机内部，使 I/O 接口的设计大大简化。

系统设计时，可以选择含有所需接口的单片机。

4. 译码电路

当需要外部扩展电路时，就需要设计译码电路。译码电路要尽可能简单，这就要求存储空间分配合理，译码方式选择得当。

考虑到修改方便与保密性强，译码电路除了可以使用常规的门电路、译码器实现外，还可以利用只读存储器与可编程门阵列来实现。

5. 总线驱动器

如果单片机外部扩展的器件较多，负载过重，就要考虑设计总线驱动器。比如，MCS-51单片机的P0口负载能力为8个TTL芯片，P2口负载能力为4个TTL芯片，如果P0、P2实际连接的芯片数目超出上述定额，就必须在P0、P2口增加总线驱动器来提高它们的驱动能力。P0口应使用双向数据总线驱动器(如74LS245)，P2口可使用单向总线驱动器(如74LS244)。

6. 抗干扰电路

针对可能出现的各种干扰，应设计抗干扰电路。在单片机应用系统中，一个不可缺少的抗干扰电路就是抗电源干扰电路。最简单的实现方法是在系统弱电部分(以单片机为核心)的电源入口对地跨接1个大电容(100 μF左右)与一个小电容(0.1 μF左右)，在系统内部芯片的电源端对地跨接1个小电容(0.01 μF～0.1 μF)。

另外，可以采用隔离放大器、光电隔离器件抗共地干扰，采用差分放大器抗共模干扰，采用平滑滤波器抗白噪声干扰，采用屏蔽手段抗辐射干扰等。

### 13.3.4　软件设计

整个单片机应用系统是一个整体。在进行应用系统总体设计时，软件设计和硬件设计应统一考虑、相结合进行。当系统的硬件电路设计定型后，软件的任务也就明确了。

一个应用系统中的软件一般是由系统的监控程序和应用程序两部分构成的。其中，应用程序是用来完成诸如测量、计算、显示、打印、输出控制等各种实质性功能的软件；系统监控程序是控制单片机系统按预定操作方式运行的程序，它负责组织调度各应用程序模块，完成系统自检、初始化、处理键盘命令、处理接口命令、处理条件触发和显示等功能。

系统软件设计时，应根据系统软件功能要求，将系统软件分成若干个相对独立的部分，并根据它们之间的联系和时间上的关系，设计出合理的软件总体结构。通常在编制程序前，先根据系统输入和输出变量建立起正确的数学模型，然后画出程序流程框图。要求流程框图结构清晰、简洁、合理。画流程框图时还要对系统资源作具体的分配和说明。编制程序时一般采用自顶向下的程序设计技术，先设计监控程序，再设计各应用程序模块。各功能程序应模块化，子程序化、这样不仅便于调试、连接，还便于修改和移植。

### 13.3.5　资源分配

1. ROM/EPROM资源的分配

ROM/EPROM用于存放程序和数据表格。按照MCS-51单片机的复位及中断入口的规定，002FH 以前的地址单元格作为中断、复位入口地址区。在这些单元格中一般都设置了转移指令，用于转移到相应的中断服务程序或复位启动程序。当程序存储器中存放的功能程序及子程序数量较多时，应尽可能为它们设置入口地址表。一般的常数、表格集中设置在表格区。二次开发扩展区尽可能放在高位地址区。

2. RAM 资源分配

RAM 分为片内 RAM 和片外 RAM。片外 RAM 的容量比较大，通常用来存放批量大的数据，如采样结果数据；片内 RAM 容量较少，应尽量重叠使用，比如数据暂存区与显示、打印缓冲区重叠。

对于 MCS-51 单片机来说，片内 RAM 是指 00H～7FH 单元，这 128 个单元的功能并不完全相同，分配时应注意发挥各自的特点，做到物尽其用。

00H～1FH 这 32 个字节可以作为工作寄存器组，在工作寄存器的 8 个单元格中，R0 和 R1 具有指针功能，是编程的重要角色，应充分发挥其作用。系统上电复位时，置 PSW=00H，当前工作寄存器为 0 组，而工作寄存器组 1 为堆栈，并向工作寄存器组 2、3 延伸。若在中断服务程序中，也要使用 R1 寄存器且不将原来的数据冲掉，则可在主程序中先将堆栈空间设置在其他位置，然后在进入中断服务器程序后选择工作寄存器组 1、2 或 3，这时，若再执行诸如 MOV R1，#00H 指令，就不会冲掉 R1(01H 单元)中原来的内容，因为这时 R1 的地址已改变为 09H、11H 或 19H。在中断服务程序结束时，可重新选择工作寄存器组 0。因此，通常可在应用程序中安排主程序及调用的子程序使用工作寄存器组 0，而安排定时器溢出中断、外部中断、串行口中断使用工作寄存器组 1、2 或 3。

## 13.4　单片机应用系统调试

单片机应用系统的调试主要是指使用调试工具对系统进行软件、硬件和系统联调等几个方面的测试。

### 13.4.1　单片机应用系统调试工具

在单片机应用系统调试中，最常用的调试工具有以下几种。

1. 单片机开发系统

单片机开发系统(又称仿真器)的主要作用如下：

(1) 系统硬件电路的诊断与检查。

(2) 程序的输入与修改。

(3) 硬件电路、程序的运行与调试。

(4) 程序在 EPROM 中的固化。

2. 万用表

万用表主要用于测量硬件电路的通断、两点间阻值、测试点处稳定电流或电压值及其他静态工作状态。

例如，当给某个集成芯片的输入端施加稳定输入时，可用万用表来测试其输出，通过测试值与预期值的比较，就可大致判定该芯片的工作是否正常。

3. 逻辑笔

逻辑笔可以测试数字电路中测试点的电平状态(高或低)及脉冲信号的有无。假如要检测单片机扩展总线上连接的某译码器是否有译码信号输出，可编写一循环程序使译码器对一特定译码状态不断进行译码。运行该循环程序后，用逻辑笔测试译码器输出端，若逻辑笔上红、绿发光二极管交替闪亮，则说明译码器有译码信号输出；若只有红色发光二极管亮(高电平输出)或绿色发光二极管亮(低电平输出)，则说明译码器无译码信号输出。这样就可以初步确定由扩展总线到译码器之间是否存在故障。

4. 逻辑脉冲发生器与模拟信号发生器

逻辑脉冲发生器能够产生不同宽度、幅度及频率的脉冲信号，它可以作为数字电路的输入源。模拟信号发生器可产生具有不同频率的方波、正弦波、三角波、锯齿波等模拟信号(不同的信号发生器能够产生的信号波形不完全相同)，它可作为模拟电路的输入源。这些信号源在模拟调试中是非常有用的。

5. 示波器

示波器可以测量电平、模拟信号波形及频率，还可以同时观察两个或三个信号的波形及它们之间的相位差(双踪或多踪示波器)。它既可以对静态信号进行测试，也可以对动态信号进行测试，而且测试准确性好。它是任何电子系统调试维修的一种必备工具。

6. 逻辑分析仪

逻辑分析仪能够以单通道或多通道实时获取与触发事件的逻辑信号，可保存显示触发事件前后所获取的信号，供操作者随时观察，并作为软、硬件分析的依据，以便快速有效地查出软、硬件中的错误。逻辑分析仪主要用于动态调试中信号的捕获。

在单片机应用系统调试中，万用表、示波器及开发系统是最基本的、必备的调试工具。

### 13.4.2　单片机应用系统的一般调试方法

1. 硬件调试

硬件调试是利用开发系统、基本测试仪器(万用表、示波器等)，通过执行开发系统有关命令或运行适当的测试程序(也可以是与硬件有关的部分用户程序段)，检查用户系统硬件中存在的故障。

硬件调试可分静态调试与动态调试两步进行。

(1) 静态调试。

静态调试是在用户系统未工作时的一种硬件检查。

静态调试的第一步为目测。单片机应用系统中大部分电路安装在印制电路板上，因此，对每一块加工好的印制电路板要进行仔细的检查。检查它的印制线是否有断线，是否有毛刺，是否与其他线或焊盘粘连，焊盘是否脱落，过孔是否有未金属化现象等。如印制板无质量问题，则将集成芯片的插座焊接在印制板上，并检查其焊点是否有毛刺，是否与其他印制线或焊盘连接，焊点是否光亮饱满无虚焊。对单片机应用系统中所用的器件与设备，要仔细核对型号，检查它们对外连线(包括集成芯片引脚)是否完整无损。通过目测查出一些明显的器件、设备故障并及时排除。

第二步为万用表测试，目测检查后，可进行万用表测试。先用万用表复核目测中认为可疑的连接或接点，检查它们的通断状态是否与设计规定相符。再检查各种电源线与地线之间是否有短路现象，如有再仔细查并排除。短路现象一定要在器件安装及加电前查出。如果电源与地之间短路，系统中所有器件或设备都可能被毁坏，后果十分严重。所以，对电源与地的处理，在整个系统调试及今后的运行中都要相当小心。

如有现成的集成芯片性能测试仪器，此时应尽可能地将要使用的芯片进行测试筛选，其他的器件、设备在购买或使用前也应当尽可能做必要的测试，以便将性能可靠的器件、设备用于系统安装。

第三步为加电检查。当给印制板加电时，首先检查所有插座或器件的电源端是否有符合要求的电压值(注意，单片机插座上的电压不应该大于 5 V，否则联机时将损坏仿真器)，接地端电压值是否接近于零，接固定电平的引脚端电平是否正确。然后在断电状态下将芯片逐个插入印制板上的相应插座中。每插入一块做一遍上述的检查，特别要检查电源到地是否短路，这样就可以确定电源错误或与地短路发生在哪块芯片上。全部芯片插入印制板后，如均未发现电源或接地错误，将全部芯片取下，把印制板上除芯片外的其他器件逐个焊接上去，并反复做前面的各电源、电压检查，避免因某器件的损坏或失效造成电源对地短路或其他电源加载错误。

第四步是联机检查。因为只有用单片机开发系统才能完成对用户系统的调试，而动态测试也需要在联机仿真的情况下进行。因此，在静态检查印制板、连接、器件等部分无物理性故障后，即可将用户系统与单片机开发系统用仿真电缆连接起来。联机检查上述连接是否正确，是否连接畅通、可靠。

静态调试完成后，接着进行动态调试。

(2) 动态调试。

动态调试是在用户系统工作的情况下发现和排除用户系统硬件中存在的器件内部故障、器件间连接逻辑错误等的一种硬件检查。由于单片机应用系统的硬件动态调试是在开发系统的支持下完成的，故又称为联机仿真或联机调试。

动态调试的一般方法是由近及远、由分到合。

由分到合指的是，首先按逻辑功能将用户系统硬件电路分为若干块，如程序存储器电路、A/D 转换电路、断电器控制电路，再分块调试。当调试某块电路时，与该电路无关的器件全部从用户系统中去掉，这样可将故障范围限定在某个局部的电路上。当各块电路调试无故障后，将各电路逐块加入系统中，再对各块电路功能及各电路间可能存在的相互联系进行试验。此时若出现故障，则最大可能是在各电路协调关系上出了问题，如交互信息的联络是否正确，时序是否达到要求等。直到所有电路加入系统后各部分电路仍能正确工作为止，由分到合的调试即告完成。在经历了这样一个调试过程后，大部分硬件故障基本上可以排除。

在有些情形下，由于功能要求较高或设备较复杂，使某些逻辑功能块电路较为复杂庞大，为故障的准确定位带来一定的难度。这时对每块电路可以以处理信号的流向为线索，将信号流经的各器件按照距离单片机的逻辑距离进行由近及远的分层，然后分层调试。调试时，仍采用去掉无关器件的方法，逐层依次调试下去，就可以将故障定位在具体器件上。

例如，调试外部数据存储器时，可按层先调试总线电路(如数据收发器)，然后调试译码电路，最后加上存储芯片，利用开发系统对其进行读写操作，就能有效地调试数据存储器。显然，每部分出现的问题只局限在一个小范围内，因此有利于故障的发现和排除。

动态调试借用开发系统资源(单片机、存储器等)来调试用户系统中单片机的外围电路。利用开发系统友好的人机界面，可以有效地对用户系统的各部分电路进行访问、控制，使系统在运行中暴露问题，从而发现故障。典型有效的访问、控制各部分电路的方法是对电路进行循环读或写操作(时钟等特殊电路除外，这些电路通常在系统加电后会自动运行)，使得电路中主要测试点的状态能够用常规测试仪器(示波器、万用表等)测试出，依次检测被调试电路是否按预期的工作状态进行。

**2. 软件调试**

软件调试主要解决以下问题：

(1) 程序跳转错误。这种错误的现象是程序运行不到指定的地方，或发生死循环，通常是程序错误。对于计算程序，经过反复测试后，才能验证它的正确性。

(2) 动态错误。用单步、断点仿真运行命令，一般只能测试目标系统的静态功能。目标系统的动态性能要用全速仿真命令来测试，这时应选中目标机中晶振电路工作。系统的动态性能范围很广，如控制系统的实时响应速度、显示器的亮度、定时器的精度等。若动态性能没有达到系统设计的指标，有的原因是由于元器件速度不够造成的，更多的是由于多个任务之间的关系处理不恰当引起的。

(3) 加电复位电路的错误。排除硬件和软件故障后，将 EPROM 和 CPU 插上目标系统，若能正常运行，则应用系统的开发研制便完成。若目标机工作不正常，则主要是加电复位电路出现故障造成的，如 8031 没有被初始复位，则 PC 不是从 0000H 开始运行，故系统不会正常运行，必须及时检查加电复位电路。

软件调试的基本方法如下：

(1) 先独立后联机。

从宏观来说，单片机应用系统中的软件与硬件是密切相关、相辅相成的。软件是硬件的灵魂，没有软件，系统将无法工作；同时，大多数软件的运行又依赖于硬件，没有相应的硬件支持，软件的功能便荡然无存。因此，将两者完全孤立开来是不可能的。然而，并不是用户程序的全部都依赖于硬件，当软件对被测试参数进行加工处理或做某项事务处理时，往往是与硬件无关的。这样就可以通过对用户程序的仔细分析，把与硬件无关的、功能相对独立的程序段抽取出来，形成与硬件无关和依赖于硬件的两大类用户程序块。这一划分工作在软件设计时就应充分考虑。

(2) 先分块后组合。

如果用户系统规模较大、任务较多，即使先行将用户程序分为与硬件无关和依赖于硬件两大部分，但这两部分程序仍较为庞大的话，采用笼统的方法从头至尾调试，既费时间又不容易进行错误定位。所以，常规的调试方法是分别对两类程序块进一步采用分模块调试，以提高软件调试的有效性。

在调试时所划分的程序模块应基本保持与软件设计时的程序功能模块或任务一致。除非某些程序功能块或任务较大才将其再细分为若干个子模块。但要注意的是，子模块的划分与一般模块的划分应一致。

(3) 先单步后连续。

调试好程序模块的关键是实现对错误的正确定位。准确发现程序(或硬件电路)中错误的最有效方法是采用单步加断点运行方式调试程序。单步运行可以了解被调试程序中每条指令的执行情况，分析指令的运行结果可以知道该指令执行的正确性，并进一步确定是由于硬件电路错误、数据错误还是程序设计错误等引起了该指令的执行错误，从而发现、排除错误。

**3. 系统联调**

系统联调主要解决以下问题：

(1) 软、硬件能否按预定要求配合工作，如果不能，那么问题出在哪里，如何解决？

(2) 系统运行中是否有潜在的设计时难以预料的错误，如硬件延时过长造成工作时序不符合要求，布线不合理造成信号串扰等。

(3) 系统的动态性能指标(包括精度、速度参数)是否满足设计要求。

**4. 现场调试**

一般情况下，通过系统联调后，用户系统就可以按照设计目标正常工作了。但在某些情况下，由于用户系统运行的环境较为复杂(如环境干扰较为严重、工作现场有腐蚀性气体等)，在实际现场工作之前，环境对系统的影响无法预料，只能通过现场运行调试来发现问题，找出相应的解决方法；或者虽然已经在系统设计时考虑到抗干扰的对策，但是否行之有效，还必须通过用户系统在实际现场的运行来加以验证。另外，有些用户系统的调试是在用模拟设备代替实际监测、控制对象的情况下进行的，这就更有必要进行现场调试，以检验用户系统在实际工作环境中工作的正确性。

## 13.5　单片机系统的抗干扰技术

所谓干扰，一般是指有用信号以外的噪声，在信号输入、传输和输出过程中出现的一些有害的电气变化现象。这些变化迫使信号的传输值、指示值或输出值出现误差，出现假象。

干扰对电路的影响，轻则降低信号的质量，影响系统的稳定性，重则破坏电路的正常功能，造成逻辑关系混乱，控制失灵。

**1. 常见干扰的种类**

抗干扰能力是单片计算机系统工作好坏的主要指标。影响单片机系统可靠安全运行的主要因素来自系统内部和外部的各种电气干扰，并受系统结构设计、元器件选择、安装、制造工艺影响。这些都构成单片机系统的干扰因素，常会导致单片机系统运行失常，轻则影响产品质量和产量，重则会导致事故，造成重大经济损失。形成干扰的基本要素有以下三个：

(1) 干扰源。干扰源是指产生干扰的元件、设备或信号，用数学语言描述为：$du/dt$、$di/dt$ 大的地方就是干扰源，如雷电、继电器、可控硅、电机、高频时钟等都可能成为干扰源。

(2) 传播路径。传播路径是指干扰从干扰源传播到敏感器件的通路或媒介，典型的干扰传播路径是通过导线的传导和空间的辐射形成的。

(3) 敏感器件。敏感器件是指容易被干扰的对象，如 A/D、D/A 变换器，单片机、数字 IC、弱信号放大器等。

干扰的分类有好多种，通常可以按照噪声产生的原因、传导方式、波形特性等进行不同的分类。按产生的原因可分为放电噪声、高频振荡噪声和浪涌噪声；按传导方式可分为共模噪声和串模噪声；按波形可分为持续正弦波、脉冲电压、脉冲序列等。

干扰源产生的干扰信号是通过一定的耦合通道才对测控系统产生作用的。因此，我们有必要看看干扰源和被干扰对象之间的传递方式。干扰的耦合方式无非是通过导线、空间、公共线等来实现的。细分下来，干扰的耦合方式主要有以下几种：

(1) 直接耦合。这是最直接的方式，也是系统中存在最普遍的一种方式，比如干扰信号通过电源线侵入系统。对于这种形式，最有效的方法就是加入去耦电路。

(2) 公共阻抗耦合。这也是常见的耦合方式，这种形式常常发生在两个电路电流有共同通路的情况下。为了防止这种耦合，通常在电路设计上就要考虑，使干扰源和被干扰对象之间没有公共阻抗。

(3) 电容耦合。电容耦合又称电场耦合或静电耦合，是由于分布电容的存在而产生的耦合。

(4) 电磁感应耦合。电磁感应耦合又称磁场耦合，是由于分布电磁感应而产生的耦合。

(5) 漏电耦合。这种耦合是纯电阻性的，在绝缘不好时就会发生。

常见干扰种类如表 13-1 所示。

**表 13-1　常见干扰**

<table>
<tr><th>分类方式</th><th colspan="2">干 扰 种 类</th></tr>
<tr><td rowspan="2">按干扰来源分类</td><td>内部干扰</td><td>① 过渡干扰；② 线间干扰；③ 电源干扰；④ 电弧和反电势干扰；⑤ 接地系统干扰；⑥ 漏磁干扰；⑦ 传输线反射干扰；⑧ 漏电干扰</td></tr>
<tr><td>外部干扰</td><td>① 辐射干扰；② 电网干扰；③ 周围用电干扰；④ 接地干扰；⑤ 传输线反射干扰；⑥ 外部线间干扰</td></tr>
<tr><td>按干扰出现规律分类</td><td colspan="2">① 固定干扰；② 半固定干扰；③ 随机干扰；(②③可合称为随机干扰)</td></tr>
<tr><td>按干扰传播方式分类</td><td colspan="2">① 静电干扰；② 磁场耦合干扰；③ 电磁辐射干扰；④ 共阻抗干扰；⑤ 漏电耦合干扰</td></tr>
<tr><td>按干扰与输入关系分类</td><td colspan="2">① 串模干扰；② 共模干扰</td></tr>
<tr><td>按干扰形式分类</td><td colspan="2">① 交流干扰；② 直流干扰；③ 不规则噪声干扰；④ 机内调制干扰</td></tr>
</table>

内部和外部干扰示意图如图 13-4 所示。其中：① 装置开口或隙缝处进入的辐射干扰(辐射)；② 电网变化干扰(传输)；③ 周围环境用电干扰(辐射、传输、感应)；④ 传输线上的反射干扰(传输)；⑤ 系统接地不妥引入的干扰(传输、感应)；⑥ 外部线间串扰(传输、感应)；⑦ 逻辑线路不妥造成的过渡干扰(传输)；⑧ 线间串扰(感应、传输)；⑨ 电源干扰(传输)；⑩ 强电器引入的接触电弧和反电动势干扰(辐射、传输、感应)；⑪ 内部接地不妥引入的干扰(传输)；⑫ 漏磁干扰(感应)；⑬ 传输线反射干扰(传输)；⑭ 漏电干扰(传输)。

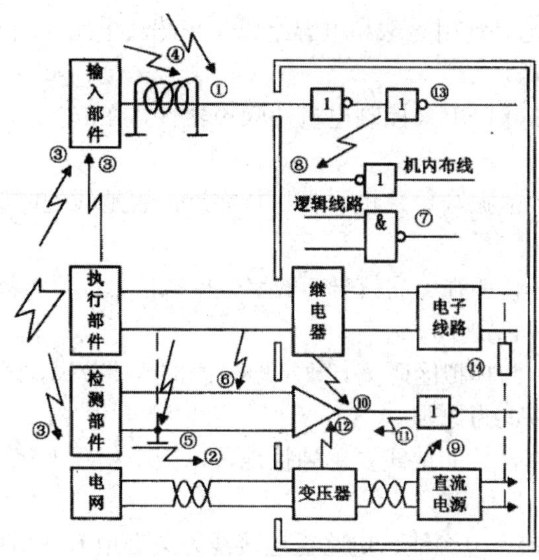


图 13-4　内部和外部干扰示意图

抑制干扰源就是尽可能地减小干扰源的 d*u*/d*t* 和 d*i*/d*t*，这是抗干扰设计中最优先考虑和最重要的原则，常常会起到事半功倍的效果。减小干扰源的 du/dt 主要是通过在干扰源两端并联电容来实现。减小干扰源的 d*i*/d*t* 则是在干扰源回路串联电感或电阻以及增加续流二极管来实现。

抑制干扰源的常用措施如下：

(1) 继电器线圈增加续流二极管，消除断开线圈时产生的反电动势干扰。仅加续流二极管会使继电器的断开时间滞后，增加稳压二极管后继电器在单位时间内可动作更多的次数。

(2) 在继电器接点两端并接火花抑制电路(一般是 RC 串联电路，电阻一般选几千欧到几十千欧，电容选 0.01 μF)，减小电火花影响。

(3) 给电机加滤波电路，注意电容、电感引线要尽量短。

(4) 电路板上每个 IC 要并接一个 0.01 μF～0.1 μF 高频电容，以减小 IC 对电源的影响。注意高频电容的布线，连线应靠近电源端并尽量粗短，否则，等于增大了电容的等效串联电阻，会影响滤波效果。

(5) 布线时避免 90 度折线，减少高频噪声发射。

(6) 可控硅两端并接 RC 抑制电路，减小可控硅产生的噪声(这个噪声严重时可能会把可控硅击穿)。

按干扰的传播路径可分为传导干扰和辐射干扰两类。

所谓传导干扰是指通过导线传播到敏感器件的干扰。高频干扰噪声和有用信号的频带不同，可以通过在导线上增加滤波器的方法切断高频干扰噪声的传播，有时也可加隔离光耦来解决。电源噪声的危害最大，要特别注意处理。

所谓辐射干扰是指通过空间辐射传播到敏感器件的干扰。一般的解决方法是增加干扰源与敏感器件的距离，用地线把它们隔离和在敏感器件上加屏蔽罩。

切断干扰传播路径的常用措施如下：

(1) 充分考虑电源对单片机的影响。电源做得好，整个电路的抗干扰就解决了一大半。许多单片机对电源噪声很敏感，要给单片机电源加滤波电路或稳压器，以减小电源噪声对单片机的干扰。比如，可以利用磁珠和电容组成 π 形滤波电路，当然，条件要求不高时也可用 100 Ω 电阻代替磁珠。

(2) 如果单片机的 I/O 口用来控制电机等噪声器件，在 I/O 口与噪声源之间应加隔离(增加 π 形滤波电路)。

(3) 注意晶振布线。晶振与单片机引脚尽量靠近，用地线把时钟区隔离起来，晶振外壳接地并固定。

(4) 电路板合理分区，如强、弱信号，数字、模拟信号。尽可能把干扰源(如电机、继电器)与敏感元件(如单片机)远离。

(5) 用地线把数字区与模拟区隔离。数字地与模拟地要分离，最后在一点接于电源地。A/D、D/A 芯片布线也以此为原则。

(6) 单片机和大功率器件的地线要单独接地，以减小相互干扰。大功率器件尽可能放在电路板边缘。

(7) 在单片机 I/O 口、电源线、电路板连接线等关键地方使用抗干扰元件如磁珠、磁环、电源滤波器、屏蔽罩，可显著提高电路的抗干扰性能。

**2. 硬件抗干扰**

1) 电源抗干扰的基本方法

采用交流稳压器、交流电源滤波器，对电源变压器实行屏蔽和隔离；利用压敏电阻吸收浪涌电压，在要求供电质量很高的特殊情况下，可采用发电机组或逆变器供电，如采用在线式 UPS 不间断电源供电；采用分立式供电和分类式供电；在每块印刷电路板的电源与地之间并接去耦电容；电源变压器采取屏蔽措施；使用瞬变电压抑制器 TVS。以上都是电源抗干扰的基本方法，其中 TVS 是普遍使用的一种高效能电路保护器件，能吸收高达数千瓦的浪涌功率，TVS 对静电、过压、电网干扰、雷击、开关打火、电源反向及电机/电源噪声振动保护尤为有效。

2) 多路模拟开关抗干扰方法

在测控系统中，被控量与被测量的回路往往是几路或几十路。对于多路的参量进行 A/D、D/A 转化时，往往采用公共的 A/D、D/A 转换电路。因此，常选用多路模拟开关轮流切换各被控或被测回路与 A/D、D/A 转换电路间的通路，以达到分时控制和巡回检测的目的。多个输入信号经多路转换器接至放大器或 A/D 转换器的方法有单端法和差动接法，其中差动接法抗干扰能力强。

当多路转换器从一个通道切换到另一个通道时，要发生瞬变现象，使输出端产生短暂的尖峰电压。为了消除这种现象引入的误差，可在多路转换器输出端与放大器之间接一个采样保持器电路，或用软件延时的办法进行采样。

多路转换器的输入常常受到各种环境噪声的干扰，尤其易受到共模噪声的干扰。在多路转换器输入端接入共模扼流圈，对抑制外部传感器引入的高频共模噪声十分有效。转换器高频采样时产生的高频噪声，不仅影响测量精度，而且可能使单片机失控。同时，由于单片机运行速度很高，它对多路转换器而言也是一个巨大的噪声源。

3) 放大器抗干扰方法

放大器的选择一般采用不同性能的集成放大器。在传感器工作环境复杂和恶劣时，应选择测量放大器，它具有高输入阻抗、低输出阻抗、强抗共模干扰能力、低温漂、低失调电压、高稳定增益等特点，使其在微弱信号的监测系统中广泛用作前置放大器。为了防止共模噪声窜入系统，可以采用隔离放大器。隔离放大器具有线性和稳定性好，共模抑制比高、应用电路简单、放大增益可变等特点。在使用电阻传感器时，可选用具有放大、滤波、激励功能的模块 2B30/2B31，它是高精度、低噪声、功能齐全的电阻信号适配器。

4) 抗干扰稳压电源

抗干扰稳压电源如图 13-5 所示。说明如下：

(1) 应用系统的供电线路和产生干扰的用电设备分开供电。

(2) 通过低通滤波器和隔离变压器接入电网。

(3) 整流组件上并接滤波电容，滤波电容选用。

(4) 1000 pF～0.01 μF 的瓷片电容。

(5) 采用高质量的稳压电源。

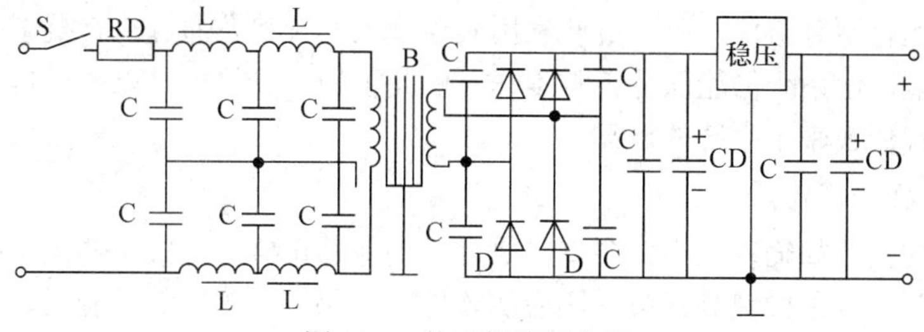


图 13-5 抗干扰稳压电源

5) 输入输出隔离

光电耦合器隔离电路如图 13-6 所示。利用光电耦合器隔离单片机信号与负载电路信号之间的干扰，实现单片机控制继电器工作的功能。

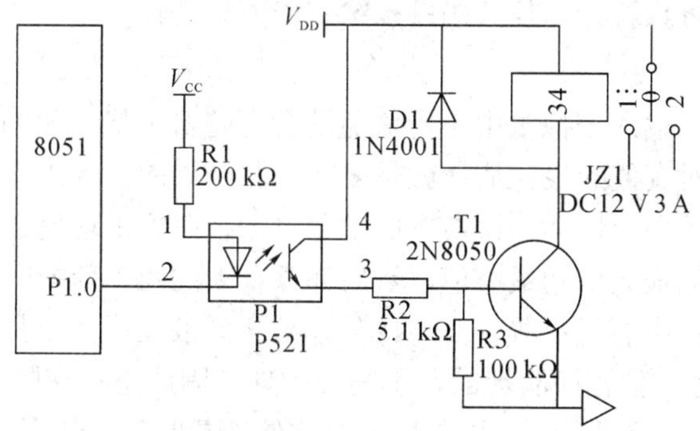


图 13-6 光电耦合器隔离电路

6) 过压保护电路

在输入通道上采用一定的过压保护电路，以防引入高压损坏系统电路。过压保护电路由限流电阻和稳压管组成，稳压值以略高于最高传送信号电压为宜。对于微弱信号(0.2 V 以下)，采用两支反并联的二极管，也可起到过压保护作用。

3. 软件抗干扰

采用软件抗干扰不需增加硬件设备，可靠性高、稳定性好、功能多样、使用灵活，具有许多硬件抗干扰所不具备的优点，与硬件手段互补，相辅相成。文章论述软件抗干扰的基本原理和基本方法，涵盖指令复执、数字滤波、程序卷回、信息冗余、系统自检等概念。

考虑到硬件抗干扰需要增加很多硬件，不仅成本高而且由于连线较多也容易引进二次干扰，因此，本文主要采用软件干扰进行讲解。

1) 软件抗干扰的原理

软件抗干扰的本质是在有干扰存在的情况下利用编程技术来抵消其影响，即当干扰使单片机系统出现一定的运行性故障时，能够依靠系统内驻的能力程序保持系统连续正确地执行其程序和输入输出的功能。因此，软件抗干扰过程实质是一个干扰容错过程，是容错技术在软件设计中的具体体现。对侵入单片机系统的干扰，用软件来消除不仅是必要的，而且也是最经济、最可行的。高性能单片机以其丰富的指令功能和极高的运行速度，为软件抗干扰提供了良好的条件。一般来说，单片机执行指令的速度为几微秒，甚至更高，而系统的输入信号如开关触点、温度、压力、流量等装置变化速度相对要慢得多。一旦干扰使系统的正常运行遭到破坏，单片机便利用其速度上的优势，通过执行抗干扰软件程序来克服干扰的影响，使系统仍能保持正常工作。由此可知，单片机是以执行抗干扰软件程序所花的时间为代价换来了系统的可靠。

2) 指令复执

对于重要的指令如输入输出，要重复执行以确保其正确。开关量的读入必须两次以上读入一致才有效；若是按键类开关，还应加软件除抖保护，即加软件延时，延时值一般在10 ms左右。

开关量输出时，需将输出回读，以保证输出正确。若输出控制对象是继电器、电磁阀等易于产生干扰的部件，在其可能对系统造成干扰期间如继电器吸合时间内不应执行其他程序，而应不断重复该输出命令，确保动作无误。对智能型接口芯片，单片机每次对I/O访问前，最好重新进行设置，以使其始终按给定的方式工作。

3) 数字滤波

在单片机系统中，输入模拟量中不可避免地含有随机干扰，使输入模拟量产生误差。测量理论告诉我们：对真值的最佳估计就是多次检测结果的算术平均值。对一些要求不高的简单应用系统，可采用类似体操比赛中的评分办法，在算平均值之前，先对取的四个值进行比较，去掉其中的最大值和最小值，然后计算余下的两个数据的平均值。它具有计算方便、速度快、占用内存容量小等优点。此外，数字滤波还有如下优点：

(1) 数字滤波是由软件程序实现的，不需要硬件，因此不存在阻抗匹配的问题。

(2) 对于多路信号输入通道，可以共用一个软件“滤波器”，从而降低设备的硬件成本。

(3) 只要适当改变滤波器程序或运算参数，就能方便地改变滤波特性，这对于低频脉冲干扰和随机噪声的克服特别有效。

中值滤波是对某一被测参数连续采样 $n$ 次(一般 $n$ 取奇数)，然后把 $n$ 次采样值按大小排列，取中间值为本次采样值，中值滤波能有效地克服偶然因素引起的波动或采样器不稳定引起的误码等脉冲干扰。

算术平均滤波对目标参数进行连续采样，然后求取算术平均值作为有效采样值，该算法适用于抑制随机干扰。

4) 程序卷回

单片机系统在遇到外界干扰时，往往会导致运行程序进入死循环，即程序“死锁”。使程序进入程序存储器的空白区即无指令区，这种现象叫做程序“跑飞”。对程序“死锁”，单片机可利用软件定时，即用看门狗定时器来解决。解决程序“跑飞”的方法是在程序存储器的空白区设置软件“陷阱”，即在空白区内填满空操作如无条件转移指令，一旦程序进入空白区执行命令，也能重新启动程序或转向中断恢复程序。

5) 开关量输入方法

开关量输入方法抗干扰流程如图 13-7 所示。

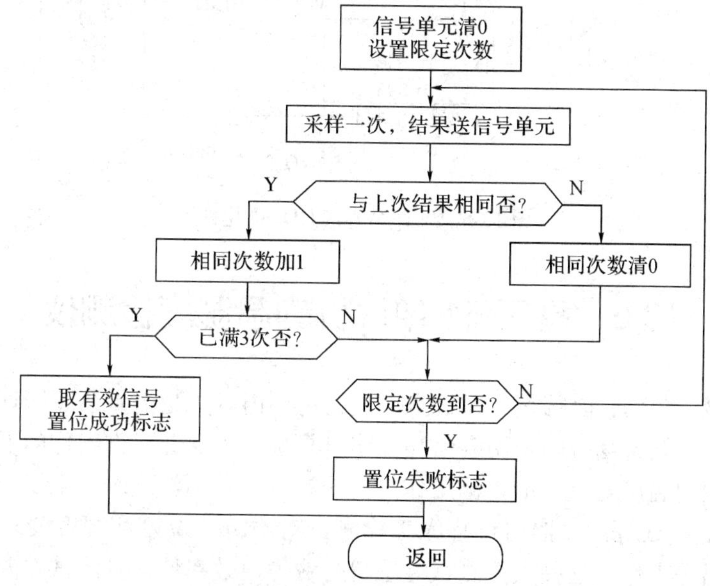


图 13-7　开关量输入方法抗干扰流程

6) 程序执行过程中的软件抗干扰

程序执行过程中的软件抗干扰一般采用“指令冗余”与“软件陷阱”两种方法。

下面 3 条指令即组成一个“软件陷阱”：

```
NOP
NOP
LJMP    ERR
```

软件陷阱一般使用在以下情形：

(1) 未使用的中断向量区。

(2) 未使用的大片 EPROM 空间。

7) WATCHDOG

如果“跑飞”的程序落到一个临时构成的死循环中，冗余指令和软件陷阱都将无能为力，这时可采取 WATCHDOG(俗称“看门狗”)措施。WATCHDOG 有如下特性：

(1) 本身能独立工作，基本上不依赖于 CPU。CPU 只在一个固定的时间间隔内与之打一次交道，表明整个系统“目前尚属正常”。

(2) 当 CPU 落入死循环后，能及时发现并使整个系统复位。

硬件 WATCHDOG 电路如图 13-8 所示。

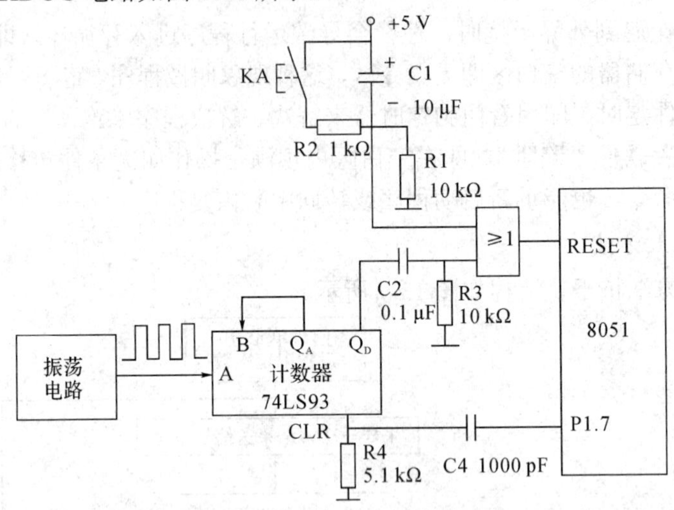


图 13-8 硬件 WATCHDOG 电路

## 13.6 基于 51 单片机的温湿度检测仪

防潮、防腐、防爆、防霉是仓库日常工作的重要内容，是衡量仓库管理质量的重要指标，它直接影响到储备物资的使用寿命和工作可靠性。为保证日常工作的顺利进行，首要问题是加强仓库内温度与湿度的监测工作。传统的方法是用湿度表、毛发湿度表、双金属式测量计和湿度试纸等测试器材进行人工检测，对不符合温度和湿度要求的库房进行通风、去湿和降温等工作。这种人工测试方法费时费力、效率低，且测试的温度及湿度误差大、随机性大。因此，我们需要一种造价低廉、使用方便且测量准确的温湿度测量仪。

目前，粮库中的温湿度检测基本上是人工检测，劳动强度大，繁琐。由于检测报警不及时，造成库储粮食损失的现象时有发生。于是，本设计设计出了一套性能价格比较高的仓库温湿度自动检测系统。实时、准确地测量周围环境的温度与湿度，在国民经济发展中的许多领域都具有极其广泛的应用。但由于常用温湿度传感器的非线性输出及一致性较差，设计方法相对较复杂，且给电路调试带来很大的困难。在温度检测方面，有很多是直接使用 DS18B20 数字传感器，我们这里选用的是热电阻温度检测的方式。而湿度检测方面，很多选用了集成的 HM1500 的方式，而本系统根据 HM1500 的原理，直接选用了 HS1101。温湿度监测除用于仓库监测外，还可以广泛应用于如生物制药、无菌室、洁净厂房、电信银行、图书馆、档案馆、文物馆、智能楼宇等各行各业需要温湿度监测的场所和领域。

温湿度自动检测系统的基本功能如下：

(1) 多路检测温度、湿度；

(2) 多路显示温度、湿度；

(3) 多路过限报警。

其主要技术参数如下：

- 温度检测范围：0～100℃；
- 测量精度：±0.1℃；
- 湿度检测范围：0%～100%RH；
- 检测精度：1%RH；
- 显示方式：8 路温度和湿度交替显示；
- 报警方式：三极管驱动的蜂鸣器和发光二极管报警。

## 13.6.1　方案的设计

当确定了用单片机作为控制核心之后，就需要选择传感器了，本章将介绍温度和湿度检测电路中传感器的选择情况。

(1) 温度检测电路的选择。

比较了热电阻与热电偶的优缺点，因为热电阻价格比较便宜，Cu100 使用范围是−40℃～140℃，铜热电阻线性较好、价格低、电阻率低，而且精度和测温范围也完全可以满足本设计的要求，故选取热电阻 Cu100 作为本设计中的温度传感器。

(2) 湿度检测电路的选择。

因为本设计会用到多路检测，HM1500 也是基于 HS1101 设计的，在这里我们直接选择 HS1101 会经济很多，而且在需要湿度补偿的场合它也可以得到很大的应用，所以选用 HS1101。

## 13.6.2　硬件电路的设计

本设计中，温度检测部分采用 Cu100 三线制桥式电路检测，先经过运算放大器放大，然后被 CD4051 分时后再被 ICL7135 转换，最后通过接口被单片机接收。

湿度检测部分则是利用 HS1101 与 555 构成的 RC 振荡电路，产生的频率直接被单片机接收，硬件电路还包括显示电路、键盘电路、报警电路、电源电路等。温湿度检测仪硬件总体框图如图 13-9 所示。

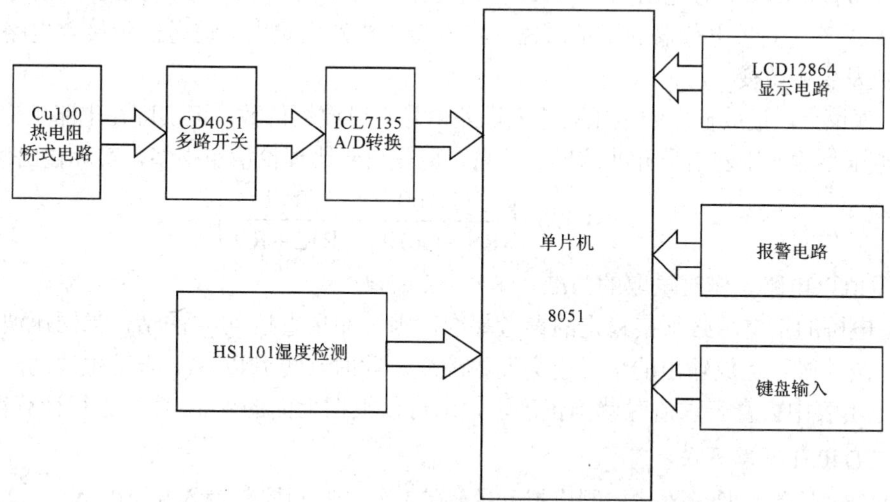


图 13-9　温湿度检测仪硬件总体框图

1. 温度检测电路的设计

1) Cu100 桥式电路

因为四线制接法主要用于高精度测量，但又不能完全忽略导线的影响而采用二线制接法，所以在此设计中，热电阻选用三线制接法。

Cu100 桥式电路图如图 13-10 所示。电路采用 TL431 和电位器 R8 调节产生 4.096 V 的参考电源；采用 R9、R10、R12、Cu100 构成测量电桥(其中 R9 = R10)。当 Cu100 的电阻值和 R12 的电阻值不相等时，电桥输出一个 mV 级的压差信号，这个压差信号经过运放 LM324 放大后输出期望大小的电压信号，该信号可直接连 AD 转换芯片。差动放大电路中 R14 = R15、R13 = R16，放大倍数 = R13/R14，运放采用正负 5 V 供电。

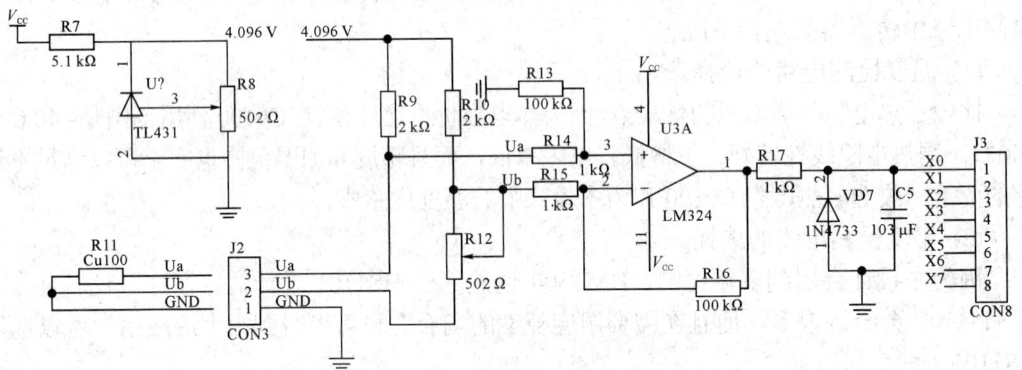


图 13-10　Cu100 桥式电路图

设计及调试注意问题如下：

(1) 同幅度调整 R9 和 R10 的电阻值可以改变电桥输出的压差大小。

(2) 改变 R13/R14 的比值即可改变电压信号的放大倍数，以便满足设计者对温度范围的要求。

(3) 放大电路必须接成负反馈方式，否则，放大电路不能正常工作。

(4) R12 为电位器，调节电位器阻值大小可以改变温度的零点设定，例如 Cu100 的零点温度为 0℃，即 0℃时电阻为 100 Ω，当电位器阻值调至 108.57 Ω 时，温度的零点就被设定在了 20℃。测量电位器的阻值时需在没有接入电路时调节，这是因为接入电路后测量的电阻值发生了改变。

(5) 理论上，运放输出的电压为输入压差信号乘以放大倍数，但实际在电路工作时，测量输出电压与输入压差信号并非这样的关系，压差信号比理论值小很多，实际输出信号为

$$V_{OUT}=4.096\times\left(\frac{\text{Cu100}}{\text{R9}+\text{Cu100}}-\frac{\text{R12}}{\text{R12}+\text{R9}}\right)$$

式中电阻值以电路工作时量取的为准。

(6) 电桥的正电源必须接稳定的参考基准，因为如果直接 $V_{CC}$ 的话，当网压波动造成 $V_{CC}$ 发生波动时，运放输出的信号也会发生改变。此时，再到以 $V_{CC}$ 未发生波动时建立的温度—电阻表中去查表求值时就不正确了，这可以根据上面的 $V_{OUT}$ 算式进行计算得知。

2) CD4051 多路开关

CD4051 是单 8 通道数字控制模拟开关，有 3 个二进制控制输入端 A0、A1、A2 和 INH

输入，具有低导通阻抗和很低的截止漏电流特点。幅值为 4.5 V～20 V 的数字信号可控制峰值至 20 V 的模拟信号。例如，若 $V_{DD}$ = +5 V，$V_{SS}$ = 0，$V_{EE}$ = −13.5 V，则 0～5 V 的数字信号可控制 −13.5 V～4.5 V 的模拟信号。这些开关电路在整个 $V_{DD}$ ～ $V_{SS}$ 和 $V_{DD}$ ～ $V_{EE}$ 电源范围内具有极低的静态功耗，与控制信号的逻辑状态无关。当 INH 输入端 = "1" 时，所有的通道截止。3 位二进制信号选通 8 通道中的一通道，可连接该输入端至输出。

3) A/D 转换电路

A/D 板卡接受从 CD4051 传递过来的模拟信号，经过 OP07(在这里选用精度稍高的 OP07)运算放大器放大，传入 ICL7135 进行 A/D 转换。其中，ICL7135 的频率由 74HC240 组成的 RC 振荡器提供，将处理后信号直接送到单片机最小系统。

ICL7135 量程为 0～2 V，基准电压 $V_{REF}$ 由 MC1403 输出(2.5 V)分压获得 1 V 电压。它的 BCD 码位选通输出端 D1～D4 接在 HC240 上用于位选，因为万位只能是 0 或 1，所以 D5 同时用于位选和数据位的选择，这也是本电路设计的一个亮点。

在本电路中，用 RC 振荡电路代替了晶振，虽然带补偿的 RC 振荡电路频率可以很稳定，但可能与需要的频率有些许误差。而 OP07 有一个调零的功能，用 OP07 来补偿 RC 振荡电路频率与电压要求存在偏差的不足。本设计中 A/D 转换电路如图 13-11 所示。

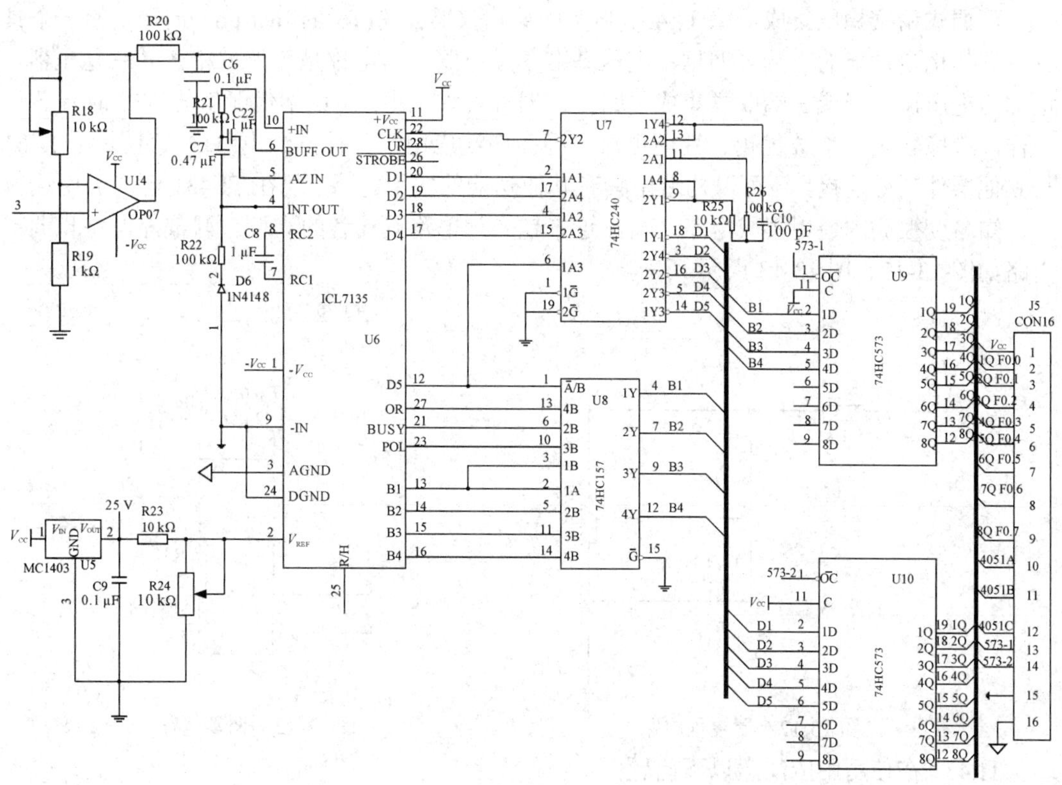


图 13-11 本设计中 A/D 转换电路

4) 温度的分段线性化

Cu100 的电阻值与温度值的对应关系是以 20 度为一档的，我们不能把整个测温范围线性化，但可以在 20 度为一档的范围内分段线性化，这样就相当于一个温度补偿方法。

**表 13-2　Cu100 阻值与温度的对应表**

| t90/℃ | Cu100/Ω | t90/℃ | Cu100/Ω |
|---|---|---|---|
| −40 | 82.80 | 60 | 125.68 |
| −20 | 94.10 | 80 | 134.24 |
| 0 | 100.00 | 100 | 142.80 |
| 20 | 108.57 | 120 | 151.37 |
| 40 | 117.13 | 140 | 159.97 |

所用的标度变换目的是要把实际采样的二进制值转换成 BCD 形式的温度值，然后存放到显示缓冲区 34H～3BH。对一般线性仪表来说，标度变换公式为

$$A_X = \frac{A_0 + (A_m - A_0)(N_X - N_0)}{(N_m - N_0)}$$

式中：$A_0$ 为一次测量仪表的下限；$A_m$ 为一次测量仪表的上限；$A_X$ 为实际测量值；$N_0$ 为仪表下限所对应的数字量；$N_m$ 为仪表上限所对应的数字量；$N_X$ 为测量所得数字量。

5) 测量电路的调零与调量程

可调式精密稳压集成电路 TL431 是美国德州仪器公司(Texas Instrument)开发的一个具有良好热稳定性能的三端可调精密电压基准集成电路，其全称是可调试精密并联稳压器，也称为电压调节器或三端取样集成电路。该器件犹如上世纪 70 年代诞生的 555 时基芯片一样，价廉物美、参数优越、性能可靠，因而广泛应用于各种电源电路中。此外，TL431 与其他器件巧妙连接，还可以构造出具有其他功能的实用电路。现在 TL431 已成为用途很广、知名度很高的通用集成电路之一，越来越受到电路设计者的欢迎。调量程电路和调零电路如图 13-12、图 13-13 所示。

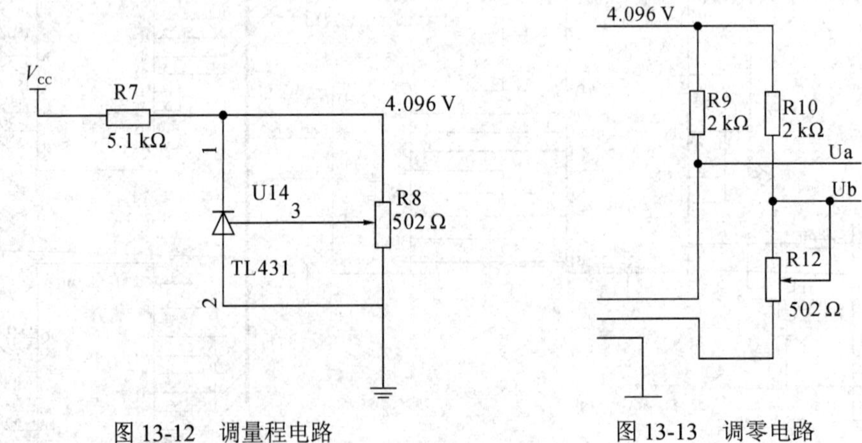


图 13-12　调量程电路　　　　图 13-13　调零电路

TL431 在使用中应注意以下问题：

(1) TL431 的动态稳压效果很好，稳压精度特别高。输入电压 $V_i$、负载电阻 $R_L$ 在一定范围内变化，对输出电压无明显影响。

(2) 在设计电路时必须保证 TL431 工作的必要条件，就是通过阴极的电流要大于 0.6 mA，通常取大于 1 mA。

(3) 确定稳压值的分压电阻取值不能太大，可取几百欧到几十千欧，一般取几千欧到十几千欧为好。

利用 TL431 使分压电阻 R8 产生 4.096 V 的电压，在这个电路中，R8 还有调量程的功能，当调节 R12 使得零点确定之后，再调节 R8 可使量程成倍放大或缩小。这样能使输入 CD4051 的模拟值与想要的温度值对应。

### 2. 湿度检测电路的设计

湿度检测电路用 HS1101 作为湿敏电容而与 555 定时器产生振荡，并由 555 定时器产生振荡的频率求得电容值对应的相对湿度，此电路还具有软件湿度的温度补偿功能。

利用一片 CMOS 定时器 TLC555，配上 HS1101 和电阻 R6、R4 构成单稳态电路，将相对湿度值变化转换成频率信号输出。输出频率范围是 7351 Hz～6033 Hz，所对应的相对湿度为 0%～100%。当 RH = 55%时，$f$ 为 6660 Hz。输出的频率信号可送至数字频率计或控制系统，经整理后送显示。R3 为输出端的限流电阻，起保护作用。通电后，电源沿着 $V_{CC}$、R4 和 R6 对 HS1101 充电。经过 $t_1$ 时间后，湿敏电容的压降 $U_C$ 就被充电至 TLC555 的高触发电平($U_h = 0.67U_{CC}$)，使内部比较器翻转。OUT 端的输出变成低电平，然后 C 开始放电，放电回路为 C_R6_D，内部放电管接地。经过 $t_2$ 时间后，$U_C$ 降到低触发电平($U_l = 0.33U_{CC}$)，内部比较器再次翻转，使 OUT 端的输出变成高电平。这样周而复始的进行充、放电，形成了振荡。

充电、放电时间计算公式分别为：$t_1 = C(R6 + R4)\ln 2$ 和 $t_2 = CR6\ln 2$。通常取 R4 < R6，使占空比为 50%，输出接近于方波。例如，取入 R6 = 567 kΩ，R4 = 49.9 kΩ。

湿度传感器只是保证传感探头的精度，在实际使用中，综合精度除了与湿度传感器本身元件有关之外，还与外围电路的器件选择相关。为了与 HS1101 温度系数相匹配，R3 数值应取为 1%精度，且最大温漂不超过 100 ppm(ppm：百万分之一，表示当温度变化 1℃时所对应的电阻相对变化量)。为了保证达到 6660 Hz/55%，R3、R6 与 555 电路选取参照表 13-3。

**表 13-3　R3、R6 与 555 电路选取参照**

| 555 类型 | R3 | R6 |
|---|---|---|
| TLC555(Texas) | 909 kΩ | 567 kΩ |
| TS555(STM) | 100 nF capacitor | 523 kΩ |
| 7555(Harris) | 1732 kΩ | 549 kΩ |
| LM555(National) | 1238 kΩ | 562 kΩ |

当 RH = 55%、TA = +25℃时，典型输出方波频率与相对湿度的数据对照如表 13-4 所示。

**表 13-4　典型输出方波频率与相对湿度的数据对照**

| RH/% | 0 | 10 | 20 | 30 | 40 | 50 | 60 | 70 | 80 | 90 | 100 |
|---|---|---|---|---|---|---|---|---|---|---|---|
| $f$/Hz | 7351 | 7224 | 7100 | 6976 | 6853 | 6728 | 6600 | 6468 | 6330 | 6186 | 6033 |

湿度检测电路如图 13-14 所示。

当湿度不变时，温度变化会使电容值产生较大的变化，所以湿度的温度补偿就显得很有必要，HS1101 提供了一个软件的温度补偿方法。利用下面公式就可以完成。

$$RH\%(\text{补偿后}) = RH\%(\text{补偿前}) \times (1 - (T - 25) \times 0.0024)$$

式中 $T$ 为温度值。

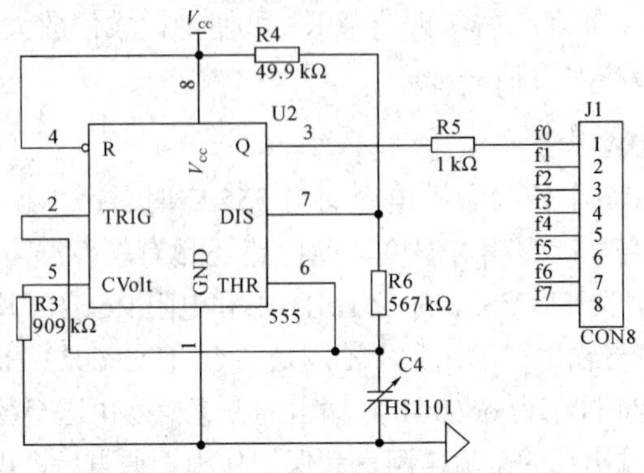


图 13-14　湿度检测电路

湿度测量电路与单片机接口时考虑了如下几个方案：

(1) 利用将频率转换为电压的芯片，将电压值再经过 A/D 转换被单片机接收。

(2) 频率经过 CD4051，分时地被单片机接收，只需要利用一个管脚。

(3) 利用 8 个管脚直接接收频率。

设计中采用了第(3)种方案，因为方案(1)还需要另外选择芯片，又经过 A/D 转换之后精度会降低，而方案(2)也需要加一个 CD4051，只有方案(3)不需要加器件，而且单片机的管脚还有很多剩余。

### 3. 报警电路的设计

当温度或湿度越限时，单片机就会控制报警电路，使报警电路报警，也就是蜂鸣器响，发光二极管闪。本电路中是用一个三极管 9013 来驱动发光二极管和蜂鸣器的，电容 C11 是滤波用的，直接接 P3.0 即可。报警电路如图 13-15 所示。

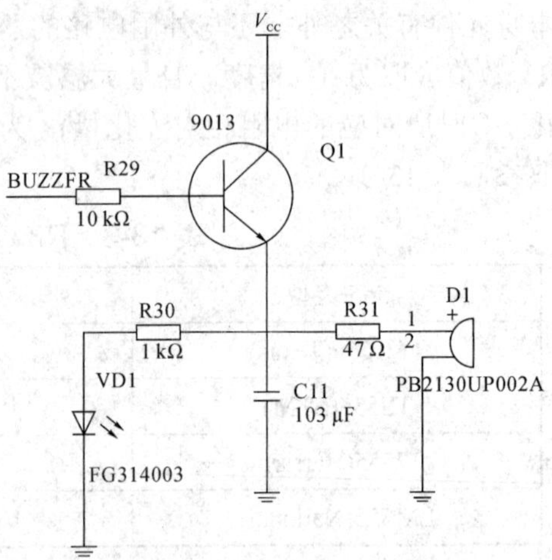


图 13-15　报警电路

### 4. 显示电路的设计

#### 1) 12864 介绍

带中文字库的 128 × 64 是一种具有 4 位/8 位并行、2 线或 3 线串行多种接口方式，内部含有国标一级、二级简体中文字库的点阵图形液晶显示模块；其显示分辨率为 128 × 64, 内置 8192 个 16 × 16 点汉字和 128 个 16 × 8 点 ASCII 字符集。利用该模块灵活的接口方式和简单、方便的操作指令，可构成全中文人机交互图形界面，可以显示 8 × 4 行 16 × 16 点阵的汉字，也可完成图形显示。低电压低功耗是其又一显著特点。由该模块构成的液晶显示方案与同类型的图形点阵液晶显示模块相比，不论硬件电路结构还是显示程序，都要简洁得多，且该模块的价格也略低于相同点阵的图形液晶模块。其基本特性为：

(1) 低电源电压($V_{DD}$：+3.0 V～+5.5 V)。

(2) 显示分辨率：128 × 64 点，内置汉字字库，提供 8192 个 16 × 16 点阵汉字(简繁体可选)，内置 128 个 16 × 8 点阵字符，2 MHz 时钟频率。

(3) 显示方式：STN、半透、正显。

(4) 驱动方式：1/32DUTY、1/5BIAS，

(5) 视角方向：6 点。

(6) 背光方式：侧部高亮白色 LED，功耗仅为普通 LED 的 1/5～1/10。

(7) 通讯方式：串行、并口可选，内置 DC-DC 转换电路，无需外加负压，无需片选信号，简化软件设计。

(8) 工作温度：0～+55℃，

(9) 存储温度：-20℃～+60℃。

12864 并行接口管脚如表 13-5 所示。

**表 13-5　12864 并行接口管脚**

| 管脚号 | 管脚名称 | 电　平 | 管脚功能描述 |
|---|---|---|---|
| 1 | $V_{SS}$ | 0V | 电源地 |
| 2 | $V_{CC}$ | 3.0 V～5 V | 电源正 |
| 3 | $V_O$ | — | 对比度(亮度)调整 |
| 4 | RS(CS) | H/L | RS=“H”，表示 DB7～DB0 为显示数据；<br>RS=“L”，表示 DB7～DB0 为显示指令数据 |
| 5 | R/W(SID) | H/L | R/W=“H”，E=“H”，数据被读到 DB7～DB0；<br>R/W=“L”，E=“H→L”，DB7～DB0 的数据被写到 IR 或 DR |
| 6 | E(SCLK) | H/L | 使能信号 |
| 7 | DB0 | H/L | 三态数据线 |
| 8 | DB1 | H/L | 三态数据线 |
| 9 | DB2 | H/L | 三态数据线 |
| 10 | DB3 | H/L | 三态数据线 |
| 11 | DB4 | H/L | 三态数据线 |
| 12 | DB5 | H/L | 三态数据线 |
| 13 | DB6 | H/L | 三态数据线 |
| 14 | DB7 | H/L | 三态数据线 |
| 15 | PSB | H/L | H：8 位或 4 位并口方式，L：串口方式 |
| 16 | NC | — | 空脚 |
| 17 | /RESET | H/L | 复位端，低电平有效 |
| 18 | $V_{OUT}$ | — | LCD 驱动电压输出端 |
| 19 | A | VDD | 背光源正端(+5 V) |
| 20 | K | VSS | 背光源负端 |

控制器接口信号说明如表 13-6、表 13-7 所示。

表 13-6　RS 与 R/W 的配合选择决定控制界面的 4 种模式

| RS | R/W | 功能说明 |
|---|---|---|
| L | L | MPU 写指令到指令暂存器(IR) |
| L | H | 读出忙标志(BF)及地址计数器(AC)的状态 |
| H | L | MPU 写入数据到数据暂存器(DR) |
| H | H | MPU 从数据暂存器(DR)中读出数据 |

表 13-7　E 信号功能图

| E 状态 | 执行动作 | 结果 |
|---|---|---|
| 高→低 | I/O 缓冲→DR | 配合/W 进行写数据或指令 |
| 高 | DR→I/O 缓冲 | 配合 R 进行读数据或指令 |
| 低/低→高 | 无动作 | 无动作 |

模块控制芯片提供两套控制命令，基本指令和扩充指令如表 13-8、表 13-9 所示。

表 13-8　指令表(RE = 0：基本指令)

| 指令 | 指令码 | | | | | | | | | | 功能 |
|---|---|---|---|---|---|---|---|---|---|---|---|
| | RS | R/W | D7 | D6 | D5 | D4 | D3 | D2 | D1 | D0 | |
| 清除显示 | 0 | 0 | 0 | 0 | 0 | 0 | 0 | 0 | 0 | 1 | 将 DDRAM 填满“20H”，并且设定 DDRAM 的地址计数器(AC)到“00H” |
| 地址归位 | 0 | 0 | 0 | 0 | 0 | 0 | 0 | 0 | 1 | X | 设定 DDRAM 的地址计数器(AC)到“00H”，并且将游标移到原点位置；不改 DDRAM 的内容 |
| 显示状态开/关 | 0 | 0 | 0 | 0 | 0 | 0 | 1 | D | C | B | D=1，整体显示 ON；<br>C=1，游标 ON；<br>B=1，游标位置反白允许 |
| 进入点设定 | 0 | 0 | 0 | 0 | 0 | 0 | 0 | 1 | I/D | S | 指定在数据的读取与写入时，设定游标的移动方向及指定显示的移位 |
| 游标或显示移位控制 | 0 | 0 | 0 | 0 | 0 | 1 | S/C | R/L | X | X | 设定游标的移动与显示的移位控制位；这个指令不改变 DDRAM 的内容 |
| 功能设定 | 0 | 0 | 0 | 0 | 1 | DL | X | RE | X | X | DL=0/1，4/8 位数据；<br>RE=1，扩充指令操作；<br>RE=0，基本指令操作 |
| 设定 CGRAM 地址 | 0 | 0 | 0 | 1 | AC5 | AC4 | AC3 | AC2 | AC1 | AC0 | 设定 CGRAM 地址 |
| 设定 DDRAM 地址 | 0 | 0 | 1 | 0 | AC5 | AC4 | AC3 | AC2 | AC1 | AC0 | 设定 DDRAM 地址(显示位址)；<br>第一行，80H～87H；<br>第二行，90H～97H |

**续表**

| 指　令 | 指令码 | | | | | | | | | | 功　能 |
|---|---|---|---|---|---|---|---|---|---|---|---|
| | RS | R/W | D7 | D6 | D5 | D4 | D3 | D2 | D1 | D0 | |
| 读取忙标志和地址 | 0 | 1 | BF | AC6 | AC5 | AC4 | AC3 | AC2 | AC1 | AC0 | 读取忙标志(BF)可以确认内部动作是否完成，同时可以读出地址计数器(AC)的值 |
| 写数据到RAM | 1 | 0 | 数据 | | | | | | | | 将数据 D7～D0 写入到内部的RAM(DDRAM/CGRAM/ IRAM/ GRAM) |
| 读出RAM 的值 | 1 | 1 | 数据 | | | | | | | | 从内部 RAM 读取数据 D7～D0(DDRAM/CGRAM/IRAM/GRAM) |

**表 13-9　指令表(RE = 1：扩充指令)**

| 指　令 | 指令码 | | | | | | | | | | 功　能 |
|---|---|---|---|---|---|---|---|---|---|---|---|
| | RS | R/W | D7 | D6 | D5 | D4 | D3 | D2 | D1 | D0 | |
| 待命模式 | 0 | 0 | 0 | 0 | 0 | 0 | 0 | 0 | 0 | 1 | 进入待命模式，执行其他指令终止待命模式 |
| 卷动地址开关开启 | 0 | 0 | 0 | 0 | 0 | 0 | 0 | 0 | 1 | SR | SR = 1，允许输入垂直卷动地址；SR = 0，允许输入IRAM 和 CGRAM 地址 |
| 反白选择 | 0 | 0 | 0 | 0 | 0 | 0 | 0 | 1 | R1 | R0 | 选择任一行作反白显示，并可决定反白与否。初始 R1R0 = 00，第一次设定为反白显示，再次设定变回正常 |
| 睡眠模式 | 0 | 0 | 0 | 0 | 0 | 0 | 1 | SL | X | X | SL = 0，进入睡眠模式；SL = 1，脱离睡眠模式 |
| 扩充功能设定 | 0 | 0 | 0 | 0 | 1 | CL | X | RE | G | 0 | CL = 0/1，4/8 位数据；RE = 1，扩充指令操作；RE = 0，基本指令操作；G = 1/0，绘图开关 |

使用带中文字库的 128 × 64 显示模块时应注意以下几点：

(1) 欲在某一个位置显示中文字符，应先设定显示字符位置，即先设定显示地址，再写入中文字符编码。

(2) 显示 ASCII 字符过程与显示中文字符过程相同。不过在显示连续字符时，只需设定一次显示地址，由模块自动对地址加 1 指向下一个字符位置，否则，显示的字符中将会有一个空 ASCII 字符位置。

(3) 当字符编码为 2 字节时，应先写入高位字节，再写入低位字节。

(4) 模块在接收指令前，必须先向处理器确认模块内部处于非忙状态，即读取 BF 标志时 BF 需为“0”，方可接受新的指令。如果在送出一个指令前不检查 BF 标志，则在前一个指令和这个指令中间必须延迟一段较长的时间，即等待前一个指令确定执行完成。指令执行的时间请参考指令表中的指令执行时间说明。

(5) “RE”为基本指令集与扩充指令集的选择控制位。当变更“RE”后，以后的指令集将维持在最后的状态，除非再次变更“RE”位，否则，使用相同指令集时，无需每次重设“RE”位。

2) 12864 LCD 与单片机的接口

12864 LCD 与单片机的接口如图 13-16 所示。由 P0 口写入指令或数据，因为选择的是并行接口方式，所以 PSD 直接拉高。

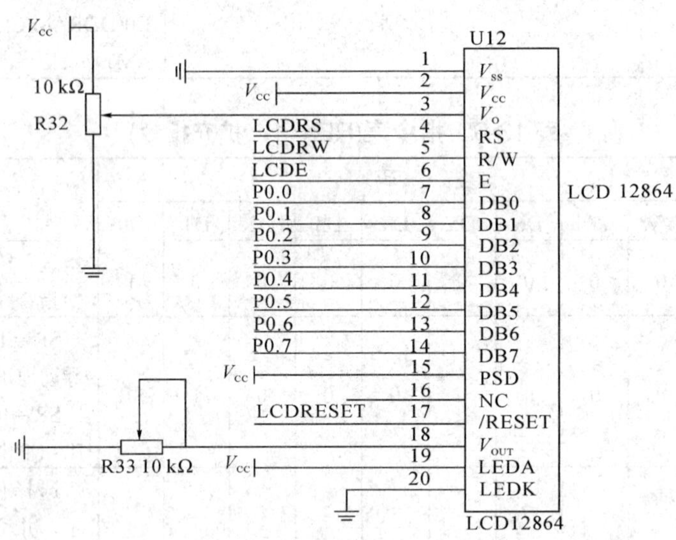


图 13-16　12864LCD 与单片机的接口图

### 5. 键盘的设计

1) 键盘的功能

键盘是负责输入温度和湿度的最大最小值的，这里主要有 4 个键，分别是 keyset(开始设置)、keyout(退出设置)、keyup(增加)和 keydown(减少)。当按下 keyset 时，进入设置报警值，液晶屏上显示出要设置的数值，按下 keyup 或 keydown 时，增加或减少相应值，按下 keyout 时，退出。键盘电路如图 13-17 所示。

2) 键盘与单片机的接口及键盘的去抖

电路中键盘是直接与单片机相接的，没有选择硬件的键盘去抖，而是选择了键盘的软件去抖方式。

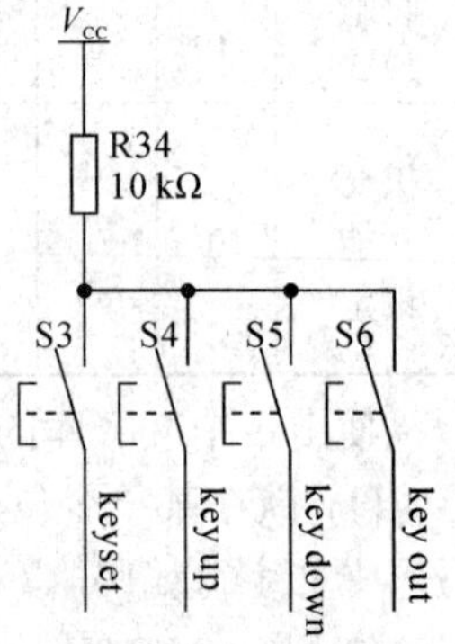


图 13-17　键盘电路

### 6. 电源部分

220 V 交流电转换为 5 V 直流电的电路图如图 13-18 所示。图中 C12 和 C15 大电解电容是平波用的，C13 和 C14 小电容是滤除高次谐波用的。

ICL7660 是 Maxim 公司生产的小功率极性反转电源转换器，主要应用于 +5 V 逻辑电

源产生 −5 V 电源的设备中。ICL7660 接线图如图 13-19 所示。

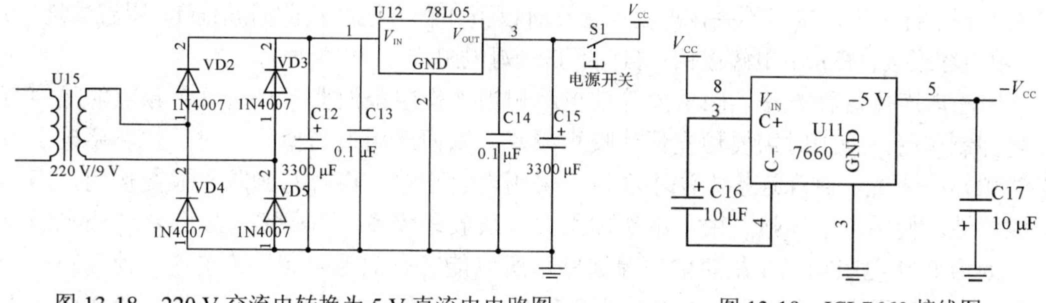

图 13-18　220 V 交流电转换为 5 V 直流电电路图　　图 13-19　ICL7660 接线图

### 7. 单片机最小系统

在本设计中，单片机采用的是 8051，P0 口通过 10 kΩ 的上拉电阻接 $V_{CC}$，增强 P0 的负载能力。晶振接的是 11.0592 MHz。复位电路可以按键复位，管脚与其他外电路的接口也在电路中标出了。单片机最小系统如图 13-20 所示。

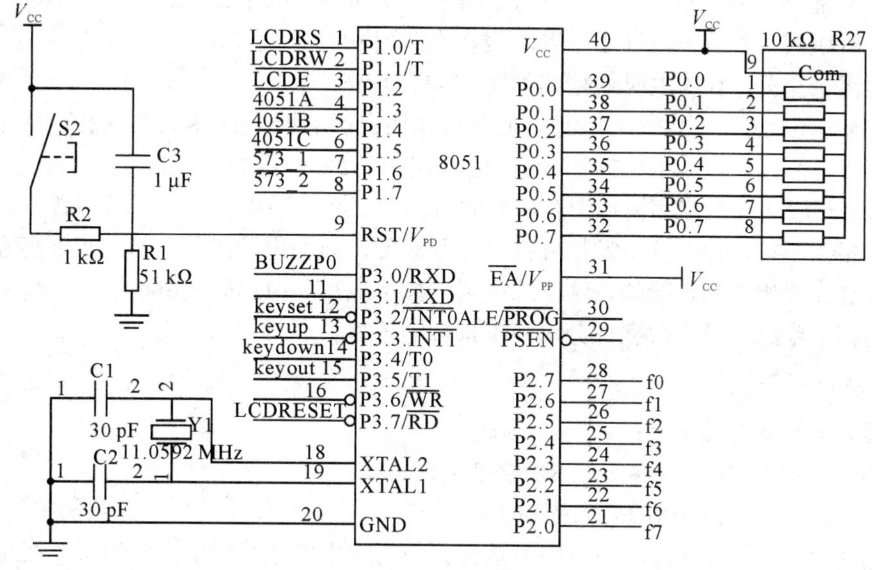

图 13-20　单片机最小系统

### 8. 其他部分

在电子系统设计中，为了少走弯路和节省时间，应充分考虑并满足抗干扰性的要求，避免在设计完成后再去进行抗干扰的补救措施。

抗干扰设计的基本原则是：抑制干扰源，切断干扰传播路径，提高敏感器件的抗干扰性能。

### 9. 数字地与模拟地的处理方法

模拟地和数字地单点接地，只要是地，最终都要接到一起，然后入大地。如果不接在一起就是“浮地”，存在压差，容易积累电荷造成静电。地是参考 0 电位，所有电压都是参考地得出的，地的标准要一致，故各种地应短接在一起。人们认为大地能够吸收所有电荷，始终维持稳定，是最终的地参考点。虽然有些板子没有接大地，但发电厂是接大地的，板子上的电源最终还是会返回发电厂入地。如果把模拟地和数字地大面积直接相连，则会导致互相干扰。不短接又不妥，理由如上。有以下 4 种方法解决此问题：(1) 用磁珠连接；(2) 用电容连接；(3) 用电感连接；(4) 用 0 欧姆电阻连接。

用磁珠连接这种方法，磁珠的等效电路相当于带阻限波器，只对某个频点的噪声有显著抑制作用，使用时需要预先估计噪点频率，以便选用适当型号。对于频率不确定或无法预知的情况，磁珠连接方法不合适。采用电容连接，电容起到隔直通交作用，容易造成浮地。使用电感连接，由于电感体积大，杂散参数多，不稳定。采用 0 欧姆电阻连接，因为 0 欧电阻相当于很窄的电流通路，所以能够有效地限制环路电流，使噪声得到抑制。电阻在所有频带上都有衰减作用(0 欧电阻也有阻抗)，这点比磁珠强。跨接时用于电流回路当分割电地平面后，造成信号最短回流路径断裂，此时，信号回路不得不绕道，形成很大的环路面积，电场和磁场的影响就变强了，容易干扰/被干扰。在分割区上跨接 0 欧电阻，可以提供较短的回流路径，减小干扰。配置电路一般，产品上不要出现跳线和拨码开关。有时用户会乱动设置，易引起误会，为了减少维护费用，应用 0 欧电阻代替跳线等焊在板子上。空置跳线在高频时相当于天线，用贴片电阻效果好。0 Ω 电阻连接图如图 13-21 所示。

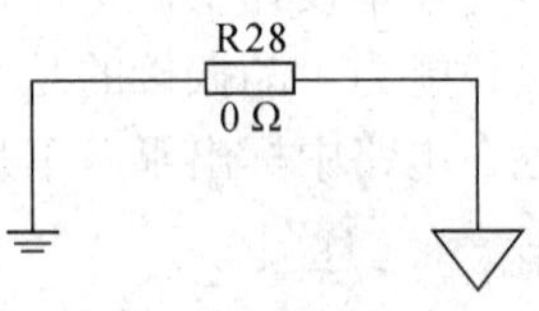


图 13-21　0 Ω 电阻连接图

0 欧姆电阻比过孔的寄生电感小，而且过孔还会影响地平面(因为要挖孔)。大尺寸的 0 欧电阻还可当跳线，中间可以走线，还有就是不同尺寸的 0 欧电阻允许通过的电流也不同。0 欧姆电阻一般用在数字和模拟混合信号的电路中，在这种电路中为了减小数字部分和模拟部分的相互干扰，他们的电源地线都是分开布的，但在电源的入口点又需要连在一起，一般是通过 0 欧姆电阻连接的，这样既达到了数字地和模拟地间无电压差，又利用了 0 欧姆电阻的寄生电感滤除了数字部分对模拟部分的干扰。

10. 去高频干扰

去高频干扰的方法如下：

(1) 可以利用电阻和电容组成 RC 滤波电路。

(2) 数字元件在地与电源之间都要 104 电容。

在电路中广泛采用 RC 滤波电路，这样就使得输出电路滤除了高频干扰，在电源和地之间接了 104 电容，使电路更加稳定。

### 13.6.3　软件设计

本设计中，软件是用 C 语言编写的。相比 C 语言，汇编语言是一种用文字助记符来表示机器指令的符号语言，是最接近机器码的一种语言。其主要优点是占用资源少、程序执行效率高。但是不同的 CPU，其汇编语言可能有所差异，所以不易移植。而 C 语言是一种编译型程序设计语言，它兼顾了多种高级语言的特点，并具备汇编语言的功能。

C 语言有功能丰富的库函数，运算速度快、编译效率高，有良好的可移植性，而且可以直接实现对系统硬件的控制。C 语言是一种结构化程序设计语言，它支持当前程序设计中广泛采用的由顶向下结构化程序设计技术。此外，C 语言程序具有完善的模块程序结构，从而为软件开发中采用模块化程序设计方法提供了有力的保障。因此，使用 C

语言进行程序设计已成为软件开发的一个主流。用 C 语言来编写目标系统软件，会大大缩短开发周期，且明显地增加软件的可读性，便于改进和扩充，从而研制出规模更大、性能更完备的系统。

综上所述，用 C 语言进行单片机程序设计是单片机开发与应用的必然趋势。所以，作为一个技术全面并涉足较大规模的软件系统开发的单片机开发人员，最好能够掌握基本的 C 语言编程。

主程序流程图如图 13-22 所示。

8 路温度采样程序流程图如图 13-23 所示。

8 路湿度检测程序流程图如图 13-24 所示。

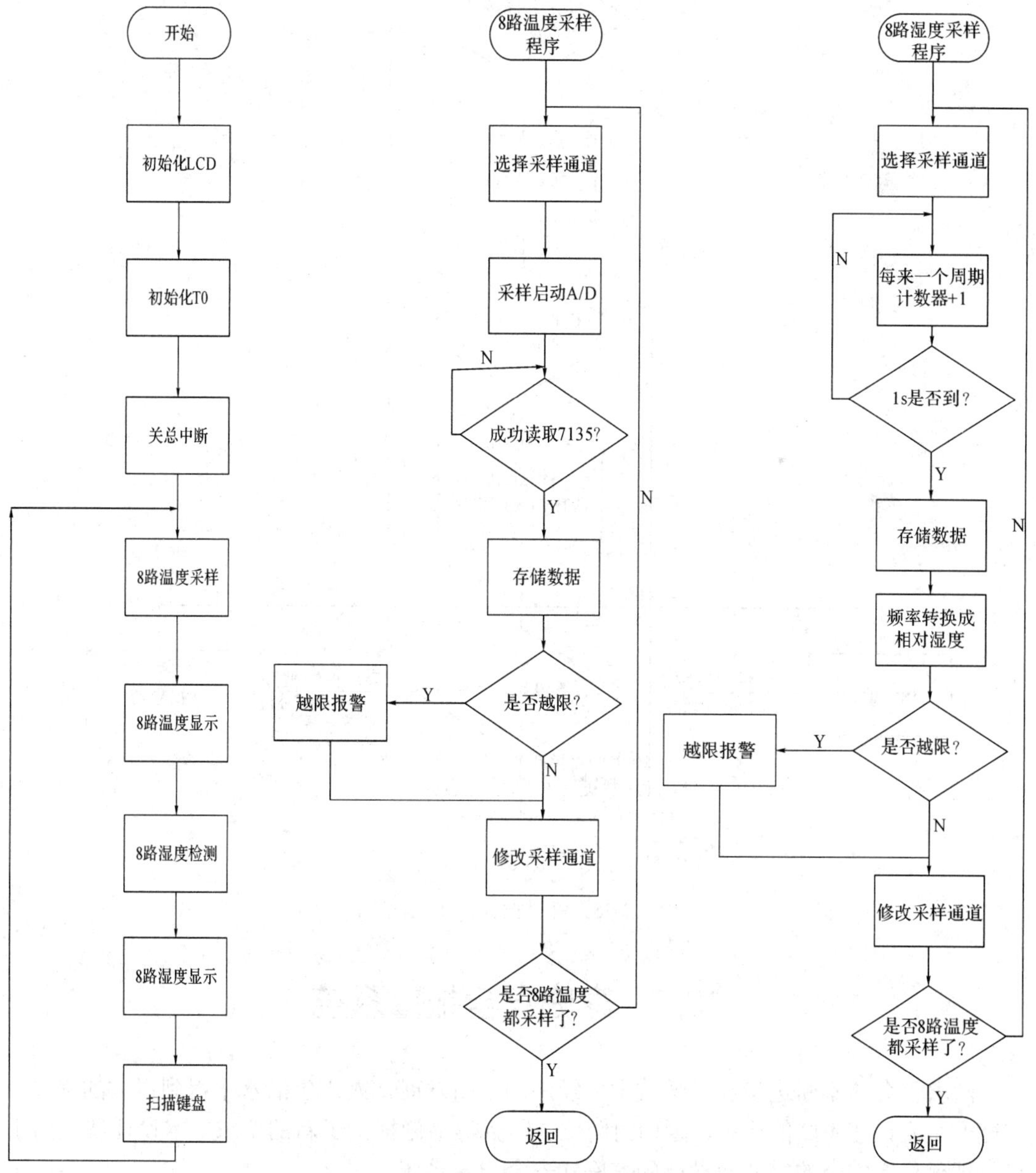


图 13-22　主程序流程图　　图 13-23　8 路温度采样程序流程图　　图 13-24　8 路湿度检测程序流程图

键盘扫描程序流程图如图 13-25 所示。

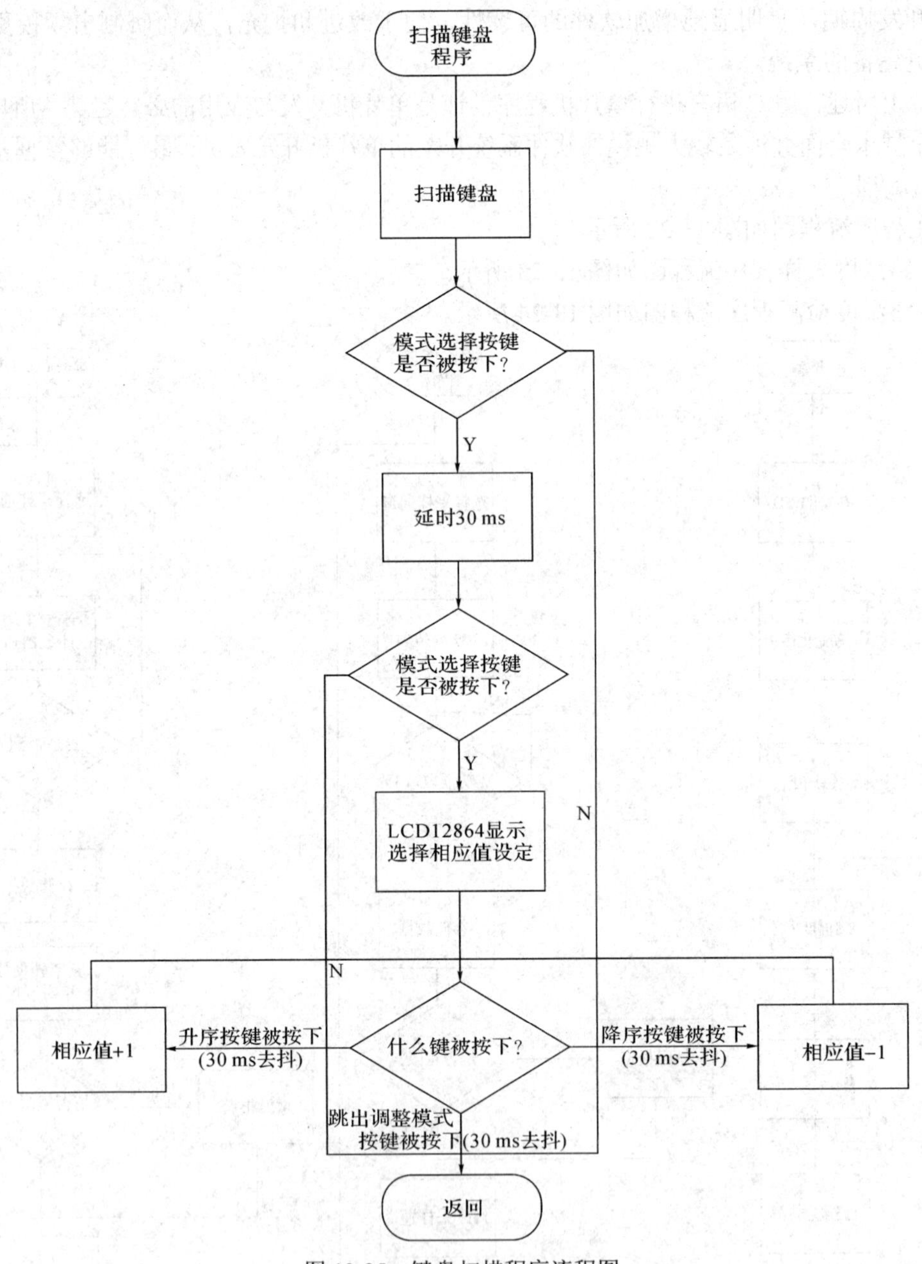


图 13-25 键盘扫描程序流程图

## 13.7 家庭安全报警系统

随着社会的不断进步和科学技术、经济的不断发展，人们生活水平得到很大的提高，家庭安全意识在不断的增强，因而对防盗、防火等措施提出了新的要求。本设计就是为了满足现代住宅安全的需要而设计的家庭式安全报警系统。

防盗方面，目前市面上装备主要有压力触发式防盗报警器、开关电子防盗报警器、压力遮光触发式防盗报警器等各种报警器，但这几种比较常见的报警器都存在一些缺点。而本设计中所使用的红外线是不可见光，有很强的隐蔽性和保密性，因此，在防盗、警戒等安保装置中得到了广泛的应用。这种热释电红外传感器能以非接触形式检测出人体辐射的红外线，并将其转变为电压信号。同时，热释电红外传感器既可用于防盗报警装置，也可用于制动控制、接近开关、遥测等领域。

## 13.7.1　系统硬件选择

### 1. 热释电红外线传感器

热释电红外线(PIR)传感器是 80 年代发展起来的一种新型高灵敏度探测元件，是一种能检测出人体辐射的红外线而输出电信号的传感器。它能组成防入侵报警器或各种自动化节能装置。它能以非接触形式检测出人体辐射的红外线能量的变化，并将其转换成电压信号输出，将这个电压信号加以放大，便可驱动各种控制电路。热释电红外线传感器如图 13-26 所示。

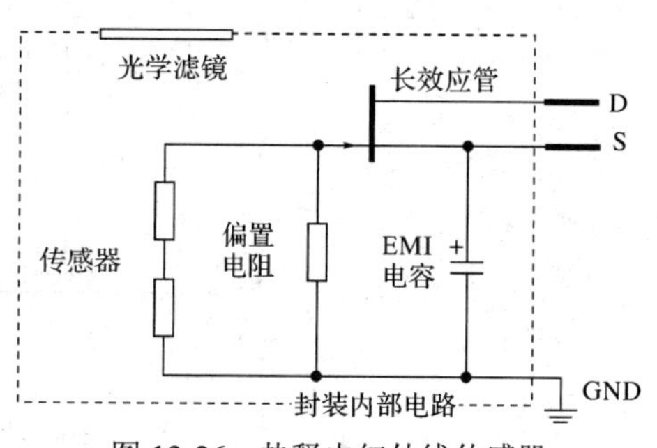


图 13-26　热释电红外线传感器

热释电红外线传感器主要是由一种高热电系数制成的探测元件，在每个探测器内装入一个或两个探测元件，并将两个探测元件以反极性串联，以抑制由于自身温度升高而产生的干扰。由探测元件将探测并接收到的红外辐射转变成微弱的电压信号，经装在探头内的场效应管放大后向外输出。

人体辐射的红外线中心波长为 9 μm～10 μm，而探测元件的波长灵敏度在 0.2 μm～20 μm 范围内几乎稳定不变。在传感器顶端开设了一个装有滤光镜片的窗口，这个滤光片可通过光的波长范围 7 μm～10 μm，正好适合于人体红外辐射的探测，而对其他波长的红外线由滤光片予以吸收，这样便形成了一种专门用作探测人体辐射的红外线传感器。一旦人侵入探测区域内，人体红外辐射通过部分镜面聚焦，并被热释电元接收，由于两片热释电元接收到的热量不同，所以热释电不同也不能抵销，经信号处理而输出电压信号。

### 2. GSM 通信模块

GSM 模块 TC35i 是一个支持中文短信息的工业级 GSM 模块，工作在 GSM900 和 GSM1800 双频段，可传输语音和数据信号，通过接口连接器和天线连接器分别连接 SIM 卡读卡器和天线。其数据接口(CMOS 电平)通过 AT 命令可双向传输指令和数据，它支持 Text 和 PDU 格式的 SMS，可通过 AT 命令或关断信号实现重启和故障恢复。

本系统选用的是西门子 TC35 系列的 TC35in21，这是西门子推出的最新的无线模块，功能上与 TC35 兼容，设计紧凑，大大缩小了用户产品的体积。这些通信模块都具备 SMS 无线通信的全部功能，并提供标准的 UART 串行接口与 GSM 相连，支持 GSM 所定义的 AT 命令集指令。因此，能非常方便地通过 UART 接口与 GSM 模块连接，并直接使用 AT 命令就可以方便简洁地实现短信的收发、查寻和管理功能。

TC35 主要由 GSM 基带处理器、GSM 射频模块、电源模块(ASIC)、闪存，ZIF 连接器、天线接口等六部分组成。

作为 TC35 的核心，基带处理器主要处理 GSM 终端内的语音、数据信号，并涵盖了蜂窝射频设备中的所有的模拟和数字功能。TC35 模块的正常运行需要相应的外围电路与其配合。TC35 共有 40 个引脚，通过 ZIF 连接器分别与电源电路、启动与关机电路、数据通信电路、语音通信电路、SIM 卡电路、指示灯电路等连接。TC35 模块的结构示意图如图 13-27 所示。

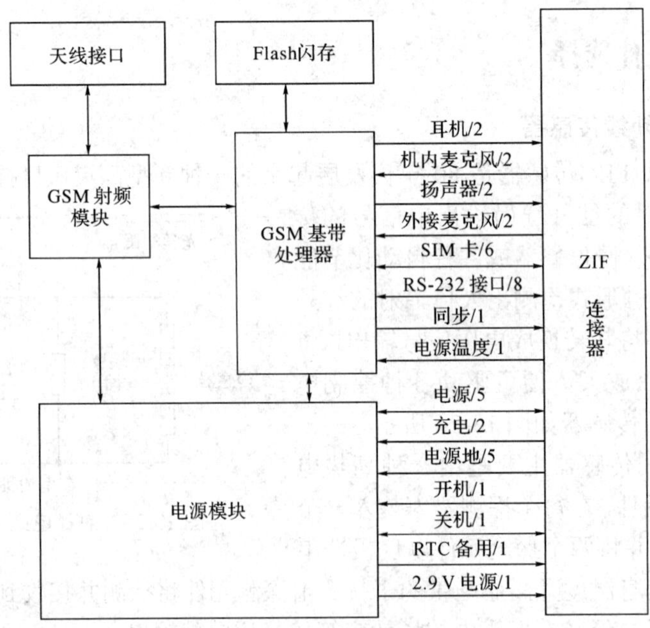


图 13-27　TC35 结构示意图

1) TC35 电器参数

TC35 电器参数如下：

- 频段为双频 GSM 900 MHz 和 GSM 1800 MHz；
- 支持数据、语音、短消息和传真；
- 高集成度(54.5 mm × 36 mm × 3.6 mm)；
- 质量为 9 g；
- 电源电压为单一电压 3.3 V～4.8 V；
- 可选波特率 300 b/s～115 kb/s，动波特率 4.8 kb/s～115 kb/s；
- 电流消耗：休眠状态为 3.5 mA，空闲状态为 25 mA，发射状态为 300 mA(平均)，2.5 A 峰值。

2) AT 指令

AT 指令集原本是计算机和调制解调器之间进行通讯的标准语言。90 年代初，AT 命令仅被用于 Modem 操作，主要用来控制调制解调器的拨号、应答等控制功能。GSM Modem 实际上是一个使用 GSM 移动通信系统的调制解调器，因而 GSM Modem 的控制命令也是 AT 指令。GSM Modem 的 AT 指令集是在业界标准贺氏 Hayes 指令的基础上增加了一些有关短消息和 SIM 卡的处理指令而形成的集语音、数据、短消息、传真、SIM 卡和厂商自定义指令于一体的指令超集，它遵循 ETSI 的 GSM07.07 规范，共有 150 多条，它的所有操作都是通过 AT 指令来实现的。由于没有控制移动电话文本消息的先例，因此开发了一种叫 SMS Block Mode 的协议，通过终端设备或电脑来完全控制 SMS。几年后，主要的移动电话生产厂商诺基亚、爱立信、摩托罗拉和 HP 共同为 GSM 研制了一整套 AT 命令，其中包含对 SMS 的控制。AT 命令在此基础上演化并被加入 GSM07.05 标准，以及之后的 GSM07.07 标准。而手机就利用了 AT 指令集来完成短消息的发送、接收以及无线 GSM 信号的控制等功能。AT 是 Attention 的缩写，绝大多数调制解调器命令是以 AT 作为前缀的，如拨号命令 ATD 等。因此，这些命令被称为 AT 指令，由这些命令所构成的指令集叫做 AT 指令集。现在市面上也出现了较多的工业级的 GSM Modem，一般都兼容 AT 指令集。

3) AT 指令语法

(1) AT 指令行的基本结构。

AT CMD1； CMD2=12；+CMD1； +CMD2 = ，，15； CMD2=?； CMD2=?<CR>

① ② ③ ④ ⑤ ⑥ ⑦ ⑧ ⑨

(2) 说明。

① “AT”——指令行的前缀。

② “CMD1”——标准基本 AT 指令，根据 V.25TER 的 AT 指令概要，概要 AT 后直接写命令，中间没有“+”号前缀，如拨号命令 ATD、摘机命令 ATH，不能写成 AT+D 和 AT+H

③ “12”——AT 指令的参数。

④ “+CMD1”——扩展 AT 指令，带“+”号前缀。

⑤ “；”——扩展 AT 指令定界符。

⑥ “，”——AT 指令的参数定界符，对于带多个参数的 AT 指令，参数间用逗号“，”定界，如果只有逗号没有参数，说明参数省略，像上面那样，表示省略了前两个参数，第三个参数是 15。

⑦ “?”——AT 指令的读命令标识符，用于检查参数的当前设置值。

⑧ “=?”——AT 指令的测试命令标识符，用于检查该指令支持的参数值。

⑨ “<CR>”——回车键，命令行终止符，表示命令行结束。

4) SMS 的三种实现途径

GSM 模块对 SMS 的控制共有三种实现途径：最初的 Block Mode(二进制模式)；基于 AT 命令的 Text Mode(文本模式)；基于 AT 命令的 PDU Mode(协议数据单元模式)。

Block 模式是一种使用二进制编码来传输用户数据的接口协议，它可以提供数据的差错控制，在 MT(移动终端)和 TE(终端设备)间传送的每一条信息都包含数据和校验，信息块中包含一个开始传送指示 DLE 和 STX，一个结束信息指示 DLE 和 ETX，一个校验区 MSB BCS 和 LSB BCS 及一个信息内容区。具体格式如表 13-10 所示。

**表 13-10 Block 模式信息格式**

| DATE | | | | | BCS | |
|---|---|---|---|---|---|---|
| DLE | STX | 信息内容 | DLE | ETX | BCS | BCS |
| 10H | 02H | | 10H | 03H | MSB | LSB |

Block 模式比较复杂并且不直观，因此不太适合实际应用，现在使用得也比较少。由于块模式 Block Mode 带有差错保护，因而适合于链接不完全可靠的地区，尤其是那些要求控制远程设备情况。它属于 GSM 第一阶段的短消息传输接口协议，当时 GSM 系统还不太成熟，可靠性不高，因而使用块模式符合当时的实际情况。现在 GSM 系统已进入第二阶段，技术非常成熟，可靠性很高，它的差错控制能力失去了原有的意义。所以，现在实际应用中已经很少再用 Block 模式发送短消息了，只是为了保持与第一阶段的兼容性，GSM 规范仍然保留了块模式。

Text 模式是一种利用文本信息控制移动台短消息功能的接口协议，它主要用 AT 命令集来完成对移动台的操作。该模式适合于非智能终端、终端仿真器和一些自动呼叫/自动应答的应用软件。Text 模式具有操作方便的特点，但是要完成一次短消息操作需要多个 AT 命令共同执行，这就给发送短消息带来了不便。

PDU 模式(Protocol Data Unit Mode)是一种使用 AT 指令传送十六进制编码的二进制用户数据的接口协议。采用 AT 命令集来控制移动台的短消息功能，但它有一个鲜明的特点就是在 AT 命令的数据段中直接采用协议数据单元(PDU)，这样就可以用一条指令完成整个短消息的处理。这种传送方式类似于计算机网络中的分组交换，每一条短消息的全部用户数据作为一个数据块加上目的地址和控制信息一次性发送出去。有些 AT 指令结构无需理解消息块的内容，仅在移动终端和终端设备的上层驻留程序之间传输数据块，基于这种 AT 指令的应用程序非常适合这种模式。

5) *数据发送*

例如，我们要将字符“Hi”发送到目的手机“13159521386”，经过编译后需要发送的 PDU 字符串为：

08 9l 683110901105F0 11 000D9l 3151591283F6000000 02C834

下面详细介绍各部分数据的具体含义：

• 08——短信服务中心地址长度。它指(91)+(683110901105F0)的长度，该长度是指用十六进制数表示时的长度。

• 91——短信服务中心号码类型。91 是 TON，NPI 遵守 International/E.164 标准，指在号码前需加“+”号；此外还有其他数值，但 91 最常用。

• 683110901105F0——短信服务中心号码。由于位置上略有处理，实际号码应为：8613010911500(中国联通吉林短消息服务中心号码)。这一号码需要根据不同的地域或不同的移动通信运营商做相应的修改。

• 11——文件头字节。

• 00——信息类型(TP-Message-Reference)。

• 0D——被叫号码长度。

• 91——被叫号码类型。

• 3151591283F6——被叫号码，经过了位移处理，实际号码为“13159521386”。

• 00——协议标识 TP-PID(TP-Protoc01-Identifier)。

• 00——数据编码方案 TP-DCS(TP-Data-Coding-Scheme)。

• 00——有效期 TP-VP(TP-Valid-Period)。

- 02——用户数据长度 TP-UDL(TP-User-Data-Length)。
- C834——用户数据 TP-UD(TP-User-Data)。

#### 3. 看门狗芯片 MAX813L

MAX813L 芯片具有上电、掉电状态下的复位功能，WATCHDOG 输出功能，其内有一个 1.25 V 掉电告警门限检测器，手动复位输入。MAX813L 在单片机系统中可以实现上电、瞬时掉电以及程序运行出现“死机”时的自动复位和随时的手动复位；并且可以实时地监视电源故障，以便及时地保存数据。

此外，工业现场由于诸多大型用电设备的投入或撤出电网运行，往往造成系统的电源电压不稳，当电源电压降低或掉电时，会造成重要的数据丢失，系统不能正常运行。若设法在电源电压降至一定的限值之前，单片机快速地保存重要数据，将会最大限度地减少损失。

#### 4. 电平转换芯片 MAX232

MAX232 芯片是美信公司专门为电脑的 RS-232 标准串口设计的单电源电平转换芯片，使用 +5 V 单电源供电。

#### 5. 电源稳压模块 7812 和 7805

电子产品中，常见的三端稳压集成电路有正电压输出的 78XX 系列和负电压输出的 79XX 系列。顾名思义，三端 IC 是指这种稳压用的集成电路，只有 3 条引脚输出，分别是输入端、接地端和输出端。它的样子像是普通的三极管，TO-220 的标准封装，也有 9013 样子的 TO-92 封装。

用 78/79 系列三端稳压 IC 来组成稳压电源所需的外围元件极少，电路内部还有过流、过热及调整管的保护电路，使用起来可靠、方便，而且价格便宜。该系列集成稳压 IC 型号中的 78 或 79 后面的数字代表该三端集成稳压电路的输出电压，如 7806 表示输出电压为正 6 V，7909 表示输出电压为负 9 V。

因为三端固定集成稳压电路的使用方便，电子制作中经常被采用。

在实际应用中，应在三端集成稳压电路上安装足够大的散热器(当然小功率的条件下不用)。当稳压管温度过高时，稳压性能将变差，甚至损坏。

当制作中需要一个能输出 1.5 A 以上电流的稳压电源，通常采用几块三端稳压电路并联起来，使其最大输出电流为相应个数稳压电路的电流之和。但应用时需注意：并联使用的集成稳压电路应采用同一厂家、同一批号的产品，以保证参数的一致。另外，在输出电流上留有一定的余量，以避免因个别集成稳压电路失效导致其他电路的连锁烧毁。

在 78XX、79XX 系列三端稳压器中最常应用的是 TO-220 和 TO-202 两种封装。

### 13.7.2　硬件电路设计

#### 1. 电源电路设计

本系统分别选用 8051、MAX232、MAX813L 和 TC35I 以及相关的外围电路，从 220 V 交流电得到系统中所需的 5 V 直流电，能提供多种固定的输出电压，应用范围广，内含过流、过热和过载保护电路。带散热片时，输出电流可达 1 A。虽然是固定稳压电路，但使用外接元件，可获得不同的电压和电流，输出电流可达 1 A，输出电压为 5 V，有过热保护、短路保护和输出晶体管 SOA 保护。系统电源具体连接如图 13-28 所示。

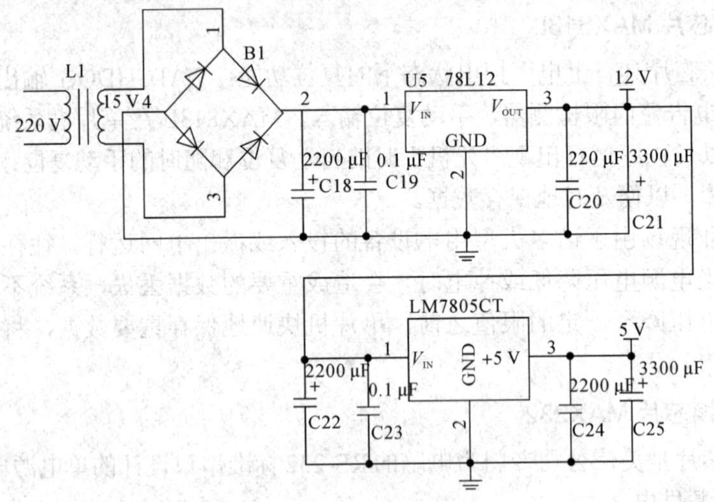


图 13-28　系统电源

系统中所需的 +5 V 电源是通过将 220 V 交流电经变压器到 15 V 的直流电之后，再由以 7805 为中心的电路转化为 +5 V 标准直流电的。7805 是一常用的电压变换器件，可以得到稳定的 +5 V 直流电。这种由普通用电电源得到系统标准用电比用电池有明显的优点，不仅可以长期不间断供电以保证系统的可靠运行，还节约了成本和省略了更换电池的工作过程。因此，在需要长期稳定使用的系统中一般都采用这种方式供电。

### 2. 红外传感器信号放大模块的设计

热释电人体红外线传感器所检测出的人体红外线信号还不足以进行单片机通信，其信号必须经过信号放大电路才能更好地被单片机识别。红外传感器信号放大电路原理图如图 13-29 所示。

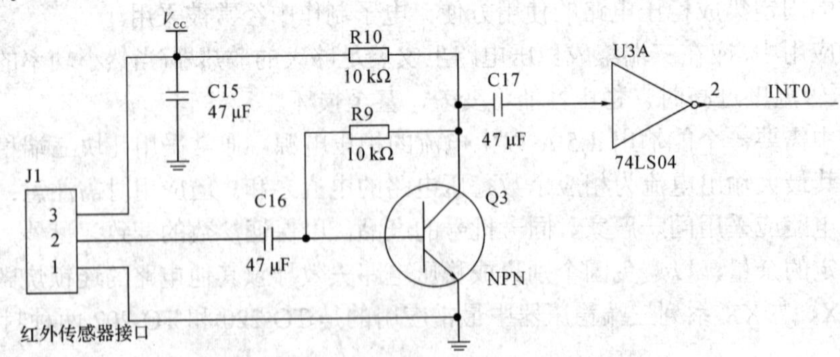


图 13-29　红外传感器信号放大电路原理图

### 3. 看门狗复位电路

在系统设计中，看门狗电路是一种抑制干扰和防止程序失误的有效措施，是很有必要存在的。工业环境中的干扰大多是以窄脉冲的形式出现的，而最终造成微机系统故障的多数现象为“死机”。究其原因是 CPU 在执行某条指令时，受干扰的冲击，使它的操作码或地址码发生改变，致使该条指令出错。这时，CPU 执行随机拼写的指令，甚至将操作数作为操作码执行，导致程序“跑飞”或进入“死循环”。为使这种“跑飞”或进入“死循环”的程序自动恢复，重新正常工作，一种有效的办法就是采用硬件“看门狗”技术。用看门狗监视程序的运行，若程序发生“死机”，则看门狗电路产生复位信号，引导单片机程序重新进入正常运行。本次设计中的看门狗复位电路如图 13-30 所示。

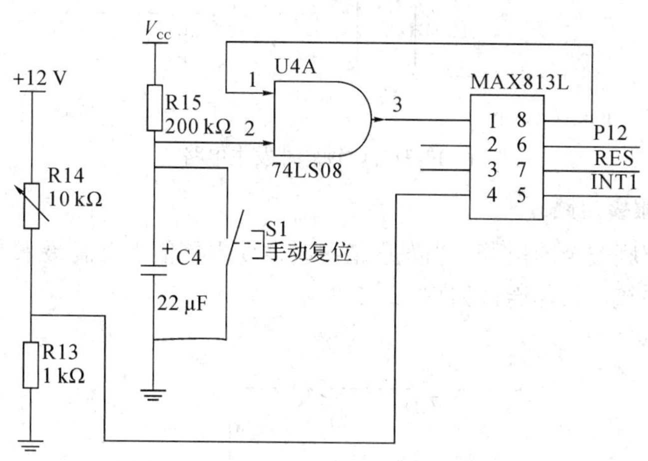


图 13-30　看门狗复位电路

系统中的看门狗复位电路采用 MAX813L，它在加电、掉电以及供电电压下降情况下能复位输出，复位脉冲宽度典型值为 200 ms。它具有独立的看门狗输出，如果看门狗输入在 1.6 s 内未被触发，则其输出将变为高电平，有 1.25 V 门限值检测器，用于电源故障报警、电池低电压检测或 +5 V 以外的电源监控，可设置低电平有效的手动复位输入。

图 13-30 给出了 MAX813L 在单片机系统中的典型应用线路图。此电路可以实现上电、瞬时掉电以及程序运行出现“死机”时的自动复位和随时的手动复位，并且可以实时地监控电源故障，以便及时地保存数据。

本电路巧妙地利用了 MAX813L 的手动复位输入端。只要程序一旦跑飞引起程序“死机”，端电平由高到低，当变低超过 140 ms 时，将引起 MAX813L 产生一个 200 ms 的复位脉冲，同时使看门狗定时器清 0 和使引脚变成高电平。也可以随时使用手动复位按钮，使 MAX813L 产生复位脉冲，由于为产生复位脉冲端要求低电平至少保持 140 ms 以上，故可以有效地消除开关抖动。

该电路可以实时地监控电源故障(掉电、电压降低等)。图 13-30 中 R14 的一端接未经稳压的直流电源。电源正常时，确保 R13 上的电压高于 1.26 V，即保证 MAX813L 的 4 脚输入端电平高于 1.26 V。当电源发生故障，PFI 输入端的电平低于 1.25 V 时，电源故障输出端电平由高变低，引起单片机中断，CPU 响应中断，执行相应的中断服务程序、保护数据、断开外部用电电路等。

#### 4. 时钟脉冲发生电路

石英晶振起振后，应能在 XTAL2 线上输出一个 3 V 左右的正弦波，以便使 MCS-51 片内的 OSC 电路按照石英晶振相同频率自激振荡。通常，OSC 的输出时钟频率 $f_{osc}$ 为 0.5 MHz～16 MHz，电容 C2 和 C3 可以帮助起振，典型值为 30 pF，调节它们可以达到微调 $f_{osc}$ 的目的。时钟脉冲发生电路如图 13-31 所示。

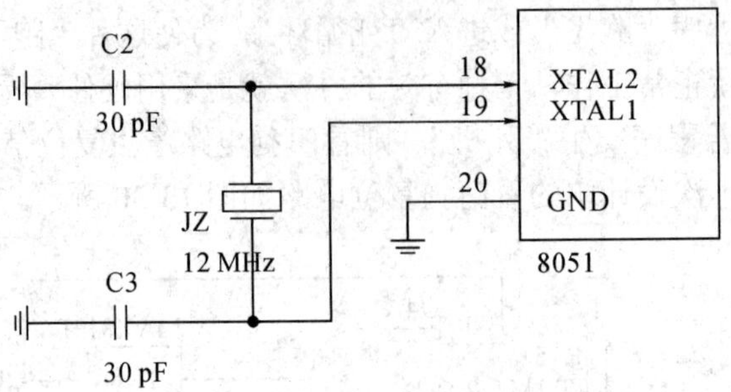


图 13-31　时钟脉冲发生电路

## 5. 简单声光报警电路

本系统用于家庭安全的报警，当发现情况时需要报警信号以震慑来人，用常用的声光报警来作为报警系统，具体连接如图 13-32 所示。

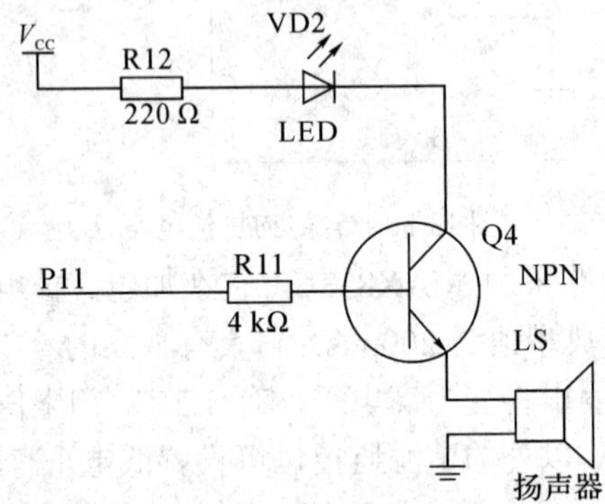


图 13-32　声光报警电路

当传感器上检测到有人非法进入房间时，这时通过 P10 口输出高电平，令三极管导通，这样发光二极管亮，同时喇叭响起，起到震慑作用。

## 6. 电平转换电路

电平转换电路如图 13-33 所示。

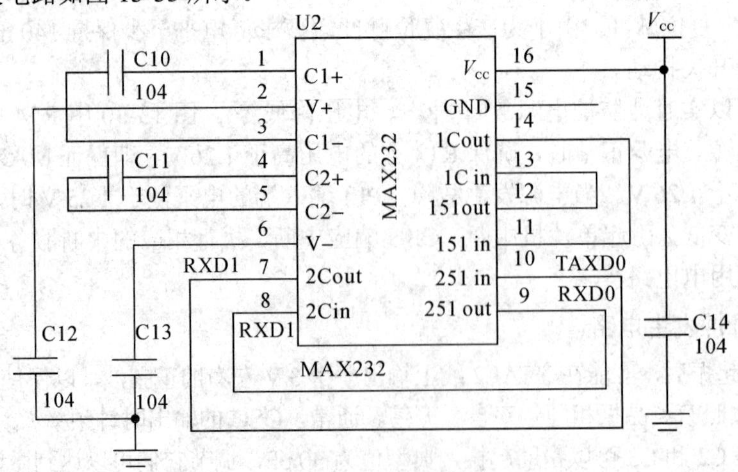


图 13-33　电平转换电路

### 7. GSM 模块电路

GSM 模块选用西门子公司的 TC35I，在应用系统中很容易集成，其具有如下特点：

(1) 频段为双频 GSM 900 MHz 和 GSM 1800 MHz；

(2) 支持数据、语音、短消息和传真；

(3) 电源范围宽；

(4) 具有 RS-232 接口和语音接口；

电路连接简单，单片机的串行接口通过电平转换芯片 MAX232 与 TC35I 的串口相连，采用异步串行通信。TC35I 外围电路如图 13-34 所示。

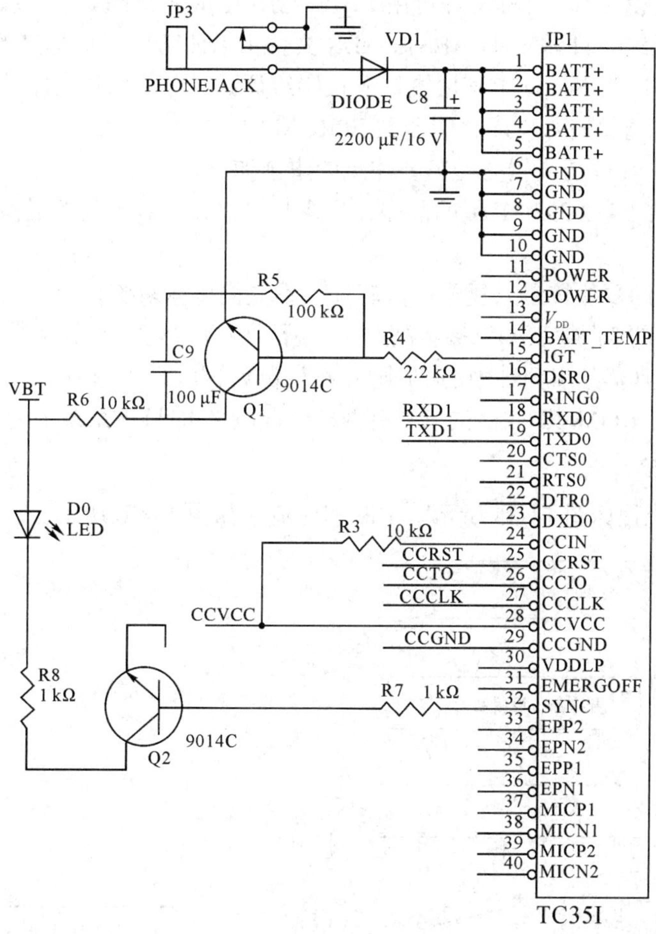


图 13-34　TC35I 外围电路

## 13.7.3 系统软件设计

### 1. 系统软件开发环境

系统的编程环境选用 Keil 公司的 C51 编译器，Keil C51 是美国 Keil Software 公司出品的 51 系列兼容单片机 C 语言和汇编语言软件开发系统，与汇编相比，C 语言在功能、结构性、可读性、可维护性上有明显的优势，因而易学易用。用过汇编语言后再使用 C 语言来开发，体会更加深刻。

Keil C51 软件提供丰富的库函数和功能强大的集成开发调试工具，全 Windows 界面。另外重要的一点，只要看一下编译后生成的汇编代码，就能体会到 Keil C51 生成的目标代码效率非常之高，多数语句生成的汇编代码很紧凑，容易理解。在开发大型软件时更能体现高级语言的优势。

C51 工具包的整体结构主要包括 μVision 与 Ishell，它们分别是 C51 for Windows 和 for Dos 的集成开发环境(IDE)，可以完成编辑、编译、连接、调试、仿真等整个开发流程。开发人员可用 IDE 本身或其他编辑器编辑 C 或汇编源文件，然后分别由 C51 及 A51 编译器编译生成目标文件(.OBJ)。目标文件可由 LIB51 创建生成库文件，也可以与库文件一起经 L51 连接定位生成绝对目标文件(.ABS)。ABS 文件由 OH51 转换成标准的 HEX 文件，以供调试器 dScope51 或 tScope51 使用进行源代码级调试，也可由仿真器使用直接对目标板进行调试，也可以直接写入程序存储器如 EPROM 中。

在使用独立的 Keil 仿真器时，需要注意的事项如下：

(1) 仿真器标配 11.0592 MHz 的晶振，但用户可以在仿真器上的晶振插孔中换插其他频率的晶振。

(2) 仿真器上的复位按钮只复位仿真芯片，不复位目标系统。

(3) 仿真芯片的 31 脚(/EA)已接至高电平，所以仿真时只能使用片内 ROM，不能使用片外 ROM；但仿真器外引插针中的 31 脚并不与仿真芯片的 31 脚相连，故该仿真器仍可插入到扩展有外部 ROM(其 CPU 的/EA 引脚接至低电平)的目标系统中使用。

### 2. 系统软件流程

主程序软件流程如图 13-35 所示。中断程序流程如图 13-36 所示。

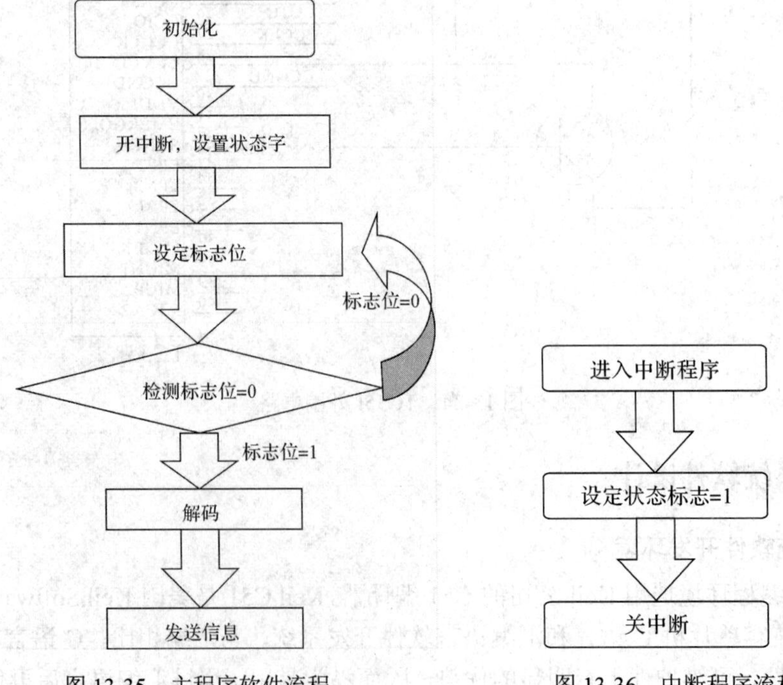


图 13-35　主程序软件流程　　图 13-36　中断程序流程

# 思考与练习

## 1. 概念题

(1) 单片机应用系统有了硬件上的抗干扰技术，为什么还需要软件滤波程序？

(2) 什么叫“软件陷阱”？作用是什么？

(3) 什么是数字滤波？有哪些优点？

(4) 单片机应用系统调试的基本方法是什么？

(5) 单片机应用系统硬、软件的设计原则是什么？

## 2. 操作题

按照单片机系统设计的一般方法和步骤，设计可调数字电子钟，并写出完整的设计报告。

# 参考文献

[1] 吴晓苏，张中明. 单片机原理与接口技术[M]. 北京：人民邮电出版社，2009.
[2] 刘军. 单片机原理与接口技术[M]. 上海：华东理工大学出版社，2006.
[3] 胡汉才. 单片机原理及其接口技术[M]. 3 版. 北京：清华大学出版社，2010.
[4] 周国运. 单片机原理及应用(C 语言版)[M]. 北京：中国水利水电出版社，2009.
[5] 张齐，杜群贵. 单片机应用系统设计技术：基于 C 语言编程[M]. 北京：电子工业出版社，2004.
[6] 闫玉德，俞虹. MCS-51 单片机原理与应用(C 语言版) [M]. 北京：机械工业出版社，2003.
[7] 赵亮，侯国锐. 单片机 C 语言编程与实例[M]. 北京：人民邮电出版社，2003.
[8] 单片机世界，http://www.8951.com: 51 单片机入门与提高教程.
[9] 51 单片机学习网，http://www.51dpj.net:51 单片机学习之 C51 新手编程；51 入门.
[10] 张岩，张鑫. 单片机原理及应用[M]. 北京：机械工业出版社，2018.
[11] 胡汉才. 单片机原理及其接口技术[M]. 4 版. 北京：清华大学出版社，2018.
[12] 单片机爱好者，http://www.mcufan.com: C51 系列微控制器的开发工具手册-μVision2 入门教程.
[13] 单片机爱好者，http://www.mcufan.com: AT89C51 中文说明书.
[14] 单片机爱好者，http://www.mcufan.com: Keil Software–Cx51 编译器用户手册(中文完整版).
[15] 单片机爱好者，http://www.mcufan.com: Keil C51 硬件编程手册(中文).
[16] 电子工程世界：$I^2C$ 总线原理及应用实例.
[17] 电子工程世界：在 Keil C51 中嵌入汇编以及 C51 与 A51 间的相互调用.